DIE BEHANDLUNG UND REINDARSTELLUNG VON GASEN

EIN HILFSBUCH ZUR EINFÜHRUNG IN DAS ARBEITEN MIT GASEN FÜR CHEMIKER, PHYSIKER UND INDUSTRIE-LABORATORIEN

VON

DR. ALFONS KLEMENC

O. PROFESSOR AN DER TECHNISCHEN HOCHSCHULE IN WIEN
PRIVATDOZENT AN DER UNIVERSITÄT WIEN

ZWEITE, VERMEHRTE AUFLAGE

MIT 104 TEXTABBILDUNGEN

WIEN
SPRINGER-VERLAG
1948

ISBN-13: 978-3-211-80054-6   e-ISBN-13: 978-3-7091-7712-9
DOI: 10.1007/978-3-7091-7712-9

Aus dem Vorwort der ersten Auflage.

Das Arbeiten mit gasförmigen Stoffen hat in den vergangenen Jahrzehnten für die Anorganische, Organische und Physikalische Chemie sowie für die Physik eine ständig gesteigerte Bedeutung gewonnen.

Einerseits hat die chemische Technik, die bereits seit langer Zeit in den Gasen billige und bequeme Materialien für ihre im großen Maßstabe ausgeführten Prozesse sieht, das Bedürfnis nach moderneren Herstellungsmethoden erweckt und zugleich den Anstoß zur Prüfung der Verwertbarkeit neuer Verbindungen gegeben.

Andrerseits war es die allgemeine chemische und physikalische Forschung, die den Gasen erhöhte Aufmerksamkeit zuwandte, weil sie in diesen geeignete Hilfsmittel suchte und fand.

Die Thermodynamik und Kinetik gasförmiger Systeme ergab eine Reihe von grundlegenden Erkenntnissen auf den verschiedensten Gebieten der Physikalischen Chemie. Neben aufschlußreichen Erfahrungen für den Ablauf von Elementarprozessen, für die Vorgänge bei heterogenen Katalysen, um nur zwei Punkte zu nennen, wird dadurch auch die Bildung von neuen chemischen Verbindungen beobachtet, die zum Teil valenzchemisch von besonderem Interesse sind.

Gleichzeitig mit dem regen Interesse, das man diesem Arbeitsgebiet entgegenbrachte, wuchsen auch die Ansprüche hinsichtlich der Darstellung und Reinheit der Gase, und damit parallel ging die Erhöhung der Anforderungen an die verwendeten Chemikalien und Apparate.

Der Zweck des vorliegenden Buches ist es, den Chemikern und Physikern, die vor die Aufgabe gestellt werden, sich experimentell mit Gasen zu beschäftigen, die dazu erforderlichen Hilfsmittel und Bedingungen zu zeigen und die noch bei vielen verbreitete Scheu vor diesem Arbeitsgebiet beseitigen zu helfen.

Der I. Teil dieses Buches enthält die allgemeine Methodik der Herstellung, Fraktionierung und Reinigung der Gase, wobei neben einer ausführlichen Beschreibung der für das Arbeiten mit Gasen gebräuchlichen Apparate auch auf einige theoretische Grundlagen eingegangen wird, die für das Verständnis und die Beurteilung der auftretenden Erscheinungen unbedingt notwendig sind. Einige Erfahrungen zur Gasanalyse durften hier nicht fehlen.

Im II. Teil werden die speziellen Methoden behandelt, die für die präparative Darstellung und Reinigung der einzelnen Gase hauptsächlich in Betracht kommen. Nicht berücksichtigt sind hier völlig unbeständige oder sehr seltene Gase, ferner diejenigen, die bei der Verflüssigung eine weitgehende (monotrope) Polymerisation erleiden, und endlich solche, deren Reindarstellung bisher noch nicht durchgeführt worden ist.

Selbstverständlich sind die Ansprüche auf den Reinheitsgrad eines Gases, die für exakte wissenschaftliche Experimente gestellt werden müssen, bei weitem andere als die, welche der Industriechemiker in den meisten Fällen stellen wird, in denen nur die Abwesenheit einiger weniger störender Begleitstoffe erstrebt wird. Die Auswahl der erwähnten Methoden ist im allgemeinen so getroffen, daß sie beiden Anforderungen gerecht wird.

Um das Auffinden der über ein Gas erschienenen Literatur zu erleichtern, sind am Schluß jedes Abschnittes die wichtigsten Arbeiten zusammengestellt.

Zu dem hier behandelten Thema sind bereits früher folgende Abhandlungen erschienen, die teilweise überholt sind, zum Teil durch neue Ergebnisse ergänzt werden müssen.

M. W. Travers, Experimentelle Untersuchung von Gasen, Braunschweig 1905 (nicht mehr im Buchhandel erhältlich); L. Moser, Die Reindarstellung von Gasen, Stuttgart 1920; Sir W. Ramsay, W. A. Noyes und Ph. A. Guye, Darstellung von Gasen, im Handbuch der Arbeitsmethoden in der Anorganischen Chemie IV. Band, 1926.

Bei der Abfassung dieses Buches haben mir zahlreiche Freunde und Kollegen besonders in Deutschland, England, Frankreich, Italien und in den Vereinigten Staaten von Amerika in regem Briefwechsel wertvolle Belehrung zuteil werden lassen.

Ihnen allen sowie besonders meinen Schülern, die manche Arbeit beigesteuert haben, ohne daß im Texte besonders darauf hingewiesen wird, danke ich auch an dieser Stelle für ihre Bemühungen. Es würde mich sehr freuen, wenn man mir auch fernerhin Vorschläge zur Verbesserung der hier gegebenen Ausführungen mitteilen würde.

Wien, im Juli 1937.   **Der Verfasser.**

Vorwort zur zweiten Auflage.

Die Aufnahme der ersten Auflage dieses Buches war über alles Erwarten gut, trotz der Ungunst der Zeit war sie bereits in dreiviertel Jahren (1939) vergriffen. Die Zeit hat der zweiten Auflage ein sehr wechselvolles Schicksal bereitet; fiel sie doch in die Zeit des großen Unglückes, das über die ganze Erde ging. Im Winter 1942 verbrannte in Leipzig die im Druck befindliche zweite Auflage; Manuskript, Satz und Druckstöcke, alles ging verloren.

Es wurde ein neuer Satz und neue Druckstöcke auf Grund vorhandener Korrekturabzüge hergestellt. Während der Drucklegung erfolgte die ersehnte Einstellung der Waffen, damit aber war für die nächste Zeit jede Verbindung mit Leipzig unmöglich geworden. So mußte ich mich entschließen, das Erscheinen der zweiten Auflage nach Wien zu verlegen, und den Springer-Verlag zu bitten, einen Neudruck des Buches durchzuführen. In der unmittelbaren Nachkriegszeit war dies keine leichte Aufgabe für einen österreichischen Verlag; es fehlte an allem; dazu kam noch der schwere Winter 1945/46, der mehrere Monate jede Drucklegung in Wien ausschloß. Wenn nach vielen Jahren dieses Buch erscheinen kann, so verdanke ich dies vor allem dem Verleger, Herrn Otto Lange.

In der zweiten Auflage habe ich an allen Stellen Ergänzungen und Verbesserungen eingefügt, und dabei nur das verwendet, was sich bewährt hat oder von besonderer Bedeutung ist. Selbstverständlich mußte auch darin auswählend vorgegangen werden, um die Handlichkeit des Buches zu erhalten.

Die experimentelle Beachtung der Gase in den verschiedenen Zweigen unserer Forschung hat in den letzten Jahren weiter zugenommen: neue Methoden sind bekannt geworden, alte wurden verbessert. Es ist also diese Auflage einem weiteren Kreis von Chemikern und Physikern zur Verfügung zu stellen.

Ich habe mich deshalb noch mehr bemüht, die beim Arbeiten mit Gasen auftretenden Besonderheiten und Fragen so zu behandeln, daß das Buch als sicherer Führer dienen kann. In vielen Fällen wird man das Studium der angegebenen Originalarbeiten nicht vermeiden können. Eingehende Berücksichtigung der Literatur der letzten Jahre war sehr schwierig. Ich habe versucht, die ab 1947 etwas zahlreicher nach Wien gelangenden Zeitschriften durchzusehen und Wertvolles für das Buch aufzunehmen. Daß dabei vieles Vorhergegangenes und Wichtiges übersehen und ausgelassen wurde, ist leider sicher, und ich bitte Fachkollegen, mir gelegentlich solche Fälle mitzuteilen.

Die Bemühungen, verläßliche Angaben maßgebender Firmen zu erhalten, begegnen zurzeit noch unüberwindlichen Schwierigkeiten. Viele dieser Firmen, die für die Gaspraxis wichtige Materialien lieferten, sind nicht mehr vorhanden oder haben Namen und Ort geändert. Es scheint mir daher noch am besten, die alten Anschriften zu lassen, die ja doch die Möglichkeit bieten, Änderungen zu erfahren.

Ich hatte mich wieder der Unterstützung zahlreicher Fachgenossen zu erfreuen, die mir wertvolle Bemerkungen zur Verfügung stellten. Ganz besonders bin ich Herrn Prof. Clusius zu Dank verpflichtet, auch Prof. Bodenstein, der leider nicht mehr unter uns weilt, hat mir wichtige Bemerkungen mitgeteilt.

Beim Lesen der Korrektur hat mich mein Assistent Herr Dr. Gutmann (zur Zeit in Cambridge, England) wirkungsvoll unterstützt, meiner Frau Grete verdanke ich die Zusammenstellung des Namen- und Sachverzeichnisses.

Dem Verleger, Herrn Otto Lange, danke ich ganz besonders, daß er in einer so schweren Zeit die Drucklegung dieses Buches durchführen konnte.

Obladis (Tyrol), Juli 1948.

Der Verfasser.

Inhaltsverzeichnis.

Erster Teil.

Zweiter Teil.

Die mit * bezeichneten Gase sind nicht ausführlich behandelt.

Die Deuteriumverbindung ist bei der entsprechenden Wasserstoff-
verbindung zu finden (s. S. 133).

I. Gasherstellung.

A. Allgemeine Apparate.

1. Es gibt eine große Anzahl von Gefäßformen zur Herstellung von Gasen, die aber an diesei Stelle nicht angeführt zu werden brauchen, da sie meistens besonderen Zwecken dienen[1]).

Das Gasentwicklungsgefäß richtet sich nach der Menge des herzustellenden Gases, nach der Natur desselben und nach dem verlangten Reinheitsgrad. Ganz allgemein werden größere tote Räume vermieden. Stets ist die Herstellung des Gases von seiner letzten Reinigung streng zu trennen. Dies kommt schon rein äußerlich im Apparat zum Ausdruck, indem die zur endgültigen Reinigung des Gases bestimmten Apparatteile von denen, die zur Darstellung gedient haben, allgemein durch Abschmelzen getrennt werden.

Die Reinheit der angewendeten Reagentien ist weitgehend zu beachten. Sie sind bei sauberen Arbeiten möglichst *gasfrei* zu machen, was meist durch Erhitzen im Vakuum erreicht werden kann. Flüssigkeiten bedürfen dazu viel Zeit. Wirksame Anordnung[2]). Vielfach richtet sich nach diesen Forderungen die Form des verwendeten Darstellungsgefäßes.

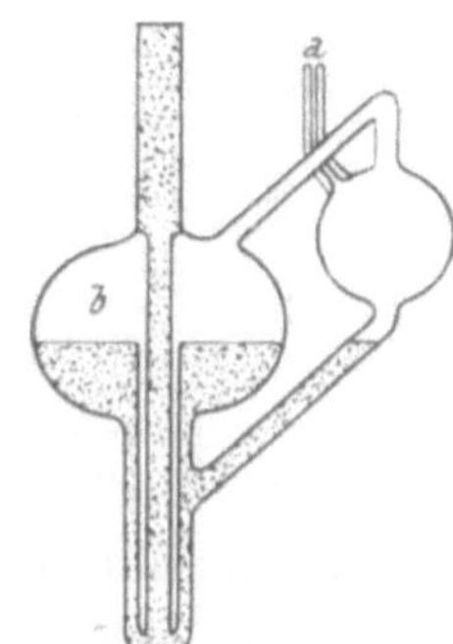

Abb. 1. Vorrichtung an Manometerröhren. Raum *b* steht durch die Kapillare *a* mit der Atmosphäre in Verbindung.

In das Entwicklungsgerät ist jedesmal ein *offenes* Hg-Manometer (oder ein Rohr, das mit Hg abgesperrt ist) einzubauen, das die Druckverhältnisse in der Anordnung anzeigt. Um zu verhindern, daß bei raschem Druckanstieg das beim Manometer austretende Gas Quecksilber herausschleudert, läßt man die Manometerröhre unten in ein Gefäß enden, welches eine in der Abb. 1 angezeigte Form hat. Die Gasgeschwindigkeit kann man an dem Durchgang

---

[1]) Eine diesbezügliche Zusammenstellung findet man in leicht zugänglichen Handbüchern, z. B. Stähler, Handbuch der Arbeitsmethoden der organischen Chemie, IV. Bd., 1926, S. 129.

[2]) Taylor, R. K. J., Amer. chem. Soc. **52** (1930) 3576.

des Gases durch die Waschflaschen kontrollieren. Im „Vakuum" kann die Geschwindigkeit des Gasstromes (wenn die Anbringung eines Strömungsmessers nicht tunlich ist) durch Verwendung einer kleinen Quecksilberwaschflasche festgestellt werden (s. Abb. 2). Wenn im Apparat Hochvakuum hergestellt ist, wird die Glasverengung *a* abgeschmolzen. Das Gas zeigt dann das Tempo seiner Entstehung an der Blasenfolge durch das Quecksilber an.

2. Erfolgt die Gasentwicklung aus *festen* Stoffen, so wäre die Glasretorte die geeignetste Vorrichtung dafür. Diese wird jedoch immer häufiger, insbesondere wenn im „Vakuum" gearbeitet wird, durch einen Rundkolben ersetzt. Bildet sich bei der Reaktion eine Flüssigkeit, die beim Zurückrinnen in den erhitzten Kolben diesen gefährden würde, so umgibt man den Kolbenhals mit einem wärmeisolierenden Mittel. Besser noch ist es, denselben mit einem Draht zu umwickeln, durch den man einen entsprechend starken elektrischen Strom sendet (Abb. 3).

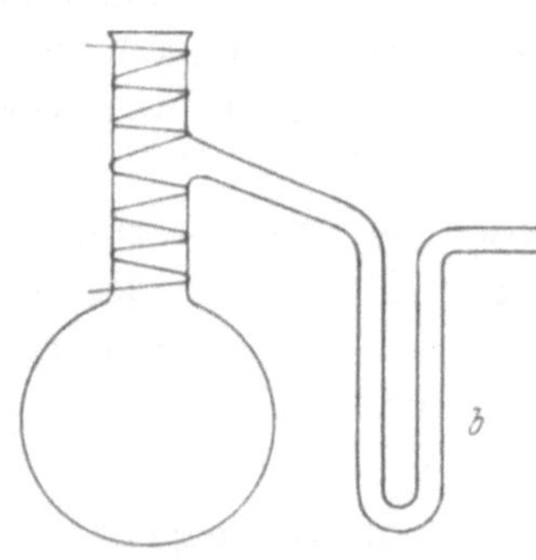

Oft werden Glasröhren (in horizontaler Lage) benutzt, in die der feste Stoff locker (Kanal freilassen!) eingefüllt wird. Sind auf diese Weise größere Gasmengen herzustellen, so ordnet man mehrere Röhren *nebeneinander* an und verbindet sie durch An-

Abb. 2. Quecksilberwaschflasche. Zur Verwendung im Vakuum.

Abb. 3. Erhitzungskolben mit Kondensationsfalle *b*.

schmelzen mit dem gleichen Entbindungsrohr. Man erspart damit Raum und lange Erhitzungsöfen. Da in solchen Fällen die Gase sehr viel Staub mitreißen, muß man sie durch Asbestwolle, Glaswolle, Watte usw. entstauben. Erfolgt die Erhitzung nicht sofort an der ganzen Rohrlänge, so beginnt man damit am äußersten Ende, wodurch die okkludierte Luft in dem noch unerhitzten Teil verdrängt werden kann.

3. Bei Verwendung von flüssigen Stoffen werden die Gase ausnahmslos in *Glasrundkolben* entwickelt, die für die Zuführung von Flüssigkeit mit zweckmäßig angebrachten Tropftrichtern versehen sind. Bei genaueren Arbeiten wird man die Anwendung von Gummistopfen vermeiden und Glasschliffapparaturen verwenden.

Einige Formen von Gasentwicklungsgefäßen *a* bis *e*, deren Anwendung für besondere Zwecke sich unmittelbar ergibt, zeigt die Abb. 4.

Erfolgt die Gasentwicklung durch Eintragen eines festen Stoffes in eine Flüssigkeit, so gebraucht man die von A. Stock und E. Kuss[1] an-

---

[1] Stock, A. u. Kuss, E., Ber. dtsch. chem. Ges. **50** (1917) 159.

gegebene einfache Vorrichtung (Abb. 5). Bei stark hygroskopischen Stoffen wird man, zur Verhinderung des Festbackens, Form *b* verwenden.

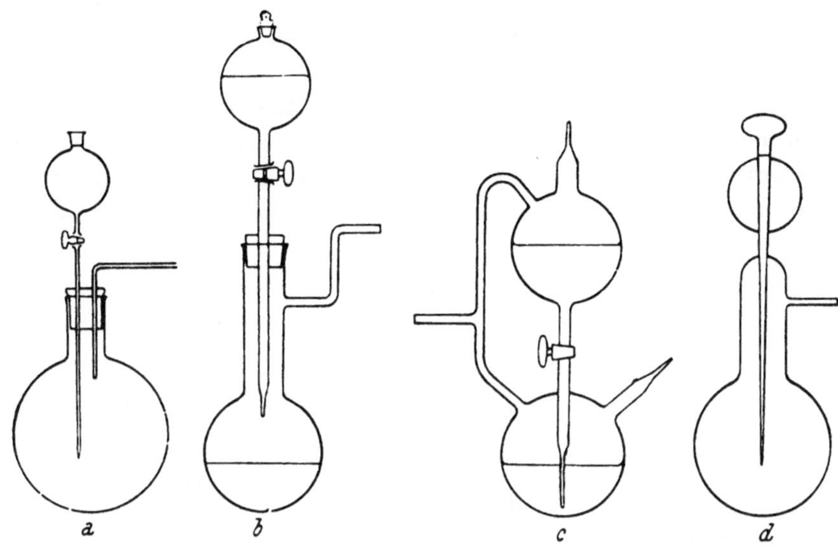

Abb. 4. Gasentwicklungsgefäße.

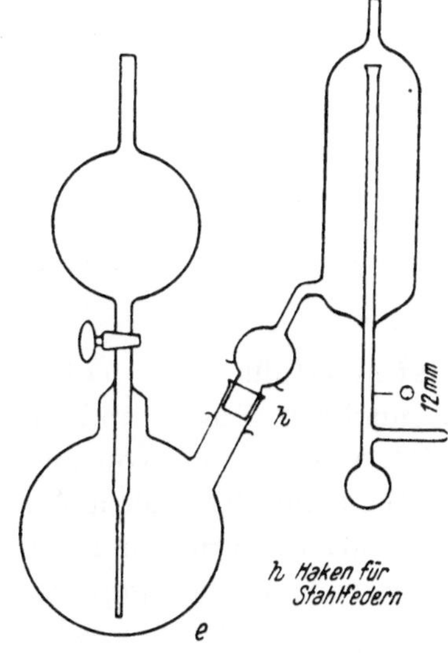

Abb. 4. Gasentwicklungsgefäße.

c Entgasung der Lösungen.

e schäumende Flüssigkeiten.

Die Eintragung kann durch entsprechende Vorrichtungen auch automatisch besorgt werden[1]).

In der Praxis der Gasherstellung ist eine große Anzahl von *kontinuierlich* wirkenden Apparaten angegeben, deren Ausführungen, dem Prinzip nach wenigstens, in den meisten diesbezüglichen Handbüchern aufzufinden sind. Eine besondere Form dieser Art ist der Kippsche Apparat, dessen Gestalt, nicht zuletzt wegen seiner ständigen Dienstbereitschaft, zu einem neuen Symbol für die „Chemie" geworden ist.

Um mit dem Kippschen Apparat[2]) ein reineres Gas zu erhalten, hat man einige Forderungen zu beachten, auf die besonders F. Pregl[3]) aufmerksam gemacht hat.

---

[1]) Stock, A. u. Mitarbeiter, Ber. dtsch. chem. Ges. **37** (1904) 885; **45** (1912) 3550: **46** (1913) 1960; **47** (1914) 811, 316. Für feinere Pulver A. Stock u. Somieski, C., Ber. dtsch. chem. Ges. **49** (1916) 111.

[2]) Für die Verwendung von nur flüssigen Stoffen eignet sich der Kippsche Apparat *nicht*, obwohl er gelegentlich dafür gebaut wird.

[3]) Pregl, F., Die quantitative organische Mikroanalyse.

Um reines Kohlendioxyd herzustellen, geht man folgendermaßen vor:
Die mittlere Kugel des Apparates füllt man ganz voll mit mittelgroßen
Stücken von weißem Marmor, die zuvor sorgfältig mit etwas Salzsäure
angeätzt und unter der Wasserleitung gewaschen worden sind. Als Trennung gegenüber der unteren Kugel des Apparates sind Glasscherben, kurz
geschnittene Glasstäbe und ähnliches gegenüber einer Leder- oder Kautschuk-
scheibe zu bevorzugen. Reine rauchende Salzsäure mit dem gleichen Volumen
Leitungswasser verdünnt wird zur Füllung des Apparates von der oberen
Kugel aus so weit eingegossen, daß außer der unteren Kugel noch etwa

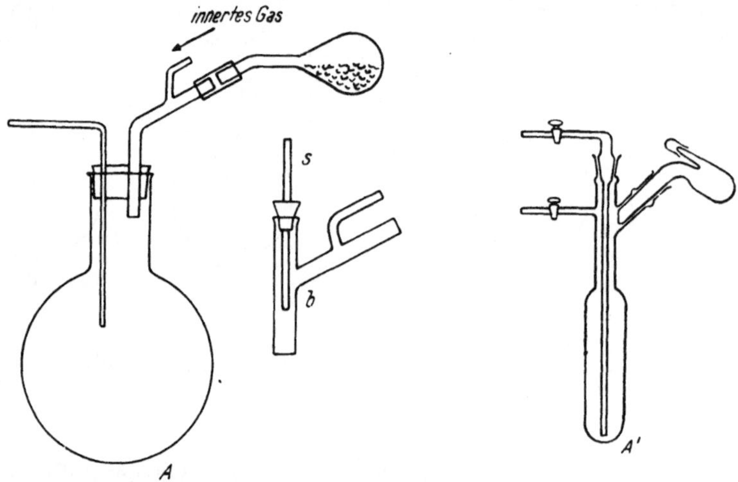

Abb. 5. Abgeteiltes Eintragen eines festen Stoffes in eine Flüssigkeit.
Bei Festbacken des Pulvers verwendet man Form b, welche einen beweglichen Glassab s erhält.
A' Ausführung mit Schliffen.

die Hälfte oder ein Drittel der oberen Kugel davon erfüllt wird. Öffnet
man nun den Hahn, so entweicht Luft aus der mittleren Kugel, und die
Entwicklung von Kohlendioxyd setzt ein. Das Gas, welches nun von dem
Apparate zu erhalten ist, entspricht noch bei weitem nicht den hohen Anforderungen, die z. B. bei der Stickstoffbestimmung gemacht werden müssen;
denn die Salzsäure enthält noch eine große Menge von Luftbestandteilen
gelöst, welche sich dem entwickelten Kohlendioxyd beimengen. Daher
läßt man zwei oder drei haselnußgroße Marmorstücke von der oberen Kugel
aus hineinfallen, die in dem Schafte steckenbleiben und reichlich Kohlendioxyd entwickeln. Durch dieses werden die in der Salzsäure gelösten
Anteile der Luft namentlich dann vollständig entfernt, wenn man durch
wiederholtes Öffnen und Schließen des Hahnes immer neue Mengen davon
in die obere Kugel steigen läßt.

Diese Behandlung ist nach zwei bis drei Tagen Stehenlassen des
Apparates zu wiederholen und erst nach dieser ist das Kohlendioxyd

genügend frei von Luft. Die Entleerung des Apparates nach Verbrauch der Säure erfolgt durch Abhebern derselben aus der oberen Kugel.

Man wird in gleicher Weise bei der Entwicklung *anderer* Gase im Kipp-Apparat vorgehen können.

Flüssigkeiten leitet man zur Zersetzung in hocherhitzte Röhren, die eventuell mit festen Stoffen ausgefüllt sind. Für das Einleiten läßt sich sehr vorteilhaft folgende einfache Vorrichtung verwenden[1] (Abb. 6).

Das Gefäß *G* wird mit der betreffenden Flüssigkeit gefüllt. Wie aus der Abbildung zu ersehen ist, wird durch das eintropfende Quecksilber die Flüssigkeit durch die Kapillare in die erhitzte Röhre eingepreßt. Die Kapillare soll so weit in die Röhre hineinragen, daß die Flüssigkeit sicher verdampfen kann, um dann in dem ganz heißen Teil der Röhre, in dem die eigentliche Reaktion stattfindet, bereits gasförmig reagieren zu können. Das Tempo, mit der die Flüssigkeit in die Röhre eintritt, wird durch die Tropfgeschwindigkeit des Quecksilbers bestimmt. Das Quecksilbervolumen ist ein Maß für die verbrauchte Flüssigkeitsmenge.

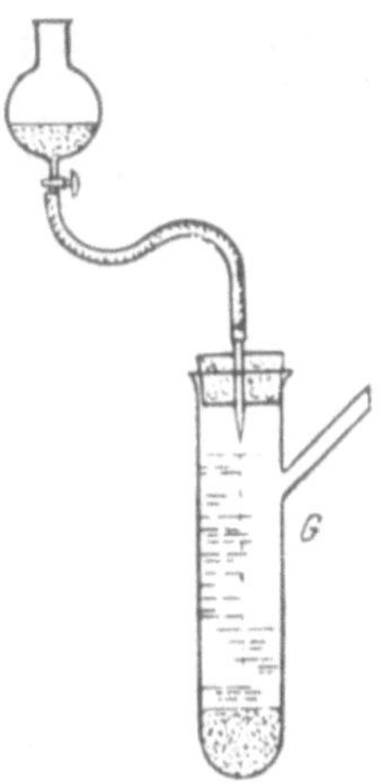

Abb. 6.
Vorrichtung, um eine Flüssigkeit zur thermischen Zersetzung in ein hocherhitztes Rohr hineinzudrücken.

B. Elektrolytische Herstellung von Gasen.

Durch Elektrolyse kann eine Reihe von Gasen hergestellt werden, die sich meist als praktisch rein erweisen. Die zur Anwendung kommenden elektrolytischen Zellen sind im allgemeinen ziemlich gleich aufgebaut. Als Elektrodenmaterial kommt Platin, Nickel und Graphit in Betracht. Die Form einer solchen Zelle für wässerige Elektrolyte mit Glasfilter zeigt die Abb. 7.

Die Dimensionen richten sich natürlich nach der Menge des pro Zeiteinheit benötigten Gases. Im allgemeinen ist dafür Sorge zu tragen, daß Anoden- und Kathodenflüssigkeit möglichst getrennt bleiben, da so eine gegenseitige Vermengung der Elektrodengase etwas zurückgedrängt wird. Man verwendet Diaphragmen aus Ton oder Glasfilterplatten. Ebenso sind stets Vorkehrungen zur Kühlung des Elektrolysengefäßes notwendig, besonders bei großer Leistung

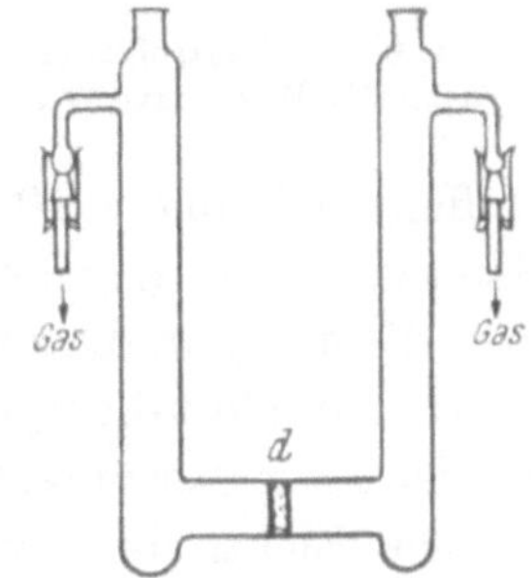

Abb. 7. Elektrolytische Zelle mit Glasdiaphragma *d*, in die Schenkel werden Elektroden eingeführt.

der Zelle. Elektrolytische Kleinzellen, welche die in der Technik gebräuchlichen Methoden zur Herstellung von Wasserstoff, Sauerstoff und

---

[1] Adkins, H. u. Nissen, B. H., J. Amer. chem. Soc. **46** (1924) 130; Allardyce, Wm., Trans. Roy. Soc. Canada, Sec. III **21** (1927) 315.

Chlor in kleinem Maßstab im Laboratorium anzuwenden gestatten, liefert Elektricitäts-Aktiengesellschaft vorm. Schuckert & Co., Nürnberg[1]). Die Anordnung ist so getroffen, daß direkter Anschluß an das Gleich- oder Wechselstromlichtnetz erfolgen kann.

Die Zelle von M. Bodenstein und W. Pohl[2]) zeigt die Abb. 8 und braucht wohl keine nähere Beschreibung. Die Elektroden können aus verschiedenen Metallen bestehen. Die Anordnung hat den Vorteil, daß das Elektrodengas unter variablem hohem Druck (abhängig von der Höhe der Flüssigkeitssäule) entweichen kann.

Spülelektroden[3]). Die elektrische Wasser-

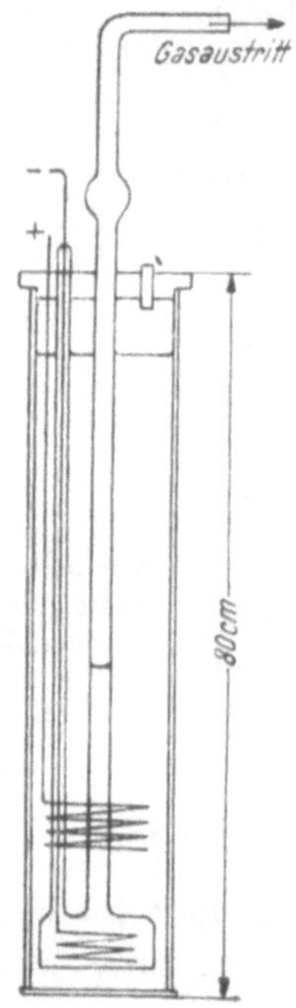

Abb. 8. Elektrolytische Zelle
nach M. Bodenstein u. W. Pohl.

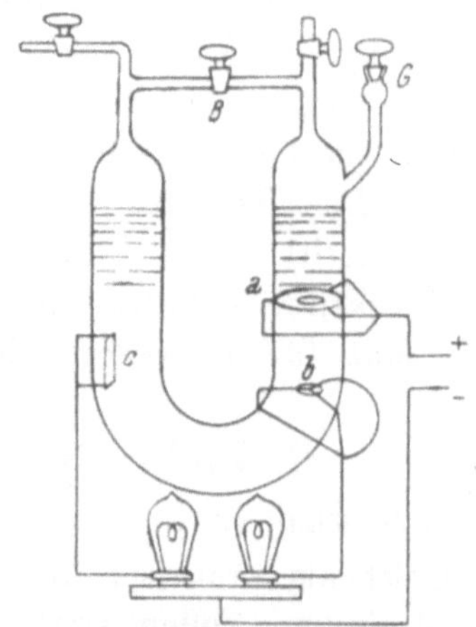

Abb. 9. Prinzipielle Schaltung bei
Spülelektroden.

stoffentwicklung z. B. hat den Nachteil, daß der Wasserstoff stets etwas Sauerstoff und umgekehrt enthalten muß, da die Elektrolytlösung beide Gase löst, die dann an die entgegengesetzten Pole wandern. Diese Verschleppung der Gase verhindert die Spülelektrodenanordnung. Ihre prinzipielle Arbeitsweise sei an der Abb. 9 erläutert, und zwar für die Herstellung von reinem Wasserstoff.

Die Elektroden werden in der Weise verbunden, daß a direkt z. B. an den positiven Pol der Lichtleitung angeschlossen wird. b und c sind durch Glühlampenwiderstände mit dem negativen Pol verbunden. Die Spannung zwischen c und a sei klein im Vergleich zur Klemmspannung der Lampen. Ferner sei das Spannungsgefälle im Elektrolyten im Bereich der Elektrode b klein im Vergleich zur Zersetzungsspannung. Dann entwickelt sich sowohl an der Elektrode b wie an c Wasserstoff. Die Elektrode b besteht aus einem

[1]) Chem.-Ztg. 63 (1929) 610.
[2]) Bodenstein, M. u. Pohl, W., Elektrochem. 11 (1905) 374.
[3]) Gaede, W., Ann. Physik [4] 41 (1913) 302.

dünnen Drahtring mit drei durch das Glas führenden Drähten aus Platin. Die sehr feinen von b aufsteigenden Wasserstoffbläschen waschen aus dem Elektrolyten den von a abwärts diffundierten Sauerstoff heraus. Die obersten Bläschen bei a entfernen die groben Mengen Sauerstoff, die untersten Bläschen bei b entfernen den Rest. Die Vorrichtung arbeitet somit nach einem Gegenstromprinzip und um so vollständiger, je größer der Weg zwischen a und b ist. Das Diffundieren des Sauerstoffs von a nach c ist dadurch verhindert. G ist ein Ansatz mit Stöpsel zur Einfüllung des Elektrolyten. Man verwende Schwefelsäure oder besser Kalilauge zur Vermeidung von Ozonbildung.

Die Verwendung besonderer Apparateformen zur Elektrolyse findet man auf S. 153 f. bei der Herstellung des Fluors.

C. Ozonisator (Siemens-Röhre).

Um mit Hilfe stiller elektrischer Entladungen in Gasen bei normalem Druck chemische Reaktionen zu bewirken, bedient man sich des sog. Ozonisators, der in verschiedenen Ausführungen verwendet wird. Die einfachste Form ist die beste.

Eine häufig verwendete Form zeigt Abb. 10. Bei dieser kann die Entfernung zwischen Außen- und Innenrohr leicht durch Änderung des Durchmessers der letzteren Röhre geändert werden. In die äußere Röhre (etwa 2 bis 4 cm Durchmesser) taucht konzentrisch eine zweite Röhre, deren Durchmesser so gewählt werden muß, daß ein entsprechender Raum zwischen den beiden Röhren frei bleibt, durch welchen das Gas strömt und wo es der Entladung unterworfen wird. Der Ozonisator steht in einem Standzylinder, der mit verdünnter Schwefelsäure gefüllt ist. Mit derselben Säure (gleiche Konzentration!) wird auch die Innenröhre des Ozonisators beschickt. Zum Schutze gegen Entladungen über der Flüssigkeitshaut an den oberen Enden der Röhren kann man die Schwefelsäure mit einer mehrere Zentimeter hohen Paraffinschicht bedecken. Kupfer- oder Bleidrähte, die in den Standzylinder und in die innere Röhre eintauchen, übernehmen die Stromzuführung. Die Drähte werden mit einer Hochspannungsquelle verbunden; zum Betrieb verwendet man Wechselstrom.

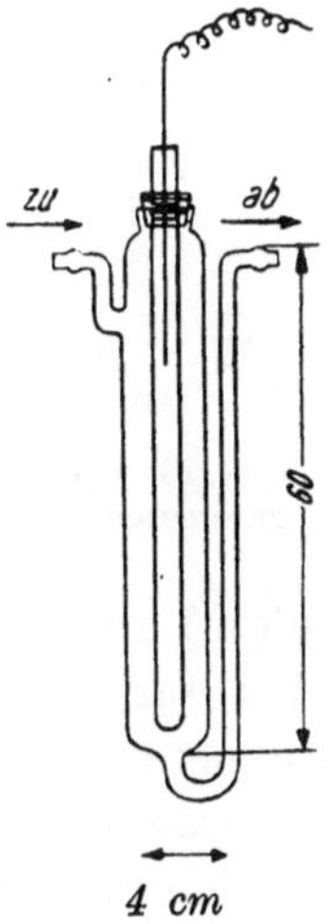

Abb. 10. Siemens-Röhre.

Die physikalische Beherrschung der Entladung ist schwierig. Die dem chemischen System in der Röhre zur Verfügung gestellte effektive Energie genauer anzugeben, erfordert eine besondere Meßanordnung[1]. Unüber-

---

[1] Warburg, E. u. Leithäuser, B., Ann. Physik **28** (1909) 9, 21; Warburg, E., Z. techn. Physik **4** (1923) 450.

sichtlich wird das System besonders dann, wenn ein Induktor zum Betriebe der Röhre verwendet wird. Messungen an Ozonröhren, bei welchen die angewendete Energie ermittelt worden ist, sind von mehreren Autoren[1]) versucht worden.

Über die verschiedenen Formen der Ozonisatoren siehe die Handbücher[2]).

D. Aufbewahrung von Gasen[3]).

1. Für gewöhnliche Zwecke dienen als Aufbewahrungsgefäße die bekannten Gasometertypen mit Wasser oder gesättigten Salzlösungen als Sperrflüssigkeit. Diese Gasometer sind meist nicht sehr dicht, so daß sich dem Gas, abgesehen von der Gasabgabe aus der Sperrflüssigkeit, auch von

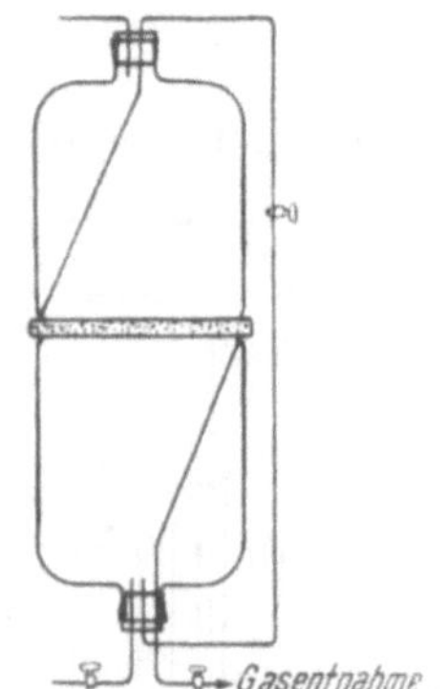

Abb. 11. Flaschen-
gasometer.

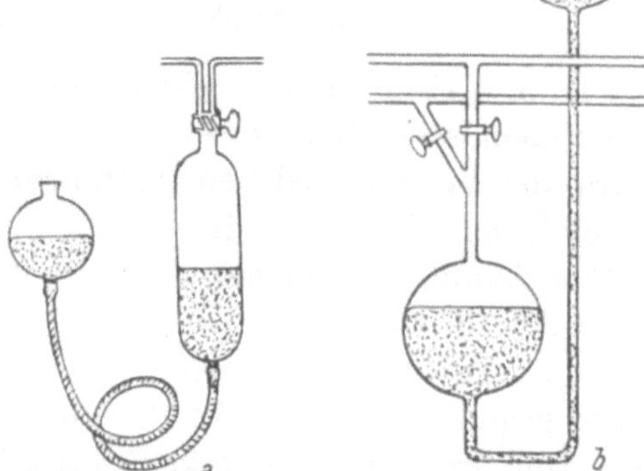

Abb. 12. Quecksilbergefäße zur Aufbewahrung von Gasen. *a*) Ein Gasweg. *b*) Zwei getrennte Gaswege.

außen Luft beimengt. Ein wesentlich besseres und billigeres Aufbewahrungsgefäß für Gase läßt sich aus zwei großen Flaschen herstellen (Flaschengasometer nach Reckleben und Lockemann) (Abb. 11). Diese Form ist besonders dann von Vorteil, wenn man Gase darstellt, die längere Zeit vor einer weiteren Reinigung über Lauge, einer Säure oder anderen flüssigen Absorptionsmitteln stehen müssen.

2. Bei exakten Gasarbeiten können Gase nur über Quecksilber aufbewahrt werden. Es gibt natürlich auch hier wieder viele Gefäßformen, die sich besonders nach der Art der Verwendung des Gases richten (Abb. 12).

---

[1]) Boissonas, Ch. u. Briner, E., C. R. Soc. Phys. Hist. Nat. Genève suppl. Arch. Gen. [4] **44** (1927) 80; v. Wartenberg, H. u. Treppenhauer, M., Z. Elektrochem. **31** (1925) 633; Briner, E. u. Susz, B., Helv. chim. acta **13** (1930) 678. Siehe auch Klemenc, A., Histenberger, H. u. Höfer, H., Z. Elektrochem. **43** (1937) 708.

[2]) Z. B. Handbuch der Arbeitsmethoden in der anorganischen Chemie Bd. II/2, S. 1567. Walter de Gruyter, Berlin 1925.

[3]) Ausführliche Beschreibungen über Typen von Gasaufbewahrungsgefäßen findet man im Handbuch der Arbeitsmethoden in der anorganischen Chemie Bd. 1, S. 234ff.

Als besonders geeignet für die Aufbewahrung größerer Gasmengen erweist
sich der Gasometer von M. Bodenstein[1]), der mit relativ geringer Queck-
silbermenge eine große Gasmenge aufnehmen kann (Abb. 13). Der geringe
Bedarf an Quecksilber wird erreicht durch die innere
Glocke a, die im Verein mit dem äußeren Mantel b
nur einen schmalen Ringraum für das Quecksilber übrig
läßt. Glocke und Mantel sind miteinander verschmolzen.
Der Mantel ist weit nach oben geführt, oben gerade ab-
geschnitten und dort mit einer Metallplatte belegt, die,
in der Mitte durchbohrt, der eigentlichen Gasometer-
glocke c Führung gewährt. Diese steigt entsprechend
der Füllung nach oben und wird auf ihrer Führungs-
stange mit Bleiplatten bis zum geeigneten Druck beschwert. Die Zuführung des Gases und seine Entnahme
geschehen durch das Rohr d, das die innere Glocke
an ihrer höchsten Stelle durchsetzt und kurz darüber
endet, und zwar bei leerem Gasometer in einem kleinen
Dom in der Wölbung der Glocke c, der erlaubt, vor der
Füllung, die durch den Hahn erfolgt, den Gasometer
bis auf einen winzigen Luftrest mit Quecksilber zu
füllen. Trotz dessen Kleinheit wird man natürlich die
erste Gasfüllung im allgemeinen verwerfen.

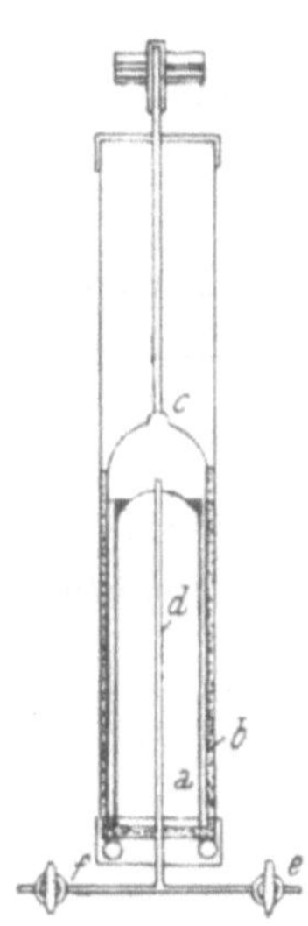

Abb. 13. Queck-
silbergasometer.

Der Rand, der die innere Glocke und den äußeren Mantel vereinigt, ist
mit Marineleim in einer passenden Metallform vergossen, die gleichzeitig
dem Rohr eine lose Führung gewährt. Diese Metallform ruht fest gefaßt
auf einem Stativring, ein zweiter hält oben den äußeren Mantel, die Hähne
sind an einem am Stativ befestigten Holzbrett montiert, so daß die
Zerbrechlichkeit des Ganzen auf ein Minimum reduziert ist.

Der Apparat kann auch bei geöffneten Hähnen oder ohne
Hähne als *Ausgleichsglocke* in einer ständig gespeisten und
periodisch beanspruchten Gasleitung dienen.

Einen Gasometer für etwa 12 l Gas mit ebenfalls sehr
kleinem Quecksilbervolumen beschreibt F. W. Küster[2]).

3. Die beste, wenn auch nicht bequemste, oft aber auch
nur die einzig mögliche Aufbewahrung von Gasen erfolgt in
Glasrundkolben, die bis zu 'einem Rauminhalt von 30—35 l
zu haben sind. Man läßt direkt in der Glashütte den entsprechenden Ansatz machen (Abb. 14)[3]). Die großen Kolben
müssen natürlich besonders sorgfältig im Hochvakuum aus-
geheizt werden. Man wird sie meisten mit dem Hals nach

Abb. 14. Glas-
kolben zur Auf-
bewahrung von
Gasen.

unten, *über*

[1]) Bodenstein, M., Ber. dtsch. chem. Ges. **51** (1918) 1643.
[2]) Küster, F. W., Z. anorg. Chem. **42** (1904) 453.
[3]) In Deutschland z. B. W. K. Heinz, Stützerbach in Thüringen.

der Tischfläche hängend, in die Apparatur einbauen[1]). Für die Aufbewahrung in diesen Kolben eignen sich ganz besonders solche Gase, die sich leicht kondensieren lassen und so in die verschiedenen Teile des Gasgerätes befördert werden können. Bei anderen Gasen muß die Bewegung derselben mit der Toepler-Pumpe oder der Quecksilberdiffusionspumpe erfolgen (s. S. 119 und S. 120.)

4. Gase werden auch in Glasröhren, Kolben usw. aufbewahrt, die man von dem Herstellungsgerät abschmelzen kann, um sie an anderer Stelle wieder zu verwenden. Läßt sich das Gas mit flüssiger Luft oder einem anderen Kühlmittel kondensieren, so wird das Gefäß nach der Abkühlung an der verengten Stelle abgesprengt, und der Inhalt kann dann an anderer Stelle verwendet werden. Besser ist es jedoch, den abgeschmolzenen Teil mit einem magnetisch zu betätigenden Zerschlagsventil (oder anderen Typen von *Vakuumöffnern*) zu versehen (Abb. 15). Das Gefäß 1 z. B. wird bei *a* an das Gasgerät, in welches das Gas eingeführt werden soll, angeschmolzen.

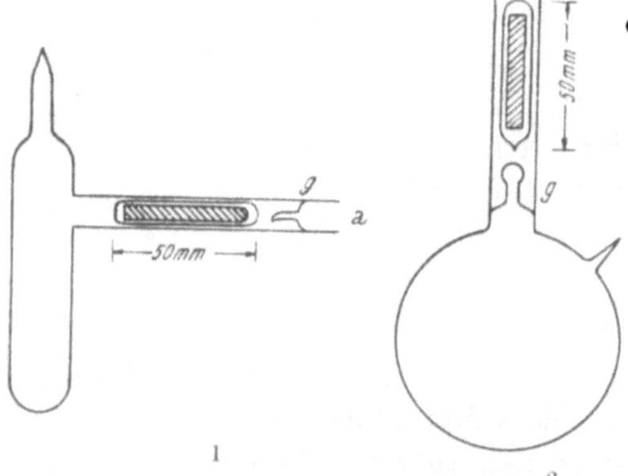

Abb. 15. Magnetisch betätigte Zerschlagsventile.

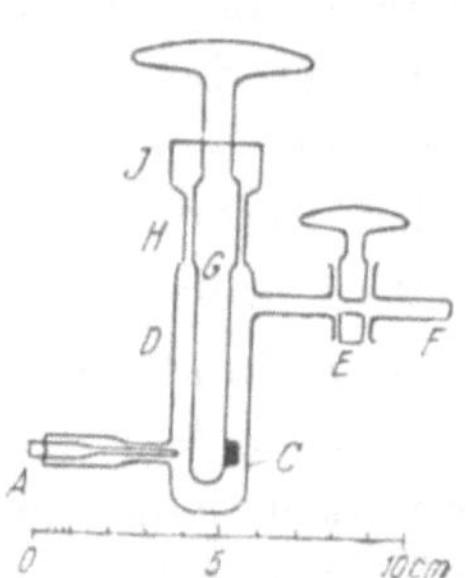

Abb. 16. Vakuumöffner.

In den Fällen, in denen das Gas den Eisenkern angreift, muß dieser in Glas oder Quarz eingeschmolzen werden. Bei der Zertrümmerung des Glasabschlusses *g* werden feine Glasteilchen sehr weit in den Hochvakuumraum geschleudert; ist das Glas verflüssigbar, so wird man erst *nach* der Abkühlung das Ventil zertrümmern, wodurch dies vermieden wird. Eine andere Form des Vakuumöffners zeigt Abb. 16[2]).

5. Größere Mengen verflüssigbarer Gase kann man in kleinen Stahlflaschen aufheben, wobei man sich der in Abb. 17 dargestellten Anordnung bedient. Man läßt das Gas über das sehr gute Nadelventil *N* in das Aus-

---

[1]) Das Anschmelzen des T-Stückes muß jedoch bei *aufrechtem* Kolben erfolgen, da sonst vom Handgebläse Gas in denselben strömt und die Möglichkeit besteht, daß sich ein explosives Gemenge ausbildet. Die Nichtbeachtung dieser Vorsichtsmaßnahme führte in einem Falle im Laboratorium des Verfassers beim Anschmelzen eines 30 l-Kolbens zu einer schwere Schaden verursachenden Explosion.

[2]) Stock, A., Ber. dtsch. chem. Ges. **51** (1918) 985.

friergefäß *A*, das aus Stahl angefertigt ist, einströmen und friert es daselbst aus. Die Verbindungsröhren bestehen aus Kupfer oder Stahl. Hat sich genügend Gas in *A* angesammelt, schließt man das Nadelventil *N* und läßt das Gas in die kleine Stahlflasche absieden. Am Manometer *M* kann man den jeweiligen Druck ablesen. Vor Beginn ist der ganze Teil vollständig zu evakuieren. Das Nadelventil muß in diesen Fällen auch von der Stopfbüchsenseite *hochvakuumdicht* sein[1]). Wichtig ist, die Metallrohrverbindungen vollkommen trocken zu halten, damit sie sich nicht beim Abkühlen verstopfen und beim Verdampfen zu Explosionen Veranlassung geben.

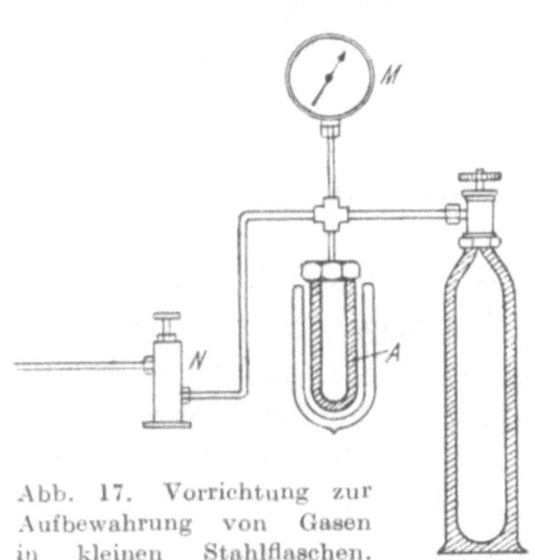

Abb. 17. Vorrichtung zur Aufbewahrung von Gasen in kleinen Stahlflaschen.

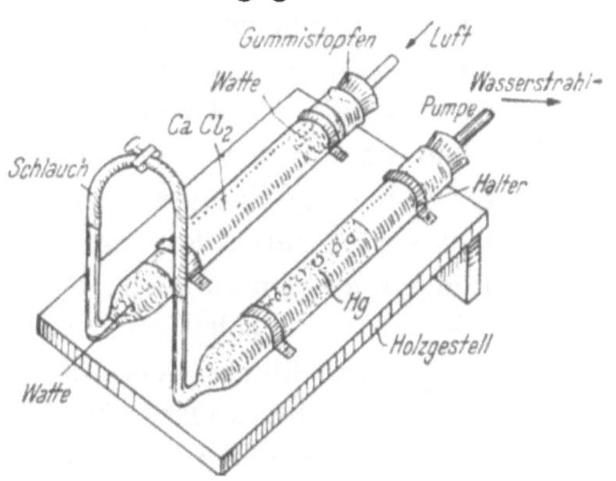

Abb. 18. Vorrichtung zur Reinigung des Quecksilbers mit Luft.

E. Sperrflüssigkeiten.

Solche müssen, um verwendbar zu sein, möglichst wenig Gas lösen und keine fremden Gase abgeben. In idealer Weise sind alle noch weiteren Forderungen an eine Sperrflüssigkeit beim *Quecksilber* erfüllt.

Reinigung des Quecksilbers. 1. Zur mechanischen Reinigung verwendet man grobe Glasfrittenfilter. 2. Reinigung im Fallrohr mit verdünnter Salpetersäure[2]), hier ist eine feine Verteilung des unreinen Quecksilbers mit porösen Glasfiltern vorteilhaft. 3. Eine vorzügliche Reinigung, ganz besonders wenn unedle Metalle gelöst sind, ist mehrtägiges Durchleiten von trockener Luft. Die Metalle werden oxydiert und schwimmen als Schaum auf dem Quecksilber, das dann abfiltriert wird (s. Abb. 18). 4. Die beste und sicherste Reinigung ist die Destillation im Vakuum. Es sind dafür eine Reihe von automatisch wirkenden Vorrichtungen vorhanden.

Das Arbeiten mit Quecksilber. Bei den Arbeiten mit Gasen ist die Verwendung von Quecksilber kaum zu vermeiden, zu jeder genaueren Arbeit

---

[1]) Derartige ausgezeichnete Ventile erzeugt z. B. Andreas Hofer, Mülheim (Ruhr) (s. Seite 26, Anm. 1).

[2]) Meyer, L., Z. analyt. Chem. **2** (1863) 241. Im „Zickzack" F. Friedrichs, Z. angew. Chem. **27** (1914) **24.**

ist es überhaupt unentbehrlich. Der Umgang mit Quecksilber erfordert einen gewissen Takt, um mit diesem in einer Weise fertig zu werden, da einmal seinem nicht zu gering zu veranschlagenden Verbrauch und seinem Preis Rechnung zu tragen ist. Besonders aber kann das unvorsichtige Arbeiten mit Quecksilber bei manchen Menschen gesundheitliche Schäden zeitigen. Diesen Umständen entsprechend wird man von vornherein allgemeinere Methoden und spezielle Maßnahmen beim Arbeiten mit Quecksilber berücksichtigen. Wir verdanken es besonders A. Stock, der mehrfach darauf hingewiesen hat, daß bei Arbeiten, bei denen man Quecksilber verwenden muß, ein möglichst weitgehender Schutz gegen dieses relativ flüchtige Metall äußerst wichtig ist.

Es wird einem jeden, der mit Quecksilber zu arbeiten hat, bekannt sein, wie leicht dieses beim Hantieren verlorengeht und auf Tisch und allen Teilen desselben fein verteilt sich fast unauffindbar verkriecht und praktisch ohne größere Mühe nicht gesammelt werden kann. Wenn man bedenkt, daß sich an derselben Stelle öfters solche mit Quecksilberverlusten verbundene Unfälle ereignen können, kann man leicht den unhygienischen Zustand eines Raumes ermessen, in dem sich solch ein Arbeitstisch oder sogar mehrere befinden. Um dieses unvermeidliche Verlaufen des Quecksilbers möglichst einzuschränken, bleibt nichts anderes übrig, als die Quecksilber beanspruchenden Apparaturen entsprechend richtig aufzubauen und dasselbe nur dort zu verwenden, wo es wirklich unentbehrlich ist. Die Anordnungen müssen möglichst wenig freie Quecksilberoberflächen besitzen und so gebaut sein, daß nach Möglichkeit Unfälle ausgeschlossen sind. Man muß z. B. Vorrichtungen treffen, um raschen Druckanstieg zu verhindern. So müssen z. B. Manometergefäße entsprechend dimensioniert und mindestens eine Länge von 110 cm haben, Einströmungsöffnungen für das Aufheben des Vakuums müssen eng sein usw. Vor allem soll man massive Holztische mit Schubladen vermeiden. Holz ist eine besonders ungeeignete Unterlage, da sich in seinen feinen Oberflächenrissen das Quecksilber unwiederbringbar verkriecht[1]). Nur Schieferplatten eignen sich als Unterlage, aber auch solche bieten, sobald Apparate darauf stehen, nicht hinreichende Sicherheit, denn das Quecksilber verkriecht sich unter die Eisengestelle, mit denen die Apparate befestigt sind, und unter Teile dieser selbst. In solchen Fällen kann das Quecksilber erst nach Abbruch der Apparatur gesammelt werden.

Um allen diesen Umständen, die einem sauberen Arbeiten mit Quecksilber hinderlich sind, entgegenzutreten, hat der Autor eine Anordnung angegeben, die vor allem eine in jedem Laboratorium leicht ausführbare Form darstellt. Das Prinzip der Anordnung ist eine Verlegung des „Tisches“ gegen die Zimmerdecke. Der „Tisch“ besteht aus zwei Eisen- (oder Holz-)trägern, welche in etwa 2 m Höhe durch den Arbeitsraum gelegt werden. An diese wird die Gas- und Wasserleitung, die Strom- und Vakuumleitung verlegt. Die

---

[1]) Bei kleinen Apparaten verwende man *Quecksilbertassen*, die man auch leicht aus Sperrholz, mit einem dichten Farbanstrich versehen, herstellen kann.

Träger dienen dann noch besonders dazu, nun an ihnen die Apparatur in entsprechender Weise zu befestigen. Der Boden des Raumes bleibt vollständig frei. Hier kann etwa verschüttetes Quecksilber von dem Linoleumbelag des Fußbodens rein und ohne Verluste eingesammelt werden. Die Apparate sind von *allen* Seiten leicht zugänglich. Einzelheiten werden in der Abhandlung[1]) ausgeführt. Solcherart ausgestattete Räume haben sich in mehrjähriger Verwendung an verschiedenen Stellen ausgezeichnet bewährt, und man kann auf Grund dieser Erfahrungen sagen, daß es die einzig zweckentsprechende Anordnung für die Verwendung des Quecksilbers beim Arbeiten mit Gasen darstellen dürfte. Für ein besonderes Gerät hat Stock schon viel früher eine etwas abweichende Ausgestaltung angegeben[2]). *Jedenfalls wird man in jedem modernen Laboratorium für das Arbeiten mit Quecksilber besondere Räume bestimmen und entsprechend ausgestalten.*

Da Quecksilber ein sehr wirksamer Katalysator für chemische Reaktionen ist, soll dessen mögliche Mitwirkung bei Gasreaktionen nicht außerachtgelassen werden[3]).

Sammeln des Quecksilbers. Das verschüttete Metall wird mit einem Haarpinsel oder -bürste zusammengekehrt und dann abgesaugt. Man verwendet einen gewöhnlichen Absaugkolben, der durch einen mehrere Meter langen gewöhnlichen Schlauch mit einer Wasserstrahlpumpe verbunden wird. Durch den Gummistopfen des Kolbens geht eine kurze Röhre, an welcher sich ein engerer Schlauch (etwa ½ m lang) befindet, der mit einem zu einer langen Spitze ausgezogenen Glasrohr verbunden ist. Beim Ansaugen werden die kleinsten Kügelchen selbst aus tiefen Ritzen leicht hervorgeholt.

F. Messung des Druckes.

Alle Druckmessungen werden mit einem Quecksilbermanometer ausgeführt oder auf dieses bezogen. Der Druck ist durch die Ablesung der Höhenunterschiede zwischen den beiden Quecksilbermenisken bestimmt, er wird in cm oder in mm Hg angegeben, letztere Größe wird abgekürzt mit *Torr* bezeichnet. Die Skala muß richtig sein, deren Fehler kann durch eine Eichung gefunden werden. Das verwendete Quecksilber hat vollkommen rein zu sein. Wird mit einer Barometeranordnung gemessen, so muß das Torricelli-Vakuum *vollkommen* sein. Die erreichte Genauigkeit ist lediglich von der Sicherheit der Ablesung abhängig, mit welcher die Höhenunterschiede gemessen werden können.

Es ist zu berücksichtigen:

1. *Temperatur-Korrektur.* Das Quecksilber dehnt sich für 1° C um $\beta = 0,0001815$ seines Volumens aus. Wird der Höhenunterschied an einer

---

[1]) Klemenc, A., Z. Elektrochem. **44** (1938) 243.

[2]) Stock, A., Z. angew. Chemie **42** (1929) 999.

[3]) Stock, A. u. Zimmermann. Mh. Chem. **55** ([930) 1; Müller u. Pringsheim, Z. Phys. **65** (1930) 739.

Messingskala abgelesen, so ist auch deren Ausdehnungskoeffizient zu berücksichtigen, der für 1^0 C $\beta' = 0{,}0000184$ beträgt. Die Ablesungen am Barometer werden auf 0^0 C der Quecksilbersäule bezogen. Beträgt bei t^0 C der Barometerstand b, dann ist der auf 0^0 reduzierte Stand b'

$$b' = b - \frac{(\beta - \beta')\, t}{1 + \beta\, t} \cdot b.$$

Es gibt Tabellen, welche das zweite Glied des Ausdruckes enthalten[1]).

2. *Schwere Korrektur.* Für die geographische Breite von 45^0 gilt $g_{45} = 980{,}616$ cm $\cdot$ sek^{-2} (Normalwert). Für die geographische Breite φ gilt der auf 45^0 Breite reduzierte Wert b''

$$b'' = b' - 0{,}00259 \cos 2\,\varphi \cdot b'.$$

3. *Meniskus-Korrektur.* Der konvexe Meniskus erniedrigt den Quecksilberstand. Das erfordert eine Korrektur der Ablesung, dazu sind ebenfalls Tabellen vorhanden. Die Korrekturen sind stets zu addieren. Sie müssen bei Fortin-Barometern, Normal- und Heber-Barometern angebracht werden, sobald die oberen und unteren Quecksilberkuppen verschieden sind.

Die Ablesungen enthalten Fehlerquellen. Das Quecksilber zeigt in den Röhren eine Kapillardepression, welche vorerst in ihrer Auswirkung auf die Einstellung der Höhe durchaus nicht genau angebbar sein kann. Die Zwischenschaltung z. B. von Apiezonöl in die Druckablesung steigert die Empfindlichkeit der Einstellung, ohne den Fehler infolge der Kapillarkräfte zu vermeiden. In einer ausgezeichneten Arbeit hat E. Stulla-Götz[2]) gezeigt, daß erst bei einer Röhre von 45 mm Durchmesser das Quecksilber keine Kapillardepression besitzt[3]). Eine weitere Fehlerquelle ist die Brechung des Lichtes bei der Ablesung der Quecksilberhöhe, die mehr auf die Unregelmäßigkeit der Glasoberfläche als auf die Inhomogenität des Glases selbst zurückzuführen sein wird[4]); dies zwingt zur Verwendung von möglichst dünnem Glas.

Ohne diese Fehlerquellen besonders zu beachten, wird heute angenommen, daß eine Druckablesung auf etwa $\pm 0{,}005$ Torr erfolgen kann.

Niedrige Drucke. Diese werden mit besonderen Vorrichtungen gemessen.

1. McLeod-*Manometer.* Das Prinzip ist an vielen Stellen beschrieben. Da Quecksilber als Absperrflüssigkeit verwendet wird, so ist stets ein Dampfdruck (bei Z. T.) $p_{Hg} \approx 10^{-3}$ Torr vorhanden. Niedrigere Drucke $p < p_{Hg}$ sind also nur als Partialdrucke im Gesamtdruck $p + p_{Hg}$ zu erhalten.

2. *Wärmeleitungsmanometer nach* Pirani. Prinzip S. 46. Druckbereich 10^{-1} bis 10^{-4} Torr, es wird der Gesamtdruck gemessen.

3. Philips *Vakuummeter.* Bei diesem Gerät benützt man Beobachtungen von F. M. Penning[5]) über die Gasentladung im Vakuum, wenn auf das

---

[1]) Für eine Glasskala wird man einen entsprechenden (kleineren) Wert für β' einsetzen.
[2]) Stulla-Götz, E., Physik. Z. **35** (1934) 404; Naturw. **22** (1934) 10.
[3]) Nach E. Th. Levanto ist ein Hg-Meniskus indifferent auf Druckänderungen von 2 bis $3 \cdot 10^{-3}$ Torr (Centralblatt 1943 II S. 302).
[4]) Cawood, W. u. Patterson, H. S., Trans. Faraday Soc. **29** (1933) 514.
[5]) F. M. Penning, Physica **4** (1937) 71.

System ein Magnetfeld einwirkt. Gemessen wird der zwischen den Elektroden sich einstellende Strom durch die *Länge* des negativen Glimmlichtes. Meßbereich 10^{-3} bis 10^{-5} Torr, er wird der Totaldampfdruck angezeigt. Ein großer Vorteil dieser Vorrichtung ist die *trägheitslose* Druckanzeige.

Zu beziehen von E. Leybolds Nfg., Köln-Bayental.

Über Druckmessung an aggressiven Gasen S. 124.

G. Kreislauf von Gasen.

1. Um eine gegebene Gasmenge in einem geschlossenen Gasgerät im ständigen Umlauf zu erhalten, muß man besondere Anordnungen wählen. Man kann das Gas zwischen zwei Gasometern, welche an den beiden „Enden" des Gerätes angebracht werden, hin und her senden. Die Gasometer kann man durch Gefäße ersetzen, in welchen das Gas abwechselnd kondensiert und wieder verdampft wird. Der Druck des umlaufenden Gases kann, wenn es einheitlich ist, durch die entsprechende Wahl der Temperatur des verdampfenden Gases in weitem Bereiche geändert werden.

2. Das *Thermosiphonprinzip* gestattet ständig auch größere Gasmengen zu bewegen. Man kann statt Außenheizung der Säule auch in derselben ein elektrisch geheiztes System (Silitstab, Platin usw.) unterbringen, das zugleich einen reaktionsfähigen Stoff enthält, mit dem das kreisende Gas reagieren soll. H. Kahle reinigt auf diese Weise Edelgase von begleitenden Kohlenwasserstoffen. Der Silitstab enthält an der Oberfläche Kupferoxyd, das Kohlendioxyd

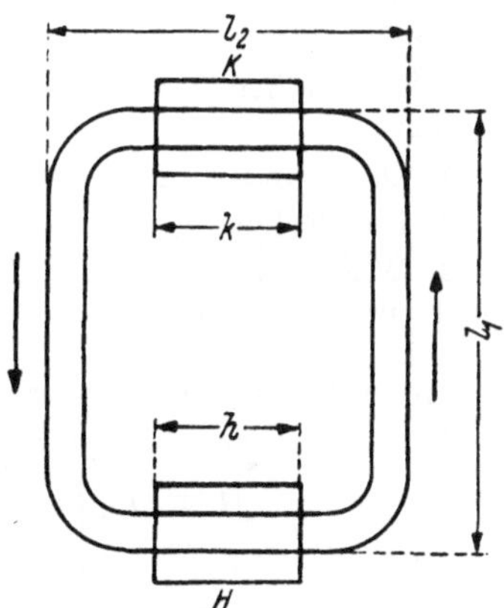

Abb. 19. Gasbewegung nach dem Thermosiphonprinzip. *H* heiße Säule, elektrisch geheizt, *K* kalte Säule, Wasserkühlung. Die Geschwindigkeit des Gasstromes hängt von der Dimension der Röhre, der Ausdehnung von *K* und *H* und dem Temperaturunterschied ab.

wird an festem Natriumhydroxyd absorbiert, das in der kalten Säule in einer den Umlauf nicht störenden Menge untergebracht ist.

Natürlich kann man auch in der heißen Säule selbst Kontakte, Absorptionsmittel usw. unterbringen, es sind also verschiedene Anordnungen unter Anwendung des genannten Prinzipes an strömenden Gasen möglich.

Eine Vorrichtung S. 68, Abb. 40.

Es ist von Interesse, in einem System von genannter Art die Geschwindigkeit des Gasstromes zu kennen, welche sich bei einer vorgegebenen Anordnung einstellt. Obgleich eine grundsätzliche Behandlung des Thermosiphonprinzipes bereits vorliegt[1]), so ist dieses nicht so weit ausgearbeitet,

---

[1]) Ph. Frank u. R. v. Mises, Die Differential- u. Integralgleichungen der Mechanik und der Physik, 2. Teil, S. 263.

um in besonderen Fällen verwertet werden zu können. Auf Vorschlag des Autors hat Herr Doz. Dr. Heinrich diese Lücke ausgefüllt und entsprechende Gleichungen entwickelt. Das Problem erfordert eine ziemlich weitgehende Rechnung. Herr Doz. Dr. Heinrich gestattete, seinem Manuskript nachstehende Gleichungen zu entnehmen. Die wichtigsten Voraussetzungen zur Berechnung waren:

1. Die Rohrwände der Verbindungsrohre von Heiz- und Kühlrohr sind nach außen thermisch isoliert.

2. Im Innern der Gase ist das Temperaturgefälle senkrecht zur Rohrachse vernachlässigbar klein.

3. Die Strömung ist laminar, es treten keine laminaren Anlaufstrecken ein.

4. Wirkung der Rohrkrümmungen wird nicht berücksichtigt.

5. Kreisförmige Rohrquerschnitte.

6. Die Höhenabmessungen sind klein, so daß keine Dichteänderung mit der Höhe vorliegt.

7. Dichteänderungen, die strömungsbedingt wären, werden nicht berücksichtigt.

8. Das Füllgas gehorcht dem idealen Gasgesetz.

9. Wärmeleitung in der Richtung der Rohrachse wird gegenüber der senkrecht zur Rohrachse vernachlässigt.

In erster Näherung erhält man

$$M = d_m \sqrt{\frac{981\,\pi\,(h_1 + h_2)\,(T_w - T_k)\,273^n\,\mu}{2^{4-n}\,\eta_0\,(T_w + T_k)^{n+1}\,\Sigma\,\dfrac{l}{r^4}}} \quad \text{g} \cdot \text{sek}^{-1}.$$

$$\mu = 5{,}735 \left(\frac{\lambda_w\,l_w}{c_{p_w}} + \frac{\lambda_k\,l_k}{c_{p_k}} \right) \quad \text{g} \cdot \text{sek}^{-1}.$$

Es bedeutet für das *Gas*:

d_m mittlere Dichte g · cm⁻³ entsprechend einer mittleren Temperatur $(T_k + T_w)/2$,

T_w, T_k die Temperatur des warmen bzw. kalten Rohrteiles,

η_0 innere Reibung g · cm⁻¹ · sek⁻¹,

bei $\left.\begin{array}{l}\end{array}\right\}$ λ_w, λ_k Wärmeleitfähigkeit cal · cm⁻¹ · sek¹ · grad⁻¹,
T_w bzw. T_k $\left.\begin{array}{l}\end{array}\right\}$ c_{p_w}, c_{p_k} spez. Wärme bei konst. Druck cal · g⁻¹ · grad⁻¹,

n ist eine von der Natur des Gases abhängige Größe, enthalten in der Gleichung[1])

$$\eta/\eta_0 = (T/273)^n.$$

Auf den *Apparat* beziehen sich die restlichen nun folgend angegebenen Zeichen.

Beispiel: Luft, Füllgas, $T_w = 673$, $T_k = 283$, $d_m = 1{,}29 \cdot 10^{-3}$ g · cm⁻³. Es wird eine mittlere Temperatur 200⁰ C angenommen, denen die folgenden

---

[1]) Siehe Landolt-Börnstein-Roth-Tab. (1923) 1. Bd. S. 178.

Werte entsprechen: $\lambda_w = 1{,}025 \cdot 10^{-4}$ cal $\cdot$ cm^{-1} $\cdot$ sec^{-1} $\cdot$ grad^{-1}, $\lambda_k = 0{,}733$ $\cdot 10^{-4}$ cal $\cdot$ cm^{-1} $\cdot$ sec^{-1} $\cdot$ grad^{-1}; $c_{p_w} = 0{,}250$ cal $\cdot$ g^{-1} $\cdot$ grad^{-1} und $c_{p_k} = = 0{,}241$ cal $\cdot$ g^{-1} grad^{-1}; $\eta_0 = 1{,}72 \cdot 10^{-4}$ g $\cdot$ cm^{-1} $\cdot$ sec^{-1}; $n = 0{,}76$.

Dimensionen im verwendeten Apparat (Abb. 20): $r_1 = r_2 = r_w = r_k = 1$ cm, $h_1 = h_2 = 15$ cm, $l_w = 4{,}45$ cm, $l_k = 6$ cm, also $l_1 + l_2 = 17{,}37$ cm[1]).

Man findet

$$M = 0{,}0825\, g \cdot \text{sec}^{-1}.$$

Die mittlere Strömungsgeschwindigkeit v

$$v = \frac{M}{r^2\, \pi \cdot d_m} = 20{,}4 \text{ cm} \cdot \text{sec}^{-1}.$$

Es haben übrigens diese Rechnungen gezeigt, daß es zweckmäßig wäre, Heiz- und Kühlrohr möglichst horizontal zu legen. Dies dürfte aber für Laboratoriumsanordnungen kaum häufig vorteilhaft sein.

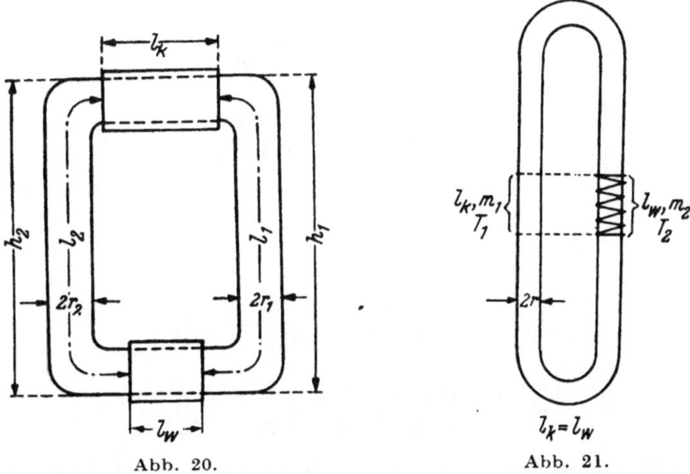

Abb. 20.　　　　　　　Abb. 21.

Es läßt sich eine wesentlich einfachere Gleichung ableiten, die voraussichtlich in zahlreichen Fällen vollkommen entsprechen wird. Ich verdanke dieselben Herrn Prof. Clusius, der sie mir in einem Briefwechsel über den behandelten Gegenstand mitteilte. Die Gleichung ist experimentell geprüft worden. Abweichungen etwa $\pm 10\%$. Die Anordnung entsprechend der Abb. 21. Das geheizte Rohrstück von der Länge l_w ist verhältnismäßig kurz gegen die Gesamtlänge l. Es genügt für die Strömung einfach näherungsweise Zimmertemperatur anzunehmen und die innere Reibung des Füllgases, die dieser Temperatur entspricht, in Betracht zu ziehen.

---

[1]) Die Abmessungen des Apparates sollen so sein, daß

$$\frac{l_w}{l_k} = \lambda_k / c_{p_k} : \lambda_w / c_{p_w};$$

dann ist M noch eine weitere Näherung.

Der *Auftrieb* ist bestimmt durch die Gewichtsdifferenz des Gases im warmen Rohr und einem *gleich* langen Stück l_w des kalten Rohres. Die übrigen Rohrteile und ihre Länge sind wohl für die Strömung, aber nicht für eine weitere treibende Kraft, maßgebend.

Nach Poiseuille ist das pro Zeiteinheit durch ein Rohr strömende Volumen

$$v' = \frac{\pi \cdot r^4}{8\,l}\frac{\Delta p}{\eta}.$$

Die Druckdifferenz Δp ist gleich der am Ende des warmen Rohres und des äquivalenten kalten Stückes wirkenden Kraftdifferenz, pro Flächeneinheit:

$$\Delta p = \frac{(m_1 - m_2)}{r^2\,\pi} 981 \cdot \mathrm{g\,cm^{-1}} \cdot \mathrm{sec^{-2}}.$$

Es sind m_1, m_2 die Gasmassen im kalten bzw. heißen Rohrteil. Ist M das Molgewicht des Gases, so ist

$$\frac{l_w\,r^2\,\pi\,p}{10^3} = \frac{m_1}{M}\,R\,T_1$$

$$m_1 = \frac{l_w\,r^2\,\pi\,p\,M}{10^3\,R\,T_1},$$

oder

$$m_1 - m_2 = \frac{l_w\,r^2\,\pi\,p\,M}{10^3\,R}\left(\frac{1}{T_1} - \frac{1}{T_2}\right),$$

demnach

$$\Delta p = \frac{l_w\,M\,p\,981}{10^3\,R}\left(\frac{1}{T_1} - \frac{1}{T_2}\right),$$

folglich

$$v' = \frac{\pi\,r^4\,l_w\,M\,p\,981}{8 \cdot 10^3\,l\,\eta\,R}\left(\frac{1}{T_1} - \frac{1}{T_2}\right).$$

Mißt man den Druck in Torr und η im CGS-System, so erhält man schließlich

$$v' = \frac{6{,}18 \cdot 10^{-3}\,r^4\,l_w\,p\,M}{l\,\eta}\left(\frac{1}{T_1} - \frac{1}{T_2}\right)\ \mathrm{ccm} \cdot \mathrm{sec^{-1}},$$

l und l_w können in beliebigem, aber gleichem, Maß gemessen werden.

Diese Gleichung kann nur näherungsweise richtig sein. Die Geschwindigkeit des bewegten Gases muß vor allem so sein, daß die Voraussetzungen, die bei der Ableitung verwendet worden sind, auch annähernd erfüllt werden können — also nicht zu hohe Strömungsgeschwindigkeiten!

3. Der in 1. genannte einfache Vorgang kann durch eine Toepler-Pumpe oder Diffusionspumpe (S. 120) ersetzt werden, wenn die Gasdrucke niedrig (bis maximal etwa 40 mm Hg) sein können. Eine automatisch arbeitende Toepler-Pumpe hat A. Stock[1]) angegeben; sie arbeitet mit einem Hilfsdruck. Eine andere Form, mit atmosphärischem Druck

---

[1]) Stock, A., Z. Elektrochem. **23** (1917) 35.

betrieben, haben E. R. Weaver und M. Shepherd[1]) konstruiert, eine besondere Form gibt W. C. Schumb[2]) an.

4. Größere Gasmengen bei höherem Druck lassen sich auch durch automatisch wirkende Vorrichtungen im Kreislauf bewegen. Dazu findet man Ausführungen bei F. Fischer und O. Runge[3]), bei E. Wilke und H. Kuhn[4]) und anderen Autoren angegeben. Letztere Vorrichtung ist von A. Stock und W. Mathing[5]) verbessert worden. Gut bewährt sich die elektromagnetische Kolbenpumpe von W. Brenschede[6]).

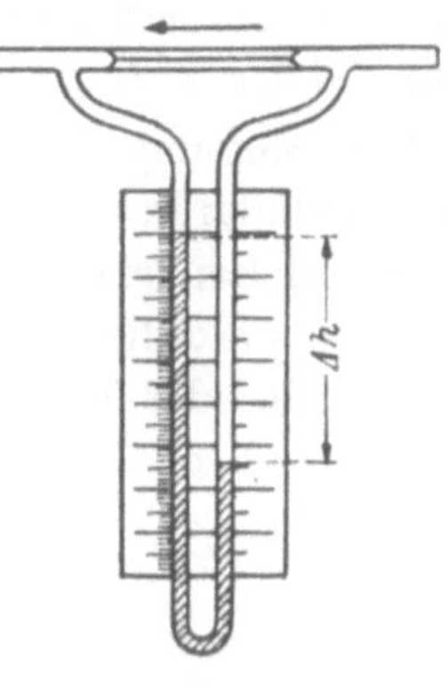

Abb. 22.

H. Strömungsmanometer.

Messung des in der Zeiteinheit durchströmenden Gasvolumens.

Zuweilen ist es notwendig, die Gasmenge zu kennen, welche in der Zeiteinheit in einer Richtung durchtritt. Dazu verwendet man, wenn große Gasmengen zu messen sind, sog. Experimentiergasuhren. Häufiger kann man sich jedoch einer wesentlich einfacheren Vorrichtung, des sog. *Strömungsmanometers* bedienen. Dieses hat gegenüber der Gasuhr noch den großen Vorteil, daß man den *Momentanwert* direkt ablesen kann. Ebenso kann$_n$ dies beim *Rotameter*[7]) erfolgen, das vor allem technische Bedeutung besitzt.

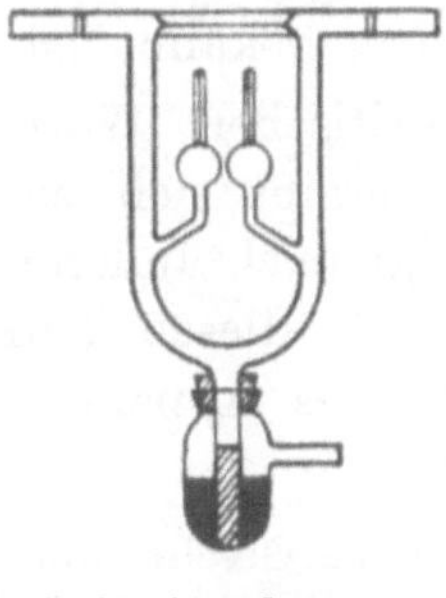

Das Prinzip des Strömungsmanometers zeigt Abb. 22. Es ist ein U-Rohr, dessen Schenkel in der abgebildeten Weise durch eine Kapillare verbunden sind. Die Schenkel werden mit einer Flüssigkeit (Wasser, Öl, Quecksilber, Phtalsäuredibutylester[8]) usw.) gefüllt. Strömt Gas in der angegebenen Richtung, so ist der sich einstellende Höhenunterschied Δh

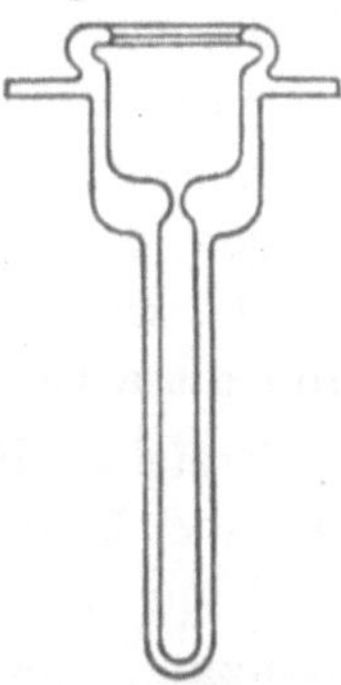

Abb. 24. Form eines Strömungsmanometers, um zu verhindern, daß Sperrflüssigkeit bei zu hoher Geschwindigkeit in den Gasstrom mitgerissen wird.

Abb. 23. Anordnung zur Messung von Gasgeschwindigkeiten bei niedrigen Drucken.

[1]) Weaver, E. R. u. Shepherd, M., J. Amer. chem. Soc. **50** (1928) 1829.
[2]) Schumb, W. C. u. Bickford, A., J. Amer. chem. Soc. **58** (1936) 1038.
[3]) Fischer, F. u. Runge, O., Ber. dtsch. chem. Ges. **41** (1908) 2017.
[4]) Wilke, E. u. Kuhn, H., Z. physik. Chem. **113** (1924) 314.
[5]) Stock, A. u. Mathing, W., Ber. dtsch. chem. Ges. **69** (1936) 1469.
[6]) Brenschede, W., Z. physik. Chem. **178** (1936) 74.
[7]) Rotawerke, Aachen.
[8]) Dieser Ester hat einen Dampfdruck, der niedriger als der des Quecksilbers ist.

der Flüssigkeit ein Maß für seine Geschwindigkeit. Der Höhenunterschied wird an der angebrachten Millimeterskala (Millimeterpapier) abgelesen. Änderungen der Kapillarlänge und -weite, die Verwendung verschiedener Schenkelflüssigkeiten sind möglich, wodurch sich die Vorrichtung den verschiedenen experimentellen Forderungen anpassen läßt. Es ist eine überreiche Zahl solcher Formen in der Literatur beschrieben.

Der Messung von Strömungsgeschwindigkeiten von Gasen in Widerstandskapillaren liegt die von O. E. Meyer[1]) entwickelte Theorie zugrunde. Ist v_0 das bei 0^0 durchgeströmte Gasvolumen $[v] = \mathrm{cm}^3 \cdot \mathrm{sek}^{-1}$, l und r die Länge bzw. Radius der Kapillare in cm, η_T, $[\eta] = \mathrm{cm}^{-1} \cdot \mathrm{g} \cdot \mathrm{sek}^{-1}$ die innere Reibung bei der Temperatur T, bei welcher auch das Volumen v_T abgelesen worden ist, so beträgt[2])

$$v_0\, \eta_T = \frac{\pi\, r^4}{8\, l}\, (p_a - p_e)\, \frac{273}{T}\,.$$

Es sind p_a, p_e die Drucke des Gases bei seinem Aus- bzw. Eintritt in die Kapillare. Beim Strömen durch die Kapillare zeigt sich die Druckdifferenz durch den Höhenunterschied Δh der Schenkelflüssigkeit an, man setzt also $p_a - p_e = \Delta h$.

Das Strömungsmanometer wird empirisch geeicht. In der genannten Gleichung ist der Einfluß der Temperatur auf die austretende Gasmenge *nicht* ausgedrückt, weil sich damit alle Größen ändern; deshalb hat die Eichung und der Gebrauch des Manometers bei gleicher Temperatur zu erfolgen. Trägt man $v_0\,\eta_T$ gegen Δh auf, so erhält man, wie ersichtlich, eine Gerade, welche von der besonderen Natur des Gases unabhängig ist. Man kann diese Gerade für alle Gase praktisch verwenden, deren η_T bekannt ist.

Erreicht die Gasgeschwindigkeit einen bestimmten kritischen Wert, geht die laminare Strömung in eine turbulente über, so ergibt sich ein Knick in der Geraden; die durchtretende Gasmenge erfolgt nach anderen Gesetzmäßigkeiten. Das Strömungsmanometer kann auch für diesen Fall geeicht werden, doch empfiehlt es sich, die Ausmessungen des Apparates so zu wählen, daß dieser kritische Wert ausgeschaltet wird.

Es läßt sich leicht aus den Ausmessungen des Apparates die kritische Geschwindigkeit des Gases berechnen. Nach W. Ruckes[3]) gilt für Gase die Gleichung von O. Reynolds:

$$\frac{d \cdot 2\, r\, \omega}{\eta} = R\,.$$

Für Glaskapillaren beträgt $R \approx 2000$, ω ist die mittlere kritische Geschwindigkeit in cm/sek, r Radius der Kapillare in cm, d Dichte des Gases $[g \cdot \mathrm{cm}^{-3}]$ bei der Temperatur, bei der Δh gemessen ist.

---

[1]) Meyer, O. E., Pogg. Ann. d. Phys. **127** (1866) 253.
[2]) Ausdruck für das oben verwendete Poiseuille-Gesetz.
[3]) Ruckes, W., Ann. der Phys. [4] **25** (1908) 983.

Im allgemeinen wird man nicht zu kurze Kapillaren verwenden und nur im geeichten Bereich messen. Bei der Eichung und der Messung muß das Gas entweder trocken sein oder gleiche Feuchtigkeit haben.

Zur Praxis der Eichung. Als Meßinstrument für große Gasgeschwindigkeiten verwendet man Experimentiergasuhren, deren Angaben von Prüfungsstellen noch besonders „geeicht" sind. Kleine Gasgeschwindigkeiten werden erzeugt, indem man in einer gewöhnlichen Bürette eine bestimmte Gasmenge abmißt und durch das Strömungsmanometer austreten läßt. In allen Fällen hat man sich einer genauen Uhr oder Stoppuhr zu bedienen. Von besonderen Bedingungen abgesehen, wird die Eichung mit Luft erfolgen können. Ist bei der Eichung die eine Seite des Strömungsmanometers gegen die Außenluft offen, dann muß dies auch der Fall sein, wenn es in einen Apparat eingebaut ist.

Die in Abb. 25 gezeichnete Anordnung entspricht den geforderten Bedingungen zur Eichung von Strömungsmanometern für mittlere Gasgeschwindigkeiten. Die Arbeitsweise ist sofort ersichtlich: da B sehr groß ist, ändert sich der Höhenunterschied H sehr wenig, was notwendig ist; die Gasgeschwindigkeit wird durch die Quetschhähne einreguliert. Das Gas kann entweder über T trocken oder feucht in das Strömungsmanometer eintreten. Die Menge der durchtretenden Luft wird an dem aus U in das Becherglas G abfließende Wasser bestimmt, das entweder gewogen oder abgemessen wird. Man sieht, ob der Abfluß des Wassers stets unter genau gleichem Druck erfolgt, an der in U an der offenen Glasröhre r gleitenden Skala s, die auf einem Kork schwimmt. Der Überdruck in r beträgt nur etwa 1—2 cm Wassersäule.

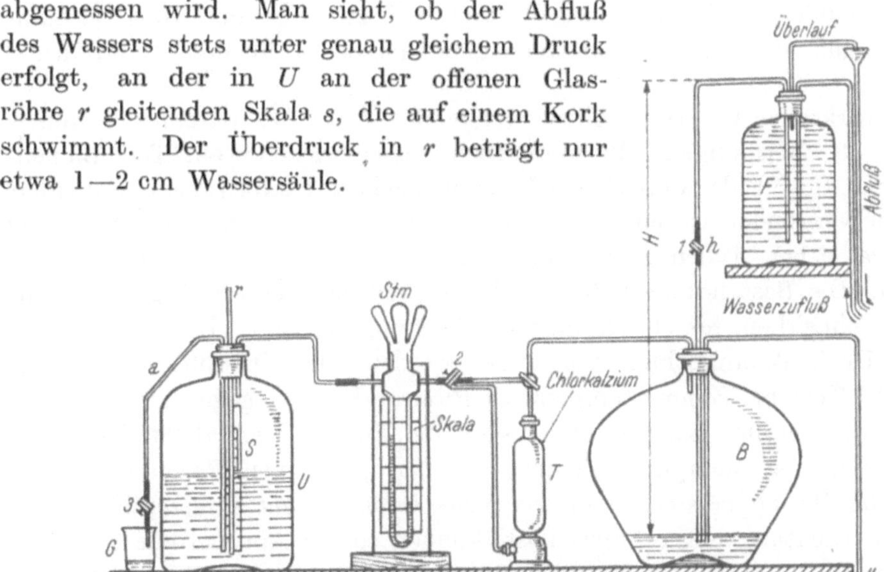

Abb. 25. Anordnung zur Eichung eines Strömungsmanometers *Stm.*
Stm. auf einem Brett montiert, B Säureballon etwa 50 l fassend, F, U Inhalt 5 l, r offene Glasröhre endet in U in gleicher Höhe wie a, S schwimmende Skala, T Trockenturm. *1, 2, 3* Quetschhähne, durch *4* wird das in B angesammelte Wasser abgelassen. Röhrendurchmesser allgemein etwa 10 mm.

Die *absolute* Eichung der Gasgeschwindigkeit cm/sek erfolgt bei Verwendung von Seifenblasen, die in einer Röhre vom strömenden Gas fortbewegt werden[1]).

Messung kleiner, zeitlich rasch aufeinanderfolgender Gasvolumina. Es wird die Bewegung einer sehr leicht gebauten Marke längs einer Skala beobachtet. Es gelingt, Volumina von 0,1 cm³, die in einem 0,1-sek-Takt gefördert werden, auf $\pm$ 0,01 cm³ zu bestimmen[2]) (normaler Druck, Zimmertemperatur).

J. Dichten der Hähne, Schliffe und Apparatverbindungen.

Dem Dichten der Hähne und Schliffe ist beim Arbeiten mit Gasen große Aufmerksamkeit zu widmen. Voraussetzung für jedes, auch das beste Dichtungsmittel, ist ein gut eingeschliffener Hahn bzw. Schliff. Das verwendete Schmiermittel richtet sich nach den chemischen Eigenschaften des betreffenden Gases. Chlorwasserstoff greift z. B. Gummi-Paraffin sehr stark an, Metaphosphorsäure löst große Mengen davon, erst reines Paraffin entspricht den Anforderungen. Um vom Dichtungsmittel unabhängig zu sein, kann man zuweilen dasselbe, nach einem, wie es scheint, von Leduc herrührenden Vorschlag, mit dem Gas sättigen, mit dem man es später zu bedienen hat. Man erhält z. B. ein Dichtungsmittel für Nitrosylchlorid, wenn man Gummi-Paraffin mit Chlor behandelt und dann längere Zeit erhitzt[3]). In der Hochvakuumtechnik muß das Dichtungsmittel einen möglichst kleinen Dampfdruck haben.

Als wirksame Dichtungsmittel verwendet man: 1. Vaselin, 2. reines Paraffin, 3. Mischungen, die wesentlich besser wirken: ein Teil Bienenwachs und fünf Teile wasserfreies Lanolin (nach A. Stock); sehr brauchbar und viel verwendet ist eine von Sir W. Ramsay angegebene Mischung von etwa sieben Teilen Paragummi, drei Teilen Vaselin und einem Teil Paraffin. Die Bestandteile läßt man in der Wärme mehrere Tage lang aufeinander einwirken, bis eine homogene Mischung entsteht. Diese kann auch in der Hochvakuumtechnik verwendet werden; der Dampfdruck beträgt etwa 10^{-4} Torr bei Zimmertemperatur. Ramsay-Fett ist gegen gewisse Gase (Kohlenwasserstoffe, Säuredämpfe) sehr empfindlich, es altert leicht im dünnen Film. 4. Metaphosphorsäure, die bei aggressiven Gasen verwendet wird. Die Hähne *müssen in diesem Falle besonders gut* eingeschliffen sein. Da diese Dichtung hygroskopisch ist, können solche Apparatteile natürlich nicht gewogen werden. 5. Einen großen Fortschritt für die Vakuumtechnik bedeutet die Einführung der *Apiezon*-Öle und -Fette, deren Dampfdruck

---

[1]) Bahr, G., Journ. Scient. Instruments **11** (1934) 321.
[2]) Lorenz, H., Z. Physik **100** (1936) 761.
[3]) Guye, Ph. A. u. Fluss, G., Z. anorg. Chem. **64** (1909) 22.

bei Zimmertemperatur unmeßbar (Größenordnung 10^{-7} bis 10^{-11} Torr) klein ist. Apiezonfett kann sogar bei höheren Temperaturen verwendet werden[1]). Dampfdruck bei 200—300° C etwa 10^{-3} Torr.

Dauerverbindungen zwischen Glas—Glas, Glas—Metall usw. werden, wenn man Schliffe vermeiden will, mit weißem Siegellack oder Pizeïn (nach Walter), Dampfdruck $3 \cdot 10^{-4}$ Torr, hergestellt. Auch diese zwei Stoffe besitzen einen im Hochvakuum zu beachtenden Dampfdruck! Für höhere Temperaturen verwendet man Bleiglätte-Glyzerin. Über Glas-Metallverbindungen s. W. Espe u. M. Knoll, Werkstoffkunde der Hochvakuumtechnik, 1936, Berlin: Julius Springer.

K. Ventile.

Es gibt eine Reihe von Gasen, die das Dichtungmittel der Hähne angreifen, dadurch dasselbe unwirksam machen und zugleich selbst verunreinigt werden. Greift das Gas Quecksilber oder andere unedle Metalle nicht an, so eignen sich die folgenden Ventil-(Hahn-)Formen.

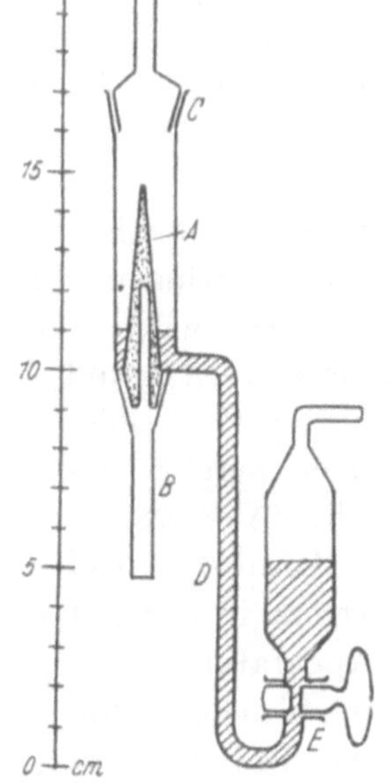

a) *Ventile, bei denen poröse Massen verwendet werden[2]).* Das Prinzip dieser Ventile besteht darin, daß eine poröse Masse wohl für ein Gas durchlässig ist, nicht aber für Quecksilber. Ein solches von A. Stock[3]) angegebenes regulierbares Ventil zeigt Abb. 26. Zum Heben und Senken des Quecksilbers

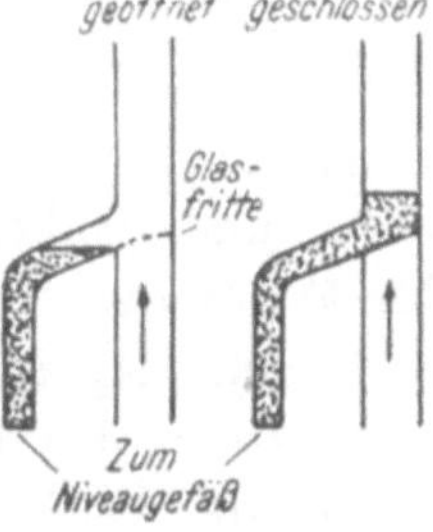

Abb. 26. Ventil aus poröser Porzellanmasse.

Abb. 27. Glasfrittenventil für Flüssigkeiten, die Hahnfett angreifen. Die Pfeilrichtung zeigt die absperrbare Richtung des Flüssigkeitsstromes.

---

[1]) Zu beziehen in Deutschland von E. Leybold's Nchf. A. G., Köln-Bayental, Liste Nr. XX.

[2]) Prytz, K., Ann. Physik **18** (1905) 617.

[3]) Stock, A., Z. Elektrochem. **39** (1933) 256. Andere Formen findet man: Stock, A., Z. Elektrochem. **23** (1917) 34.

verwendet man eine einfache Vorrichtung. A ist der hohle Konus aus poröser Porzellanmasse[1]); sein unteres, schwach konisches Ende ist im Rohr B, das mit dem einen Teil der Vakuumapparatur in Verbindung steht, mit Siegellack eingekittet. Es kann in B eingeschliffen sein; nötig ist dies nicht. Der andere Teil der Vakuumapparatur schließt sich an Schliff C an. Zur Regelung der Quecksilberhöhe dient Vorrichtung D mit dem Hahn E. Öffnet man E, während der darüber befindliche Raum mit der Atmosphäre in Verbindung steht, so steigt das Quecksilber rings um A: das Ventil schließt sich mehr und mehr. Will man es wieder öffnen, so senkt man das Quecksilber, indem man die Luft oberhalb Hahn E verdünnt (Wasserstrahl-Luftpumpe od. dgl.). Selbstverständlich sperrt das Ventil gegenüber einem einseitigen Überdruck nur, wenn dieser oberhalb des Ventils herrscht.

b) *Schwimmerventil nach* A. Stock[2]). In den Glasröhren A_1 und A_2 befinden sich die beiden massiven Glasschwimmer B_1 und B_2, deren obere, spitz zulaufenden Enden in Verengungen der Rohre B_1 und B_2 eingeschliffen sind. Steigt das in Rohr C stehende Quecksilber, so hebt es die Schwimmer, drückt sie gegen die Schliffe und bewirkt, da ihm weiteres Vordringen durch die beiden Ventile verwehrt wird, einen gasdichten Abschluß zwischen A_1 und A_2. Läßt man das Quecksilber wieder sinken, so fallen auch die Schwimmer herab, und die Verbindung zwischen A_1 und A_2 ist wiederhergestellt (Abb. 28).

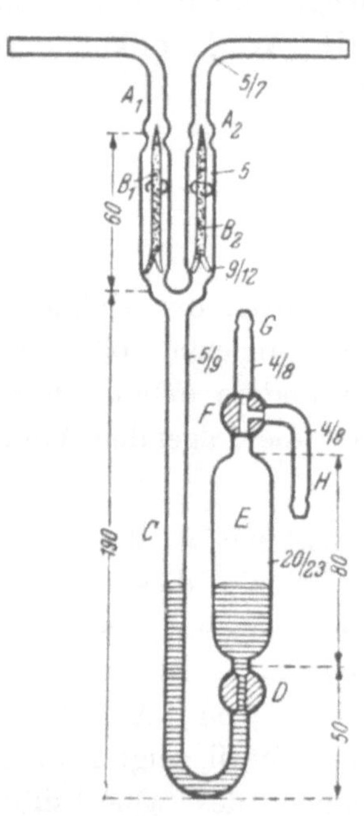

Abb. 28. Schwimmerventil.

Dem Heben und Senken des Quecksilbers dienen Hahn D[3]), Gefäß E und T-Hahn F mit den Ansatzrohren G und H. Herrscht in der mit dem Ventil bei A_1 und A_2 in Verbindung stehenden Apparatur genügender Unterdruck, so steigt das Quecksilber in C ohne weiteres beim Öffnen des Hahnes D unter der Wirkung des Atmosphärendruckes. Durch Evakuieren von E (Anschließen von H an eine Wasserstrahl-Luftpumpe) ist es wieder

---

[1]) Herstellung: Staatliche Porzellanmanufaktur Berlin. W. Schott und Genossen erzeugen dazu auch poröse Glasfilterplatten, welche sauberer arbeiten.

Viele anorganische und organische Flüssigkeiten greifen das Hahnfett an oder lösen es. In solchen Fällen kann man mit Vorteil ebenfalls ein Glasfrittenventil mit Quecksilber als Sperrflüssigkeit verwenden (Abb. 27).

[2]) Stock, A. u. Priess, O. Ber. dtsch. chem. Ges. **47** (1914) 3112; Z. Elektrochem. **23** (1917) 33.

[3]) Darf nur wenig gefettet sein.

zum Sinken zu bringen. In der Zeichnung sind die genau einzuhaltenden Dimensionen angegeben. Die Brüche bedeuten Innen-Außen-Durchmesser.

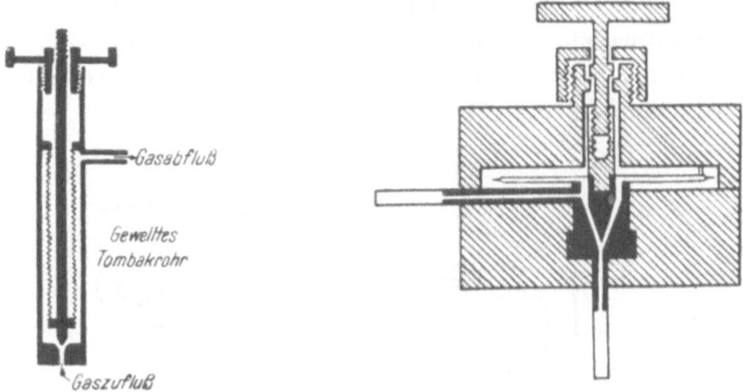

Abb. 29. Tombakschlauchventil (schematisch).   Abb. 30. Membranventil.

Das Öffnen des Ventils geht am glattesten, wenn zu beiden Seiten ungefähr *gleicher* Druck herrscht. Doch läßt sich dies auch bei großem Druckunterschied erreichen. Ist links von A_1 Druck und rechts von A_2 Vakuum, so wird beim Herabgehen mit dem Quecksilber wohl B_1 herunterfallen, aber B_2 an die Schlifffläche *ohne* Quecksilberdichtung angepreßt. Dieser Zustand hält nicht lange dicht, es strömt Gas allmählich nach rechts, und durch vorsichtiges Klopfen läßt sich auch B_2 zur Öffnung bringen.

c) *Tombakschlauchventil nach* F. Simon. Man verwendet ein gewelltes Tombakrohr, wie es im Handel zu haben ist. Die Konstruktion ist aus der in Abb. 29 ersichtlichen Skizze genügend deutlich zu ersehen. Werden unedle Metalle an-

Abb. 31.

gegriffen, so müssen Ventile verwendet werden, welche an den gefährdeten Stellen Edelmetalle enthalten. Diese Art von Ventilen können nun von der Stopfbüchsenseite dicht sein, was häufig sehr erwünscht ist. Eine schon längere Zeit bewährte Form hat auch G. Schultze[1]) angegeben.

---

[1]) Chem. Fabr. **13** (1940) 417.

Zur Regulierung von Gasen, die unter hohem Druck stehen, verwendet man Nadelventile (Rossignol-Ventile)[1]. M. Bodenstein und W. Dux[2] konstruierten nach diesem Prinzip ein *Platinmembranventil*. Diese Form kann auch aus unedlen Metallen hergestellt werden (Abb. 30).

Ein fettfreies *Glasventil*, das mit dem Gasgerät fest verschmolzen werden kann, ist ebenfalls von M. Bodenstein[3] angegeben worden.

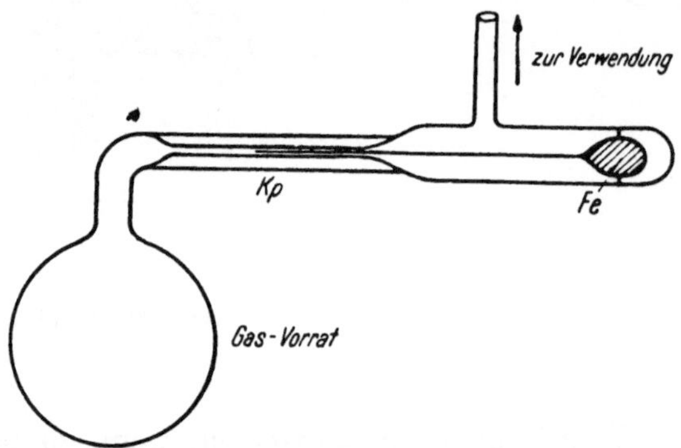

Abb. 32. Magnetisch einstellbares Nadelventil in der Kapillar *Kp*. *Fe* ist ein leicht beweglich herzustellender Eisenkern.

Für Gase, welche unter höherem Druck stehen und Metalle angreifen, sind besondere Ventile konstruiert, z. B. für Chlor eignen sich Feinregulierventile Arbor Nr. 297[4]), Abb. 31. Für aggressive Gase dürften sich auch im Laboratorium die Canzler-Schrägsitz-Ventile aus Vinidur bewähren[5]), welche allerdings nur für niedrige Drucke (einige Atmosphären) verwendbar sind.

Zum Schluß sei noch auf die magnetisch einstellbaren Nadelventile hingewiesen. Sie dienen zur *Regelung* der Geschwindigkeit eines Gasstromes (Abb. 32).

II. Reinheitsgrad, Begriff und Feststellung.
A. Allgemeines.

In diesem Buche sind Methoden angegeben, die für die Herstellung eines reinen Gases in Betracht kommen. In einem Zuge der Darstellung erhält man niemals ein reines Gas, sondern immer ein mehr oder weniger verunreinigtes Produkt. Der zur Reinigung des Gases jedesmal einzuschlagende

---

[1]) Le Rossignol, R., Chem.-Ztg. **32** (1908) 820; Haber, F. u. Le Rossignol, R., Z. Elektrochem. **19** (1913) 57. Zu beziehen durch Andreas Hofer, Mülheim (Ruhr).

[2]) Bodenstein, M. u. Dux, W., Z. phys. Chem. **85** (1913) 305; Z. Elektrochem. **19** (1913) 836.

[3]) Bodenstein, M., Z. physik. Chem. (B) **7** (1930) 387.

[4]) Zu erhalten durch Agefko Kohlensäurewerke, Berlin W, Lützowplatz 13.

[5]) Canzler, C., Düren (Rheinland).

Weg ist vorwiegend durch die Methode bestimmt, nach der es gewonnen worden ist. Während die Trocknung, die Entfernung absorbierbarer oder chemisch vom Hauptbestandteil sich different verhaltender Begleitgase im allgemeinen keine Schwierigkeiten bereitet, treten solche auf, wenn physikalische Trennungsmethoden anzuwenden sind. Auch im Falle, daß alle physikalischen Konstanten bekannt wären, die zu kennen für eine erfolgreiche Trennung der Bestandteile notwendig ist, ergeben die experimentellen Methoden für die fraktionierte Destillation, Kondensation, Adsorption und Diffusion vorerst Wege, die nicht rasch das Ziel — ein reines Gas — zu erreichen, gestatten.

Ein Stoff kann erst dann als rein gelten, wenn der experimentelle Nachweis vorliegt, daß derselbe keine Begleitstoffe (Verunreinigungen) enthält. Der Wert dieses Nachweises hängt jedoch *nur* von der Schärfe ab, mit welcher die Begleitstoffe festgestellt werden können.

In dieser Hinsicht sind viele Einzelheiten zu berücksichtigen. So läßt sich, um nur ein Beispiel herauszugreifen, Sauerstoff im Stickstoff noch nachweisen, wenn sein Gehalt $1 \cdot 10^{-4}$ Vol.-% beträgt. Hingegen ist es kaum möglich, 0,1 Vol.-% Sauerstoff im Chlorgas mit Sicherheit aufzufinden. Derartige Feststellungen sind sehr häufig und zwingen den Experimentator dazu, die Darstellungsmethoden des Gases so zu wählen, daß schwer bestimmbare Begleitgase ausgeschlossen sind. Aus diesem Grunde ist es *notwendig*, z. B. bei genauen Dichtebestimmungen eines Gases, dasselbe nach *verschiedenen* Methoden herzustellen und zu reinigen.

Bei *strengster* Beurteilung eines *reinen* Gases hat man freilich noch zu berücksichtigen, daß im allgemeinen ein Element eine Isotopenmischung ist, demnach erst dann ein reines Gas vorhanden wäre, wenn die Molekeln (Atome) desselben aus Atomen gleicher Kernladungszahl und gleicher Masse bestehen würden. Diese Forderung ist bisher erst in wenigen Systemen, wie H_2—D_2; $H^{35}Cl$—$H^{37}Cl$; ^{22}Ne—^{20}Ne, ^{86}Kr—^{84}Kr, erfüllt[1]).

Die Reinheit eines Gases bestimmt:

> die chemische Analyse, s. S. 36,
>
> die Messung des Dampfdruckes der flüssigen Phase, im weiteren aller anderen physikalischen Konstanten der festen, flüssigen oder gasförmigen Phase, s. S. 43 — 51.
>
> die isotherme Destillation.

---

[1]) Verfeinerte Fraktionierkolonnen (S. 100) und die Anwendung der Gas-Diffusionsmethode (S. 64) vermögen geringe, durch die Isotopie bedingte Massenunterschiede der Molekeln (Atome) einer Gasmischung zu erfassen und eine teilweise Trennung durchzuführen. In solchen Fällen wäre die dadurch bedingte Dichteänderung des reinen Gases durch Isotopenentmischung zu berücksichtigen. Bei der Anwendung des Trennrohres (S. 65 ff.) zur *einfachen* Gastrennung ist dieser Umstand schon zu berücksichtigen.

Die chemische Analyse ist der direkte Weg zur Prüfung des Reinheitsgrades eines Gases. Ihre exakte Durchführung ist im allgemeinen nicht einfach, sie wird oft durch physikalische Methoden ersetzt, die jedoch direkt keine quantitative Angabe über die Zusammensetzung des Gases zulassen. Es muß daher besonders betont werden, daß die genaue chemische Analyse bei jedem Gas durchzuführen ist; erst nach dieser hat die Ermittlung der physikalischen Konstanten zu erfolgen.

B. Gewichts- und Volumenbeziehungen.

1. Die *Reinheit* eines Gases ist durch seine Zusammensetzung bestimmt. Die Zusammensetzung wird durch die chemische Analyse des Gases ermittelt. Diese drückt man entsprechend der Analyse flüssiger und fester Stoffe durch *Gewichtsprozente* aus. Beträgt das Gewicht des analysierten Gases G und das Gewicht des Bestandteiles 1 g_1, so ist sein Prozentgehalt — sein *Reinheitsgrad*

$$100 \frac{g_1}{G} = \text{Gewichts-} \% . \tag{a}$$

Kennt man die entsprechenden *Volumina*, die sich ja auch wesentlich leichter ermitteln lassen, so ist

$$100 \frac{g_1}{G} = 100 \frac{v_1 d_1}{v d} = 100 \frac{v_1 L_1}{v L} , \tag{b}$$

wenn d und d_1 die Dichten des Gases bei der Temperatur bedeuten, bei welcher die Volumina abgelesen wurden. L und L_1 sind die zugehörigen Litergewichte (s. S. 30 dieses Abschnittes).

Dieser Ausdruck wird sich in den seltensten Fällen angeben lassen, da das Litergewicht der Gasmischung nicht bekannt sein wird. Die experimentelle Bestimmung desselben ist nicht leicht. Aus diesem Grunde ist der Ausdruck b als Maß für die Reinheit eines bestimmten Gases in einer Gasmischung selten zu gewinnen.

Neben Volumen und Dichte gibt die Einführung des Molekular- (Atom-) Gewichtes erst einen leicht zu ermittelnden Ausdruck für den Reinheitsgrad eines Gases.

Der Zusammenhang zwischen dem Volumen und dem Molekulargewicht des Gases ist, zufolge der Ungültigkeit des idealen Gasgesetzes für die realen Gase, auf Grund des Avogadro-Satzes durch die folgende Darstellung gegeben.

2. Die Gleichungsfolge, welche die idealen Gasgesetze mit den realen verknüpft, lautet:

$$(p\,v)_{\text{real}} = (p\,v)_{\text{ideal}} - p\,b \tag{1}$$

$$(760\,v)_{\text{real}} = (760\,v)_{\text{ideal}} - 760\,b \tag{2}$$

$$1 + \lambda = \frac{(p\,v)_{\text{ideal}}}{(p\,v)_{\text{real}}} \tag{3}$$

$$(760\,v)_{\text{ideal}} = (p\,v)_{\text{real}} \quad \text{(exakte Gültigkeit des Boyle-Mariotte-Gesetzes).} \tag{4}$$

Wie man sieht, ist in Gl. (3) der Wert $1 + \lambda$ *definitionsgemäß* festgelegt und ist für jedes Gas eine individuelle, von den Parametern, Druck und Temperatur, *abhängige* Größe; ihr Wert ist von der geographischen Lage des Ortes unabhängig.

Aus den Gleichungen erhält man:

$$(p\,v)_{\text{real}} = (p\,v)_{\text{ideal}} \left[1 - \frac{p\,\lambda}{760\,(1+\lambda)}\right]. \tag{5}$$

Diese Gleichung läßt sich umformen zu

$$(p\,v)_{\text{ideal}} = (p\,v)_{\text{real}} \left(1 + \frac{p}{760}\,\lambda\right). \tag{6}$$

Man erkennt daraus, daß in der Definitionsgleichung stillschweigend der Faktor von λ, da er Eins beträgt ($p = 760$), nicht geschrieben wird. $[\lambda] = 1/\text{Atmosphäre}$.

Wird der Druck in Atmosphären gemessen, so lautet der letzte Ausdruck

$$(p_1\,v)_{\text{ideal}} = (p_1\,v)_{\text{real}}\,(1 + p_1\,\lambda). \tag{7}$$

Nach dieser Beziehung kann man ein reales Gas im Bereich, in dem λ bestimmt worden ist, auf den idealen Zustand reduzieren.

Ein gleicher Ausdruck folgt auch aus der van der Waals-Gleichung. Für kleinen Druck erhält man[1]):

$$p_1\,v = R\,T\left[1 + \frac{p_1}{R\,T}\left(\frac{a}{R\,T} - b\right)\right] = R\,T\,(1 - B'\,p_1)$$

$$B' = \frac{1}{R\,T}\left(\frac{a}{R\,T} - b\right)$$

$$(p_1\,v)_{\text{ideal}} = \frac{(p_1\,v)\,\text{real}}{(1 - B'p)} \sim (p_1\,v)_{\text{real}}\,(1 + B'\,p_1).$$

Es muß demnach $B' = \lambda$ sein. In den Handbüchern[2]) findet man die Werte $(1 + \lambda)$ für $T = 273{,}2$ angegeben.

Kritisch überprüfte Werte von E. Moles (loc. cit.)[3]).

Hat man das Gas bei dem Druck p und dem Volumen v gemessen, und will man das Volumen $V_{760}^{(i)}$ kennen, welches das Gas bei einem Druck von 760 Torr haben müßte, wenn es ideales Verhalten zeigen würde, so findet man aus den letzten zwei Gleichungen:

$$V_{760}^{(i)} = \frac{(p\,v)_{\text{real}}\,(1+\lambda)}{760\,(1+\lambda) - p\,\lambda} \tag{8}$$

$$V_{760}^{(r)} = \frac{V_{760}^{(i)}}{1+\lambda}. \tag{9}$$

---

[1]) Eucken, A., Lehrb. d. chem. Phys. Leipzig 1930, S. 165.

[2]) Landolt-Börnstein-Roth I, 269 (Aufl. 1923) und Erg.-Bd., Int. Crit. Tab. III, S. 3.

[3])
N_2	1,00043	CO_2	1,00694	NH_3	1,01526
O_2	1,000928	SiF_4	1,01004	A	1,00090
CO	1,00040	N_2O	1,00737	Ne	0,99941

Die Messung des Produktes $p\,v$ erfolgt zur Atomgewichtsbestimmung stets bei 0^0 C, und die Werte $V^{(i)}_{760}$ und $V^{(r)}_{760}$ gelten für diese Temperatur.

Beträgt das Gewicht des Gases G, so findet man die ideale Dichte $d^{(i)}$ desselben bei 0^0 C:

$$d^{(i)} = \frac{G}{V^{(i)}_{760}} = \frac{G}{V^{(r)}_{760}\,(1+\lambda)} = \frac{d'}{(1+\lambda)}. \tag{10}$$

Man ersetzt das ideale Volumen $V^{(i)}_{760}$ durch das reale $V^{(r)}_{760}$ einfach durch Einsetzen von $p = 760$ in die Gl. (7). Das Verhältnis

$$\frac{G}{V^{(r)}_{760}} = d' \tag{11}$$

bedeutet die Dichte des Gases bei 0^0 C und 760 Torr, gültig für die bestimmte Meereshöhe H und den Breitegrad des Ortes, an welchem die Bestimmung von G und $V^{(r)}_{760}$ erfolgt ist.

3. Das *Molekulargewicht* M eines Gases findet man an demselben Orte der Erdoberfläche mit Sauerstoff als Grundlage für die Atomgewichtsbestimmung, wenn dessen Dichte an diesem gleichen Orte d'_{O_2} beträgt, nach dem Avogadro-Satz:

$$M = 32{,}000\,\frac{d^{()}}{d^{(i)}_{O_2}} = 32{,}000\,\frac{d'\,(1+\lambda_{O_2})}{(1+\lambda)\,d'_{O_2}}. \tag{12}$$

Multipliziert man Zähler und Nenner mit 10^3, so erhält man

$$M = 32{,}000\,\frac{(1+\lambda_{O_2})}{d'_{O_2}\,10^3}\,\frac{L'}{(1+\lambda)} = [R]\,\frac{L'}{1+\lambda}, \tag{13}$$

$$\text{wobei}\quad [R] = 32{,}000\,\frac{(1+\lambda_{O_2})}{d'_{O_2}\cdot 10^3} \tag{14}$$

gesetzt ist. $[R]$ ist das *Molvolumen* in Litern, welches 32,000 g Sauerstoff bei 0^0 C und 760 Torr in der Meereshöhe H auf dem Breitegrad des Ortes einnehmen würden, wenn Sauerstoff als Gas ideales Verhalten zeigte. L' ist das Gewicht von einem Liter Gas bei 0^0 C und 760 Torr unter den *gleichen* experimentellen Bedingungen.

Da die Messungen der Gasdichte an verschiedenen Punkten der Erdoberfläche erfolgen, bezieht man d_{O_2}, d oder die entsprechenden Litergewichte L_0 auf das Meeresniveau und 45^0 Breite, an welcher die Erdschwere $980{,}616$ cm $\cdot$ sec^{-2} beträgt[1]). Man hat sich ferner geeinigt, alle Messungen auf eine Normalschwere $980{,}665$ cm $\cdot$ sec^{-2} zu beziehen. Diese Litergewichte wären mit dem Index L_N zu bezeichnen. Man erhält

$$M = (R)\,\frac{L_N}{1+\lambda} = 22{,}4148\,\frac{L_N}{1+\lambda}. \tag{15}$$

---

[1]) Wird die Formel von Heiskamen-Cassini zugrunde gelegt, so ist der Wert $980{,}629$ cm $\cdot$ sec^{-2}.

$(R) = 22{,}4148$ ist dann das Molvolumen in Litern, welches 32,000 g Sauerstoff bei 0^0 C und 760 Torr am Meeresniveau und in 45^0 Breite für den Fall eines *idealen* Verhaltens einnehmen würden[1]).

Nach dieser Gleichung findet man demnach allgemein das *reale Molvolumen* in Litern $\overline{V}^{(r)}_{760}$, wenn man das Molekulargewicht des betreffenden Gases durch sein Litergewicht L_N dividiert. Das ideale Molvolumen $\overline{V}^{(i)}_{760}$ ist dann

$$V^{(r)}_{760} = \frac{M}{L_N} = \frac{\overline{V}^{(i)}_{760}}{1 + \lambda}.$$

Für den Druck p (in Atmosphären) hat man

$$\overline{V}^{(i)}_p / \overline{V}^{(r)}_p = 1 + p\,\lambda$$

oder allgemein

$$v^{(i)}_p / v^{(r)}_p = 1 + p\,\lambda. \tag{15a}$$

Die Kenntnis des realen Molvolumens der einzelnen Gase ist für die Angabe der Zusammensetzung (Reinheitsgrad) einer Gasmischung notwendig.

Beträgt das abgemessene Volumen eines reinen Gases bei 0^0 und 760 Torr v_n, sein reales Molvolumen V_n (0^0 C, 760 Torr), so beträgt die Anzahl Mole in dem Volumen v_n

$$v_n/V_n. \tag{16}$$

4. Für die *Bestimmung des Molekular- und Atomgewichtes* ist es indessen nicht notwendig, die Größe $1 + \lambda$ direkt zu bestimmen. Dies bedeutet eine wesentliche Vereinfachung des bisher eingeschlagenen Weges. Nach der Gl. (12) beträgt das Molekulargewicht

$$M = 32{,}000\,\frac{d^{(i)}}{d^{(i)}_{o_2}} = 32{,}000\,\frac{L^0}{L^0_{o_2}}.$$

Hier bedeutet L^0 und L^0_o, das Gewicht von 1 l Gas bzw. 1 l Sauerstoff bei 0^0, unter gleichen Bedingungen (also an der gleichen Stelle der Erdoberfläche) bestimmt, wenn der Druck 760 Torr beträgt und das Gas ideales Verhalten zeigt.

Die experimentelle Ermittlung dieser beiden Werte ergibt sich aus der empirisch erkannten Gesetzmäßigkeit, daß ebenso wie die Produkte $p\,v$ auch die genannten Litergewichte der Gase L und L_{o_2} sich allgemein *linear* mit dem Druck im Bereich 0—1 Atm. ändern. Es genügt dann die experimentell gefundene Gerade, um mit a als die eine Konstante

$$L^{(p)} = L^0 + a\,p$$

auf den Druck $p = 0$ zu extrapolieren, da erst hier ideales Verhalten vorliegt.

---

[1]) Für Normalschwere ist $(R) = 22{,}4138$.

Über die exakte Bestimmung von $L^{(p)}$ siehe die ausgedehnten Arbeiten der Schule von E. Moles[1]).

$L^{(p)}$ wird stets für 0^0 C und den Druck 760 Torr bestimmt. Die Reduktion auf diesen Druck erfolgt nach dem Gesetz für ein ideales Gas.

5. *Die Angaben der Zusammensetzung (Reinheitsgrad) eines Gases* (Fortsetzung von 1). Man hat eine Gasmischung vom Volumen v; die Volumina der darin enthaltenen Begleitgase, die experimentell durch Analyse ermittelt werden, seien v_1, $v_2 \ldots$ (in Litern bei 0^0 C und 760 Torr). Die Molekular-(Atom-)Gewichte dieser Gase und die realen Molvolumina (0^0 C, 760 Torr) betragen der Reihe nach M_1, $M_2 \ldots \overline{V}_1$, $\overline{V}_2 \ldots$

Nimmt man die *Gültigkeit des* Dalton-Gesetzes an[2]), so ist

$$v = v_1 + v_2 + \ldots \tag{17}$$

und der Gehalt des Bestandteiles 1 in der Gasmischung beträgt in Gewichtsprozenten ausgedrückt

$$100 \frac{v_1 M_1}{\overline{V}_1 \left(\dfrac{v_1}{\overline{V}_1} M_1 + \dfrac{v_2}{\overline{V}_2} M_2 + \ldots \right)}$$

$$= 100 \frac{v_1 L_{N(1)}}{v_1 L_{N(1)} + v_2 L_{N(2)} + \ldots} = \text{Gewichts-}\%. \tag{18}$$

Aus dem Vergleich dieser Gleichung mit Gl. (b) ergibt sich

$$v L_N = v_1 L_{N\,(1)} + v_2 L_{N\,(2)} + \ldots. \tag{19}$$

Für Molprozente erhält man (Gültigkeit des Dalton-Gesetzes) die Zusammensetzung z. B. für den Bestandteil 1

$$100 \frac{v_1}{\overline{V}_1 N} = 100 \frac{v_1}{\left(\dfrac{v_1}{\overline{V}_1} + \dfrac{v_2}{\overline{V}_2} + \ldots \right)} = \text{Mol-}\%, \tag{20}$$

wenn N die Molsumme bedeutet.

6. Zu diesen Gleichungen muß gesagt werden, daß sie nicht vollkommen genau die Zusammensetzung des Gases ausdrücken, da bei realen Gasen das Dalton-Gesetz nicht erfüllt ist. Die Gewinnung eines vollkommen richtigen Wertes für die Gaszusammensetzung wird noch erschwert, wenn die Volumina v, v_1, $v_2 \ldots$ nicht bei 0^0 C und 760 Torr Druck abgelesen wurden, da die Reduktion auf diesen Normalzustand *nicht* nach der idealen Gasgleichung $p\,v = R\,T$ erfolgen kann.

Ist das Gas sehr rein, die Mengen der Begleitgase v_2, $v_3 \ldots$ in v daher klein, so gilt das Dalton-Gesetz, und die Berechnung der Gewichts- bzw. Molprozente läßt sich genau angeben, wenn v bei 0^0 C und

---

[1]) In zusammenfassender Darstellung: Les déterminations physico-chimiques des poids moléculaires et atomiques des gaz. Inst. Intern. de coopération intellectuelle, Paris 1938.

[2]) Im französischen Schrifttum wird dieses als das Gesetz von Amagat bezeichnet. Richtiger sollte es als Dalton-Amagat-Gesetz bezeichnet werden. Siehe Gillespie, Phys. Rev. **36** (1930) 121.

760 Torr gemessen oder nach einer entsprechenden Gasgleichung auf diese Temperatur und diesen Druck reduziert worden ist[1]).

7. *Volumprozente* (Vol.-%). Hat man eine Gasmischung, so kann ihre Zusammensetzung auch in Vol.-% angegeben werden. Beträgt ihr Volumen v und das der Begleitgase $v_1, v_2 \ldots$ (alles 0^0 C, 760 Torr), so ist bei Gültigkeit des Dalton-Gesetzes der Gehalt an Bestandteil 1

$$\text{Vol.-}\% = \frac{100\,v_1}{v}. \qquad (21)$$

Liegt eine Gasmischung realer Gase vor, so wäre zu berücksichtigen, daß nun das Dalton-Gesetz nicht gültig ist und die Angabe des Wertes in Vol.-% ungenau ausfallen wird. Es ist deshalb notwendig, bei dieser Berechnung alles auf den idealen Gaszustand zu beziehen, also Gleichung (15 a) zu verwenden. Da $p = 1$ Atm. beträgt:

$$v_1^{(i)} = v_1\,(1 + \lambda_1),$$
$$v_2^{(i)} = v_2\,(1 + \lambda_2),$$
$$\cdots \cdots \cdots \cdots,$$

so ist demnach

$$\text{Vol.-}\% = 100\,\frac{v_1\,(1 + \lambda_1)}{v_1(1 + \lambda_1) + v_2\,(1 + \lambda_2) + \cdots}.$$

Ist $(1 + \lambda)$ nicht experimentell bestimmt, so findet man hinreichend genau z. B. $1 + \lambda_1$, wenn das Litergewicht $L_0^{(1)}$ und das Molekulargewicht M_1 beträgt:

$$1 + \lambda_1 \simeq 22{,}414\,\frac{L_0^{(1)}}{M_1}.$$

Die Litergewichte der Gase L_0 sind zu finden in Landolt-Börnstein-Roth, Tab. Bd. 1, 269; Int. Crit. Tab. III S. 3 und an anderen Stellen[2]). Hat man eine binäre Gasmischung, so ist

$$\text{Vol.-}\% = \frac{100\,v_1}{v_1 + v_2\,\dfrac{1 + \lambda_2}{1 + \lambda_1}} \simeq \frac{100\,v_1}{v_1 + v_2\,\dfrac{L_0^{(2)}\,M_1}{L_0^{(1)}\,M_2}}.$$

Häufig ist das Verhältnis $(1 + \lambda_2)/(1 + \lambda_1)$ von 1 so wenig abweichend, daß mit Rücksicht auf die Genauigkeit, mit der sich die analytisch bestimmten Volumina ergeben, die Berücksichtigung dieser genauen Rechnung nicht notwendig ist. Es genügt Gl. (21).

Bei den volumetrischen Verbrennungsmethoden zur Bestimmung der Kohlenwasserstoffe, die zur Messung der Kohlensäure führen, ist hingegen die Abweichung

---

[1]) Sobald eine Genauigkeit von einigen Einheiten in 10000 nicht angestrebt wird, so erhält man hinreichend genaue Werte, wenn man die Analyse des Gases bei Zimmertemperatur ausführt und die Volumina nach der idealen Gasgleichung für 0^0, 760 Torr berechnet. Für L_N wird L_0 gesetzt.

[2]) Man beachte den Unterschied zwischen L_0 und L^0!

vom Dalton-Gesetz *sehr* zu beachten. Wird z. B. Propan C_3H_8 vom Volumen v_1 zu Kohlensäure, Volumen v_2, verbrannt, so hat man

$$v_1 = \frac{v_1^{(i)}}{1 + \lambda_1},$$

$$v_2 = \frac{v_2^{(i)}}{1 + \lambda_2}.$$

Es muß genau $v_2^{(i)} = 3\,v_1^{(i)}$ sein, also

$$v_2 = 3\,v_1^{(i)} / (1 + \lambda_2).$$

Demnach ist v_2 das Volumen der Kohlensäure (0° C, 760 Torr):

$$v_2 = 3\,v_1 \frac{1 + \lambda_1}{1 + \lambda_2} \backsimeq 3\,v_1 \frac{L_0^{(1)} M_2}{L_0^{(2)} M_1}.$$

Beträgt $v_1 = 100{,}00$; $L_0^{(1)} = 2{,}0200$; $M_1 = 44{,}0616$; $L_0^{(2)} = 1{,}9769$; $M_2 = 44{,}000$, so ist

$$v_2 = 306{,}09.$$

Siehe auch Ergänzungen S. 248.

8. Diese allmählich erreichten Erkenntnisse führten zur Ermittlung der Atomgewichte aus Gasdichten, welche die, nach den klassischen Methoden der Atomgewichtsbestimmung gefundenen, nahezu erreichen.

Es muß jedoch betont werden, daß die Dichtemessung für die Reinheit eines Gases je nach dem Gas sehr verschieden beurteilt werden muß. Hat z. B. das „reine" Gas die Dichte L und das allein noch vorhandene Begleitgas L', so können in 1 Liter

$$x = \left| \frac{0{,}1\,L}{(L' - L)} \right| \mathrm{cm^3} \tag{22}$$

dieses Gases vorhanden sein, wenn L auf $+\,0{,}1^0/_{00}$ genau gemessen worden ist. Im Kohlendioxyd ($L_N = 1{,}97682$) können $0{,}4$ cm³ Schwefelwasserstoff ($L_N = 1{,}53623$) anwesend sein. Kohlendioxyd kann $x = 0{,}1$ cm³ Wasserstoff enthalten; in „reinem" Wasserstoff jedoch darf der Gehalt an Kohlendioxyd nur $x = 4 \cdot 10^{-3}$ cm³ ausmachen.

Die Gewichtsanalyse kontrolliert demnach die Reinheit eines Gases bis zu einer angebbaren Grenze, sie liegt meist so, daß dadurch keine sehr scharfe Kontrolle für die Reinheit zu gewinnen ist.

C. Die analytischen Verfahren (Literatur über Gasanalyse).

Ein Gas ist, wenn nicht besonders günstige Bedingungen für seine Darstellung und Reinigung vorliegen, nicht vollständig rein, sondern es werden stets gewisse Begleitgase vorhanden sein. Diese können durch Nebenreaktionen oder auch durch äußere Bedingungen (Hähne, Abgabe von Gasen durch die Glaswände, Trockenmittel usw.) in das reine Gas gelangen. Welche Stoffe als Verunreinigung in dem Gas vorhanden sind, kann selbstverständlich nur durch eine chemische Analyse bestimmt werden. Die Kenntnis der Begleitstoffe in einem Gase ist für das einzuschlagende Reinigungsverfahren und zur Prüfung seiner Wirksamkeit notwendig. Die Begleitstoffe werden in der Regel weniger als 1 Vol.-% ausmachen; ihre Bestimmung erfordert daher besondere Methoden der Gasanalyse. Diese hat sich in so einem Fall *lediglich* auf die Begleitstoffe zu erstrecken, welche sich entweder direkt in dem Gase ermitteln lassen, oder erst nach einem *Anreicherungsverfahren* bestimmt werden können. Sind sie qualitativ erfaßt, so kann dann ihre quantitative Bestimmung erfolgen. Der für die Anreicherung einzuschlagende Weg wird durch die Konzentration, die Empfindlichkeit des Nachweises und die Genauigkeit der quantitativen Bestimmung des Begleitgases gegeben sein, das zu ermitteln ist. Als Beispiel sei Kohlendioxyd gewählt, welches 0,0010% Stickstoff und 0,100% Schwefelwasserstoff enthalten möge. Um den Stickstoffgehalt auf etwa $\pm$ 10% zu ermitteln, wird man 50 l des Kohlendioxydes in Lauge absorbieren müssen, um das Stickstoffvolumen in der gewählten Vorrichtung entsprechend genau zu bestimmen. Soll der Gehalt an Schwefelwasserstoff auf $\pm$ 1% genau gefunden werden, so sind etwa 10 l des Gases in Chromsäure einzuleiten und der Schwefel als Sulfat zu bestimmen. Interessiert nur der Stickstoffgehalt, so kann man auch Kohlendioxyd und Schwefelwasserstoff mit flüssiger Luft ausfrieren und den Stickstoff mit der Toepler-Pumpe absaugen und bestimmen. Die notwendige Gasmenge könnte in diesem Falle wesentlich geringer sein als bei der Absorptionsmethode, doch wird auf diesem Wege ein Stickstoffgehalt von 0,01% und abwärts kaum bestimmbar sein.

Als Anreicherungsmethode kommen auch physikalische Methoden in Betracht, z. B. Sorption durch Kohle, Silicagel usw., ganz besonders wird in dieser Hinsicht der Trennrohr von Bedeutung sein.

Stehen größere Gasmengen nicht zur Verfügung, so wird die Prüfung auf geringe Mengen eines Begleitgases oft in Frage gestellt. Zuweilen können die Verfahren der exakten Gasanalyse (Vakuum-Technik) mit kleinen Gasmengen zur Erfassung solcher kleiner Konzentrationen führen. Auch rein physikalische Methoden sind oft aufschlußreich. Leider sind sie nur in Zweistoffsystemen quantitativ sicher und mit Vorteil verwendbar. Chemisch kann man, allerdings nur in seltenen Fällen, in Gasen schon erstaunlich kleine Konzentrationen nachweisen. Dies ist z. B. der Fall beim Nachweis des Schwefelwasserstoffes mit Reagenspapier[1]).

Es ist im Rahmen dieses Buches nicht möglich, die gasanalytischen Methoden anzuführen, welche in besonderen Fällen zur Verfügung stehen. Man findet diese in den Lehrbüchern und Monographien über Gasanalyse, ferner in den entsprechenden Veröffentlichungen der verschiedenen Zeitschriften. Ein Verzeichnis besonders zu beachtender Bücher und Literaturstellen wird hier angeführt.

---

[1]) Beim Nachweis sehr geringer Mengen eines Begleitgases mit Hilfe des Reagenspapieres und der quantitativen Auswertung desselben muß man beachten, daß die Reaktion vom Material des Papiers, von seinem Feuchtigkeitsgrad, wie auch von dem des Gases abhängt. Ferner ist zu beachten, ob das Gas gegen das Papier strömt oder ob es ruhend einwirkt.

a) Chemische Methoden zur Bestimmung kleiner Mengen von Begleitgasen, wenn sich diese in reinem Stickstoff[1]) befinden.

In der folgenden Tabelle wird versucht, eine tabellarische Zusammenstellung über analytische Methoden zur Bestimmung häufig vorkommender Gase zu geben, wenn diese als Begleitstoffe in geringen Konzentrationen (Spuren) vorhanden sind. Als reines Gas ist Stickstoff gewählt. Die Methoden sind makroskopisch. Bei colorimetrischen Bestimmungen wird eine Lösungsmenge von etwa 1 bis 10 cm³ angenommen. In der dritten Reihe der Tabelle ist die Menge des Begleitgases in Vol.-% angegeben, die sich in einer Gasmenge ermitteln läßt, welche sich in der Reihe „Anmerkung" vorfindet. Es ist natürlich klar, daß bei einem z. B. 10mal größeren Gehalt des Begleitgases nur die Verwendung einer 10mal kleineren Gasmenge notwendig ist. Unter „Störungen" sind die hauptsächlichsten Gase und Stoffe verzeichnet, welche, wenn sie vorhanden sind, vorher entfernt werden müssen. Die mit einem * bezeichneten Methoden geben entweder den Grenzwert der noch bestimmbaren Menge des Begleitgases an, oder sie liefern nur grobe Schätzungswerte. Die Zahlen in der letzten Rubrik weisen auf Literaturstellen, die sich am Ende der Tabelle anschließen.

Die Tabelle gestattet auch, die Methode für die Bestimmung eines Begleitgases aufzufinden, wenn dieses in einem anderen reinen Gase festzustellen ist. Steht dieses „reine" Gas nicht in der Rubrik „Störungen", so läßt sich selbstverständlich das in der zweiten Rubrik angegebene Gas ermitteln. So kann man z. B. Äthylen, Kohlenoxyd, Arsin, Acetylen usw. ohne weiteres in reinem Wasserstoff nach den angegebenen Methoden bestimmen. Für reinen Sauerstoff gilt mit Ausnahme für die Bestimmung des Acetylens (als Acetylenkupfer) das gleiche usw.

In der Tabelle ist *keine* vollzählige Angabe bekannter Methoden beabsichtigt, sie soll nur zur ersten Orientierung dienen.

Bemerkungen und Literatur.

1. **Heyne**, G., Z. angew. Ch. **38** (1925) 1099.
1a. **Kautsky**, H. u. **Hirsch**, A., Z. anorg. Chem. **222** (1935) 126; H_2, CH_4, C_2H_4, C_2H_2, CO_2 stören sicher nicht.
2. **Binder**, K. u. **Weinland**, R. F., Ber. dtsch. chem. Ges. **46** (1913) 255.
3. **Zenghelis**, C., Z. analyt. Ch. **49** (1910) 729.
4. **Geissler**, J., Z. angew. Ch. **38** (1925) 948.
5. **Schuftan**, P., Gasanalyse in der Technik S. 49, 54.
5a. **Voiret**, E. G., u. **Bonaimé**, Ann. chim. analyt. **26** (1944) 11.
6. **Mugdan**, M. u. **Sixt**, J., Angew. Ch. **46** (1933) 90.
7. In den gasanalytischen Lehrbüchern und entsprechenden Monographien. (S. 42.) Ferner **Booth**, H. S. u. **Campbell**, M. B., Ind. Engng. Chem. (An. Ed.) **4** (1932) 131.
8. **Peters**, H. A. J., Z. analyt. Ch. **58** (1931) 113.
9. **Fleissner**, H., Gas- und Wasser-F. **1920**, 91.

---

[1]) Im Stickstoff können auch Edelgase vorhanden sein.

Tabelle.

Methode	Zeigt an Begleitgas	Bestimmbare Mengen des Begleitgases in Vol.-%	Störungen	Anmerkung	Literatur. Text
Verbrennung mit Kupferoxyd	H_2, org. Vbdg.	1 bis $0{,}5 \cdot 10^{-2}$	Oxydierbare H_2 enthaltende Stoffe, z. B. Hydride	Wägung des gebildeten Wassers	[1]
Kupferoxyd*	H_2, CO org. Vbdg.	$1{,}5 \cdot 10^{-2}$	Alle oxydierbaren Stoffe, z. B. Hydride	Temp. 400—600°C, colorim., gr. Gasmengen	[1]
Wolframsäure*	H_2, CO, org. Vbdg.	$3 \cdot 10^{-2}$	Einfluß anderer Gase nicht näher bekannt	Temp. 400° C, colorim., gr. Gasmengen	[1]
Cadmiumwolframat*	H_2, CO, org. Vbdg.	1 bis $1{,}5 \cdot 10^{-2}$		Temp. 600° C, colorim., gr. Gasmengen	[1]
Silberwolframat*	H_2, CO, org. Vbdg.	ca. $5 \cdot 10^{-3}$		Temp. 100° C, schwierig durchzuführen, colorim., gr. Gasmengen	[1]
Molybdänsaures Natrium, wäßr. Lösung	H_2	ca. 10^{-1} bis $5 \cdot 10^{-2}$	CO, AsH_3, PH_3, SH_2	K. W. stören nicht!	[3,9]
Chlor	H_2	10^{-3}	K.W., Halogenwasserstoff abspalt. Vbdg.	Nachweis von HCl als AgCl, 100 bis 200 l	[1]
Wärmeleitfähigkeit	H_2	$5 \cdot 10^{-2}$	Org. Vbdg.	geringe Gasmengen s. S. 46	[1]
Interferometer	H_2	0,01 bis 0,02	s. S. 47	kleine Gasmengen	[7]
Spektroskopisch*	H_2, K. W.	$5 \cdot 10^{-3}$	H_2O, H_2 enthaltende Vbdg.	Druck 0,05 bis etwa 0,08 mm Hg.	[1]
Glimmentladung	O_2, H_2	10^{-2}	nicht genau untersucht	schwierig durchführbar; geringe Gasmengen	[1]
Tribrenzcatechinferrosaures Natrium	O_2	$1{,}4 \cdot 10^{-3}$	Wie bei Pyrogallol (S. 58, 61)	colorim., wäßr. Lösung	[1,2]
Verbrennung mit Wasserstoff	O_2	0,1	Oxyde des Stickstoffs CO, CO_2	Messung der Kontraktion 300 cm³ Bestimmung kleiner Mengen von CO, CO_2	[4]
Pyrogallol-Lösung	O_2	0,01 bis 0,2	SH_2, HCN, $(CN)_2$, Cl_2, Br_2, CO_2	colorim., 100 cm³	[5]

Tabelle (Fortsetzung).

Methode	Zeigt an Begleitgas	Bestimmbare Mengen des Begleitgases in Vol.-%	Störungen	Anmerkung	Literatur Text
Ammoniakalische Kupfer-I-chlorid-Lösung	O_2	$5 \cdot 10^{-3}$	SH_2, HCN, $(CN)_2$, Cl_2, Br_2, CO_2	colorim., 500 cm³	[6]
Phosphor	O_2	10^{-5}	CO_2, C_2H_4, C_2H_2, org. Stoffe	geringe Gasmengen, Leuchterscheinung, Best. d. Nebeldichte	[1, 5
Nachleuchten*	O_2	10^{-5}	Durch viele Faktoren mögl.	geringe Gasmengen	[1]
Fluorescenz-Löschung*	O_2	Partialdruck $5 \cdot 10^{-4}$ b. $3 \cdot 10^{-3}$ Torr	H_2O-Dampf, NH_3, viele leicht kondensierbare Gase	ganz geringe Gasmenge	[1a]
Leuchtbakterien	O_2	10^{-8}	CO_2 erst bei längerer Einwirkung; H_2 gering; Hg keine Schäden	benötigte Gasmenge hängt v. O_2-Gehalt ab; am Schwellenw. 200 cm³, höh. Konz. 35 cm³ b. einige Gasbl.	[28]
Spitzenentladung*	O_2, H_2O	10^{-4}	nicht genau untersucht	geringe Gasmengen	[1]
Wolframdraht*	$O_2(H_2O,CO_2)$	$2 \cdot 10^{-4}$	nicht unters.	Anlauffarbe colorim.	[1]
Natriumspiegel*	$H_2O(O_2,CO_2)$	etwa $4 \cdot 10^{-2}$	nicht unters.	geringe Gasmengen	[1]
Hämoglobin (Blut)*	CO	$3 \cdot 10^{-2}$ b. $5 \cdot 10^{-3}$	NO, NO_2, (C_2H_4), C_2H_2(?) Halogene	geringe Gasmengen (300 cm³) sehr spezifisch	[7]
Hydrierung über Nickel	CO	10^{-2}	Olefine, SH_2, und andere als Katalys. Gifte wirkende Stoffe	Kontraktion; 300 cm³	[5]
Verbrennung über Platin oder fein verteiltes CuO	CO, org. Vbdg.	10^{-3}	CO_2, S-Vbdg.	Wägung od. Titration des gebildeten CO_2; 200 l, bzw. 20 l	[1, 8
Palladium-II-chlorid*	CO	10^{-3}	nicht angeg.	Erfassungsgrenze $2 \cdot 10^{-7}$ g. 30 cm³	[5a]
Titration mit Barytlauge	CO_2	10^{-3}	alle sauer oder alk. reag. Gase	20 l	[11]
Malonylanilid	C_3O_2	$1 \cdot 10^{-2}$	Alle mit Anilin nicht flüchtige Verbindungen bildende Gase	Wägung des Niederschlages 20—30 l	[14]
1. Diphenylharnst. 2. Jodometrisch	$COCl_2$	10^{-3}	Cl_2	1. Wägung; 500 l 2. Titration; 50-100 l	[15]

Tabelle (Fortsetzung).

Methode	Zeigt an Begleitgas	Bestimmbare Mengen des Begleitgases in Vol.-%	Störungen	Anmerkung	Literatur Text
Verbrennung über Pt-Draht mit Sauerstoff	CH_4	0,025	CO, H_2	Kontraktion; die störenden Gase werden mit CuO vorher entfernt; 300 cm^3	[10]
Acetylenkupfer	C_2H_2	$4 \cdot 10^{-3}$	SH_2, $O_2 > 2\%$, (CO_2)	Wägung d. Ndschl., colorim., 4 l	[12]
Titration	C_2H_4	10^{-3}	unges. K. W. C_2H_2 nicht!	Brom. Lsg. 50-100 l	[25]
Titration	Cl_2, Br_2, J_2	10^{-3}	NO_2, SO_2, SH_2, O_2, O_3 u. a.	50—100 l	[23]
Fällung mit $AgNO_3$	Halogenwasserstoffe (nicht HF)	10^{-3}	—	100—200 l	[24]
Titration	O_3	10^{-3}	Halogen, NO_2	50—100 l	[26]
Nessler-Reagens	NH_3	10^{-3}	Die Lsg. trübende u. NH_3 abspaltende Stoffe	colorim., sehr spezifisch, 80 cm^3	[16]
Berlinerbl. } Reak- Rhodanat- } tion	HCN und C_2N_2	10^{-3}	—	colorim., sehr spezifisch, 300 cm^3	[13]
Gasanalytisch	N_2O	—	—		[17]
Colorimetrisch	NO	$4 \cdot 10^{-5}$	—	n. Gries-Ilosvay; nicht spezifisch; geringe Gasmenge	[18]
Colorimetrisch		$4 \cdot 10^{-5}$	—	nicht spezifisch	[19]
Absorptionsspektrum*	NO_2	Partialdruck $6 \cdot 10^{-3}$ mm Hg		geringe Gasmengen	
Hypochlorit oder Jod-Jodkalium	PH_3	10^{-3}	AsH_3	Wägung $Mg_2P_2O_7$; 50—100 l	[27]
Marsh-Probe*	AsH_3 SbH_3	10^{-3}	flüchtige Metallhydride (Pb, Sn, Bi, Te)	5 l	[20]
1. (Ammoniak.) Pb-Acetat	SH_2 (COS)	1. 10^{-4} bis 10^{-5}	PH_3, AsH_3, SO_2	1. Nachweis durch Pb-Acetatpapier s. Bem. S. 35	[21]
2. Methylenblau		2. 10^{-3}	Merkaptane	2. 60 cm^3	
Oxydation	SO_2	10^{-3}	S-haltige Gase	Oxydation zu H_2SO_4, Wägung oder Titration; 100 l	[22]

10. CH_4: Ambler, H. R., Analyst **56** (1931) 635.

    Physikalisch ist das Gas in geringer Konzentration bis 0,01% in günstigen Fällen interferometrisch leicht bestimmbar (s. S. 47).

11. CO_2: Kleine Mengen (unter 1%) in Schwefelwasserstoff bestimmt man nach Klemenc, A. u. Bankowski, O., Z. anorg. allg. Chem. **209** (1932) 225.

12. C_2H_2: Reagens nach Ilosvay, L., Ber. dtsch. chem. Ges. **32** (1899) 2598;
    Schulze, A., Z. angew. Ch. **29** (1916) 341;
    Weaver, E. R., J. Amer. chem. Soc. **38** (1916) 352;
    Pietsch, E. u. Kotowski, A., Z. angew. Ch. **44** (1931) 309;
    Lebeau, P. u. Damiens, A., Ann. Chim. **8** (1917) 221.

13. HCN: Kolthoff, I. M., Z. analyt. Ch. **57** (1918) 1; ferner Lunge-Ambler (s. S. 43) S. 292.

14. C_3O_2 Tricarbondioxyd: In Kohlenoxyd in einer Konzentration von 0,01% auf $\pm$ 2% genau bestimmbar. Man leitet das Gas in ein auf — 30° bis — 40° C abgekühltes Ausfriergefäß, in welchem sich 25 cm³ Äther und 1 cm³ Anilin befinden. Die Lösung wird im Vakuum verdampft und im tarierten Ausfriergefäß das Malonyl-anilid gewogen. Geschwindigkeit des eingeleiteten Gasstromes etwa 12 l/Stunde.

15. $COCl_2$: Phosgen läßt sich bestimmen, wenn man das Gas in eine 2proz. (wasserfreie!) Lösung von Natriumjodid in Aceton leitet. Das nach der Gleichung

$$2\ NaJ + COCl_2 = 2\ NaCl + J_2 + CO$$

    frei gewordene Jod wird titriert.

    Chlor, welches stört, wird durch Antimontrisulfid oder Quecksilbersulfid entfernt. Sehr scharf ist eine Trennung mit HgJ. Kuhn, J. W. u. Martin, H., Z. physik. Chem. (B) **21** (1933) 93; Jahresber. der Chemisch-Techn. Reichsanstalt **5** (1926) 11, 16. Mit Anilin im Überschuß erhält man eine Fällung

$$4\ C_6H_5NH_2 + COCl_2 = CO(NHC_6H_5)_2 + C_6H_5NH_2 \cdot HCl$$

    von Diphenylharnstoff. Chlorwasserstoff stört nicht.
    Biesalski, E., Z. angew. Ch. **37** (1924) 314.
    Olsen, J. C. u. a., Ind. Engng. Chem. (An. Ed.) **3** (1931) 189.
    Delépine M., Bull. Soc. **27** (1920) 283.

16. NH_3: Dem Gas wird durch verdünnte Säuren das Ammoniak entzogen. Bestimmung macht keine Schwierigkeit.

17. N_2O: In geringen Mengen schwer zu bestimmen. Eine Anreicherung dieses bei -88,7° C siedenden Gases in Mischung mit tiefer siedenden Gasen durch Anwendung fraktionierter Kondensation (evtl. Adsorption) kann angewendet werden. Eine kritische experimentelle Untersuchung der Bestimmungsmethoden liegt von H. Menzel u. W. Kretschmar, Z. angew. Ch. **42** (1929) 148, vor.

18. NO: Eine Anreicherung des Gases kann durch Absorption in *angesäuertem* Wasserstoffsuperoxyd oder in Bromsäure erfolgen [Klemenc, A. u. Bunzl, C., Z. anorgan. allg. Chem. **122** (1922) 315]. Die gebildete ˉSalpetersäure ist leicht genau bestimmbar.

    Nach M. Lambrey, C. R. Paris **193** (1931) 857; Ann. Chim. Physique **14** (1930) 95, kann man einen Partialdruck von $4 \cdot 10^{-4}$ Torr von Stickoxyd durch Beobachtung der γ-Absorptionsbanden (2270 bis 2140 Å) schon in einer 16 cm langen Röhre leicht erkennen.

19. NO_2: Wegen des hohen Siedepunktes leicht ausfrierbar und in günstigen Fällen deshalb einfach anzureichern. Bestimmung als Salpetersäure. Physikalisch läßt sich ein Gehalt von etwa $6 \cdot 10^{-3}$ Torr durch Messung des Absorptionsspektrums gut abschätzen. Klemenc, A. u. Neumann, W., Z. anorg. allg. Chem. **232** (1937) 216.

Exakte gasanalytische Bestimmung, dss., Mh. Chem. **70** (1937) 273. Man vergleicht bei gleicher Belichtungsdauer und Intensität, sowie gleicher Küvette das Absorptionsspektrum eines Gases von bekanntem p_{NO_2} mit dem von unbekanntem Gehalt.

20. AsH_3: Es kann mit aller Vorsicht die Intensität des Spiegels zu einer quantitativen Abschätzung verwendet werden.

SbH_3: Läßt sich in einer Konzentration von 1 mg pro 10 Liter nachweisen, wenn der von J. Donau angegebene und von F. Paneth u. E. Winternitz, Ber. dtsch. chem. Ges. **51** (1918) 1728 modifizierte Nachweis verwendet wird. Luminescenzerscheinung.

21. SH_2: 1. McBride, R. S. u. Edwards, J. D., Bur. Stand. Washington, Techn. P. Nr. 41 (1914); Truesdale, E. C., Ind. Engng. Chem. (An. Ed.) **2** (1930) 299.

2. Autenrieth, W. u. Brech, A., Auffindung der Gifte, 6. Aufl. 1928, 655.

In einem Gemisch SH_2-SO_2-CS_2 lassen sich die drei Bestandteile *getrennt*, ermitteln, wenn ihre Konzentration 0,2—0,5 mg in 10000 Litern beträgt. Gasmenge 300—500 Liter. Gasgeschwindigkeit 100 l/Stunde. Böeseken, J. u. Muller, H. D., Rec. Trav. chim. Pays-Bas **50** (1931) 1117.

3. Oxydation zu Schwefelsäure, Wägung oder Titration.

4. Nachweis sehr kleiner SH_2-Mengen in SO_2 gelingt nicht mit Pb-Salzen. Dazu sind Quecksilber und Kupfersalze geeignet. Fischer, J., Die Chemie **56** (1943) 301.

COS: Dieses Gas läßt sich leicht in wässeriger (alkalischer) Lösung hydrolysieren. Der erhaltene Schwefelwasserstoff kann dann bestimmt werden. Literatur siehe bei Kohlenoxysulfid S. 192.

22. SO_2: In Schwefelwasserstoff siehe [21]. In Kohlendioxyd ermittelt man das Gas durch Einleiten in Chromsäure und Bestimmung der gebildeten Schwefelsäure.

23. Halogene: Man leitet das Gas in eine wässerige (mit Eis gekühlte) Lösung von Kaliumjodid und titriert das gebildete Jod, dessen Verlust während des Einleitens vermieden werden muß (siehe 26).

Bestimmung von Cl_2 in Phosgen noch auf 2%, wenn das Verhältnis $Cl_2 COCl_2 = 1 : 10^5$ beträgt. Martin, H., Oettinger, W. u. Kuhn, W., Z. analyt. Chem. **117** (1939) 305.

Im Gas lassen sich die Halogene direkt durch Jodkaliumstärkepapier nachweisen.

Für Chlor ist Orthotolidin (Para-2-Diamido-meta-2-dimethyldiphenyl) als ein sehr empfindliches Reagens angegeben. 1 Teil Cl_2 in 10^5 Teilen Gas. Porter, L. E., Ind. Engng. Chem. **18** (1926) 730.

24. Halogenwasserstoff: Lösung in Laugen und nach dem Ansäuern mit Salpetersäure Fällung mit Silbernitrat.

25. C_2H_4: Man schüttelt bekannte Volumina Gas in einer geschlossenen Flasche mit einer Bromlösung von bekanntem Titer; das unverbrauchte Brom wird zurücktitriert. Eine Lösung von bekanntem Bromgehalt erhält man beim Ansäuern einer 1/10 n $KBrO_3$-Lösung von bekanntem Titer, der man KBr zusetzt.
Acetylen wird sehr langsam bromiert.

26. O_3: In großer Verdünnung ist die beste Methode zur Bestimmung das Einleiten des Gases in 20proz. KJ-Lösung (mit Borsäure als Bodenkörper) und Titrieren des ausgeschiedenen Jods:

$$2\,KJ + O_3 + H_2O = 2\,KOH + J_2 + O_2.$$

Eine Korrektur ist anzubringen für die Menge freien Jods, welche vom Gas aus der Lösung mitgenommen wird. Briner, E. u. Paillard, H., Helv. chim. acta 18 (1935) 234. Einen sehr empfindlichen Nachweis haben kürzlich Briner, E. u. Perrottet, E., Helv. chim. acta 20 (1937) 293, angegeben. Die sehr geschickte Methode gestattet in weniger als 10 l Luft einen Ozongehalt vom Partialdruck etwa 10^{-7} zu bestimmen.

Die Jodstärke-Reaktion zu einer colorimetrischen Methode auszuwerten, ist mehrfach versucht worden. L. Benoist, C. R. Acad. Sci. Paris 168 (1919) 612, gibt an, daß eine Fluorescein-Reaktion empfindlicher sei als die Probe mit Kaliumjodid.
Allen, N., Ind. Engng. Chem. (An. Ed.) 2 (1930) 55.
Größere Mengen Ozon bestimmt man nach Riesenfeld E. H. u. Schwab, G.-M. Ber. dtsch. chem. Ges. 55 (1922) 2092.
Chlor neben Ozon: Bodenstein, M., Padelt, E. u. Schumacher, H. J., Z. physik. Chem. (B) 5 (1929) 209.

27. PH_3: Oxydation mit einer Hypochlorit- oder Jod-Jodkalium-Lösung, Fraenkel, A., Acetylen in Wissenschaft und Industrie 34 (1931) 97; Z. analyt. Ch. 90 (1932) 357.

28. O_2: Leuchtbakterien, ihre Gewinnung und Behandlung. Meyer, K. P., Helv. chim. acta 15 (1942) 3.

Literatur über Gasanalyse.

Ältere Bücher:

Bunsen, R., Gasometrische Methoden. Braunschweig 1857.
Hempel, W., Neue Methoden zur Analyse der Gase. Braunschweig 1880.

Neuere Werke und wichtige Monographien:

Hempel, W., Gasanalytische Methoden. 4. Aufl. Braunschweig 1913.
Cl. Winklers Lehrbuch der technischen Gasanalyse, Dr. O. Brunck. 5. Aufl. Leipzig: A. Felix. 1927.
Schuftan, Dr. P., Gasanalyse in der Technik. Leipzig: S. Hirzel. 1931.
Zsigmondy, R. u. Jander, G., Kurzer Leitfaden der technischen Gasanalyse. Braunschweig 1920.
Treadwell, F. P., Kurzes Lehrbuch der analytischen Chemie. II. Bd. Leipzig-Wien: Deuticke (viele Auflagen).

Manuel de Chimie gazière par H. Saint-Claire Deville, edit. (1921) chez Dunod, Paris.

Allen, H. C. and Lyder, E. E., A. Chemical Survey of the Natural Gases of Kansas and Oklahoma. Kansas State Printing Plant, Topeka, Kan. 1919.

White, Alfred H., Technical Gas and Fuel Analysis. Revised Edition. New York: The McGraw-Hill Book Co. 1920.

Dennis, L. M. and Nichols, M. L., Gas Analysis, Revised Edition. New York: The Macmillan Co. 1929.

Parr, S. W., The Analysis of Fuel, Gas, Water and Lubricants. 4th Edition. New York: McGraw-Hill Book Co. 1932.

Gill, A. H., The Analysis and Handling of Gases. Ann. Arbor. Michigan. 1934.

Shepherd, E. S., The Analysis of Gases obtained from Volcanoes and from Rocks. Papers from the Geophysical Laboratory, Carnegie Institution of Washington Nr. 564. 1925.

Sampling and Examinating of Mine Gases and Natural Gas. Bureau of Mines, Paper Nr. 197, Burell, G. A. and Seibert, F. M., Rev. Jones, C. W., Washington 1926.

Methods of the Chemists of the U. S. Steel Corporation for the Sampling and Analysis of Gases, 3. Ed. Pittsburg: Carnegie Steel Co. 1927.

Ambler, H. R., Technical Gas Analysis, George Lunge, revised and rewritten. London: Gurney and Jackson. 1934.

Haldane, J. S. u. Graham, J. J., Methods of Air Analysis. London: Ch. Griffin Comp. Ltd. 1935.

Lieneweg, F., Automatische Gasanalyse in der chemischen Industrie durch Wärmeleitfähigkeitsmessungen. Z. angew. Ch. **45** (1932) 531, 546.

Peters, K. u. Lohmar, W., Totalanalyse technischer Kohlenwasserstoffe mit Hilfe der Desorptionsmethode. Brennstoffchemie **18** (1937) 41.

Peters, K. u. Lohmar, W., Quantitative Trennung und Reindarstellung von Kohlenwasserstoffen durch Desorption im Vakuum. Beihefte zu der Z. d. Vereines deutscher Chemiker Nr. 25; Auszug in Angew. Ch. **50** (1937) 40.

Lehmann, K. B., Die Luft, in Lunge-Berl, Chemisch-technische Untersuchungsmethoden. II. Bd., I. Teil (1932) 397.

Wulff, P., Anwendung physikalischer Analysenverfahren in der Chemie. München: Verlag R. Müller u. Steinicke. 1936.

Bayer, E., Gasanalyse, 2. Aufl. Stuttgart: Ferd. Enke. 1941.

S. Doldi, L'Analisi dei Gas. Milano, Verlag: Istituto per la propaganda scientifica technica industriale 1943.

Wagner, G., Gasanalytisches Praktikum. 3. Aufl. Wien: Franz Deuticke, 1946.

Weitere Literatur siehe folgenden Abschnitt.

b) Physikalische Methoden.

Neben den chemisch-analytischen Methoden werden in der Gasanalyse auch physikalisch-analytische Verfahren verwendet. Im folgenden sind *nur* die wichtigsten angeführt. Es wird das Prinzipielle der physikalischen Methoden angegeben und die damit erreichbare Meßgenauigkeit. Die notwendige Literatur ist verzeichnet, welche für die Anwendung der Methode im konkreten Fall herangezogen werden muß.

α) Dichtebestimmung.

1. *Ausströmungs-(Effusions-)Methode.* Diese beruht auf dem Gesetz (Graham-Bunsen), nach welchem sich das spezifische Gewicht des Gases

$$g = \frac{d_g}{d_{\text{Luft}}} = \frac{t_g^2}{t_{\text{Luft}}^2}$$

aus der Ausströmungszeit t berechnen läßt. Das Verhältnis der Ausströmungszeiten gleicher Mengen zweier Gase unter gleichem Druck und gleicher Temperatur aus derselben Öffnung ist gleich dem Verhältnis der Quadratwurzeln aus der Dichte d beider Gase, Ist z. B. d_{Luft} bekannt, so kann man d_g berechnen. Die Methode hat viele Fehlerquellen, und daher können Abweichungen bis zu $\pm 10\%$ vorkommen. Bei Einhaltung gegebener experimenteller Bedingungen kann man dieselben auf $\pm 2\%$ herabsetzen. Die Methode eignet sich besonders für relative, jedoch weniger für absolute Messungen. Es sind eine Reihe sehr handlicher Laboratoriumsformen zur Messung angegeben worden, z. B. die „Gaswippe" von H. Kahle [1].

Literatur.

Lehrbücher zur Gasanalyse.
Handbücher der Physik und die Lehr- und Hilfsbücher für physikalisch-chemische
  Arbeiten.
Edwards, J. D., Techn. Papers, Bureau of Standards, Nr. 94. Washington 1917.
1. Kahle, H., Z. angew. Ch. **41** (1928) 876. In vielen neueren Lehrbüchern der Gas-
  analyse enthalten.

2. *Schwebewaage* (B. D. Steele u. M. Grant). Eine beachtenswerte Rolle in der Ermittlung von Gasdichten spielt die Gasschwebewaage. Sie ist zuerst von B. D. Steele und M. Grant[1] gebaut worden und dann von A. Stock[2][3] und W. Cawood und H. S. Patterson[4] zu einer allgemein brauchbaren Vorrichtung entwickelt worden. Die Bedeutung der Gasschwebewaage liegt vor allem darin, daß man leicht die Dichte von nur wenigen Kubikzentimeter betragenden Gasmengen sehr genau bestimmen kann, ohne dabei vom Gas etwas zu verlieren. Cawood und Patterson haben mit ihrer Mikrogasschwebewaage die Molekulargewichte einer Reihe von Gasen mit größter Präzision, etwa 1 in 10000, bestimmt (method of limiting pressures). Die Genauigkeit dieser Art Waagen hängt *lediglich* von der Ge-

---

[1] Steele, B. D. u. Grant, M., Proc. Roy. Soc. London (A) **82** (1909) 580.

[2] Stock, A. u. Ritter, G., Z. physik. Chem. **119** (1926) 333; **124** (1926) 204; **126** (1927) 172; **189** (1928) 47.

[3] Whytlaw-Gray, R. u. Ramsay, Proc. Roy. Soc. London **84** (1910) 536.

[4] Cawood, W. u. Patterson, H. S., Phil. Trans. London **1936**, 775; siehe ferner: Les déterminations physico-chimiques des poids moléculaires et atomiques des gaz. Inst. intern. de coopération intellectuelle, Paris 1938, S. 97.

nauigkeit ab, mit welcher der Druck gemessen wird; dieser wird natürlich an einem Quecksilbermanometer bestimmt. Die genaue Ablesung der Quecksilberhöhe ist deshalb auch hier von entscheidender Bedeutung.

Die von Stock angegebene Form der elektromagnetischen Gasdichtenwaage hat sich, nach den Erfahrungen des Laboratoriums Oppau der I. G. Farbenindustrie A.-G. verbessert, in der Praxis besonders bewährt[1]). Die Waage, welche sich zur ständigen Kontrolle verwenden läßt, hat eine außerordentlich hohe Empfindlichkeit. Eine Änderung der Gasdichte um 50 mg pro 1 Kubikmeter bewirkt einen Ausschlag des Waagenzeigers um einen ganzen Skalenteil, dessen Kompensation einen Strom von $7 \cdot 10^{-3}$ mA erfordert.

3. *Direkte Wägung.* Diese Methode liefert ebenfalls genaue Werte. Sie ist in einer Reihe von klassischen Untersuchungen (s. S. 28 ff.) ausgearbeitet worden. Die notwendigen Gasmengen betragen meist 200 cm³ und mehr; die erreichte Genauigkeit macht etwa 3 bis 4 in 10000 aus, kann aber gegebenenfalls noch verbessert werden. Die Durchführung der Messung erfordert viel Mühe und Kenntnis einer Reihe von physikalischen Daten, die meist erst zu ermitteln sind.

Neue Literatur.

Guye, Ph. A., J. Chim. physique **17** (1919) 141.
Guye, Ph. A. u. Batuecas, T., J. Chim. physique **20** (1923) 312.
Batuecas, T., Maverick, G. u. Schlatter, C., J. Chim. physique **22** (1925) 131.
Moles, E., Z. anorg. Chem. **167** (1927) 45.
Baxter, G. P., J. Amer. chem. Soc. **44** (1922) 595.

Gasdichten lassen sich auch durch direkte manometrische Wägung einer Gassäule, ganz besonders für genauere technische Zwecke, durchführen. Die Methode ersetzt vorteilhaft die Ausströmungsmethode, welche eine größere Gasmenge erfordert. Differentialmessungen könnten die Empfindlichkeit der Bestimmungen (bisher etwa 0,3 %) wesentlich erhöhen. Ein Beispiel dafür findet man bei A. Snell und A. N. Shan[2]).

v. Wartenberg gibt eine Vorrichtung an, die wesentlich kürzere Röhren erfordert, und sich außerdem für aggressive Gas eignet.

Gassäulenwägung als Nullmethode:

Kahle, H., Chem. Techn. **16** (1943) 144.
Pollitzer, E., Z. angew. Chem. **37** (1924) 459.
v. Wartenberg, Z. Elektrochem. **47** (1941) 92.

---

[1]) Der Apparat wird von R. Fuess, Berlin-Steglitz, Düntherstr. 8, hergestellt.

[2]) Snell, A. u. Shan, A. N., Canad. J. of Res. **6** (1932) 309; Z. analyt. Ch. **95** (1933) 278. Siehe auch Schuftan, P., Gasanalyse in der Technik, S. 31; Lunge-Ambler S. 183 (siehe S. 43).

β) Wärmeleitfähigkeit.

Die Wärmeleitfähigkeit λ eines Gases ist nach der Gleichung $\lambda = \pi \eta c_v$ proportional der inneren Reibung η und der spezifischen Wärme c_v. Der (theoretisch berechenbare) Proportionalitätsfaktor π ist von Gas zu Gas verschieden, aber stets von der Größenordnung Eins. λ ist vom Drucke *unabhängig* und ist meist (nicht allgenein!) eine additive Eigenschaft. Sind m_1, m_2 Molkonzentrationen in der binären Gasmischung, so ist

$$\lambda = \lambda_1\, m_1 + \lambda_2\, m_2.$$

λ_1, λ_2 Leitfähigkeit der Komponenten. Erst bei niedrigen Drucken (unter 10 Torr etwa) wird die Wärmeabgabe dem Drucke proportional. Zur Messung der Wärmeleitfähigkeit verwendet man die Methode des heißen Drahtes, welche unabhängig voneinander, A. Schleiermacher in Deutschland und J. T. Bottomley in England, angegeben haben. Man bringt den sehr dünnen Draht in dem Vergleichsgas auf eine bestimmte Temperatur, welche *höher* als die der Umgebung ist. Ändert sich nun die Wärmeleitfähigkeit des umgebenden Gases, indem man ersteres durch das zu prüfende ersetzt, so ändert sich die Temperatur des Drahtes und damit auch sein Widerstand. Diesen kann man in einer

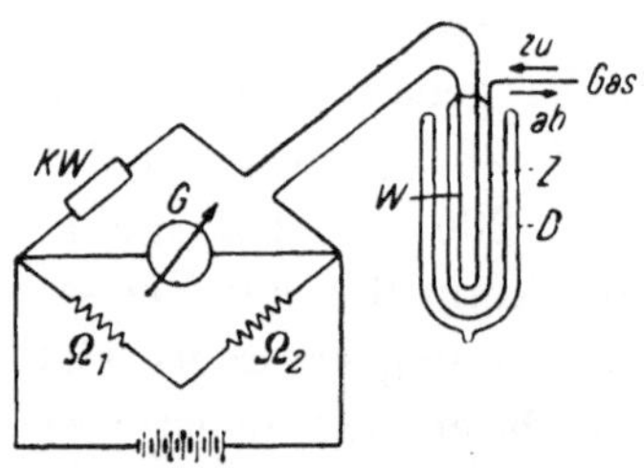

Abb. 33. Wärmeleitfähigkeitszelle. *KW* Kurbelwiderstand in der Wheatstone-Anordnung, *G* Galvanometer, *W* Widerstandsdraht, *D* Dewar-Gefäß, Ω_1, Ω_2 bekannte Widerstände.

Wheatstoneschen Brückenschaltung sehr genau bestimmen. Die für die Messungen prinzipielle Schaltung ist aus der Abb. 33 ersichtlich.

Die Wärmeleitfähigkeitszelle wird empirisch geeicht, wonach also nur relative Messungen auszuführen sind. Dies ist aus dem genanntem Verhalten notwendig. Die Messungen sind genau mit Zweistoffsystemen durchzuführen. Schon sehr kleine Änderungen in der Zusammensetzung kann man in entsprechend ausgearbeiteten Vorrichtungen bestimmen. In einer Mischung von Ortho-Para-Wasserstoff ist die Zusammensetzung auf etwa $\pm 1^0/_{00}$ genau ermittelbar. Die Gasdrucke können dabei sehr niedrig sein (0,1 bis 0,05 Torr)[1]. In einer nur 1,3 mm³ betragenden Mischung von Wasserstoff und Kohlenoxyd läßt sich die Zusammensetzung auf $\pm 0,1\%$ sicher bestimmen[2].

Bei Edelgasen ist diese Methode, zur Bestimmung der Verschiebung des Atomgewichtes im Zuge einer Isotopenanreicherung, verwendet worden. Eine Verschiebung um $0,1^0/_{00}$ ist noch leicht nachweisbar (1 cm³ Gas, Druck 1 Atm.)[3].

Die Messungen werden sich um so schärfer ausführen lassen, je ver-

[1]) Bonhoeffer, K. F. u. Harteck, P., Z. physik. Chem. (B) **4** (1929) 113.
[2]) Hirst, W. W. u. Rideal, E. K., J. chem. Soc. London **125** (1924) 694.
[3]) Groth, W., Naturwiss. **27** (1939) 260.

schiedener die Wärmeleitfähigkeiten der Bestandteile in der Gasmischung sind. Von den häufig vorkommenden Gasen hat Wasserstoff und Helium die größte, Kohlendioxyd, Schwefeldioxyd, Schwefelwasserstoff und Schwefelkohlenstoff eine mehr als 10mal kleinere Wärmeleitfähigkeit, ein Umstand, der von praktischer Bedeutung ist. Der hohe Wert, der dieser Meßmethode in den wissenschaftlichen Untersuchungen zukommt, liegt neben ihrer großen Empfindlichkeit auch darin, daß minimalste Gasmengen (Drucke um 0,05 Torr) schon genaue Messungen zulassen und keine Gasverluste damit verbunden sind.

Literatur.

Niedrige Gasdrucke 0,1 Torr:

Geib, K. H. u. Harteck, P., Z. physik. Chem., Bodenstein-Bd. (1931) 849.

Farkas, A., Ergebnisse der exakten Naturwissenschaften **12** (1933) 177; Z. physik. Chem. (B) **22** (1933) 344.

Farkas, A., Orthohydrogen, Parahydrogen and Heavy Hydrogen, Cambridge Univ. Press 1935.

Bonhoeffer, K. F. u. Harteck, P., l. c.

Gmelin, P. u. Grüss, A., Der Chemie-Ingenieur Bd. II, 76.

Auch in der chemischen Industrie ist zur Kontrolle der Gaszusammensetzung die Wärmeleitfähigkeitsmethode schon sehr stark in Anwendung. Die hier entwickelten Apparateformen (Differenzmeßverfahren) weichen natürlich mehr oder weniger stark von den wissenschaftlichen Laboratoriumstypen ab. Doch lassen sich auch mit diesen Instrumenten Konzentrationsänderungen, z. B. von Wasserstoff oder Kohlensäure in der Luft von 0,01 bzw. 0,2 %, leicht bestimmen.

Weitere Literatur.

Palmer u. Weaver, Thermal Conductivity Methods for the Analysis of Gases. Bur. Stand. Techn. Pap. Nr. 259 (1924).

Eucken, A. u. Jakob, M., Der Chemie-Ingenieur, Handbuch phys. Arbeitsmethoden, Leipzig: Akad. Verlagsgesellschaft 1933, Bd. II, Kap. XVI. Hier findet man weitere Literaturstellen.

Lieneweg, F., Z. angew. Ch. **45** (1932) 531, 546.

Daynes, H. A., Gas Analysis by measurement of thermal conductivity. Cambridge: Univ. Press 1933.

γ) Interferometer für Gase.

Der Brechungsexponent chemisch nicht aufeinander wirkender Gase in einer Gasmischung ist gleich der Summe ihrer partiellen Brechungsexponenten (Biot-Arago)[1]. Innerhalb der Gültigkeit dieses Gesetzes kann man mit dem Interferometer die Zusammensetzung einer Gasmischung

---

[1] Die Prüfung dieser Gesetzmäßigkeit mit dem Haber-Löwe-Gasinterferometer haben S. Valentiner u. O. Zimmer, Verh. dtsch. physik. Ges. **15** (1913) 1301, durchgeführt.

von bekannten Gasen ermitteln. Diese zur Messung der verschiedenen Lichtbrechungen einzelner Gase dienende Vorrichtung wird in der Praxis der Gasanalyse und Gaskontrolle (seit 1910) immer häufiger verwendet (1). Es sind bereits mehrere Typen von Apparaten gebaut worden, die der Art ihrer Verwendung, der Natur der Gase, dem Grade der erstrebten Genauigkeit entsprechen[1]). Genau und rasch werden sich Mischungen *zweier* Gase ermitteln lassen, deren Brechungsexponenten möglichst stark voneinander verschieden

sind. In solchen günstigen Fällen läßt die Zusammensetzung der Gasmischung (in einem Apparat mit 1 m Gaskammerlänge) auf etwa $\pm$ 0,01 %, sonst auf etwa 0,1 % leicht bestimmen.

Für den Praktiker, der das Instrument noch nicht genügend kennt, ist der folgende Hinweis zu beachten, den ich Herrn Dr. habil. Damköhler verdanke.

Beim Arbeiten mit dem Gasinterferometer (polychromatisches Licht) ist darauf zu achten, daß sich mit der Änderung der Gaszusammensetzung in einer Kammer nicht nur das eine Interferenzstreifensystem verschiebt, sondern daß sich gleichzeitig auch dessen Streifen im allgemeinen verfärben: Ein zunächst farbiger Interferenzstreifen wird schwärzlich und der daneben liegende schwarze Interferenzstreifen wird farbiger. Man erkennt diese Verfärbung der Interferenzstreifen am einfachsten in der

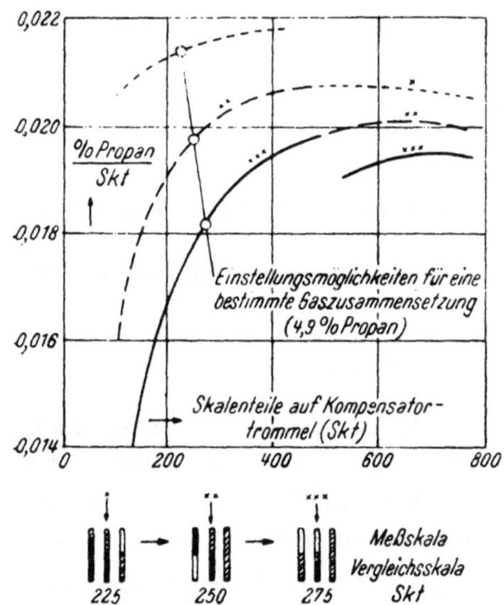

Abb. 34.   Interferometereichkurve nach G. Damköhler für Propan-Luft-Gemische.

Weise, daß man zunächst in den beiden Interferometerkammern das gleiche Gas einführt und dann in der Meßkammer das Gas langsam durch das zu messende verdrängt. Dabei wird das verschiebende Interferenzstreifensystem durch dauerndes Nachdrehen des Kompensators im Gesichtsfeld gehalten. Die Verfärbung der Interferenzstreifen kann bei der Eichung des Interferometers in der Weise berücksichtigt werden, daß man bei einer bestimmten Gasfüllung *auch die Kompensatorstellung für verschiedene Interferenzstreifen notiert* und diese etwa durch beigefügte Sternchen unterscheidet.

Als Beispiel einer solchen Eichkurve siehe Abb. 34.

In Luft sind z. B. mit Hilfe des Interferometers folgende Vol.-% bestimmbar:

H_2	0,01 %	CO	0,03 %
N_2	0,3 %	SH_2	0,005 %
He	0,006 %	SO_2	0,03 %
CO_2	0,01 %	H_2O	0,04 %

---

[1]) Interferometer nach Haber-Löwe der Zeiß-Werke in Jena; Rayleigh Interference Refractometer, Adam Hilger Ltd., London N.W. 1.

Das Instrument eignet sich ganz besonders zur Kontrolle technisch reiner Gase. Es kann auch für gasförmige Mehrstoffsysteme in den Gang der Gasanalyse eingeschaltet werden [2].

Literatur.

1. Haber, F. u. Löwe, F., Z. angew. Ch. **23** (1910) 1393.
2. Rassfeld, P., Neue Wege der Gasanalyse. Z. angew. Ch. **40** (1927) 669.
   Berl, E. u. Ranis, L., Die Verwendung der Interferometer in Wissenschaft und Technik. In der Sammlung Fortschritte der Chemie, Physik und physikalischen Chemie Bd. 19. Berlin: Gebr. Bornträger.
   Löwe, F., Optische Messungen des Chemikers und des Mediziners. III. Aufl. S. 217. Dresden: Th. Steinkopff. 1939. Hier noch weitere Literaturstellen.

δ) Die spektroskopischen Methoden.

1. Spektroskopische Methoden zur Ermittlung von Begleitstoffen in Gasen heranzuziehen ist zuweilen wertvoll, da die Empfindlichkeit derselben sehr groß sein kann. Ebenso sind zur Bestimmung nur geringe Gasmengen erforderlich, und es geht dabei bei elektrischer Anregung im Rohr praktisch nichts verloren. Während ein qualitativer Nachweis noch leicht experimentell durchzuführen ist, ist eine quantitative Auswertung z. B. der Spektralaufnahmen umständlich. Man wird deshalb häufig die spektroskopischen Methoden in der Weise benutzen, daß man zuerst feststellt, welche Konzentration des gesuchten Gases gerade noch hinreicht, um einen deutlichen subjektiven oder objektiven (photographische Platte, Photozelle) Effekt zu erhalten. Beobachtet man nun in der zu untersuchenden Probe unter *gleichen* experimentellen Bedingungen den gleichen Effekt, so läßt sich die Konzentration ungefähr abschätzen.

2. Die Methoden zur Erzeugung des *Emissionsspektrums*, um ein Begleitgas qualitativ (und auch quantitativ) festzustellen, gewinnen erst dann an Sicherheit, wenn dasselbe von der Hauptmenge des Gases abgetrennt wird. Da jedoch das Auftreten des Emissionsspektrums von den Entladungsbedingungen[1]) abhängt, welche oft durch sehr geringe Verunreinigungen weitgehend beeinflußt werden können, ist die Verläßlichkeit einer, auf diese Weise ausgeführten Untersuchung, durch getrennte Probenversuche noch besonders zu prüfen. Da die Metalloide im leicht zugänglichen Spektralbereich meist kein Atomspektrum besitzen, sind spektroskopische Methoden in der Gasanalyse nur für einige wenige Elemente (Wasserstoff, Stickstoff, Sauerstoff und besonders von Edelgasen) von Vorteil, obwohl auch hier noch viele andere Gesichtspunkte zu berücksichtigen sind. Allgemein gilt die Regel, daß das Gas mit geringerer Ionisierungsspannung das Spektrum

---

[1]) Bei Gasen wird wohl überwiegend das Spektrum beobachtet, welches durch elektrische Entladung bei niedrigem Drucke erzeugt wird. Es käme in zweiter Linie noch die Flamme als Lichtquelle in Betracht.

bestimmt. So ist z. B. in der Kohlensäure der Kohlenstoff spektroskopisch *empfindlicher* als Sauerstoff; die Folge davon ist, daß sich das Kohlendioxyd erst dann mit Sicherheit im Funkenspektrum nachweisen läßt, wenn *keine* anderen Kohlenstoffverbindungen im Gas vorhanden sind. Nach H. Lundegårdh[1]) sind etwa 0,01 mg Kohlendioxyd in 10 cm³ Gas nachweisbar.

Ein schönes Beispiel für die Verwendung des Emissionsspektrums zum Nachweis kleiner Mengen (10^{-10} cm³!) von Neon und Helium bietet der von F. Paneth, H. Gelen und K. Peters[2]) eingeschlagene Weg.

3. Die Bestimmung des *Absorptionsspektrums* ist für den Nachweis von Begleitgasen dann eine vortreffliche Methode, wenn sie schon im sichtbaren Gebiet absorbieren. Ist in diesem keine Absorption vorhanden, so bleibt noch die Untersuchung im langwelligen Ultrarot oder im Ultraviolett übrig. Freilich können nur in ganz einfachen Fällen leicht nutzbare Ergebnisse erhalten werden. Systematische Untersuchungen auf diesem Gebiet zu analytischer Verwertung liegen unseres Wissens nicht vor.

Beispiele für diese Untersuchungsmethode sind:

Wimmer, M., Über die Beeinflussung der ultraroten Kohlensäureabsorptionsbande bei 4, 27 durch fremde Gase und ihre Anwendung zur Gasanalyse. Ann. Physik [4] **81** (1926) 1091.

Ferner die S. 40 u. 41 angeführten Beispiele bei 18 und 19.

Es lassen die Messungen zur Erlangung von Absorptionsspektren erkennen, daß gerade hier eine große Reinheit des zu untersuchenden Gases gefordert werden muß, weil schon geringe Beimengungen eines fremden Gases, das klare Bild der Absorption stören können. Diese Erkenntnis könnte man zur analytischen Bestimmung von Begleitgasen heranziehen. Es ist zu erwarten, daß in naher Zukunft in dieser Richtung Fortschritte gemacht werden.

4. Ist ein Begleitgas in einem bestimmten Lösungsmittel besonders leicht löslich, z. B. Kohlenwasserstoffe in Alkohol, so kann man dann das Lösungsmittel, in welchem eventuell eine Anreicherung des zu bestimmenden Stoffes vorgenommen worden ist, durch Messung der Absorption auf das Begleitgas hin untersuchen.

5. In diesem Zusammenhang sei auf die singuläre Stellung der *Massenspektrographie,* zur Auffindung minimalster Molekel- und Atomkonzentrationen in Gasen, hingewiesen.

---

[1]) Lundegårdh, H., Z. Physik **66** (1930) 109. Mit der quantitativen Bestimmung der Kohlensäure in der Luft beschäftigte sich auch Bouchetal de la Roche, Bull. Soc. chim. France [4] **45** (1929) 922; [4] **47** (1930) 660. In der ersten Arbeit Angaben zur Bestimmung von Cl_2, Br_2, P, B, C, Si in Gasform mit Stickstoff als Verdünnungsmittel.

[2]) Paneth, F., Gelen, H. u. Peters, K., Z. anorg. allg. Chem. **175** (1928) 383.

Literatur.

Physikalische Methoden der analytischen Chemie I. Chemische Spektralanalyse von G. Scheibe. Leipzig: Akademische Verlagsgesellschaft. 1933.
Handbuch der Experimental-Physik Bd. XIX, *Dispersion und Absorption*, G. Jaffé; Bd. XXI, *Anregung der Spektren, Spektroskopische Apparate*, G. Joos, E. v. Angerer. Leipzig: Akademische Verlagsgesellschaft. 1928.
Optische Messungen des Chemikers und des Mediziners von F. Löwe, III. Aufl. Dresden und Leipzig: Th. Steinkopff. 1939. Hier findet sich eine reiche Literatursammlung.
Die chemische Emissions-Spektral-Analyse I.—III. Teil von W. Gerlach. Leipzig: L. Voss. 1930—1936.
Ferner wären die laufenden Berichte zum Fortschritte der apparativen Technik auf diesem Gebiete zu berücksichtigen, welche von der Firma Adam Hilger[1]) herausgegeben werden.

ε) Dampfdruck der flüssigen Phase, isotherme Destillation, Schmelzpunkt.

Zur Ermittlung des Reinheitsgrades eines Gases gehört auch die Bestimmung der genannten Größen. Darüber wird S. 88ff. das Notwendige ausgeführt.

D. Reinheitsgrad eines Gases und Verwendung.

Die anzustrebende Reinheit eines Gases richtet sich natürlich nach seiner Verwendung. Für sehr viele Untersuchungen, namentlich präparativer Natur, werden einige Prozent Verunreinigungen nicht stören. Wesentlich größere Anforderungen stellen oft physikalisch-chemische und physikalische Untersuchungen an den Reinheitsgrad der Gase. Die Ermittlung der Dichte, Lichtbrechung, des Absorptionsspektrums, des Verlaufes der spezifischen Wärme bei tiefen Temperaturen verlangt schon sehr reine Gase. Inwieweit diese Begleitgase enthalten können, ergibt sich aus der Diskussion der Empfindlichkeit ihrer Bestimmungsmethode. In den Untersuchungen homogener und heterogener Gasreaktionen zeigt sich jedoch nicht selten ein spezifischer Einfluß ganz geringer Verunreinigungen (unter $0,1^0/_{00}$), deren Konzentrationen im allgemeinen nicht ohne besondere Methoden ermittelt werden können. Man erkennt, daß der Einfluß so kleiner Konzentrationen eines Stoffes jedenfalls lediglich einer besonderen Eigenschaft desselben zuzuschreiben ist, denn der Einfluß liegt außerhalb der Beziehungen, die durch das Massenwirkungsgesetz zu erwarten wären. Adsorption von 0,05 cm³ Kohlendioxyd an einem Kupferkatalysator, der 1,00 cm³ Wasserstoff adsorbieren kann, vermindert die Hydrierungsgeschwindigkeit von Äthylen nicht um 5% wie zu erwarten wäre, sondern um etwa 90% (R. N. Pease u. L. Stewart). Die Vergiftung des Katalysators durch *bevorzugte* Adsorption der Begleitgase, gehört zu häufig beobachteten Erscheinungen. In homogener Gasphase verlaufende chemische Reaktionen, vorwiegend dann, wenn diese unter großer positiver Wärmetönung vor sich gehen, können durch geringste Mengen von Begleitgasen verändert werden. Falls nämlich eine Kettenreaktion

---

[1]) Anschrift siehe Fußnote 1 auf S. 48.

vorliegt, kann die Kettenlänge, und somit die Reaktionsgeschwindigkeit, durch das Begleitgas beeinflußt werden (M. Bodenstein u. C. N. Hinshelwood). Es braucht dazu nur auf den enormen Einfluß hingewiesen werden, den Spuren von Wasserdampf in manchen Gasreaktionen zeigen[1]) (H. B. Dixon).

Photochemische Gasreaktionen erfahren, zu den genannten Einflüssen, noch die mögliche zusätzliche Komplikation, daß geringe Beimengungen als Sensibilisatoren wirken können und so wieder einen Einfluß auf den Ablauf der chemischen Reaktion ausüben, der zunächst von der Konzentration direkt nicht allein abhängt. Beispiele dieser Art sind folgende: Quecksilberdampf ermöglicht die Dissoziation der Wasserstoffmolekel, die Erniedrigung der Explosionstemperatur des Knallgases durch zugemischtes Stickstoffdioxyd u. a. Liegen solche Fälle vor oder sind sie zu erwarten, so muß natürlich ein besonders reines Gas hergestellt werden. Da aber sehr häufig die eigentliche Beimengung, welche die Ursache der Änderungen im Reaktionsablauf ist, nicht bekannt sein wird, so kann diese, außer durch systematische Änderungen der Konzentrationen der Reaktionsteilnehmer, auch aufgefunden werden, wenn verschiedenen Methoden zur Herstellung, Reinigung, Trocknung usw. der in Betracht kommenden Gase eingeschlagen wird. Eine Entfernung solcher, in so kleinen Konzentrationen vorkommender störender Beimengungen, ist natürlich, wenn überhaupt möglich, stets sehr schwierig und kann nur durch besondere Kunstgriffe erfolgen. Liegt z. B. der Verdacht vor, daß Spuren in einem Gase eine bevorzugte Adsorption an einem Katalysator erfahren und dadurch störend auf den (heterogenen) Reaktionsverlauf wirken, so wird es möglich sein, diese zu entfernen. Man läßt das Gas, bevor es mit den anderen Reaktionsteilnehmern vermischt wird, längere Zeit über einen gleichen Katalysator stehen, wobei man die Bedingungen für die Adsorption noch besonders günstig wählen könnte. In dieser Hinsicht wird die Reinigung von Gasen durch Adsorption an Kohle, Silicagel usw. von besonderer Bedeutung.

In Untersuchungen mit gasförmigen Systemen ist zu beachten, daß *strömende* Gase leichter rein zur Reaktion gebracht werden als ruhende, weil dadurch sekundär auftretende Verunreinigungen ständig verdünnt und weggeführt werden.

III. Reinigungsmethoden ohne Kondensation.
A. Trocknen der Gase, die Trockenmittel, Tiefkühlung.

1. Allgemein muß die Geschwindigkeit des zu trocknenden Gases im richtigen Verhältnis zu der Menge des vorhandenen Trockenmittels stehen. Ferner soll dieses so angewendet werden, daß es mit dem Gas in möglichst

---

[1]) Näheres über die Rolle des Wassers bei Gasreaktionen siehe: „Katalytische Umsetzungen", W. Frankenburger, S. 66 ff. Leipzig: Akad. Verlagsges. 1937.

innige Berührung kommen kann. In dieser letzten Hinsicht ist die konzentrierte Schwefelsäure von idealer Wirksamkeit, wenn dafür Sorge getragen wird, daß nicht zu große Gasblasen die Säure passieren. Die Trocknung ist ein mit *mäßiger* Geschwindigkeit verlaufender Vorgang; je geringer der Partialdruck des Wasserdampfes und je tiefer die Temperatur, um so langsamer erfolgt seine Abnahme in der Zeiteinheit. Man hat demnach ein schon sehr trockenes Gas besonders langsam durch das Trockensystem zu senden, um es noch weiter vom Wasserdampf zu befreien.

2. Feste Trockenmittel sind immer so anzuordnen, daß das Gas „*durch*" dieselben treten muß und keine Kanäle sich ausbilden können. Stellt man die Trockenröhren vertikal, so wird dies am sichersten erreicht. (Trockentürme s. S. 56, 163.) Bei Phosphorpentoxyd hat sich eine Verteilung an Glaswolle bewährt[1]). Es ist ferner zu beachten, daß die festen Stoffe Gase absorbieren. Vor allem wird hier Luft und Kohlendioxyd in Betracht kommen. Streicht dann ein fremdes Gas über das feste Trockenmittel, so wird es langsam das absorbierte Gas verdrängen. Deshalb kann erst nach einiger Zeit diese sekundäre Verunreinigung eines Gases aufgehoben werden. In der Reihe der Trockenmittel hat das Phosphorpentoxyd stets am Ende zu stehen. (S. folgende Tabelle.) Schwefelsäure kann, wenn nicht besonders rein, ebenfalls Gase (Schwefeldioxyd, Luft) abgeben. Erhitzt man dieselbe aber vorher bis zum Rauchen, so ist dies ausgeschlossen.

3. Der Dampfdruck der Trockenmittel, besonders der festen, ist sehr gering. Nach E. W. Morley[2]) nimmt ein Liter Gas bei Zimmertemperatur $2 \cdot 10^{-5}$ mg Phosphorpentoxyd, von Schwefelsäure eine etwa 20mal größere Menge (Schwefeltrioxyd) auf. Eine chemische Einwirkung der Trockenmittel auf das Gas ist ebenfalls oft zu beachten. (S. gleich das Folgende.)

Für die Trocknung der Gase verwendet man konzentrierte Schwefelsäure, Calciumchlorid, festes Kalium- oder Natriumhydroxyd, Calciumoxyd, Bariumoxyd, Kupfersulfat, Phosphorpentoxyd, Kieselgel, metallisches Natrium (seltener Kalium).

Bei Verwendung der *Alkalimetalle* als Trockenmittel muß man beachten, daß sich dabei Wasserstoff entwickelt.

Man verwendet die konzentrierte Schwefelsäure des Handels. E. W. Morley gibt an, daß damit bei Zimmertemperatur die Trocknung bis auf einen Restgehalt von 0,002 mg Wasserdampf pro 1 l Gas durchgeführt werden kann[3]).

4. *Calciumchlorid* ist das am häufigsten gebrauchte Trockenmittel. Es wird entweder in der porösen, viel Gas absorbierenden Form oder geschmolzen verwendet. Die Trocknung kann nur bis zum Gleichgewichtsdruck des Systems

---

[1]) Vorteilhaft kann dafür auch Bimsstein verwendet werden, den man mit 100% Phosphorsäure zuerst tränkt und dann in pulverförmigem Phosphorpentoxyd wälzt.

[2]) Morley. E. W., J. Amer. chem. Soc. 26 (1904) 1171.

[3]) Die Trocknung wird besonders wirksam, wenn man die Säure über Glasperlen verteilt. Eine allgemein zu verwendende Form s. S. 56, Abb. 35.

$CaCl_2$ — xH_2O durchgeführt werden. Das System mit dem niedrigsten Hydrat enthält in einem Liter Gasraum bei 25° C 0,33 mg Wasserdampf.

Die entsprechenden Werte für andere Trockenmittel zeigt die folgende Tabelle:

KOH geschmolzen	$2 \cdot 10^{-3}$
NaOH geschmolzen.	$2 \cdot 10^{-3}$
$Mg(ClO_4)_2$[1])	$< 5 \cdot 10^{-4}$
CaO	$2 \cdot 10^{-1}$
$CuSO_4$—$CuSO_4 \cdot H_2O$	$1,4 \cdot 10^{-2}$
P_2O_5	$< 2 \cdot 10^{-5}$
Kieselgel	siehe unter 6.

mg Wasser bleibt nach der Trocknung in 1 l Gas zurück (25° C).

5. *Phosphorpentoxyd.* Dieses wirksamste Trockenmittel verdient einige Bemerkungen, da es bei der Behandlung der Gase eine wichtige Rolle spielt. Bei exakten Arbeiten muß es besonders rein sein. Die Nichtbeachtung dieser Forderung kann sehr unliebsame Verunreinigungen des zu trocknenden Gases zur Folge haben. Aus diesem Grunde vermeidet man dieses Trockenmittel, wo es nur möglich ist, und ersetzt es durch Tiefkühlung der Gase. Die Verwendung des Pentoxydes zur „absoluten" Trocknung ist eine schwierige Angelegenheit, und es muß diesbezüglich auf die Literatur hingewiesen werden[2]).

Die Reinigung des handelsüblichen Produktes erfolgt durch Sublimation in reinem, trockenem Sauerstoffstrom bei einer unter 300° C liegenden Temperatur[3]). Sublimiertes Phosphorpentoxyd ist ein schön kristallines Pulver. Das gereinigte Pentoxyd muß frei von niedrigen Oxyden sein. Eine in Wasser gelöste Probe darf beim Kochen mit Quecksilber-II-chlorid *keine* Trübung geben. Es kann auch bei der Sublimation unter den genannten Bedingungen etwas in Metaphosphorsäure übergehen.

Die Halogenwasserstoffsäuren HF, HCl, HBr reagieren mit Phosphorpentoxyd und geben flüchtige Phosphorverbindungen[4]). Von G. P. Baxter[5]) ist noch gezeigt worden, daß in dieser Hinsicht der Metaphosphorsäure eine besondere Rolle zukommt: $HPO_3 + 3\,HCl \rightleftharpoons POCl_3 + 2\,H_2O$.

Ammoniak[6]) reagiert in eigenartiger Weise mit Phosphorpentoxyd, so daß es zur Trocknung dieses Gases nicht ohne weiteres verwendet werden

---

[1]) „Dehydrite", Lehner, S. u. Taylor, G. B., Ind. Engng. Chem. An. Ed. **2** (1930) 58; Smith, G. F. u. Hardy, R., Z. anorg. allg. Chem. **223** (1935) 1. Allgemein erhältlich.

[2]) Smits, A., de Liefde, W., Swart, E. u. Claassen, A., J. chem. Soc. London **1926**, 2657; Smits, A., J. Amer. chem. Soc. **47** (1925) 794.

[3]) Ein besonders *reines* Pentoxyd liefern Hopkin & Williams Ltd., 16 and 17 Cross Street, Hatton Garden, London E. C. 1. — Die Ausbeute ist gering, wenn man zur Sublimation von gewöhnlichem Handelsprodukt ausgeht. Bei *Rotglut* geht sie rasch vor sich. Biltz, W. u. Hülsmann, O., Z. anorg. allg. Chem. **207** (1932) 380.

[4]) Bailey, G. H. u. Fowler, G. J., J. chem. Soc. London **53** (1888) 755.

[5]) Baxter, G. P., Hines, M. A. u. Frevert, H. L., J. Amer. chem. Soc. **28** (1906) 779.

[6]) Moles, E. u. Batuecas, T., J. Chim. physique **27** (1930) 568.

kann. Ganz trockenes Ammoniak wird von ganz reinem, im Vakuum sublimiertem Pentoxyd nicht mehr absorbiert. Sollte auch ein solches Produkt Ammoniak aufnehmen, so läßt dies auf einen Gehalt an Metaphosphorsäure schließen.

Es scheint indessen auch das Phosphorpentoxyd nicht immer hinreichend rasch zu trocknen. H. Kamerlingh-Onnes gibt an, daß Wasserstoff nach der Trocknung mit Pentoxyd noch Wasserdampf enthalten kann[1]).

6. *Kieselgel* (Silicagel). Gastrocknung soll rascher und vollständiger sein als die bei Verwendung von Calciumchlorid. Die Regenerierung des Trockenmittels, durch Erhitzen auf 180—200° C in einem Strom trockener Luft oder eines anderen Gases ist zu betonen, wobei der Fortgang sichtbar gemacht werden kann: dem Silicagel wird ein Indikator hinzugefügt (Blau-Gel). Weiteres S. 109.

7. *Tiefkühlung.* Kühlt man ein Wasserdampf enthaltendes Gas ab, so wird Wasserdampf, als der Stoff mit dem kleineren Dampfdruck, fest oder flüssig, entsprechend der Temperatur, abgeschieden. Bei — 50° C beträgt der Dampfdruck des Eises, 0,03, bei — 90° 0,0007 Torr. Da noch tiefere Temperaturen sehr leicht herzustellen sind, sieht man, daß eine Trocknung durch Tiefkühlung von idealer Wirksamkeit sein muß. Wie stark man abkühlen kann, hängt von der Verflüssigungstemperatur des Gases unter dem entsprechenden Druck ab. Man verwendet demnach die S. 95 beschriebene Methode der fraktionierten Kondensation. Statt der fraktionierten Kondensation kann man in diesem Falle auch die fraktionierte Destillation anwenden. Man verflüssigt das Gas vollständig und läßt es bei möglichst tiefer Temperatur absieden[2]). Hier ist das Folgende zu beachten: bei der Kondensation soll man nur den untersten Teil des Ausfriergefäßes abkühlen, beim Absiedenlassen jedoch soll das Kältebad (mit der höheren Temperatur) das Gefäß vollständig umgeben. Bei der Kondensation kann sich schon *oberhalb* der Stelle tiefster Temperatur Wasserdampf kondensieren, der dann bei höherer Temperatur wieder abgegeben werden würde. Kühlt man aber beim Absiedenlassen auch die Stelle, an der sich Wasserdampf kondensiert hat, so ist dieser, sekundäre unerwünschte, Vorgang ausgeschaltet. Dieses Verhalten ist übrigens auch in anderen ähnlichen Fällen zu beachten, ganz besonders dann, wenn niedrige Tensionen von Gasen bei tiefen Temperaturen gemessen werden, die nicht vollständig trocken oder ganz einheitlich sind.

Im allgemeinen werden die Gase mit konzentrierter Schwefelsäure und dann mit Phosphorpentoxyd oder durch Abkühlung getrocknet. Wir wollen ersteren Vorgang als *Volltrocknung*, letzteren als *Tieftrocknung* bezeichnen.

---

[1]) Kamerlingh-Onnes, H., Comm. Leiden 94*ᵉ*; Stock, A. u. Ritter, G., Z. physik. Chem. **124** (1926) 204, und andere Forscher.

[2]) Man findet jedoch auch unter diesen Bedingungen, z. B. in Sauerstoff, der aus einem Gefäß, das mit flüssiger Luft gekühlt war, absieden gelassen worden ist, noch Spuren von Feuchtigkeit. A. Stock, l. c. Feine Eiskriställchen können Stellen, die mit flüssiger Luft gekühlt sind, passieren („Schneesturm").

B. Gaswaschflaschen.

1. Diese dienen zur Absorption der im Gase vorhandenen Verunreinigungen. Der Absorptionsvorgang vollzieht sich mit *mäßiger* Geschwindigkeit, welche durch die Größe der Gasblasen noch besonders beeinflußt wird. Je geringer demnach die zu entfernende Verunreinigung ist, um so mehr müssen die folgenden Gesichtspunkte berücksichtigt werden. Es ist notwendig, daß der Gasstrom *langsam*, in möglichst *kleinen* Gasblasen durch die Waschflasche streicht. Ihre Wirksamkeit wird in beiden Fällen durch die Verlängerung der Flüssigkeitshöhe verbessert.

2. Die alten Formen der Gaswaschflaschen erfüllen diese Bedingungen nur teilweise. Sie wirken wesentlich vollkommener, wenn man sie mit Glasperlen oder noch besser mit kleinem Glasbruch füllt. Eine bewährte Form zeigt Abb. 98, S. 221.

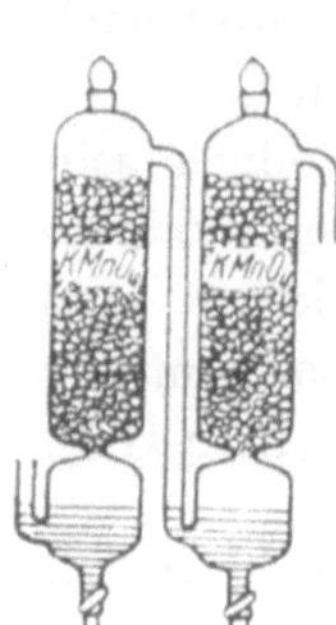

Abb. 35.
Absorptions-
(Trocken-)
türme.

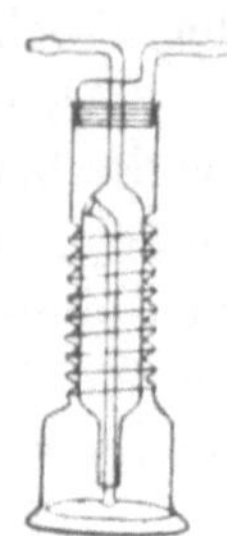

Abb. 36.
Schrauben-
wasch-
flasche.

Eine Anordnung, wie sie auch zur Trocknung der Gase dient (*Trockenturm*), zeigt die Abb. 35. Hier streicht das Gas über Glasperlen, welche von der Adsorptionsflüssigkeit ständig durch den Gasstrom benetzt gehalten werden.

In gleicher Weise haben sich die Schraubenwaschflaschen (von F. Friedrichs) bewährt (Abb. 36).

3. Sehr gut wirksam sind *Glasfilterwaschflaschen* der Jenaer Glaswerke Schott & Gen., welche eine besonders feine Verteilung des Gases gestatten. Je kleiner die Austrittsöffnung (Poren), um so größer wird die Absorptionswirkung in der Waschflasche. Da nach H. Mache[1]) die Gasblase immer bedeutend größer ist als die Öffnung der Kapillare, durch welche sie hindurchtritt, so wird man bestrebt sein, möglichst dichte Glasfilter anzuwenden. Die Praxis zeigt jedoch, daß eine Porenweite unter $20—30\,\mu$ nicht mehr von Bedeutung ist.

Man findet, daß bei großer Verdünnung der zu entfernenden Verunreinigung die Glasfilterflasche der wirksamen Schraubenwaschflasche sicherlich überlegen ist. Auch die Entfernung von *Nebeln* aus den Gasen erfolgt durch erstere wesentlich sicherer[2]) (Abb. 37).

---

[1]) Mache, H., S.-B. Akad. Wiss. Wien **139** (1930) 659.

[2]) Es muß aber betont werden, daß z. B. bei Verwendung von Schwefelsäure als Trockenmittel durch die feinen Bläschen eine *Vernebelung* derselben zu beobachten ist. So zeigt bei Zimmertemperatur die Luft nach Passieren einer 80 mm hohen Schwefelsäureschicht in einer Glasfilterwaschflasche (Durchmesser der Platte 20 mm, Korngröße 1) bei einer Geschwindigkeit 16 Liter/Stunde einen Gehalt von $1 \cdot 10^{-6}$ g Schwefelsäure/Liter. Diese Menge wurde aus der Luft, welche nach dem Verlassen der Waschflasche durch ein Rohr (40 mm Durchm. Länge 140, dann 8 mm Durchm. Länge 83 mm) strömte, im ganzen also in 223 mm Entfernung von der Waschflasche in einem elektrischen Felde (Cottrell-Möller, s. S. 63) abgeschieden. Mit steigender Gasgeschwindigkeit nimmt der Schwefelsäuregehalt zu.

4. Eine besonders feine Gasverteilung wird dann erreicht, wenn die Gasbläschen an einem Zusammentreten zu großen Blasen gehindert werden. Man kann dazu die Eigenschaft benützen, daß sich Gasbläschen, in Flüssigkeiten aufsteigend, elektrisch laden. Lädt sich die poröse Wand gleich wie die Gasblasen, so wird das Ziel damit erreicht. Nach H. Kautsky und H. Thiele[1]) eignen sich zu diesem Zwecke in alkalischen Lösungen Filterkerzen aus Porzellan[2]) oder Kieselgur. Genannte Autoren geben eine Anordnung an, die allgemein gestattet, ein bestimmtes Absorptionsmittel auf das wirksamste anzuwenden.

In der Monographie „Glas und keramische Filter im Laboratorium für Filtration, Gasverteilung, Dialyse, Extraktion" von P. H. Prausnitz, Akad. Verlagsgesellsch. Leipzig: 1933, sind weitere Einzelheiten über die Wirksamkeit von Gaswaschflaschen enthalten.

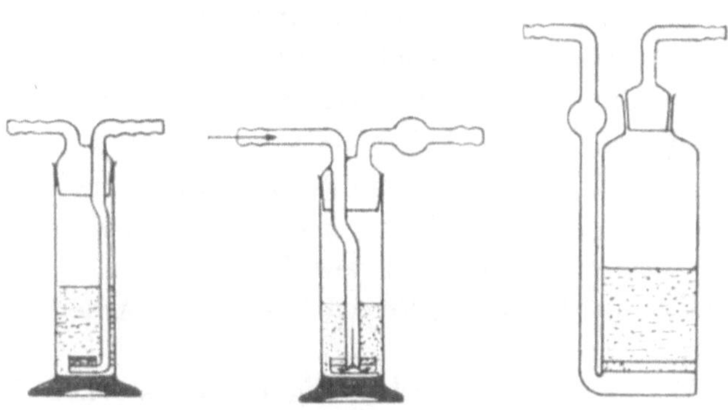

Abb. 37. Glasfilterwaschflaschen.

Zum Schluß sei darauf aufmerksam gemacht, daß bei der Gasentwicklung oft ein Zurücksteigen der Absorptionsflüssigkeiten sehr lästig werden kann. Man verwendet in solchen Fällen entsprechend konstruierte Waschflaschen, U-Röhren oder zwei „gegeneinander" gestellte Waschflaschen.

C. Absorptionsmittel für Gase.

1. Zur Entfernung von Begleitgasen kann man eine Anzahl fester und flüssiger Absorptionsmittel verwenden. Diese wirken entweder rein chemisch und sind dann, wenn sie genügend rasch reagieren, besonders wirksam, oder rein physikalisch (Lösung, Adsorption, Absorption). Die Wirksamkeit eines bestimmten Absorptionsmittels *hängt noch von verschiedenen Umständen ab.* So ist die Reaktionsfähigkeit des Kupferoxydes gegenüber Wasserstoff abhängig von seiner Herstellungsart, seiner Vorgeschichte und dem *Wassergehalt* des Gases. Die Änderungen der Eigenschaften können auch außergewöhnlich stark temperaturabhängig sein. Zu beachten ist außerdem die Löslichkeit fremder Gase in den verschiedenen Absorptionsmitteln, deren Einschleppung daher sorgfältigst vermieden werden muß. Ebenso ist das Auftreten von Nebenreaktionen zu berücksichtigen. Z. B. kann die Sauer-

---

[1]) Kautsky, H. u. Thiele, H., Z. anorg. allg. Chem. **152** (1926) 342.
[2]) Herstellung: Staatl. Porzellan-Manufaktur, Berlin NW 23.

stoffabsorption in Pyrogallol eine Kohlenoxydentwicklung zur Folge haben. Voraussetzung ist natürlich immer die Verwendung möglichst reiner Reagentien.

Die flüssigen Absorptionsmittel werden mit den Gasen in Waschflaschen, Absorptionspipetten und ähnlichen Anordnungen in Berührung gebracht. Siehe vorhergehenden Abschnitt.

Es ist unerläßlich, sich von der Wirksamkeit eines in Verwendung stehenden Absorptionsmittels von Zeit zu Zeit zu überzeugen.

2. *Wasser.* Dieses häufig gebrauchte Absorptionsmittel enthält Sauerstoff, Stickstoff und Kohlensäure gelöst. Diese Gase kann man durch Kochen im Wasserstrahlvakuum entfernen. Da die meisten Absorptionsmittel *wässerige* Lösungen sind, wird dies stets zu beachten sein.

Alkalilaugen. Begleitstoffe der Gase, die mit Laugen chemische Verbindungen geben, entfernt man im allgemeinen durch starke *Kalilauge* von der Zusammensetzung: 2 Gew.-T. Wasser, 1 Gew.-T. festes (*nicht* mit Alkohol gereinigtes) Kaliumhydroxyd. Bei vielen Arbeiten genügt jedoch eine weitaus verdünntere Lauge.

Die Absorptionsgeschwindigkeit der starken Lauge kann wesentlich vergrößert werden, wenn man sie von Asbestfasern aufsaugen läßt, wodurch eine größere Verteilung erreicht wird („Ascarite").

Natronkalk wirkt ebenso rasch.

Starke Schwefelsäure dient zur Absorption alkalisch wirkender Stoffe, sie vermag auch wirksam Alkoholdämpfe aufzunehmen. Auch die Löslichkeit anderer Gase, SO_3, Stickstoffoxyde, Kohlenwasserstoffe u. a. ist darin nicht gering.

Kaliumpermanganat dient zur Entfernung oxydierbarer Begleitstoffe der verschiedensten Art. Man kann verdünnte bis gesättigte Lösungen verwenden. *Gleichgültig* unter welchen Bedingungen die Lösung angewendet wird, *immer* tritt eine Abspaltung von Sauerstoff in zwar geringem, aber doch merkbarem Ausmaße ein, worauf also Rücksicht genommen werden muß[1]) (s. oben).

Chlorkalk dient zuweilen zur Entfernung von Schwefelwasserstoff, Phosphorwasserstoff und anderen mit Chlor reagierenden Gasen.

Kupferoxyd. Dieses wird in Drahtform oder fein gepulvert in Anwendung gebracht. Es dient allgemein zur Oxydation bei höheren Temperaturen. Organische Stoffe werden bei etwa 500° C verbrannt. Nur das Methan bereitet Schwierigkeiten bei der Verbrennung. Daher hat man in diesem Fall die Dauer der Verbrennung zu verlängern und eventuell die Temperatur zu steigern.

---

[1]) Meyer, V., Ber. dtsch. chem. Ges. **29** (1896) 2549; **30** (1897) 1933; Wilke, E. u. Kuhn, H., Z. physik. Chem. **113** (1924) 313 und andere.

Metallisches Calcium. Dieses Metall vermag, in richtiger Art angewendet, die meisten gewöhnlichen Gase (auch Kohlenwasserstoffe) bei höheren Temperaturen zu absorbieren und eignet sich deswegen besonders zur Reinigung von Edelgasen, die unter niedrigem Druck stehen[1]).

3. Für die meisten Gase kennt man eine Reihe von Absorptionsmitteln, viele davon reagieren nicht spezifisch. Der Unterschied in ihrer Wirksamkeit ist jedoch sehr oft genügend groß, um sie zur Entfernung *bestimmter* Gase verwenden zu können. Sind mehrere Begleitgase mittels Absorptionsmitteln zu entfernen, so hat man die *Reihenfolge* bei ihrer Anwendung zu beachten.

Im folgenden werden für einige Gase *ausgewählte* Absorptionsmittel angegeben, deren man sich im allgemeinen bedienen kann. Für besondere Zwecke jedoch müssen die entsprechenden Handbücher, z. B. Gmelin-Kraut, Handbuch der Anorganischen Chemie, R. Abegg und Fr. Auerbach, Handbuch der Anorganischen Chemie, und die Lehrbücher über Gasanalyse herangezogen werden.

Wasserstoff. Kupferoxyd wird schon bei $250—300^0$ C mit genügender Geschwindigkeit reduziert. Palladium, besonders dann, wenn es im Vakuum erhitzt worden ist, vermag große Mengen Gas aufzunehmen. Die Geschwindigkeit der Wasserstoffabsorption wird ganz besonders am Palladiumschwamm gesteigert. Man erhält diesen am besten durch Erhitzen von $Pd(NH_3)_2Cl_2$[2]). Die absorbierte Wasserstoffmenge ist der Quadratwurzel aus dem Gleichgewichtsdruck proportional. Mit steigender Temperatur nimmt die Löslichkeit am Metall ab, die Lösungsgeschwindigkeit zu. Infolge der katalytischen Wirksamkeit des Palladiums gegenüber Wasserstoff können gewisse Begleitgase, z. B. Kohlendioxyd, *reduziert* werden. Quecksilberdämpfe können die Absorptionsfähigkeit des Metalls stark hemmen.

Kolloides Palladium absorbiert Wasserstoff bei Gegenwart von reduzierbaren Stoffen, z. B. Pikrinsäure. Die Absorption erfolgt auch sehr rasch bei Gegenwart von Kaliumchlorat und einer geringen Menge Osmium[3]). Stickstoff und Methan stören diese Reaktion nicht, wohl aber Kohlenoxyd.

Stickstoff. Lithium absorbiert reinen trockenen Stickstoff schon bei Zimmertemperatur[4]). Diese ausgezeichnete Eigenschaft kann leider fast gar nicht ausgewertet werden, da schon verhältnismäßig geringe Sauerstoffmengen ($\sim 7\%$) die Bindung vollkommen verhindern. Das Metall absorbiert den Stickstoff rasch bei 450^0 C.

---

[1]) Arndt, K., Ber. dtsch. chem. Ges. **37** (1904) 4733; Soddy, F., Proc. Roy. Soc. London **78** (1907) 429; Paneth, F., Gelen, H. u. Peters, K., Z. anorg. allg. Chem. **175** (1928) 383.

[2]) Gutbier, A., J. prakt. Chem. **79** (1909) 235.
S. 60, 61.

[3]) Hoffmann, K. A., Schibstedt, H. u. Schneider, O., Ber. dtsch. chem. Ges., **48** (1915) 1585; **49** (1916) 1650, 1663.

[4]) Dafert, O. u. Miklauz, R., Mh. Chem. **31** (1910) 981; Frankenburger, W. Z. Elektrochem. **32** (1926) 481.

Auch das Magnesium gilt als gutes Absorptionsmittel für Stickstoff. Reines Calcium absorbiert Stickstoff bei einer über dem Schmelzpunkt (800^0 C) liegenden Temperatur. Ein Nitridgehalt von nur 5% bewirkt, daß die Absorption schon bei etwa 320^0 C eintritt. Oft ist das technische Produkt so weit nitridhaltig, daß eine „Aktivierung" des Calciums durch Nitridbildung nicht notwendig ist. In gleicher Weise wird schon bei niedriger Temperatur Stickstoff absorbiert, wenn das Calcium mit Kalium, Natrium, Barium oder Strontium legiert wird. Die Herstellung solcher Legierungen beschrieben O. Ruff und H. Hartmann[1]). Das Calcium wird mit den Alkalimetallen (bis zu 5%) in einem hohen Eisentiegel vermengt, dieser autogen verschweißt und hierauf das Gemisch auf 1000^0 C erhitzt.

Zur Absorption verwendet man entweder kompaktes Ca-Metall oder Späne: Das „aktiv" gemachte Calcium (etwa 5 g) füllt man in eine auf einer Seite geschlossene Röhre aus schwer schmelzbarem Glas. Damit das Calcium nicht am Boden der Röhre zu liegen kommt, wird zuerst ein entsprechend geformter Eisendraht in die Röhre eingeführt, welcher das Metall einige Zentimeter vom Boden entfernt festhält[2]). Wesentlich sicherer ist es, Calciumspäne in eine 30 cm lange Eisenröhre zu füllen, deren Böden angeschweißt sind und die mit einem Zu- und Ableitungsrohr verbunden ist. Die Röhre soll vertikal stehen und in einem elektrischen Ofen auf 600^0 C erwärmt werden[3]).

Ein Gemisch von feinem Calciumkarbid und 10% wasserfreiem Calciumchlorid (Polzenius-Mischung) absorbiert bei $800-1000^0$ C quantitativ Stickstoff und auch Sauerstoff[3]).

Die letzten Spuren von Stickstoff z. B. in Edelgasen können dadurch entfernt werden, daß man dem Gemisch Sauerstoff zusetzt und über feuchtem Kaliumhydroxyd Funken überschlagen läßt. Der Sauerstoff ist dann mit Phosphor leicht zu entfernen (Ramsay u. Travers 1901, A. v. Antropoff[4]).

Sauerstoff. Kupfer, Eisen und andere unedle Metalle absorbieren Sauerstoff bei etwa $500-600^0$ C.

Gelber Phosphor wirkt nur in *feuchtem* Zustande. Seine Wirksamkeit kann durch Quecksilber, Licht und organische Stoffe herabgesetzt werden. Der Dampfdruck des Phosphors ist relativ hoch und daher muß der Phosphordampf aus dem Gase entfernt werden. Dies gelingt durch Leiten des Gases über belichtetes Quecksilberoxyd. Ist die Partialtension des Sauerstoffs größer als 0,3 Atm., so soll man Phosphor nicht mehr für seine Absorption verwenden[5]).

---

[1]) Ruff, O. u. Hartmann,H., Z. anorg. Chem. **121** (1922) 167. Eine Aktivierung des Calciums kann auch durch geringe Mengen Ätznatronpulver erfolgen (A. v. Antropoff).

[2]) Sieverts, Ad. u. Brandt, R., Z. angew. Ch. **29** (1916) 402; Z. Elektrochem. **22** (1916) 15.

[3]) Bodenstein, M. u. Wachenheim, L., Ber. dtsch. chem. Ges. **51** (1918) 265.

[4]) Antropoff, A. v., Z. Elektrochem. **25** (1919) 271.

[5]) Auffallend ist es, wie H. R. Ambler [The Analyst **59** (1934) 593] feststellen konnte, daß bei der Luftanalyse etwas Sauerstoff unabsorbiert bleibt! Bei der Absorption werden anwesende Gase (H_2, CO) oxydiert, N_2O wird zersetzt.

Alkalische Pyrogallollösung. 250 g festes (nicht mit Alkohol gereinigtes) Kaliumhydroxyd und 50 g Pyrogallol werden zu 1 l Volumen in Wasser gelöst. 1 cm³ dieser Lösung absorbiert etwa 13—14 cm³ Sauerstoff[1]). Die Absorptionsgeschwindigkeit geht unterhalb 15⁰ C rasch zurück. Eine alkalische Pyrogallollösung wird mit der Zeit unwirksam, auch dann, wenn sie *nicht* gebraucht worden ist.

ChromII-chlorid, 20proz. Lösung. Herstellung[2]): Die Lösung ist sehr haltbar und absorbiert vorzüglich. Kohlenmonoxyd wird nicht absorbiert. Es ist jedoch zu beachten, daß nach der Lage des Potentials $Cr\cdot\cdot \rightarrow Cr\cdot\cdot\cdot$ in saurer Lösung eine *Wasserstoffentwicklung* eintreten und durch Katalysatoren demnach beschleunigt werden kann.

Schlechter wirkt eine wenig (!) Kaliumhydroxyd haltige Lösung von Hydrosulfit $K_2S_2O_4$ (31 g Kaliumhydrosulfit, 11 g Kaliumhydroxyd, 180 cm³ Wasser). Obwohl der Wirkungsgrad wesentlich höher liegt als beim Pyrogallol, ist die Absorptionsgeschwindigkeit sehr klein. Ein Vorteil der Lösung ist ihre wesentlich angenehmere Verwendung und die Unabhängigkeit der Absorption von der Temperatur.

Metallisches Kupfer in ammoniakalischer Lösung: Ein dünnes Kupferdrahtnetz in einer Lösung, bestehend aus gleichen Volumteilen einer gesättigten Ammoncarbonat- und Ammoniaklösung (spez. Gew. 0,96), absorbiert Sauerstoff sehr rasch.

Mittels *aktiven* Kupfers läßt sich Sauerstoff aus indifferenten Gasen (Stickstoff, Wasserstoff, Edelgasen) bei 200⁰ C bis zum Druck $3\cdot10^{-1}$ Torr entfernen[3]). Regenerierung ist mit Wasserstoff möglich.

Ozon wird durch Erwärmung zerstört. Ebenso wird es gut von Metallen und Natronkalk zersetzt. Von den flüssigen Absorptionsmitteln kommen in Betracht: eine alkalische Kaliumjodidlösung, deren Temperatur man möglichst tief hält, ferner Sulfitlösungen. Auch eine über Glasperlen oder Asbest verteilte Kalilauge zerstört das Ozon beim Darüberleiten.

Kohlenoxyd. Jodpentoxyd ist für *kleinere* Kohlenoxydkonzentrationen ein ausgezeichnetes Oxydationsmittel. Die nach der Gleichung $J_2O_5 + 5\,CO = 5\,CO_2 + J_2$ schon bei 160—170⁰ C sehr rasch verlaufende Reaktion liefert Kohlendioxyd und Jod, die beide leicht zu entfernen sind. Man leitet das Kohlenoxyd enthaltende Gas durch ein Röhrchen, welches eine etwa 1 cm lange Schicht von Jodpentoxyd enthält, die zwischen zwei kleinen Pfropfen aus Glaswolle festgehalten wird. Die Schicht wird im Ölbad auf die genannte Temperatur erhitzt[4]).

---

[1]) Lösung des Pyrogallols in *kalter* KOH-Lösung. Die Angaben über die zweckmäßige Konzentration dieses Reagens weichen bei den verschiedenen Autoren stark voneinander ab.

[2]) Lunge-Berl, Chem.-Techn. Unters.-Meth. Bd. I, S. 655, 8. Aufl. 1931.

[3]) Fricke, R. u. Meyer, F. R., Z. physik. Chem. (A) **183** (1938) 177; Meyer, F. R. u. Ronge, G., Z. angew. Ch. **52** (1939) 637.

[4]) Reinigung des Jodpentoxydes beschreibt: Baxter. G. P., J. Amer. chem. Soc. **56** (1934) 615.

Das einzige, gut geeignete flüssige Absorptionsmittel ist eine Lösung von KupferI-chlorid. Die Absorption erfolgt sowohl in salzsaurer als auch in ammoniakalischer Lösung. Man zieht aus mehrfachen Gründen in der Laboratoriumspraxis letzteres vor. Salzsaure Lösungen absorbieren unter anderem langsamer. Zusammensetzung: 200 g KupferI-chlorid, 250 g Ammonchlorid, 700 g Wasser. Vor der Verwendung fügt man $^1/_3$ des Volumens konz. Ammoniak (Dichte 0,9) hinzu. 1 cm³ der Lösung absorbiert 16 cm³ Kohlenoxyd. Da die Bindung zwischen Kohlenoxyd und KupferI-chlorid nur sehr geringist, kann der Gleichgewichtsdruck p_{CO} nur bei frischen oder wenig gebrauchten Lösungen genügend klein sein. Kohlenoxyd wird von Cäsium schon bei 0° absorbiert[1].

Kohlendioxyd absorbiert man durch Kaliumhydroxydlösungen. Verwendet man *festes* Alkalihydroxyd, so kann die Absorption bei einer bestimmten Temperatur nur bis zu einem bestimmten Kohlendioxyd-Gleichgewichtsdruck erfolgen. Der Druck ist bei Zimmertemperatur nicht groß, macht sich jedoch im Vakuum deutlich bemerkbar. Er ist bei Kaliumhydroxyd wesentlich niedriger als beim Natriumhydroxyd.

Chlor, Brom, Jod. Nach den Erfahrungen, die bei der Elementaranalyse gemacht worden sind[2], werden Halogene von Silber bei 500° C oder etwas darüber sehr rasch und vollständig absorbiert. Man verwendet das Silber in Form feiner Bänder (Breite 0,15 mm, Dicke 0,05 mm), sog. Silbertressen. Das halogenisierte Silber kann durch Reduktion mit Wasserstoff und nachherige Behandlung mit Sauerstoff gereinigt werden. Hohe Temperaturen sollen dabei vermieden werden, damit das Silber nicht brüchig wird.

Halogene können auch durch EisenII-sulfatlösung, bicarbonathaltige Arsenoxyd- oder durch Alkalihydroxyd-Lösungen absorbiert werden.

Ungesättigte Kohlenwasserstoffe. Äthylen C_2H_4, Propylen C_3H_6 usw. werden von starkem Bromwasser rasch (Acetylen langsam!) absorbiert. Anhydridhaltige (rauchende) Schwefelsäure (18—20% SO_3) absorbiert ungesättigte Kohlenwasserstoffe, ferner Benzol und Toluol. Das restliche Gas muß durch Behandlung mit Lauge von den SO_3-Dämpfen befreit werden. Die Absorptionsgeschwindigkeit kann wesentlich gesteigert werden, wenn man zu konz. Schwefelsäure (66° Bé.) Vanadinsäure oder Uranylsulfat hinzufügt. [1 g Vanadinsäureanhydrid (6 g Uranylsulfat) in 100 g Schwefelsäure[3].] 1 Vol. dieser Lösung kann das 150fache Volumen Äthylen absorbieren. Acetylen HC ≡ CH und Allylen CH_3C ≡ CH werden von einer Quecksilberjodidlösung sehr leicht aufgenommen, wobei sich ein weißer Niederschlag bildet. Zusammensetzung der Lösung: 25 g Quecksilberjodid, 30 g Kaliumjodid, 100 g Wasser. Knapp vor der Verwendung macht man die Lösung etwas alkalisch[3].

---

[1] Hackspili L. u. van Altene Atti X., Cong. Roma **2** (1938) 667.

[2] Lindner, J., Mikro-maßanalytische Bestimmung des Kohlenstoffes und Wasserstoffes usw. Berlin: Verlag Chemie 1935.

[3] Lebeau, P. u. Damiens, A., C. R. Acad. Sci. Paris **156** (1913) 557; Bull. Soc. chim. France [4] **13** (1913) 560.

Chromschwefelsäure und reines Chromsäureanhydrid verbrennen die Kohlenwasserstoffe und auch Kohlenoxyd zu Kohlendioxyd.

Äthylen wird sehr glatt von einer 20proz. Silbernitratlösung absorbiert. Das Reagens kann durch Abpumpen im Vakuum regeneriert werden. (S. auch S. 59.)

Olefine werden im Gegensatz zu Paraffin-Kohlenwasserstoffen zwischen — 40 bis — 110⁰ C von festem KupferI-chlorid quantitativ absorbiert. (S. 59.)

Schwefelkohlenstoff CS_2 löst sich in Triäthylphosphin auf, wobei sich ein fester roter Niederschlag bildet[1]).

Schwefeltrioxyd absorbiert man durch konz. Schwefelsäure. Ein festes Absorptionsmittel ist Kaliumpyrosulfat, 1 Mol nimmt 6 Mole SO_3 auf.

Oxyde des Stickstoffs. Stickoxyd NO, Stickstoffdioxyd NO_2 und Salpetrigsäureanhydrid N_2O_3 können bei etwa 500⁰ C an metallischem Kupfer quantitativ zu Stickstoff reduziert werden (s. S. 143). Salpetrigsäureanhydrid löst sich glatt in konz. Schwefelsäure, Mischungen von NO_2 und NO lösen sich nur als N_2O_3; das restliche Stickoxyd bleibt praktisch ungelöst zurück. Stickstoffdioxyd ist in konz. Schwefelsäure löslich.

Konz. EisenII-sulfatlösung löst Stickoxyd unter Bildung einer Verbindung $FeSO_4 \cdot NO$. Diese hat in Lösung schon bei mäßiger Konzentration einen merkbaren Stickoxydpartialdruck, so daß man auf diese Weise das Gas nur unvollkommen entfernen kann.

Absorption des Stickoxydes kann auch durch Bromsäure erfolgen[2]).

Quecksilber s. S. 11ff. u. 119.

D. Entfernung von Nebel und Schwebestoffen in Gasen.

Infolge geringer Eigenbewegung der Nebelteilchen in Gasen, zeigen sie eine kleine Sorptionsfähigkeit an festen und flüssigen Stoffen; sie nähern sich in mehrfacher Hinsicht dem Verhalten von Kolloiden (Aerosole).

1. Gase, die bei ihrer Bildung von Nebeln begleitet sind, werden durch *dicht* gestopfte Watte, Glaswolle- oder Asbestfaserschichten von diesen befreit. Bis zu einer Geschwindigkeit von 400 cm^3/Minute (bei den gebräuchlichen Dimensionen der Laboratoriumsgefäße) genügt eine Schichtlänge von 10 cm Watte, von Glaswolle allerdings erst eine etwas längere Schicht[3]). Flüssigkeiten und größere Stücke fester Stoffe wirken in dieser Richtung bedeutend schlechter. Die chemische Natur des Nebels und die des angewendeten Sorptionsmittels ist für eine wechselseitige Einwirkung meist von *sekundärer* Bedeutung. Im allgemeinen werden *feuchte* Nebel besser von festen, *trockene* besser von Flüssigkeiten absorbiert. Beschwert man die Nebel-

---

[1]) Hempel, W., Z. angew. Ch. **1901**, 856.

[2]) Klemenc, A. u. Bunzl, C., Z. anorg. Chem. **122** (1922) 315.

[3]) Remy, H. u. Finnern, H., Z. anorg. allg. Chem. **159** (1927) 241; Z. angew. Ch. **46** (1933) 101.

teilchen mit Feuchtigkeit (indem man sie durch siedendes Wasser streichen läßt und dann im aufsteigenden Kühler *abkühlt*), so werden sie von Wasser, wenn sie darin löslich sind, aufgenommen[1]).

2. Schwebestoffe, die oft nach besonderem Herstellungsvorgang und Reinigung von Gasen hartnäckig festgehalten werden, lassen sich so wie die Nebel entfernen. In solchen Fällen verwendet man auch Glasfilter (S. 57), die bis zu den kleinsten Porenweiten herangezogen werden können. Diese Reinigung wird man jedenfalls immer als *letzte* einschalten. Wie die Wirksamkeit dieser Filter durch Anlegen eines elektrischen Feldes noch vergrößert werden kann, beschreibt G. Jander[2]).

3. Trockene Gase lassen sich nach dem bekannten Cottrell-Möller-Verfahren (Elektrofilter) von Nebel und Schwebestoffen befreien, wenn man sie durch ein hochgespanntes *Gleichstromfeld* leitet. In der Laboratoriumspraxis genügt es, Drähte zu verwenden, welche mit einer Influenzmaschine unter Vermittlung einer Leidenerflaschenbatterie *negativ* aufgeladen werden. Die Spannung beträgt etwa 6000 V. Bei Verwendung eines Wechselstromtransformators kann man, die im Handel erhältlichen Gleichrichterröhren. unter Zwischenschaltung eines Kondensators, zur Erzeugung des hochgespannten Gleichstromes verwenden.

Rauch und Nebel können auch mit Hilfe des Trennrohres entfernt werden[3]).

E. Gastrennung durch Diffusion.

1. Diese Methode zur Gastrennung (Diffusion durch poröse Wände) ist schon vom Entdecker der Edelgase versucht worden, doch waren die Ergebnisse nicht befriedigend. Erst nach Anwendung der Diffusion durch poröse Wände *in das Vakuum* (F. W. Aston, W. D. Harkins) hatte man Erfolge. Eine ganz wesentliche Verbesserung in dieser Richtung aber ist von G. Hertz[4]), durch Einführung der Quecksilber-Dampfstrahl-Pumpe als Umlaufpumpe in den Diffusionsprozeß, erzielt worden. Dieses Verfahren führt, in der von G. Hertz angegebenen Geräteanordnung, bei den Gasen (Ne, H_2, CH_4) direkt zur Trennung in ihre Isotope.

2. Das genannte Verfahren ist dann von G. Hertz[5]) noch dadurch weiter *verbessert* worden, daß an Stelle der Diffusion durch eine poröse Wand, die Diffusion in den strömenden Quecksilberdampf zur Trennung verwendet

---

[1]) Remy, H. u. Finnern, H., Z. anorg. allg. Chem. **159** (1927) 241; Z. angew. Ch. **64** (1933) 101.

[2]) Jander, G. mit Bauer, F. u. Broesse, W., Z. angew. Ch. **40** (1927) 488; **41** (1928) 702.

[3]) Clusius, K., Z. V. D. I. Beih. Verfahrenstechnik 1941 Nr. 2.

[4]) Hertz, G., Z. Physik **79** (1932) 108; Harmsen, H., Z. Physik **82** (1933) 589; Harmsen, H., Hertz, G. u. Schütze, W., Z. Physik **90** (1934) 703.

[5]) Hertz, G., Z. Physik **81** (1934) 810.

wird. Über besondere Erfahrungen und Verbesserungen dieser Methode s. W. Walcher, S. 83. Fortsetzung siehe unter Ergänzungen auf S. 248.

3. Diese zwei Methoden sind auch zur Trennung von Gasgemischen (z. B. Neon-Helium) herangezogen worden. Man wird sie wohl erst in solchen Fällen anwenden, in denen *nur kleine* Gasmengen zur Verfügung stehen und die anderen Wege aus diesem Grunde versagen. Der Arbeitsdruck in den unter 1. und 2. angegebenen Methoden darf nur einige Torr betragen. Das Trennrohr wird diese weitgehend ersetzen, wenn größere Gasmengen zur Verfügung stehen.

F. Das Trennrohr.

Das Trennrohr beruht auf einer schon vor langer Zeit von D. Enskog und unabhängig davon von S. Chapman auf Grund der kinetischen Gastheorie vorausgesagten Einstellung einer Gasmischung, wenn in dieser ein Temperaturgefälle aufrechterhalten wird[1]). An der heißen Wand befinden sich mehr leichtere Molekeln, an der kalten Wand mehr schwerere.

Grundprinzip des Clusius-Dickel-Trennrohres. In dem geschlossenen Gefäß, Abb. 38, mit zwei ebenen Wänden, deren Temperaturen T_1 und T_2 betragen, befinde sich ein binäres Gasgemisch. Nach der genannten Einstellung wird an der kalten Wand T_1 der schwere Bestandteil gegenüber dem bei T_2 angereichert sein. Erzeugt man nun in dem Gefäß eine Zirkulationsbewegung in der angegebenen Richtung, so ist der Gesamttransport an Gas, durch einen beliebigen horizontalen

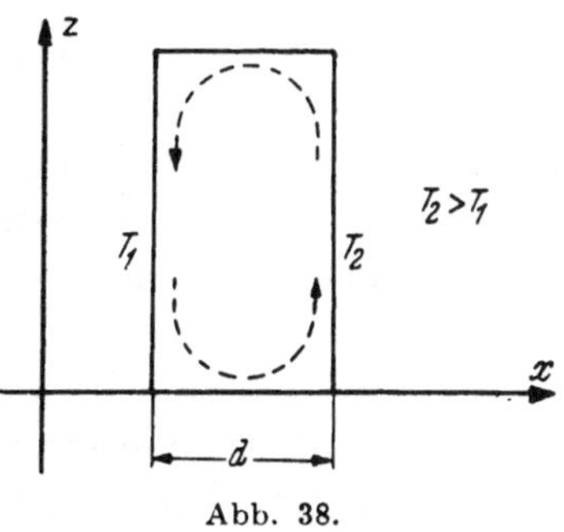

Abb. 38.

Querschnitt, Null; es wird rechts ebensoviel aufsteigen wie links absinkt. Anders ist es aber mit dem Transport der vorhandenen zwei Bestandteile. Da rechts das Gas reicher an leichtem Bestandteil sein muß, wird rechts mehr vom leichteren nach oben gebracht, als links nach unten abgeht. Durch einen beliebigen Querschnitt wird also rechts mehr leichter Bestandteil nach oben, links mehr schwerer nach unten befördert, so, daß sich mit der Zeit zunehmend, eine Entmischung der ursprünglichen Gasmischung einstellen wird. Diese Trennung wird durch zwei Effekte begrenzt: einmal bewirkt das in vertikaler Richtung sich ausbildende Konzentrationsgefälle eine Rückdiffusion, ferner wird das in horizontaler Richtung vorliegende Konzentrationsgefälle durch die einsetzende thermische Konvektion verringert; beides wird sich um so mehr auswirken, je größer das ausgebildete Konzentrationsgefälle ist.

---

[1]) Für die entsprechende Literatur sei auf die weiter unten genannten Abhandlungen hingewiesen.

Das grundlegend Wichtige beim Clusius-Dickel-Rohr ist nun, daß sich die Zirkulationsbewegung infolge der Thermosiphonwirkung *von selbst* einstellt: das Gas steigt an der heißen Seite und sinkt an der kalten ab.

Einige Kenntnisse, der infolge der physikalischen Vorgänge in einem Trennrohr sich ergebenden Gesetze, sind für dessen zweckmäßigen Gebrauch notwendig. Bald nach dem Bekanntwerden des Trennrohres hat man sich an verschiedenen Stellen mit der Aufdeckung vorliegender Gesetzmäßigkeiten von theoretischer Seite befaßt, nachdem diese in den Grundzügen von K. Clusius und G. Dickel erschlossen worden sind[1]).

Man hat eine horizontal liegende, mit der binären Gasmischung gefüllte rechteckige Röhre, deren obere Seite auf T_2 erhitzt und die untere auf T_1 gekühlt wird. In dieser Anordnung wird entsprechend den Ausführungen, oben das Gas an leichteren Molekeln, unten an schwereren angereichert sein. Das Gesetz, nach welchem diese Trennung durch die Thermodiffusion sich vollzieht, ist durch den Ausdruck gegeben:

$$\varrho \, D \, \gamma \, (1 - \gamma) \, \frac{a}{T} \frac{d\,T}{d\,z}.$$

Es bedeutet ϱ die Dichte, D die Diffusionskonstante, γ den Molenbruch (oder den Partialdruck) des leichten Bestandteiles, $d\,T/d\,z$ ist der Temperaturgradient in der z-Richtung, a ein Proportionalitätsfaktor.

Die eingestellte Konzentrationsdifferenz in der Gasmischung bewirkt nun einen Diffusionsvorgang, der durch die bekannte Form ausgedrückt ist:

$$- \varrho \, D \frac{d\gamma}{d\,z}$$

($d\,\gamma/d\,z$ Konzentrationsgradient in der z-Richtung). Die Diffusion wird den durch die Thermodiffusion entstandenen Konzentrationsunterschied auszugleichen trachten. Es wird sich ein stationärer Zustand einstellen, in welchem sich beide Vorgänge die Waage halten werden. Dann ist

$$\varrho \, D \frac{d\gamma}{d\,z} = \varrho \, D \, \gamma \, (1 - \gamma \frac{T}{a} \frac{d\,T}{d\,z}, \tag{1}$$

$$\frac{d\gamma}{d\,z} = a \, \gamma \, (1 - \gamma) \, \frac{1}{T} \frac{d\,T}{d\,z} = k_T \frac{1}{T} \frac{d\,T}{d\,z},$$

$$k_T = a \, \gamma \, (1 - \gamma). \tag{2}$$

k_T wird als *Trennfaktor* bezeichnet, a hängt von der Wechselwirkung ab, denen die Atome oder Molekeln unterworfen sind. Nach experimentellen Untersuchungen ist

$$a = 0{,}35 \, \frac{m_1 - m_2}{m_1 + m_2}. \tag{3}$$

[1]) Clusius, K., u. Dickel, G., Z. physik. Chem. (B) **44** (1939) 397, 451 u. f.; hier die weitere Literatur.

Siehe die wertvolle zusammenfassende Abhandlung „Das Trennrohr" von R. Fleischmann und H. Jensen. Die Ergebnisse der exakten Naturwissenschaften Bd. 20 (1942), S. 121. Ich möchte auf diese ganz besonders aufmerksam machen. Folgender Abschnitt ist vor dem Erscheinen dieser Abhandlung geschrieben.

m_1, m_2 sind die Massen (Molekulargewichte) der beiden Bestandteile, α wird als *Thermodiffusionskonstante* bezeichnet.

Nach der Grundgleichung (1) kann man abschätzen, wie groß der Trenneffekt in der horizontal liegenden Röhre schließlich sein wird. Es ist angenähert

$$\frac{\Delta \gamma}{\gamma (1 - \gamma)} = \alpha \frac{\Delta T}{T}.$$

Betrachtet man z. B. Ammoniak. Der Stickstoff enthält das Isotop ^{15}N zu etwa 0,4%, es ist dann γ klein gegen 1, es beträgt bei $\Delta T = 200$, $T = 400$:

$$\alpha = 0,35 \frac{18 - 17}{35} = \frac{1}{100},$$

$$\frac{\Delta \gamma}{\gamma} = \frac{1}{100} \frac{200}{400} = \frac{1}{200}.$$

Demnach würde sich eine relative Konzentrationsdifferenz von etwa 0,5% ergeben. Dieser Wert ist klein und müßte, wenn die zugrunde liegende experimentelle Anordnung ausgewertet werden sollte, noch wesentlich geringer gefunden werden.

Stellt man die betrachtete Glasröhre vertikal, so setzt die durch Thermosiphonwirkung erzeugte Strömung ein, welche für die Gastrennung entscheidend ist. Mit dieser Anordnung läßt sich prinzipiell nach K. Clusius und G. Dickel eine fast 100%ige Gastrennung durchführen.

a) Aufbau einer Trennrohranlage.

Der Aufbau einer Trennrohranlage richtet sich nach dem Grad der angestrebten Anreicherung, die in einer vorliegenden Gasmischung erzielt werden soll. Besondere Anlagen werden erforderlich, wenn eine Isotopentrennung ausgeführt wird.

1. Die Trennröhre (Abb. 39) wird von einem gläsernen Kühler, 1 m lang, umschlossen; sie endet oben in eine Kugel V, Inhalt 2 l, Rohrradius 0,34 bis 1,0 cm. Das untere Ende kann über einen kapillaren Dreiweghahn mit der Hochvakuumleitung oder einem Manometer M und einer Entnahmepipette P verbunden werden; sie ist durch einen Kapillarschliff S auswechselbar. Die Heizung erfolgt mit einem Ni—Cr-Heizdraht H, 0,3 mm $\varnothing$, der durch den metallenen Normalschliff N vakuumdicht eingeführt ist. Am unteren Ende trägt der Draht einen Führungsstab St und ein Stahlgewicht G, dessen Spitze in das Quecksilber taucht, das die Stromzuführung besorgt.

2. Eine andere Form des Trennrohres zeigt Abb. 40. Der obere, die Stromzuführung aufnehmende Glasschliff S wird mit dem eigentlichen Trennrohr verbunden. Außerdem zweigen unmittelbar unter dem Schliff zwei 1 cm weite Zuleitungen von dem 2 l fassenden Vorratskolben K ab. Die eine dieser Leitungen ist mit einem Heizdraht H bewickelt, so daß das Gas

aus K dauernd kreist, wodurch am Kopfe des Trennrohres die Zusammensetzung des Frischgases aufrechterhalten bleibt. Dies ist stets notwendig, deshalb das große Volumen V in der erstgenannten Anordnung.

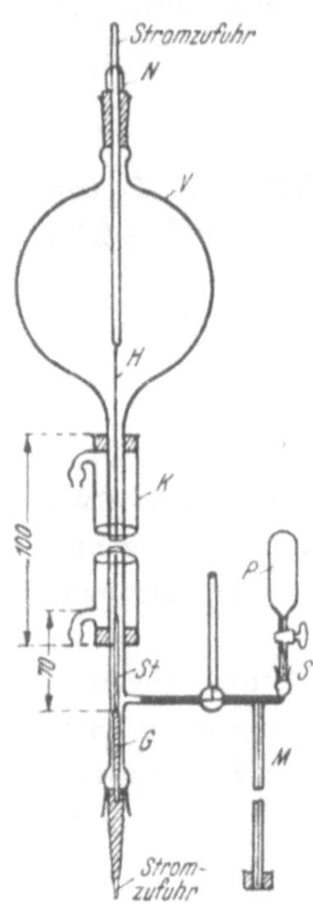

Abb. 39. Trennrohr nach K. Clusius und G. Dickel.

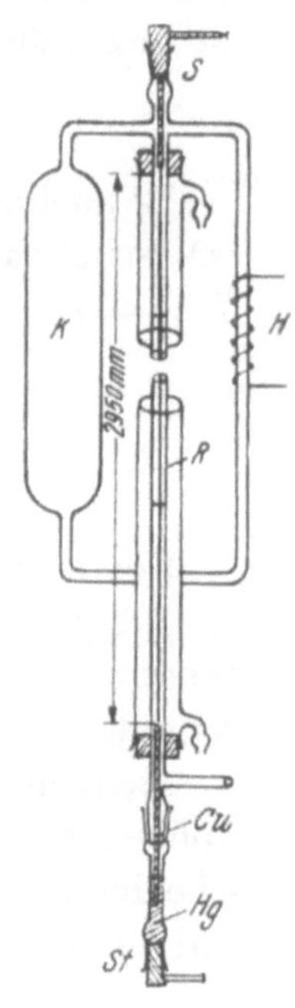

Abb. 40. Trennrohr für Vorversuche zur Trennung der Chlorisotope nach K. Clusius und G. Dickel. Röhrendurchmesser 0,84 cm, nutzbare Länge 295 cm.

3. *Allgemeine Bestimmung des Transportes*: Zu Beispiel b (s. unten) Luft als Ausgangsgas. Wird die Pipette Abb. 39 genügend groß gewählt, so kann man den gesamten, im Trennrohr angereicherten Sauerstoff durch die aus der Pufferkugel V nachströmende Luft in die Pipette hineinführen. Hat diese ein Volumen v ccm, beträgt der Druck nach der Abnahme p_x Torr und der Gehalt an Sauerstoff $x\%$, so enthält das Trennrohr

$$n' = \frac{v\,(x - 20,9)}{100 \cdot 760}\ \mathrm{cm}^3$$

Sauerstoff mehr, als wenn es mit normaler Luft gefüllt gewesen wäre. Ist die Zeit t in Stunden vom Einschalten des Stromes bis zur Entnahme bekannt, so ist der Transport n an schwerer Komponente

$$n = \frac{n'}{t}$$

pro Stunde ermittelt.

Bei der Bestimmung des Transportes n ist allgemein zu beachten, daß dieser *vor* Erreichung des stationären Endzustandes zu erfolgen hat.

Die ausgeführte Analyse bedarf einer kleinen Korrektur, die durch die gewählten Versuchsbedingungen gegeben ist (s. Clusius u. Dickel[1])).

4. *Beispiele zur Gastrennung.* — a) Entmischung von Kohlendioxyd + Wasserstoff. Apparat prinzipiell gleich wie unter 1. angegeben, Rohrdurchmesser 1,0 cm. Gasmischung 42% CO_2, 58% H_2, Temperatur des Heizdrahtes 500° C. Nach einstündigem Betrieb wird innerhalb einer weiteren Stunde am unteren „schweren Ende" langsam 20 ccm in eine Gasbürette abgezogen. Die Analyse ergibt 100% CO_2.

b) Entmischung der Luft. Apparat gleich, Temperatur des Heizdrahtes 650° C. Nach 5 Stunden werden im Verlauf von 1—1½ Std. 20 ccm Gas zur Analyse unten abgezogen; diese ergab 39,5% Sauerstoff. Weitere Versuche mit längerer Dauer gaben gleichen Wert; dieser ist demnach für die Anordnung der erzielbare Endwert.

―――――――
[1]) Loc. cit.

c) Isotopentrennung an gewöhnlichem Neon. Apparat Abb. 39, Rohrlänge 260 cm, Temperatur des Heizdrahtes 600° C. Das Edelgas wurde vor Eintritt in das Trennrohr durch ein mit gekühlter Aktivkohle gefülltes und in flüssige Luft tauchendes U-Rohr geleitet. Nach 8 Tagen wurden 10 ccm Neon am schweren Ende entnommen und mit der Schwebewaage auf die Dichte geprüft. Es ergab sich ein Atomgewicht 20,68 ± 0,02, das des Ausgangsgases betrug 20,17 ± 0,02. Diese vorläufigen Prüfungen zur Leistung eines Trennrohres sind später wesentlich verbessert worden; sie werden an den entsprechenden Stellen dieses Buches angeführt.

5. *Andere Formen des Trennrohres.* — Man kann auch zwei konzentrische Röhren benutzen, von denen die innere geheizt wird oder umgekehrt. Die Röhren sind oben und unten durch entsprechend große Behälter abgeschlossen. Will man den leichten Bestandteil einer binären Gasmischung gewinnen,

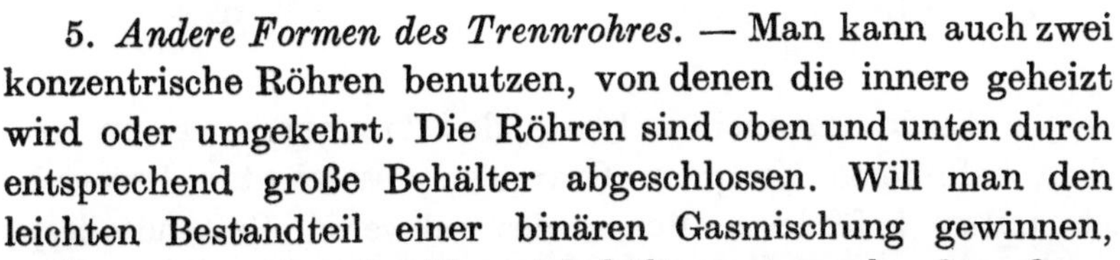

Abb. 41.

so fügt man unten den Vorratsbehälter entsprechend groß an und entnimmt nach Einstellung des stationären Zustandes oben das angereicherte Gas.

Die Anordnung kann auch *kontinuierlich* arbeiten (Abb. 41 Prinzip). Es befindet sich in *U* eine große Gasmenge; bei geschlossenen Hähnen läßt man die Anlage solange laufen, bis sich der stationäre Zustand eingestellt hat. Dann kann man kontinuierlich in *0* über *2* den leichten Bestandteil entnehmen und führt ebenso bei *1* Frischgas ein. Will man auch den schweren Bestandteil gewinnen, so wird dieser bei *U* über *3* entnommen.

Eine Überlegung der quantitativen Verhältnisse ergibt, daß es zweckmäßig ist, besonders dann, wenn es sich um die Gewinnung eines in ganz geringer Menge vorhandenen Bestandteiles handelt, mehrere Trennrohre mit unterschiedlichen Ausmaßen hintereinanderzuschalten. Die *Staffelung* wirkt sich sowohl in der Trennschärfe, in der Entnahme beim kontinuierlichen Betriebe, in der Einstelldauer und Energieausbeute vorteilhaft aus (s. S. 78).

b) Zur Theorie des Trennrohres.

Um den Prozeß der Gastrennung in Abhängigkeit vom Druck, Temperatur, Röhrenquerschnitt, Länge des Trennrohres und auch von der Dauer kennenzulernen, ist eine Weiterentwicklung der Gleichung (1) unter Berücksichtigung der Konvektion erforderlich. Die entsprechenden Rechnungen sind — wie schon erwähnt — von verschiedenen Autoren gemacht worden. Wir geben im folgenden die Resultate, wie sie L. Waldmann[1]) und H. Jensen[2]) erhalten haben.

[1]) Waldmann, L., Z. Physik **114** (1939) 53.
[2]) Jensen, H., Z. angew. Ch. **54** (1941) 405.

a) *Ebene Anordnung.* — Zugrunde liegt eine Trennrohranlage mit zwei konzentrischen Röhren; die innere wird geheizt, die Entfernung beider Röhren ist klein im Verhältnis zu den Radien derselben.

$$\tau = \tau_0 \left\{ \gamma\,(1-\gamma) - l\,\frac{d\,\gamma}{d\,z} \right\}, \qquad\qquad\text{a}$$

$$\tau_0 = 0{,}59\,\varrho\,D\,\alpha\,\frac{d\,T}{T}\left(\frac{d}{d_0}\right)^3 2\,R\,\pi\quad\text{g/sec,}\qquad\text{b}$$

$$l = \frac{0{,}84}{\alpha}\,\frac{T}{\varDelta\,T}\,d_0 \left\{ \left(\frac{d}{d_0}\right)^4 + 2\,\left(\frac{d_0}{d}\right)^2 \right\}\ \text{cm,}\qquad\text{c} \tag{4}$$

$$d_0 = 0{,}75\,\sqrt[3]{\frac{\eta\,D\,T}{\varrho\,\varDelta\,T}}\ \text{cm.}\qquad\qquad\text{d}$$

Hier bedeutet: τ die in irgendeiner Phase des Trennprozesses in der Sekunde nach oben beförderte Menge in Grammen des leichten Bestandteiles (bzw. nach unten beförderte Menge des schweren Bestandteiles), R ist der Rohrradius der äußeren Röhre. In der betreffenden Phase des Trennprozesses hat das *vertikale* normale Konzentrationsgefälle den Wert $d\,\gamma/d\,z$ erreicht. T ist die mittlere Temperatur, $\varDelta\,T$ die Temperaturdifferenz zwischen dem inneren und äußeren Rohr bzw. Draht, ϱ die Dichte des Gases (in g/ccm)[1]), D die Diffusionskonstante (cm²/sec)[2]), η die Viskosität (dyn-sec/cm²)[3]). Der Abstand zwischen äußerem und innerem Rohr bzw. Draht ist d. Bezüglich α s. S. 67. Die Bedeutung der Konstanten τ_0, l und d_0 folgt.

Die Ausdrücke sind abgeleitet unter der Voraussetzung, daß D, η, ϱ konstant und von der Temperatur unabhängig sind. Für höhere Temperaturdifferenzen gelten die Gleichungen, wenn T die mittlere Temperatur $(T_1 + T_2)/2$ und die genannten Größen für diese Temperaturen eingesetzt werden[4]).

b) *Die zyklische Anordnung.* — Ergebnisse s. S. 81.

---

[1]) Die Abhängigkeit der Dichte von der Temperatur $\varrho = M\,p/6{,}24 \cdot 10^4\,T$; $M = $ Molekulargewicht, $p = $ Druck in Torr.

[2]) Die Diffusionskonstante hängt vom Druck ab. Beträgt sie bei einer bestimmten Temperatur D_0, so ist $D = D_0/p_0$. Die Abhängigkeit der Selbstdiffusionskonstante von der Temperatur ist gegeben durch die allgemeine Gleichung $\varrho\,D/\eta = $ const, const (temperaturunabhängig) $= 1{,}25$ bis $1{,}55$. Siehe W. Groth u. P. Harteck, Z. Elektrochem. 47 (1941) 167. — Die Selbstdiffusionskonstante kommt bei Isotopentrennungen in Betracht.

[3]) Über die Abhängigkeit von η von der Temperatur s. z. B. Hand- und Jahrbuch der Chemischen Physik, Akad. Verlagsges. Leipzig 1939, Bd. 3, Teil 2, Artikel von K. F. Herzfeld. — Landolt-Börnstein-Roth, Tabellen. 5. Aufl. Bd. I 178 u. Erg.-Bd. Int. Crit. Tab. Bd. 5, 1.

[4]) Die mittlere Temperatur ist bei großen Temperaturdifferenzen zu hoch, ein um 30% niedrigerer Wert scheint zu entsprechen.

c) Die Gesetze des Trennrohres.

Sie sind für den stationären Zustand gültig, also für eine Anordnung, an der keine Gasentnahme stattfindet. Auf Grund der gegebenen Gleichungen (4) und (5) läßt sich der Einfluß des Gasdruckes p, der Entfernung d, heiße — kalte Wand, der Temperaturdifferenz ΔT und der Rohrlänge Z auf den *Transport* und die *Endkonzentration* (die Trennschärfe) bestimmen. Die Abhängigkeit der Endkonzentration lesen wir an (8) ab. Ist $z \ll 1$, so erhält man für die Endkonzentration

$$\gamma_z \simeq \frac{\gamma_0\,(1 + z/l)}{1 + \gamma_0\,z/l}\,, \tag{5}$$

woraus sich ergibt, $\gamma_z \sim z/l$ [aus (8) sofort abzulesen].

1. Transport[1]) $n,\ \tau$:

konstant	veränderlich	Transport n, τ ist proportional	Anmerkung
$d,\ \Delta T$	p	p^2	$d \gg d_0$
$z,\ \gamma$		vom Druck unabhängig	$d = d_0$
$p,\ \Delta T$	d	d^4	$d \gg d_0$
$z,\ \gamma$		d	$d = d_0$
$p,\ d$	ΔT	ΔT	$d = d_0$
$z,\ \gamma$		$\Delta T^2/T^6$	$d \gg d_0$

2. Endkonzentration γ_z (Trennschärfe):

konstant	veränderlich	γ_z ist proportional	Anmerkung
$p,\ \Delta T$	d	d^{-4}	$d \gg d_0$
$z,\ \gamma$		d^{-1}	$d = d_0$
$d,\ \Delta T$	p	p^{-2}	$d \gg d_0$ $\Big\}$ γ_z durchläuft
$z,\ \gamma$		$p^{2/3}$	$d = d_0$ ein Maximum
$d,\ p$	ΔT	T^4	$d \gg d_0^2)$
$z,\ \gamma$		$\Delta T^{4/3} \cdot T^{-8/3}$	$d = d_0$

Vorstehende Gesetzmäßigkeiten sind bei Betrieb und Konstruktion von Trennrohranlagen zu berücksichtigen.

---

[1]) Bezüglich n siehe Seite 74.
[2]) Siehe Diskussion W. Groth Naturwiss. 27 (1939) 260; Waldmann, L. loc. cit. S. 69.

d) Die Leistung des Trennrohres.

1. *Trennschärfe, Trennlänge.* Beachtet man (4a), so läßt sich die folgende Gesetzmäßigkeit ableiten. Zu Beginn des Trennprozesses ist $d\gamma/dz = 0$, folglich ist dann

$$\tau = \tau_0\,(1 - \gamma)\,\gamma. \tag{6}$$

Die Bedeutung von τ_0 ist damit gegeben; es ist die zu Beginn des Trennprozesses nach oben bzw. unten pro Zeiteinheit beförderte Menge des leichten (γ) oder schweren Bestandteiles ($1 - \gamma$). Mit der Zeit wächst $d\gamma/dt$, dann wird τ kleiner, im Endzustand ist $\tau = 0$.

Nun kann man die Konzentrationsverteilung im Endzustand berechnen. Es ist

$$\gamma\,(1 - \gamma) - l\frac{d\gamma}{d.z} = 0. \tag{7}$$

Die Integration ergibt für die Trennrohrlänge $Z = 0$, $\gamma = \gamma_0$ (Ausgangskonzentration für einen Bestandteil)

$$\frac{\gamma}{1 - \gamma} = \frac{\gamma_0}{1 - \gamma_0}\,e^{z/l}. \tag{8}$$

In dieser wichtigen Gleichung sieht man, sobald $l = Z$ ist, daß das zu Beginn bestehende Verhältnis der Ausgangskonzentrationen im Endzustand auf das e-fache ansteigt. Damit ist eine anschauliche Bedeutung der Konstante l gegeben, die man nach H. Jensen als *Trennlänge* bezeichnet.

Ist der eine Bestandteil sehr gering, $\gamma_0 \ll 1$, und reichert man das Gas nur so weit an, daß auch γ noch klein gegen 1 ist, so erhält man aus

$$\frac{\gamma}{\gamma^0} = e^{z/l}, \tag{9}$$

wonach also die Anreicherung exponentiell mit der Trennrohrlänge anwächst

$$e^{z/l} = A. \tag{10}$$

A ist der *maximale Anreicherungsfaktor.* Fortsetzung S. 82.

Beispiel. Gl. (8) benützt man zur Lösung der folgenden Aufgabe. Luft soll mit Hilfe des Trennrohres in Sauerstoff und Stickstoff zerlegt werden. Es steht ein 93 cm langes Trennrohr zur Verfügung. Man bestimmt dann experimentell die im geschlossenen System vorhandene Menge an Sauerstoff am schweren Ende der Anordnung in einem Zeitraum nach Beginn der Trennung, von dem angenommen werden kann, daß sich das stationäre Gleichgewicht eingestellt hat. In diesem Zustand ist $\tau = 0$ und (8) kann verwendet werden. Experimentell fanden Clusius und Dickel in einem 93 cm langen Rohr (Durchmesser 0,84 cm) mit Chromnickeldraht (Durchmesser 0,3 mm) geheiztem Rohr, Temperatur 630° C im Endzustand $\gamma = 41,8\%$ O_2. Man kann nun fragen, wie groß (bei sonst gleichen Bedingungen) γ sich ergeben wird, wenn die Röhre 260 cm lang ist.

Aus den Versuchen berechnen wir die Trennlänge als Apparatkonstante, die ja von Z, wie (4 c) ausdrückt, nicht abhängig ist. ($Z = 93$, $\gamma_0 = 0{,}209$, $\gamma = 0{,}418$):

$$\frac{0{,}418}{0{,}582} = \frac{0{,}209}{0{,}791}\, 2{,}718^{93/l}.$$

Man findet $l = 93$. Beträgt die Trennrohrlänge $Z = 260$, so ist aus (8) $\gamma = 0{,}762$, d. h. am schweren Ende beträgt die Sauerstoffkonzentration 76,2 Mol-%, die auch wirklich sich ergeben hat. Diese Resultat kann auch nach (20) erhalten werden. Ein weiteres Beispiel s. unten S. 78.

Der Ausdruck (9) könnte von Nutzen sein, um in einer Anordnung die Apparatkonstante l angenähert bei einer bestimmten mittleren Temperatur zu finden. Man verwendet ein Gas, z. B. Stickstoff, dem eine sehr kleine Menge (γ_0) eines leicht zu bestimmenden Begleitgases, z. B. Kohlendioxyd, hinzugefügt wird. Nach Einstellung des stationären Zustandes ermittelt man γ; da die Rohrlänge Z bekannt ist, kann die Trennlänge l berechnet werden. Es ist zwar l von den besonderen Eigenschaften der Gasmischung abhängig (4), doch ist dies wahrscheinlich in vielen Fällen näherungsweise zu vernachlässigen.

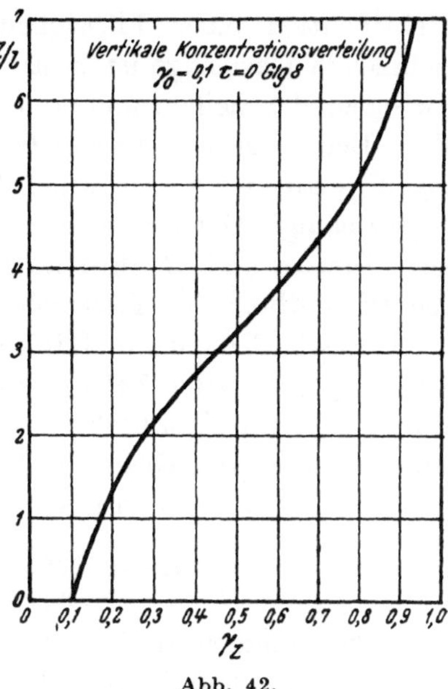

Abb. 42.

Die an einem Rohrende Z im Endzustand bestimmte Endkonzentration γ des angereicherten Bestandteiles gilt als Maßstab für die *Trennschärfe*, die an dem Apparat mit der bestimmten Gasmischung erreicht werden kann. Zweckmäßig wird γ_z auf die Ausgangskonzentration bezogen und das Verhältnis $\dfrac{\gamma_z}{\gamma_0} = a$ gesetzt, a ist der *Anreicherungsfaktor*, der die Trennschärfe eindeutig festlegt.

2. *Trennlänge und Rohrabstand.* Außer der in 1. ausgeführten Bedeutung von l muß man noch die Abhängigkeit dieser Größe von den Ausmaßen der Apparatur kennen. Wie aus Gl. (8) ersichtlich, wird eine um so bessere Trennschärfe erreicht, je kleiner l ist. Aus (4c) folgt die Abhängigkeit von l von der Entfernung heiße Wand — kalte Wand d. Man findet die günstigste Entfernung, bei der l am kleinsten wird, $l = l_0$ in bekannter Weise, wenn

$$d = d_0.$$

Damit ist eine anschauliche Bedeutung der Konstante d_0 gefunden: d_0 ist die Entfernung der heißen von der kalten Wand, mit der die größte Trennschärfe erreicht wird.

Für die konkrete Wahl d_0 in der Praxis ist die Geschwindigkeit der Einstellung einer bestimmten Konzentration praktisch in Betracht zu ziehen. Man sieht, daß der Transportfaktor $\tau_0 \sim d^3$ ist, so daß man hier die der erreichbaren Trennschärfe und die für diese Erreichung notwendige Zeit berücksichtigen wird, und den Umständen entsprechend, dann das Günstige wählen wird.

e) Die kontinuierlich arbeitende Trennrohranlage.

Das Verfahren mit dem Clusius-Dickel-Trennrohr läßt sich wie die Rektifikation einer Flüssigkeit kontinuierlich durchführen. Die zu entnehmende Gasmenge ist bestimmt, durch die unter dem Temperatureinfluß zwischen der heißen und kalten Wand kreisenden Gasmengen, und den an den Enden sich einstellenden stationären Konzentrationen. Man kann einen qualitativen Ausdruck für die Gasentnahme gewinnen durch eine bilanzmäßige Darstellung des Trennverlaufes im stationären Zustand, wie sie Clusius und Dickel anwenden. Eine theoretische Darstellung bringt die Behandlung des Trennrohres L. Waldmann[1]) und H. Jensen[2]).

1. Nach Clusius u. Dickel: Die ständig vom Trennrohr entnommene Gasmenge, die man *Entnahme* bezeichnet, ist gleich dem Transport dividiert durch die im Trennrohr erreichte Konzentrationsdifferenz zwischen ein- und austretendem Gas. Die Entnahme ist immer größer als der Transport.

Die Entnahme G_x am schweren und G_y am leichten Ende beträgt

$$G_x = \frac{m\,(\gamma_0 - \gamma_h)}{\gamma z_s - \gamma_0}, \qquad G_y = \frac{m\,(\gamma_0 - \gamma_h)}{\gamma_0 - \gamma z_l}, \tag{11}$$

darin bedeuten m die in der Zeiteinheit, unter dem Einfluß der Temperaturdifferenz zwischen heißer und kalter Wand, umlaufende Gasmenge, γ_0 der Molenbruch der *schweren* Komponente zu Anfang der Versuchsdauer, γ_{z_s}, γ_{z_l} die im stationären Zustand am schweren bzw. leichten Ende eingestellten Molenbrüche der *schweren* Komponente, γ_h ist die Zusammensetzung des Trennrohrinhaltes an der Stelle der heißen Wand für die *schwere* Komponente. Der experimentell gefundene Transport n wird gesetzt:

$$n = m\,(\gamma_0 - \gamma_h). \tag{12}$$

Beispiel: In einem Trennrohr (Länge z) werden stündlich aus Luft (20,9% O_2) 5 ccm Sauerstoff transportiert, demnach $n = 5 = m\,(\gamma_0 - \gamma_h)$. Am schweren Ende können stündlich $5/(\gamma z'_s - \gamma_0) = 5/(1 - 0,209) = 6,32$ ccm reiner Sauerstoff oder $5/(0,400 - 0,209) = 26,2$ ccm Gas mit 40,0% O_2 entnommen werden.

Diese Beziehungen gelten, wenn ebensoviel Frischgas q in das System einströmt, wie Gas entnommen wird, $q = G_x + G_y$. Den gleichen Effekt erreicht man, wenn an einem Ende ein entsprechend großer Behälter mit dem Ausgangsgas sich befindet.

In der Praxis einer Trennrohranlage wird stets bis zur Einstellung des stationär vorgegebenen Zustandes gewartet und dann mit der Entnahme begonnen, die so gewählt sein muß, wie für die Erhaltung der vorgegebenen Konzentration notwendig ist. Dies wird meist empirisch zu erfolgen haben; wird die Entnahme zu groß, so sinkt die vorgegebene Konzentration, was nicht sein darf.

2. *Zusammenhang, Endkonzentration, abzunehmende Gasmenge und Rohrlänge.* — Nach H. Jensen gestattet Gleichung (4a) den Zusammenhang

---

[1]) loc. cit.   [2]) loc. cit.

der *stationär eingestellten Endkonzentration mit der zu entnehmenden Gas-*
menge zu bestimmen. Wir sehen, daß diese zu entnehmende Menge des
angereicherten Gases bestimmt ist durch die nach oben transportierte Menge τ
des leichten Bestandteiles; man hat demnach bei festem endlichem τ zu
integrieren. Um das ganze Konzentrationsgebiet 0—1 zu erfassen, ist eine
Abkürzung einzuführen:

$$\varkappa = \frac{\gamma - 0{,}5\,(1 - \sqrt{1 - 4\,\tau/\tau_0})}{\sqrt{1 - 4\,\tau/\tau_0}}.$$

Die Lösung der Gleichung ergibt dann

$$\frac{\varkappa}{1 - \varkappa} = \frac{\varkappa_0}{1 - \varkappa_0}\, e^{\frac{z}{l}\sqrt{1 - 4\,\tau/\tau_0}}. \tag{13}$$

Aus (13) ersieht man, weil $\sqrt{1 - 4\,\tau/\tau_0} < 1$, daß die Konzentrationsverschiebung um so kleiner sein wird, je größer die entnommene Menge

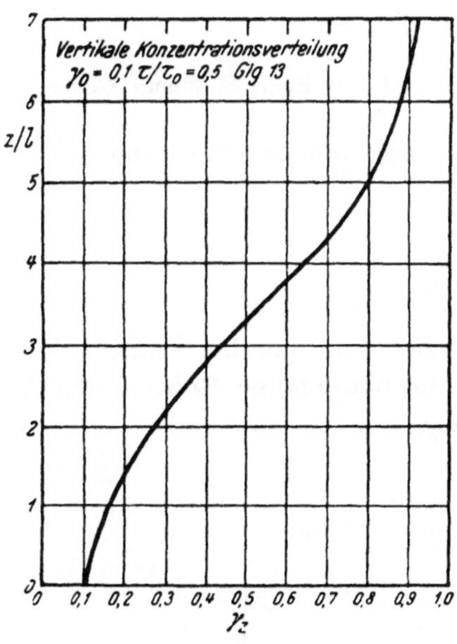

Abb. 43. Statt $\tau/\tau_1 = 0{,}5$ ist $\tau/\tau_0 = 0{,}05$
zu setzen.

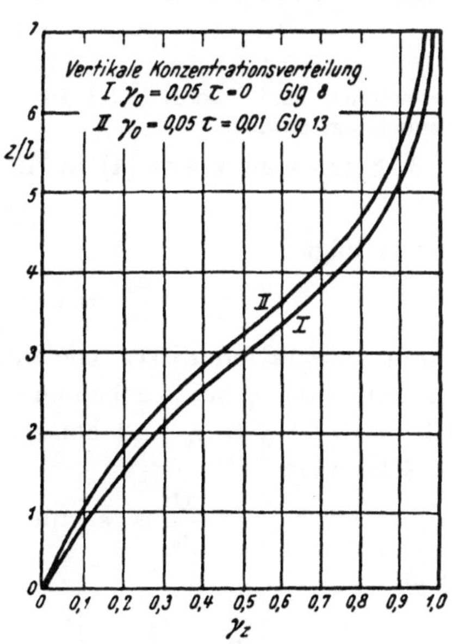

Abb. 44. Statt $\tau = 0{,}01$ ist $\tau/\tau_0 = 0{,}01$
zu setzen.

des leichten Bestandteiles ist. Ferner ist ein bestimmter Transport τ nur
dann möglich, wenn $\varkappa > 1$, d. h. es muß

$$\gamma > 0{,}5\,(1 - \sqrt{1 - 4\,\tau/\tau_0})$$

sein. Die Endkonzentration kann höchstens

$$1 - 0{,}5\,(1 - \sqrt{1 - 4\,\tau/\tau_0})$$

betragen, gleichgültig wie lang die Röhre ist.

Beispiel: Es liegt eine binäre Gasmischung (Druck 1 Atm.) vor. An dem zur Verfügung stehenden Trennrohr ist mit dem Gas $\gamma \simeq 0{,}5$ der Wert $\tau_0 = 10$ ccm pro Stunde

ermittelt worden. Als zu entnehmende Menge wollen wir $\tau = 0{,}050\,\tau_0$ wählen. Gemäß der Ungleichung

$$\gamma_0 > 0{,}5\left(1 - \sqrt{1 - 4\,\tau/\tau_0}\right) = 0{,}052$$

kann schon von der Gasmischung $\gamma_0 = 0{,}1$ ausgegangen werden, um sicher Anreicherung zu erhalten. Für diesen Fall ist Kurve Abb. 43 gezeichnet, in welcher die erreichte Endkonzentration in Abhängigkeit von z/l und $\tau = 0{,}05\,\tau_0$ eingetragen ist.

Wird die Gasmenge G oben abgezogen, so wird dadurch $\gamma_0 G$ an *leichtem* Bestandteil zusätzlich durch das Rohr befördert. Der Gesamttransport beträgt dann $\tau + \gamma_0 G$. Dieser muß der oben abgezogenen Menge des leichten Bestandteiles $\gamma_z G$ gleich sein:

$$\gamma_z G = \tau + \gamma_0 G^*), \tag{14}$$

daraus findet man die entnehmbare Gasmenge in ccm/Stunde:

$$G = \frac{\tau}{\gamma_z - \gamma_0}. \tag{15}$$

Man sieht, um die vorgegebene Menge $\tau = 0{,}50$ zu entziehen, daß die notwendige Gasmenge G an den verschiedenen Stellen von z/l verschieden groß sein wird. In Abb. 43 findet man, daß bei $z/l = 3$, $\gamma_z = 0{,}45$, bei einer Trennrohrlänge $Z = 3\,l$ demnach stündlich bei einem Druck von 1 Atm.

$$\frac{0{,}50}{0{,}45 - 0{,}1} = 1{,}43 \text{ ccm Gas}$$

abzunehmen sind. Ist $Z = 5\,l$, so folgt $\gamma_z = 0{,}79$, und nur mehr 0,73 ccm Gas sind abzunehmen usw.

3. Setzt man τ aus (4) in die schon oben angegebene Gleichung

$$\gamma_z G = \tau + \gamma G$$

ein, so folgt

$$l\,\frac{d\gamma}{dz} = \gamma\,(1 - \gamma) - \frac{G}{\tau_0}\,(\gamma_z - \gamma). \tag{16}$$

Durch Integration dieser Gleichung erhält man für eine bestimmte Endkonzentration γ_z bei gegebenem Gasstrom G die notwendige Röhrenlänge Z. Bei $z = 0$ ist $\gamma = \gamma_0$ und bei $z = Z$ ist $\gamma = \gamma_z$.

Setzt man

$$\frac{G}{\tau_0} = \varepsilon \quad \text{und} \quad E = \sqrt{\frac{(1+\varepsilon)^2}{2} - \varepsilon\,\gamma_z},$$

so ist

$$Z = \frac{l}{2\,E}\,\ln\left\{\frac{\gamma_z - \frac{1+\varepsilon}{2} + \varepsilon}{\gamma_z - \frac{1+\varepsilon}{2} - \varepsilon}\;\;\frac{\gamma_0 - \frac{1+\varepsilon}{2} - \varepsilon}{\gamma_0 - \frac{1+\varepsilon}{2} - \varepsilon}\right\}. \tag{17}$$

L. Waldmann, der diese Integration zuerst durchgeführt hat, diskutiert das Ergebnis. Besonders deutlich werden die Grundzüge der letzten Gleichung in der Abb. 45 zum Ausdruck gebracht, die H. Steinwedel[1]) angibt.

Aus dieser Abbildung sieht man ohne weiteres, daß von einer bestimmten Größe des durchfließenden Gasstromes an, keine 100proz. Anreicherung mehr erfolgen kann; es wird ein bestimmter Endwert erreicht, gleichgültig

---

*) Die Dimension von G bestimmt τ und umgekehrt.
[1]) Steinwedel, H., Die Chemie **55** (1942) 152.

wie groß auch die Rohrlänge Z ist. Er ist um so geringer, je größer der Durchfluß ist: z. B. findet man hier $\gamma_0 = 0{,}1$ und $G = 1{,}5\,\gamma_0\,\tau_0$, die Endkonzentration bei $Z = \infty$, $\gamma_\infty \simeq 0{,}7$, dieser Wert wird schon bei etwa $Z = 8\,l$ erreicht.

Vereinfachung der Gleichung (4a). Für ihre praktische Verwendung kann man hinreichend genaue Näherungen verwenden.

1. Fall. Ist in der Gasmischung der eine Bestandteil in sehr geringer Menge vorhanden, $\gamma_0 \ll 1$, und ist auch seine Anreicherung nur so weit zu treiben, daß noch $\gamma_z \ll 1$, so kann man $1 - \gamma = 1$ setzen. Die Integration der Gleichung

$$\frac{\tau}{\tau_0} = \gamma - l\,\frac{d\gamma}{dz}$$

ergibt dann, bei $z = 0$, $\gamma = \gamma_0$ konstant

$$\gamma - \frac{\tau}{\tau_0} = \left(\gamma_0 - \frac{\tau}{\tau_0}\right)^{z/l}. \tag{18}$$

Diese Gleichung ist im Gebiete $0 < \gamma < 0{,}2$ oder $0{,}8 < \gamma < 1$ zu verwenden.

2. Fall. Im Konzentrationsgebiet $0{,}2 < \gamma < 0{,}8$ kann man in (4a) das Produkt $\gamma\,(1 - \gamma)$ durch den Mittelwert $\overline{\gamma\,(1 - \gamma)} \approx 0{,}22$ ersetzen, und erhält die einfache lineare Gleichung, $z = 0$, $\gamma = \gamma_0$ konstant:

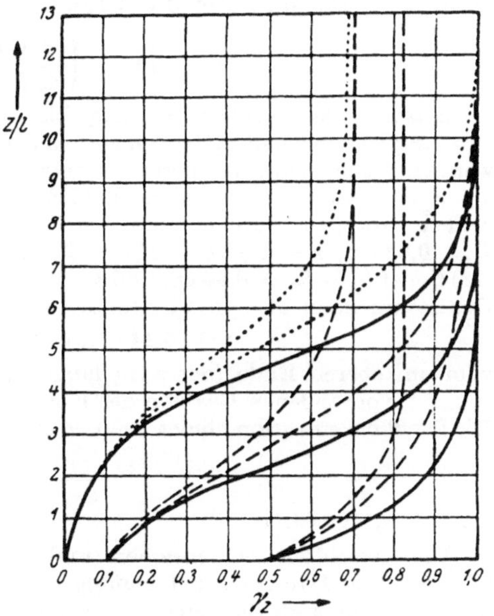

Abb. 45. Länge der Trennrohres (in Einheiten von *l*) als Funktion des Gasstromes G cm/sec und der vorgegebenen Endkonzentration γ_z. Nach H. Steinwedel. Die von einem festen γ_0 ausgehende Kurvenschar bezieht sich jedesmal auf die Werte $G = 0$; $G = 0{,}9\,\tau_0\,\gamma_0$; $G = 1{,}5\,\gamma_0\,\tau_0$.

$$(\gamma - \gamma_0) = 0{,}22 - \frac{\tau}{\tau_0}$$

oder

$$\gamma = \gamma_0 + \frac{z}{l}\left(0{,}22 - \frac{\tau}{\tau_0}\right). \tag{19}$$

Aus dieser Beziehung sieht man übrigens, daß bei vorgegebenem τ in dem genannten Konzentrationsgebiet die erreichbare Endkonzentration γ_z linear mit der Trennrohrlänge ansteigt (π = Faktor):

$$\gamma = \gamma_0 + \pi\,z. \tag{20}$$

Wird $\tau = 0$, so hat man

$$\gamma = \gamma_0 + \pi'\,z, \tag{21}$$

d. h. in einem geschlossenen System ändert sich die Zusammensetzung des Gases in dem genannten Konzentrationsgebiet *linear* mit der Trennrohrlänge.

4. *Ergiebigkeit eines Trennrohres*. Darunter versteht man nach L. Waldmann den größten zulässigen Wert der mittleren Durchflußgeschwindigkeit, wenn durch eine unendlich lange Röhre vollständige Entmischung $\gamma_{2\infty} = 0$ erreicht werden soll.

Es liegt eine Trennrohranlage vor, in deren oberem Teil kein Temperaturgefälle mehr vorhanden und die Konzentration γ_2[1]) konstant ist. Dann gilt als Maß für die Ergiebigkeit $\overline{v}_0$:

$$\overline{v}_0 = \left[1 + \left(\frac{d}{d_0}\right)^6\right]\frac{(1-\gamma_1)\,D}{l}\ \text{cm/sec.} \tag{22}$$

Beispiel: Wir wollen die Ergiebigkeit einer *drahtgeheizten* Trennrohranlage, die 7 m lang ist, angenähert berechnen; dazu müssen die Gleichungen Seite 81 verwendet werden. Die Drahttemperatur beträgt $T = 960^0$ K, $\varDelta = T = 687 - 20 = 667$, $T_m = 630$. Gas: Chlorwasserstoff (23% $H^{37}Cl$, 77% $H^{35}Cl$), an dem die Trennung der beiden Isotopen durchgeführt wird, $D = 0{,}2\ \text{cm}^2/\text{sec}$, $\eta = 2{,}4 \cdot 10^{-4}$ Dyn sec/cm²; $R = 0{,}02$ cm, $r = 0{,}42$ cm, $R/r = 21{,}0$; $M = 36{,}15$, $1 - \gamma_1 = 0{,}77$. Nach (27) und (28) findet man $R_0 = 0{,}84$ cm und $l = 837$ cm, daraus ergibt sich $v_0 = 1{,}84 \cdot 10^{-4}$ cm/sec. Der Röhre kann also in 24 Stunden

$$0{,}17 \cdot 3{,}14 \cdot 1{,}84 \cdot 10^{-4} \cdot 60 \cdot 60 \cdot 24 = 8{,}0\ \text{ccm}$$

vom am oberen Ende (der z cm langen Röhre, nach Einstellung des stationären Zustandes) vorhandenen Gas von der Konzentration γ_{2z} kontinuierlich entnommen werden. Die Endkonzentration findet man nach (8)

$$\frac{\gamma}{1-\gamma} = \frac{0{,}77}{0{,}23}\,e^{700/837}$$

$2\,z = 89\%\ H^{35}\,Cl.$

Die gewählten Dimensionen und Anordnungen entsprechen einer Anlage, die Clusius und Dickel zur Trennung der Chlorisotope verwendeten. Die Werte sind in dieser alle höher als die berechneten, was zu erwarten war. In den Trennröhren brachten genannte Autoren in Abständen von je 60 cm *durchbohrte Platinscheibchen* zur Zentrierung des Heizdrahtes an. Dies bewirkt eine Unterteilung der Röhre und damit eine Erhöhung der Trennschärfe. Da $1 - \gamma_1$ in den Unterteilungen ansteigt, ist damit auch eine durchschnittliche Erhöhung der Ergiebigkeit nach (22) abzulesen.

f) Das gestaffelte Trennrohr.

Aus den Gleichungen (11) kann man weitere allgemeine Schlüsse ziehen. Die bei der Trennung gewünschte Konzentrationsverschiebung $\gamma_{z_s} - \gamma_0$ ist nur vom Nenner abhängig, demnach kann die Entnahme x durch den Transport n beeinflußt sein. Dieser ist nur von der kreisenden Gasmenge m in dem durch Thermodiffusion bedingten Konzentrationssprung $\gamma_0 - \gamma_h$ an der Eintrittsstelle des Frischgases abhängig. Der Konzentrationssprung ist nach (2) dem Trennfaktor gleichzusetzen, also

$$x \approx \frac{m\,\gamma_0\,(1-\gamma_0)}{\gamma_{z_s} - \gamma_0}.$$

Wird der anzureichernde Bestandteil rein gewonnen, so ist $\gamma_{z_s} = 1$ und

$$x \backsim m \cdot \gamma_0.$$

Die Entnahme ist bei konstantem m der Ausgangskonzentration direkt proportional. Handelt es sich um die Anreicherung eines seltenen Isotopen,

---

[1]) γ_2 Molenbruch für den schweren, $1 - \gamma_2$ für den leichten Bestandteil.

so wird diese, wie man sieht, entsprechend klein sein. Dem könnte man durch Vergrößerung von m entgegenwirken. Es zeigt sich nun, daß man nicht notwendig die gesamte Trennrohranlage zu vergrößern braucht, sondern es genügt, geeignet dimensionierte Trennrohre *hintereinanderzuschalten*.

Es sei eine Trennrohranlage zu konstruieren, in der ein Isotop von der geringen Ausgangskonzentration γ_0 auf die Endkonzentration γ_z gebracht werden soll. Die Anlage soll aus drei hintereinandergestaffelten Rohren *1*, *2* und *3* bestehen (Abb. 46). In allen dreien ist die gleiche Temperaturdifferenz vorhanden. Im Rohr *1* kreist die Gasmenge m_1, in *2* und *3* entsprechend m_2 und m_3. Rohr *1* liefert Gas von der Konzentration γ_1, Rohr *2* und *3* bzw. γ_{s_2} und γ_{s_3}. Für die Entnahme gelten angenähert

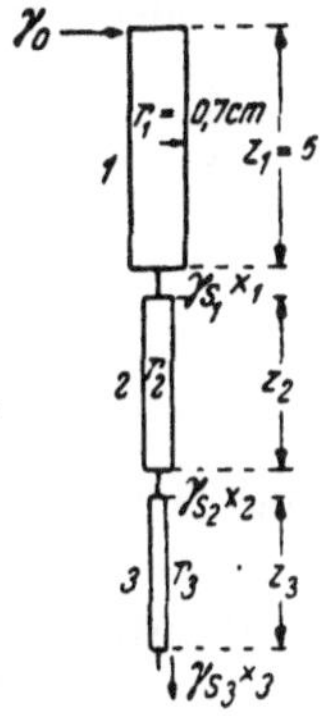

$$x_1 = \frac{m_1\,(\gamma_0 - \gamma_{h_1})}{\gamma_{s_1} - \gamma_0},$$

$$x_2 = \frac{m_2\,(\gamma_{s_1} - \gamma_{h_2})}{\gamma_{s_2} - \gamma_{s_1}}, \qquad (23)$$

$$x_3 = \frac{m_3\,(\gamma_{s_2} - \gamma_{h_3})}{\gamma_{s_3} - \gamma_{s_2}}.$$

Im stationären Zustand wird während des Trennungsvorganges immer zwischen zwei Trennrohren in der Zeiteinheit die gleiche Menge am anzureichernden Bestandteil durchtreten müssen. Es wird

$$x_1\,\gamma_{s_1} = x_2\,\gamma_{s_2} = x_3\,\gamma_{s_3}. \qquad (24)$$

Berücksichtigt man (2), so folgt

$$\begin{aligned}
\gamma_0 - \gamma_{h_1} &= k_{T_1}, \\
\gamma_{s_1} - \gamma_{h_2} &= k_{T_2}, \\
\gamma_{s_2} - \gamma_{h_3} &= k_{T_3},
\end{aligned} \qquad (25)$$

woraus sich nach (23) und (24) ergibt:

$$m_1 : m_2 = k_{T_2}\,\gamma_{s_2}\,(\gamma_{s_1} - \gamma_0) : k_{T_1}\,\gamma_{s_1}\,(\gamma_{s_2} - \gamma_{s_1}), \qquad (26)$$

$$m_2 : m_3 = k_{T_3}\,\gamma_{s_3}\,(\gamma_{s_1} - \gamma_0) : k_{T_2}\,\gamma_{s_2}\,(\gamma_{s_3} - \gamma_{s_2}). \qquad (26)$$

Diese Gleichungen sind immer in einem konkreten Fall anzuwenden.

Beispiel: In der Trennrohranlage soll aus normalem Neon, das etwa 10% ^{22}Ne enthält, das schwere Isotop angereichert werden. Durch Vorversuche wurde ermittelt, daß bei einer bestimmten Drahttemperatur in einem 500 cm langen Rohr $R = 0{,}7$ cm, ein Transport von 3 ccm ^{22}Ne pro Stunde und Gas mit 30% ^{22}Ne erhalten wird. Die Anlage soll so arbeiten, daß am Ende der Röhre *1* Gas mit $\gamma_{s_1} = 30\%$ ^{22}Ne, am Ende der Röhre *2* mit $\gamma_{s_2} = 60\%$ ^{22}Ne und in Röhre *3* mit $\gamma_{s_3} = 98\%$ ^{22}Ne erhalten wird.

Da nach (2)

$$k_T \sim \gamma_0\,(1 - \gamma_0)$$

ist, folgt aus (26)

$$m_1 : m_2 = \gamma_{s_1}\,(1 - \gamma_{s_1})\,\gamma_{s_2}\,(\gamma_{s_1} - \gamma_0) : \gamma_0\,(1 - \gamma_0)\,\gamma_{s_1}\,(\gamma_{s_2} - \gamma_{s_1})$$

und

$$m_2 : m_3 = \gamma_{s_2}\,(1 - \gamma_{s_2})\,\gamma_{s_3}\,(\gamma_{s_2} - \gamma_{s_1}) : \gamma_{s_1}\,(1 - \gamma_{s_1})\,\gamma_{s_2}\,(\gamma_{s_3} - \gamma_{s_2}).$$

Das Einsetzen der Zahlenwerte ergibt:

$$m_1 : m_2 = 0,30 \cdot 0,70 \cdot 0,60 \, (0,30 - 0,10) : 0,1 \cdot 0,9 \cdot 0,30 \, (0,60 - 0,30)$$
$$= 3,11 : 1,00,$$

$$m_2 : m_3 = 0,60 \cdot 0,40 \cdot 0,98 \, (0,60 - 0,30) : 0,30 \cdot 0,70 \cdot 0,60 \, (0,98 - 0,60)$$
$$= 2,00 : 1,00,$$

demnach $\qquad\qquad m_1 : m_2 : m_3 = 6,22 : 2,00 : 1,00.$

Damit die Mengen der in den verschiedenen Röhren umlaufenden Gase diese Bedingung erfüllen, müssen sich, nach der Tabelle für den Transport[1]) deren Radien verhalten wie die vierte Wurzel aus den Gasmengen: also

$$r_1 : r_2 : r_3 = \sqrt[4]{6,22} : \sqrt[4]{2,00} : 1 = 1,58 : 1,10 : 1.$$

Um die Längen der Rohre zu finden, die den geforderten Trennschärfen entsprechen, verwenden wir Gl. (8), und finden (r konstant):

$$\log \frac{0,3}{0,7} - \log \frac{0,1}{0,9} = \frac{Z_1}{l} \log \, e,$$

$$\log \frac{0,6}{0,4} - \log \frac{0,3}{0,7} = \frac{Z_2}{l} \log \, e,$$

$$\log \frac{0,98}{0,02} - \log \frac{0,6}{0,4} = \frac{Z_3}{l} \log \, e$$

oder

$$Z_1 : Z_2 : Z_3 = 0,586 : 0,545 : 1,514.$$

Die Röhren haben verschiedene Radien. Nach der Tabelle S. 71 ist der Trennfaktor bei $d \gg d_0$ proportional r^{-4}, demnach müssen sich die 3 Röhren verhalten wie folgt:

$$r_1 Z_1 : r_2 Z_2 = 0,586 : 0,545 \left(\frac{1,19}{1,58}\right)^4 = 0,586 : 0,175,$$

$$r_2 Z_2 : r_3 Z_3 = 0,545 : 1,514 \left(\frac{1}{1,19}\right)^4 = 0,545 : 0,755.$$

Rohr 1 ist 500 cm lang, also

$$Z_1 = 500 \text{ cm} \qquad Z_2 = 149 \text{ cm} \qquad Z_3 = 206 \text{ cm},$$
$$r_1 = 0.7 \text{ cm} \qquad r_2 = 0,53 \text{ cm} \qquad r_3 = 0,45 \text{ cm},$$

womit alles Notwendige für den Bau der Anlage gefunden ist. Aus diesem Ergebnis sieht man auch den Vorteil der Staffelung. Hätte man nur eine Röhre von 0,7 cm Radius verwendet, so hätte sie $Z = 22,8$ m lang sein müssen, wie dies sofort die Gleichung gibt:

$$Z = 5,00 \frac{\log \frac{0,98}{0,02} - \log \frac{0,1}{0,9}}{\log \frac{0,3}{0,7} - \log \frac{0,1}{0,9}} = 22,8 \text{ m.}$$

Die drei gestaffelten Röhren zusammen sind nur 8,5 m lang; trotzdem ist die Entnahme in beiden Fällen gleich groß.

g) Das mit Draht geheizte Clusius-Dickel-Trennrohr.
(Zyklische Anordnung).

Die angegebenen Gleichungen (4) gelten für die Anordnung zweier konzentrischer Rohre, von denen das innere geheizt ist. Aus vielen praktischen Gründen ist es jedoch notwendig, die innere Röhre durch einen geheizten

---

[1]) Obwohl die hier umlaufende Gasmenge m interessiert, so weiß man, daß der Transport $\sim m$ sein muß.

Draht zu ersetzen; wir haben diese Konstruktion schon oben vorweggenommen. Wie Waldmann und Jensen zeigten, ergeben sich auch dann noch übersichtliche Ergebnisse, wenn das Verhältnis $R/r \geq 20$ ist und das Temperaturintervall so niedrig, daß eine Änderung des Wärmeleitvermögens noch nicht zu berücksichtigen ist.

Man setzt den Radius des Drahtes $r_D = r$ und den der Röhre $r_R = R$, dann ergibt sich für die zyklische Anordnung nacheinander:

$$R_0 = 0{,}56 \sqrt[3]{2{,}3 \log \frac{R}{r} \frac{2{,}3 \log \frac{R}{r} - 1}{2{,}3 \log \frac{R}{r} - 1{,}88}} \sqrt[3]{\frac{\eta\, D\, T}{\varrho\, \varDelta\, T}} \text{ cm}, \qquad (27)$$

für die Trennlänge

$$l = 2{,}3 \log \frac{R}{r} \frac{0{,}373}{a} \frac{R_0\, T}{\varDelta\, T} \left\{ \left(\frac{R}{R_0}\right)^4 + 2 \left(\frac{R_0}{R}\right)^2 \right\} \text{ cm} \qquad (28)$$

und für den Trennfaktor

$$\tau = 2\,\pi\, R \frac{0{,}67}{2{,}3 \log \frac{R}{r}} \varrho\, D\, a \frac{\varDelta\, T}{T} \left(\frac{R}{R_0}\right)^3 \text{ g/sec}. \qquad (29)$$

Zu beachten ist, daß, abgesehen von den Zahlenfaktoren, welche die Radien enthalten, die Abhängigkeit von D, η, T, $\varDelta T$ die gleiche wie in (4) ist. Wählt man den günstigsten Rohrradius $R = R_0$, $l = l_0$, so ist von großem Interesse, die optimale Trennlänge (nach Jensen) zu kennen:

R/r	1	20	50	100
l_0 zykl./l_0 eben	1	1,93	2,42	2,89

Es folgt also, daß für eine bestimmte erforderliche Trennschärfe das drahtgeheizte Rohr erheblich länger sein muß. Eine solche Röhre ist also nicht nur in der Trennschärfe, sondern im Transport und in der Ergiebigkeit der Anordnung mit zwei konzentrischen Röhren unterlegen. Die drahtgeheizte Röhre hat aber sehr entscheidende Vorteile: die einfache Konstruktion und die leichte Herstellung hoher Temperaturdifferenzen[1].

Einstelldauer. Nach Jensen. — Die Kenntnis der Dauer bis zur Erreichung des stationären Zustandes ist deshalb notwendig, da erst nach Verlauf dieser mit der Entnahme des angereicherten Gases begonnen werden kann. Es sind auch für die Zeit, nach welcher eine bestimmte Endkonzentration erreicht wird, Gleichungen abzuleiten. Es muß betont werden, daß sie für die Fälle der Praxis nur zur allgemeinen Orientierung dienen dürften.

Zur Darlegung in dieser Richtung genüge folgende kurze Ausführung. Unten an der Trennrohranlage befände sich ein großer Behälter mit Gas; der Gehalt an dem anzureichernden Bestandteil betrage γ_0, oben ein zweiter Behälter mit dem Inhalt I (in Grammen). Es strömt pro Sekunde die Menge τ

---

[1] Siehe die Bemerkungen von K. Clusius u. H. Kowalski, Chem. Fabrik **13** (1940) 304.

in Grammen des leichten Bestandteiles nach oben, wo also der zeitliche Anstieg erfolgt. Man hat zu setzen:

$$\frac{d\gamma_z}{dt} = \gamma_0 \frac{da}{dt} = \frac{\tau}{G}.$$

Es folgt nach Umformung bei $a = 1$, $t = 0$, siehe (10) und S. 72

$$\frac{A-a}{A-1} = e^{-t/t_0}; \qquad t_0 = I\frac{A-1}{\tau_0}.$$

Man sieht, daß der Anreicherungsfaktor a asymptotisch dem maximalen Anreicherungsfaktor A zustrebt. Die Relaxationszeit t_0 ist um so größer, je größer die aufzuarbeitende Menge I, je größer A und je kleiner der Transportfaktor τ_0 ist.

Diese Gleichung gilt nur für den Fall, daß die Einstelldauer klein gegen t_0 ist; wie man sich leicht überzeugt, ist t_0 immer sehr groß, die in Betracht kommenden Versuchszeiten sind um eine Größenordnung niedriger. Für Zeiten, die sehr klein gegen t_0 sind, gelten andere Gesetze[1]), und Clusius und Dickel haben dafür einen Ausdruck angegeben: Die Konzentrationsverschiebung $\gamma_{z_s} - \gamma_0$ ist der Quadratwurzel aus der Einstellzeit t proportional; etwas genauer lautet die Beziehung

$$\sqrt{t} \sim \frac{\gamma_{z_s} - \gamma_0}{r}$$

gültig im Gebiet $0{,}2 < \gamma < 0{,}8$.

Schlußbemerkung.

1. *Wärmeverbrauch.* Die Trennrohranlage arbeitet mit einem beträchtlichen Wärmeverbrauch, er entspricht zum Beispiel zur Trennung eines Moles $H^{35}Cl$—$H^{37}Cl$ der Verbrennungswärme von etwa 5 t Steinkohle. Die theoretische Beherrschung der Trennung läßt jedoch für konkrete Fälle Anordnungen voraussehen, die eine möglichst ökonomische Verwendung der anzuwendenden Energie sichern.

2. Mit dem Trennrohr lassen sich nicht nur Gase voneinander trennen, die ein verschiedenes Molekulargewicht haben, sondern auch isostere Gase wie CO—N_2, CO_2—N_2O, D_2—He usw.[2]). In gleicher Weise werden Gasgemische isomerer Stoffe trennbar sein.

G. Isotopentrennung.

1. Wie aus den Abschnitten E und F ersichtlich, können die angegebenen Vorrichtungen nicht nur zur einfachen Trennung eines Gasgemisches verwendet werden, sondern es ist auch möglich, ihre Wirkung bis zur Trennung in die einzelnen Isotopen oder deren Verbindungen (z. B. $H^{35}Cl$—$H^{37}Cl$) zu steigern.

---

[1]) Für Flüssigkeiten ist diese Rechnung durchgeführt von P. Debye, Ann. Physik [5] **36** (1939) 284.

[2]) Clusius K. u. Kowalski H., Z. Elektrochem. **47** (1941) 819.

2. Zu den genannten Methoden kommen dann noch solche Vorrichtungen, die von verflüssigten Gasen ausgehen (Rektifikationssäule nach W. H. Keesom, H. van Dijk, J. Haantjes, Kamerlingh-Onnes-Laboratorium, Leiden). Eine besondere Rolle nimmt die Methode der Austauschreaktionen (H. C. Urey u. L. Greiff) ein und die Trennung mit Hilfe der Elektrolyse (E. W. Washburn u. H. C. Urey).

Von steigender praktischer Bedeutung sind gegenwärtig die Methoden zur Isotopentrennung für Gase mit Hilfe der Ultrazentrifuge (I. W. Beams; H. C. Urey), die massenspektroskopische Trennung (L. H. Rumbough u. L. R. Hafstad, W. Walcher, W. R. Smythe), während die photochemische Trennung (W. Kuhn) bisher nicht weiter ausgebaut worden ist.

3. Alle unter 2. angedeuteten Methoden führen größtenteils nicht zu einer quantitativen Scheidung der Isotope eines Systems, sondern es gelingt eine mehr oder weniger weitgehende Anreicherung an einem Isotop. Sie können im Rahmen dieses Buches nicht einzeln behandelt werden. W. Walcher[1]) hat den Stand dieses Forschungsgebietes bis 1939 in einer beachtenswerten Arbeit veröffentlicht.

Bei denjenigen Gasen, an denen eine Isotopentrennung nach einer dieser Methoden mit Erfolg durchgeführt worden ist, ist dies an der betreffenden Stelle verzeichnet.

IV. Reinigungsmethoden mit Kondensation.

A. Fraktionierung eines Gasgemisches.

Allgemeines.

1. Die Reinigung eines Gases von seinen Beimengungen erfolgt durch eine Fraktionierung desselben im flüssigen oder festen Zustande[2]). Wir wollen in den folgenden Zeilen einige prinzipielle Kenntnisse zur Fraktionierung besprechen, dabei nur ein einfaches System heranziehen und auf keine besondere Exaktheit im weiteren Gewicht legen.

Wir wählen ein Gas, welches aus einer Mischung zweier Gase A und B besteht. Verflüssigt man dasselbe, so hat man nun ein binäres Flüssigkeitsgemisch, welches bei einer bestimmten Temperatur einen bestimmten Dampfdruck p hat, welcher gleich ist der Summe der Partialdrucke $p = p_A + p_B$. Es hängt p von den Drucken der reinen flüssigen Gase und von der Zusammensetzung des Flüssigkeitsgemisches ab. Diese drückt man durch den Molen-

---

[1]) Ergebnisse der exakten Naturwissenschaften **18** (1939) 155. Springer-Verlag, Berlin.

[2]) Von einer Trennung durch Diffusion oder Adsorption wollen wir hier absehen, s. vorhergehende Seite und S. 64, 102.

bruch oder durch Mol-%[1]) aus. Beide Größen sind von der Temperaturänderung des Flüssigkeitsgemisches *unabhängig*. Den Zusammenhang zwischen
den einzelnen angegebenen Drucken vermittelt anschaulich die Abb. 47
(*p*, *x*-Kurve). Als Abszissen seien die Mole A bzw. B aufgetragen. Hat man
in einer Mischung x_A Mole von A, so beträgt die Molenzahl von B, $x_B = 1 - x_A$.
Die Ordinaten $A\,a$ und $B\,b$ entsprechen den Dampfdrucken der *reinen Stoffe*
p_A^0 bzw. p_B^0. Nach dem Raoultschen Gesetz beträgt der Partialdruck des
Bestandteiles (der Komponente) A bzw. B

$$p_A = p_A^0\, x_A,$$
$$p_B = p_B^0\, x_B = p_B^0\, (1 - x_A), \tag{1}$$

es ist demnach der Verlauf der Partialdruckkurve für A durch die *Gerade* $a\,B$
und für B durch $b\,A$ darstellbar. Der Gesamtdruck beträgt

$$p = p_A^0\, x_A + p_B^0\, (1 - x_A) = p_B^0 + x_A\, (p_A^0 - p_B^0); \tag{2}$$

in Abhängigkeit von der Zusammensetzung ist er ebenfalls durch eine Gerade ab dargestellt, die man als *Flüssigkeits-
kurve* bezeichnet.

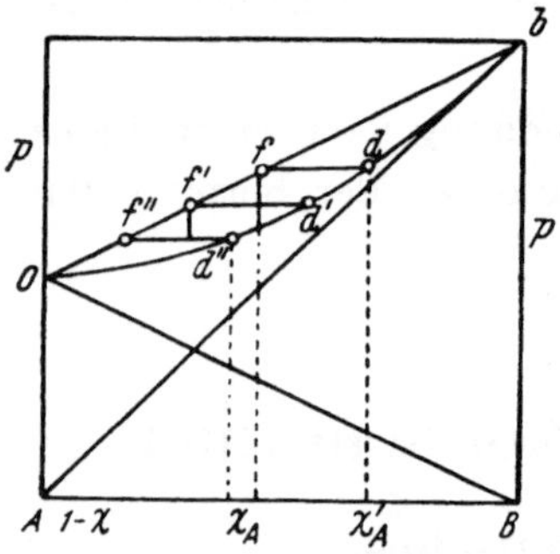

Mit der Flüssigkeit steht bei einer bestimmten Temperatur ein Gas im Gleichgewicht, welches beide Bestandteile A und B
enthält, deren relatives Verhältnis im allgemeinen von dem in der Flüssigkeit *verschieden* sein wird.

Aus den Gl. (1) ergibt sich mit Berücksichtigung des Gasgesetzes

$$\frac{x_A}{1 - x_A}\,\frac{p_A^0}{p_B^0} = \frac{p_A}{p_B} = \frac{p'_A}{1 - x'_A}, \tag{3}$$

Abb. 47. *p*, *x*-Kurve.

wenn der Molenbruch von A im Gas x'_A beträgt. Eliminiert man x_A nach
der Gl. (2), so erhält man die Gleichung für die *Gaskurve*:

$$p = \frac{p_A^0\, p_B^0}{p_A^0(1 - x'_A) + p_B^0\, x'_A}. \tag{4}$$

Wenn sich nach Gl. (2) p durch eine Gerade darstellt, so entspricht die Gaskurve einer *Hyperbel*, welche zur Geraden $a\,b$ symmetrisch, aber *unsymmetrisch*
zur *x*-Achse liegt.

Die relative Lage der Flüssigkeitskurve zur Gaskurve in den gewählten

---

[1]) Ist G_1, G_2, ... das Gewicht der vorhandenen Stoffe 1, 2, ... in 1 l der Lösung,
deren Molekulargewichte $m_1\, m_2$, ... sind, so ist $\dfrac{G_1}{m_1}$, $\dfrac{G_2}{m_2}$ ... die Anzahl der Mole im
Liter. $\Sigma M = G_1/m_1 + G_2/m_2 + \ldots = M_1 + M_2 + \ldots$ Der *Molenbruch* der Stoffe 1, 2, ...
ist dann $\gamma_1 = M_1/\Sigma M$, $\gamma_2 = M_2/\Sigma M$, ... usw. Der Molenbruch drückt auch das Verhältnis
des Partialdruckes zum Gesamtdruck aus. Bei Flüssigkeitsgemischen wird häufig die
Zusammensetzung in *Molprozenten* (M%) ausgedrückt: $M_1\% = 100\,\gamma_1$, usw., oder in
Gewichtsprozenten (G%): $G_1\% = 100\,G_1/(G_1 + G_2 + \ldots)$.

Koordinaten ist für alle binären Flüssigkeitsgemische gleich der hier aufgezeigten.

Gl. (3) schreiben wir etwas einfacher:

$$\frac{x'_A}{x'_B} = \frac{p^0_A}{p^0_B} \frac{x_A}{x_B} = C \frac{x_A}{x_B} \qquad \text{Formel von F. D. Brown,} \qquad (5)$$

wenn x_A, x_B, x'_A, x'_B die Molenbrüche oder Mol-% in Lösung bzw. im Gasraum bedeuten.

$$G = \frac{p^0_A}{p^0_B} \qquad (6)$$

ist für jede Temperatur *konstant*. Diese Beziehung, welche empirisch lange vor einer exakten Theorie binärer Flüssigkeitsgemische aufgefunden worden ist, kann für viele Überschlagsrechnungen verwendet werden, auch an Systemen, die nicht genau ideales Verhalten zeigen.

2. Hat man eine flüssige Mischung von A und B, deren Gehalt an A, x_A beträgt, so sieht man aus der Abb. 47, daß der Gehalt des Gases (Dampfes) über der Lösung an A, x'_A entspricht, demnach an A um $x_A - x'_A$ ärmer und an B um $x_A - x'_A$ reicher ist. Aus diesem Verhalten läßt sich leicht, nach Betrachtung der beiden Kurven erkennen, daß durch eine genügend oft wiederholte Destillation jede flüssige Mischung von A und B zu dem reinen Bestandteil (Komponente) A, oder eine Dampfmischung von A und B durch genügend oft wiederholte partielle Verflüssigung, schließlich zum reinen B führen wird. Demnach wird eine wiederholt durchgeführte Destillation und Verdampfung jeder beliebigen Mischung die reinen Bestandteile A und B ergeben.

Es wird die Flüssigkeit f zerlegt in die Flüssigkeit f' und den Dampf d'. Von der Flüssigkeit f ist der Dampf d vorher abdestilliert worden. Wäre dies *nicht* der Fall gewesen, hätte man diesen über der Flüssigkeit stehengelassen, so hätte mehr von der Flüssigkeit f' verdampfen müssen; es hätte demnach die Menge f' *kleiner* werden müssen. Es ist deshalb verständlich, daß man um so größere Mengen A-reichere Fraktionen erhalten wird, je kleiner die Menge des jedesmal abdestillierten Dampfes ist. Um bei einer isothermen Destillation rasch Fraktionen zu erhalten, deren Zusammensetzung möglichst weit auseinanderliegen, hat man demnach zu beachten: a) Der freie Raum über der verdampfenden Flüssigkeit ist möglichst klein zu halten. b) Die Diffusion des entweichenden Dampfes in den schon vorhandenen soll möglichst verringert werden, und c) die Dämpfe müssen möglichst rasch abgeführt werden (H. W. Bakhuis Roozeboom). Diese wichtigsten drei Punkte werden auch bei allgemeinen Formen der Flüssigkeits- und Gaskurve zu berücksichtigen sein. Es ist auffallend, daß man die Einhaltung dieser Punkte bei der Reinigung von Gasen (sie wären bei der fraktionierten Verdampfung, S. 92, 93, ebenfalls anzuwenden (nur sehr vereinzelt in der Literatur verzeichnet findet.

3. Die angegebene lineare Abhängigkeit der Partialdrucke ist indessen nur in einem besonderen Fall möglich, der genau wahrscheinlich niemals

zutreffen wird. Wir haben in dem betrachteten System das Henry-Gesetz einzubeziehen. Nach der Gleichung

$$p_A = p_A^0 \, x_A \tag{7}$$

wäre p_A im ganzen Konzentrationsbereich *nur* vom Bestandteil A abhängig. Nach dem Henry-Gesetz muß dann auch

$$p_A = k_A \, x_A \tag{8}$$

sein oder $p_A^0 = k_A$. Da sich diese Beziehung nur zufällig ergeben wird, folgt allgemein, daß sich der Verlauf der Partialdrucke und aus diesem Grunde auch der Totaldampfdruck in einem binären Flüssigkeitsgemisch in Abhängigkeit von der Zusammensetzung durch eine *Kurve* darstellen wird.

4. Das Verhalten eines binären Flüssigkeitssystemes bei konstantem Druck und konstanter Temperatur wird *allgemein* durch folgende Gleichung ausgedrückt, wenn für den Dampf die Gültigkeit des idealen Gasgesetzes angenommen wird:

$$\frac{d \ln x_A}{d \ln p_A} = \frac{d \ln p_B}{d \ln (1 - x_A)} \qquad \text{Gleichung von Duhem-Margules.} \tag{7\,a}$$

Wenn die Funktion der Partialdampfdruckkurve $p_A = f_A(x)$ und die der Totaldampfdruckkurve $p = f(x)$ bekannt ist, so ist auch die Partialdampfdruckkurve bekannt, da stets $p_B = p - p_A$ ist. Ist jedoch *nur* $p_A = f_A(x)$ bekannt, so ist p_B durch die genannte Gleichung berechenbar.

Ein Überblick in der Anwendung der Gleichung ist besonders einfach zu gewinnen, wenn man beide Seiten derselben einer Konstanten n setzt. Dann ergibt die Integration

$$p_A = x_A^n \, p_A^0; \quad p_A = (1 - x_A)^n \, p_B^0. \tag{7\,b}$$

Solange n vom Eins nicht stark abweicht, gelten die Ausdrücke sehr gut, auch bei größerer Abweichung sind sie qualitativ noch entsprechend.

5. Durch isotherme Verdampfung kann man Gemische, die sich nach 3. und 4. verhalten, so lange in reines A und B trennen, solange die Totaldampfdruckkurve kein Maximum oder Minimum zeigt. In diesen Punkten hat die Flüssigkeits- und Dampfphase *gleiche* Zusammensetzung, und eine Trennung dieser Mischung ist durch eine Destillation nicht mehr möglich.

Hat die Totaldampfdruckkurve ein Maximum, wie in der Abb. 48 gezeichnet, so entspricht der Flüssigkeitskurve $a\,M\,b$ die Gaskurve $a\,m\,b$. Beide berühren sich in einem Punkte, dessen Lage zur X-Achse die Zusammensetzung der Gas- und der Flüssigkeitsphase angibt, die für beide, wie gesagt, gleich ist.

Hat das Flüssigkeitsgemisch eine Zusammensetzung, welche links oder rechts vom Maximum liegt, so führt eine wiederholte Destillation im ersten Fall zum *reinen* Bestandteil A und dem Flüssigkeitsgemisch der Maximumzusammensetzung, im zweiten wieder zu dem Flüssigkeitsgemisch und dem reinen Bestandteil B. Das sich bildende Flüssigkeitsgemisch verhält sich demnach wie ein reiner Bestandteil: es hat auch einen *konstanten* Siedepunkt. Gleiche Ausführungen gelten für den Fall des Minimums.

6. Für die Praxis ist es wichtiger, das System bei *konstantem* Druck zu beschreiben, denn man führt die meisten Destillationen bei Atmosphären- oder vermindertem Druck durch. Die diesbezügliche t, x-Kurve zeigt die Abb. 48. Es ist $c\,d'\,d\,b$ die *steigende Siedepunktskurve*, $c\,f'\,f\,b$ die *Flüssigkeitskurve*. So wie oben entspricht der Zusammensetzung d des Dampfes die Zusammensetzung f der Flüssigkeit, welche mit ihm im Gleichgewicht bei der angegebenen Temperatur steht. Hat man ein Flüssigkeitsgemisch f' und bringt es zum Sieden, so wird sich seine Zusammensetzung in der Richtung nach f ändern, ebenso wird die des koexistierenden Dampfes von d' gegen d gehen. Gleichzeitig steigt der Siedepunkt, und ist bei f alles zum Verdampfen gebracht, so beträgt das *Siedeintervall* für f' demnach $\varDelta\,t$. Führt man jedoch den beim Sieden sich bildenden Dampf ab, so wird die Flüssigkeit über die Zusammensetzung f gehen

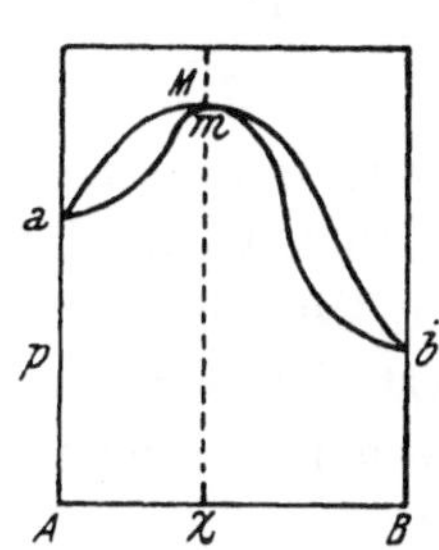

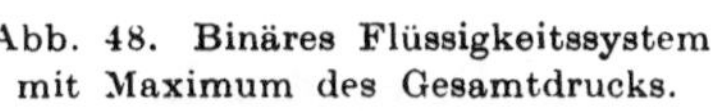

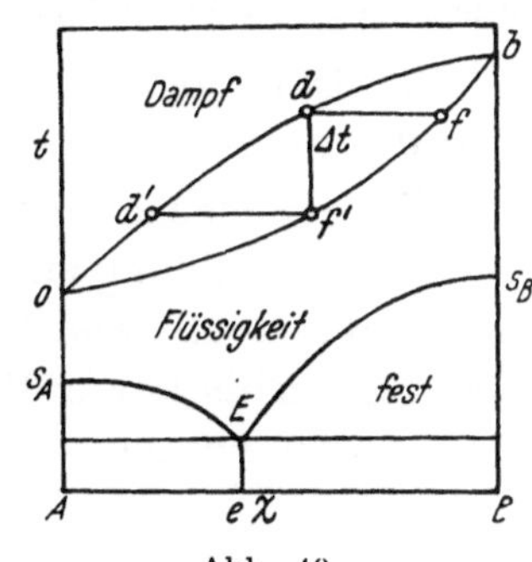

Abb. 48. Binäres Flüssigkeitssystem mit Maximum des Gesamtdrucks.

Abb. 49.
t, x-Kurve.

müssen, denn, in f angekommene Flüssigkeit, kann den Gleichgewichtsdampf d nur so herstellen, daß mehr Flüssigkeit verdampft, also eine über f gegen b gehende Zusammensetzung erhalten wird.

Am Ende wird man auf diese Weise durch Destillation reines B erhalten. Geht man vom Dampf d aus, so kann man durch wiederholte Kondensation und Verdampfung schließlich zu reinem A kommen. So wie in 2. dieses Abschnittes, wird also auch bei einer wiederholten Destillation und Kondensation unter konstantem Druck eine Trennung jeder beliebigen Mischung $A-B$ möglich sein. Aus gleichen Gründen wie oben, wird die Trennung in möglichst weit voneinander liegende Fraktionen um so *rascher* gelingen, je geringer jedesmal der kondensierte Anteil ist.

7. *Destillationsaufsätze.* Die eben ausgesprochenen Forderungen für eine möglichst rasche Trennung eines Flüssigkeitsgemisches $A-B$ in seine Bestandteile erfüllt der schon lange bekannte Destillationsaufsatz in allen seinen vielen Varianten bald besser, bald weniger gut. Tritt in den Aufsatz der Dampf d, und wird dieser hier um $\varDelta\,t$ abgekühlt, so bleibt ein Dampf d' übrig, demnach kann in einer Operation aus f ein Dampf d' erzeugt werden. Läge die Kurve noch günstiger, so könnte d' schon sehr nahe an den reinen Bestandteil herankommen. Je mehr man sich allerdings den reinen Phasen nähert, um so schwieriger wird die weitere Zerlegung. (Fortsetzung S. 97).

8. *Übergang zum festen System* (s. Abb. 49). Kühlt man die Flüssigkeiten A und B ab, so kommt man zu den Erstarrungs-(Schmelz-)Punkten s_A und s_B.

Fügt man zu reinem festem A etwas von B oder zu reinem B etwas von A, so erfolgt *Schmelzpunktserniedrigung*. Wird die Temperatur weiter erniedrigt, so scheidet sich links von Ee festes A, rechts festes B aus; diese stehen mit der Lösung längs der *Gleichgewichtskurven* $s_A E$ und Es_B im Gleichgewicht. Die Kurven schneiden sich im *eutektischen Punkt E*, in welchem das System invariant ist. Kühlt man demnach noch weiter ab, so muß die flüssige Phase verschwinden. Aus dieser bildet sich beim Erstarren festes A und festes B. *Man hat demnach durch Abkühlung unter die eutektische Temperatur der Lösung der beiden Bestandteile dieselbe in reines, festes A und B zerlegt*, die in Form eines innigen Gemenges erhalten werden.

Der Dampfdruck p über dem festen Gemenge ist natürlich unabhängig von der absolut vorhandenen Menge A und B.

Dieses einfache Verhalten wird indessen, obwohl es häufig vorkommen wird, durch Bildung einer chemischen Verbindung zwischen A und B gestört, ferner aber auch dann noch, wenn die beiden Bestandteile im festen Zustande sich gegenseitig lösen. Dieser letzte Fall führt zur Bildung von Mischkristallen oder festen Lösungen, deren Verhalten sehr verschiedenartig sein kann.

a) Dampfdruck.

Man vergleicht den Dampfdruck der flüssigen Phase des dargestellten Gases mit dem des reinen bei gleicher Temperatur. Dieser Vorgang, obwohl nicht immer durchführbar, ist von sehr großem Wert. Er liefert unmittelbare Daten zur Feststellung der Reinheit eines Gases.

Bei der Durchführung dieser Prüfung ist es notwendig, daß beide flüssigen Phasen in das gleiche *flüssige* Temperaturbad (Dewargefäß) eintauchen, in welchem durch eine Rührvorrichtung Gleichförmigkeit der Temperaturverteilung gesichert ist. Die flüssige Phase der beiden Gase soll sich dabei in möglichst gleich großen Glaskügelchen befinden. Eine strenge Konstanz der Badtemperatur ist bei dieser Prüfung nicht notwendig. Umgibt man noch die beiden Kügelchen mit ausgefrorenem Quecksilber, so soll bei entsprechend tiefen Temperaturbädern, die Gleichförmigkeit der Temperatur an diesen besonders leicht erzielt werden.

Steht kein reines Gas zur Verfügung, so läßt sich die Reinheit der Gasprobe durch Aufnahme der Dampfdruckkurve der flüssigen Phase feststellen. Zur Ausführung dieser Bestimmungen sind sehr konstante Temperaturbäder notwendig, oder es sind Vorrichtungen zu wählen, in welchen sich die Temperatur sehr langsam ändert (etwa 1^0 C in 30—45 Minuten), so daß die Ablesung des Druckes bei praktisch konstanter Temperatur erfolgen kann. Die Temperatur wird in diesem Falle am zweckmäßigsten durch Stock-Dampfdruckthermometer (s. S. 122) gemessen. Zur genauen Bestimmung der Dampfdruckkurve sind viele Vorsichtsmaßregeln erforderlich, doch kann hier nur auf die entsprechenden Literaturstellen hingewiesen werden[1]). Man trägt die beobachteten Werte von p und $T = t + 273,2$ als log p und $1/T$ in einem entsprechend großen Maßstabe auf Koordinaten-(Millimeter-)Papier ein und zieht durch die Punkte die „beste" Gerade[2]). Bei gut durchgeführten Messungen darf die Streuung der Punkte nur sehr gering sein. Die Extrapolation der Geraden für den Punkt log 760 ergibt den *Siedepunkt* des flüssigen Gases. Die gefundenen Daten sind dann mit denen zu vergleichen, welche für dasselbe Gas in der Literatur angeführt sind.

Wird auch der Dampfdruck der festen Phase gemessen, so ist für eine *besonders* gute Konstanz der Temperatur bzw. langsame Temperaturänderung zu sorgen, da hier die Einstellung des Druckes langsamer als bei einer flüssigen Phase erfolgt.

Tripelpunktdruck. Eine scharfe Prüfung für die Reinheit eines Gases ist die Messung des Druckes im Dreiphasengebiet, wenn also feste, flüssige und gasförmige Phase nebeneinander bestehen. Ist der Stoff rein, so ist beim Schmelzen Druck und Schmelztemperatur eindeutig festgelegt, so daß in diesem Punkte *die Ermittlung der Temperatur zur Kontrolle des Dampfdruckes nicht notwendig ist.*

Ist jedoch das Gas nicht ganz rein, so kann man nach K. Clusius und A. Frank[3]) leicht die „*Schmelzpunktsschärfe*" ermitteln. Zu diesem Zweck mißt man die Änderung des Tripelpunktdruckes in Abhängigkeit von dem Mengenverhältnis der festen zu flüssigen Phase. Ist T_e die absolute Schmelzpunkt-Temperatur, $\varDelta p$ die beobachtete Änderung des Druckes beim Schmelzen, p der Tripelpunktdruck in Torr, so ist die „Schmelzpunktsschärfe" $\varDelta T$ annähernd

$$\varDelta T \approx \frac{\varDelta p\, T_e}{12\, p}. \tag{9}$$

b) Isotherme Destillation.

Die isotherme Destillation des verflüssigten Gases ist eine empfindliche Prüfung auf seine Reinheit. Prinzipiell muß sich eine beliebig große Menge eines reinen Gases oder einer reinen Flüssigkeit bei einer bestimmten Temperatur unter einem bestimmten unveränderlichen Druck vollkommen verflüssigen bzw. verdampfen lassen. Praktisch erfolgt die Prüfung eines Gases nach der isothermen Destillation, indem man bei *konstanter* Badtemperatur die Tension der flüssigen Phase mißt, und dabei das Gasvolumen möglichst stark variiert, von welchem die Tension praktisch unabhängig sein muß. Zweckmäßig hält man daher bei solchen Messungen über dem Quecksilber-

---

[1]) Stock, A., Ber. dtsch. chem. Ges. **53** (1920) 751; Henning, F. u. Stock, A., Z. Physik **4** (1921) 226; Henning, F., Z. Instrumentenkde. **33** (1933) 33; Ann. Physik **40** (1913) 635. Siehe ferner Fußnote 2, Seite 55.

Greift das Gas Quecksilber an, so verwendet man Glasfedermanometer, s. S. 124.

[2]) Für die meisten Fälle hinreichend genau in einem Temperaturintervall von etwa 100°.

[3]) Clusius, K. u. Frank, A., Z. physik. Chem. (B) **34** (1936) 420; Kruis, A. u. Clusius, K., Z. physik. Chem. (B) **38** (1938), 156.

meniskus des Manometers einen größeren Raum frei, der bei der Druck-bestimmung einmal leer, dann mit Quecksilber gefüllt gehalten wird.

Selbstverständlich hat diese Prüfung nur dann einen Wert, wenn Gas-volumen und Gasmenge in einem richtigen Verhältnis zueinander stehen.

Die eingangs genannte Forderung ist indessen *kein* allgemeines Kriterium für die Reinheit eines Gases, wie dies E. W. Washburn[1]) entwickelt hat.

c) Schmelzpunkt (Umwandlungspunkt).

1. *Beobachtung der Schmelz- und Erstarrungskurve.* Trägt man die beob-achtete Temperatur eines Stoffes in der Nähe seines Schmelzpunktes (oder Umwandlungspunktes) als Funktion der Zeit auf, während welcher gleich-mäßige Abkühlung oder Erwärmung erfolgt, so ergibt sich beim Erstarren bzw. Schmelzen eine parallel zur Zeitachse verlaufende Gerade. Die in diesem Zustand abgelesene Temperatur entspricht dem Schmelzpunkt, Erstarrungs-punkt oder einem Umwandlungspunkt. Eine genaue Bestimmung dieser physikalischen Größen erfordert die Berücksichtigung einer Reihe notwendiger experimenteller Vorkehrungen, welche hier in den Einzelheiten nicht angegeben werden können. Man geht meist nach einem im Prinzip von A. Eucken[2]) angegebenen Weg; das Widerstandsthermometer dient zugleich auch für die Zuführung der Energie. Neuere Messungen und exakte Anordnungen zur Bestimmung des Schmelz- und Umwandlungspunktes findet man z. B.:

Comm. Leiden 95e, 121e, 131b, 137d, 138c (hier am ausführlichsten), 147d, 149a, 152d.

Gibson, G. E. u. Giauque, W. F., J. Amer. chem. Soc. **45** (1923) 93.

Giauque, W. F. u. Wiebe, R., J. Amer. chem. Soc. **50** (1928) 101.

Giauque, W. F. u. Johnston, H. L., J. Amer. chem. Soc. **51** (1929) 2301.

Clusius, K. u. Perlick, A., Z. physik. Chem. (B) **24** (1934) 313.

Clusius, K. u. Bartholomé, E., Z. physik. Chem. (B) **30** (1935) 237.

Bemerkung: Ein empfindliches Kriterium für die Unreinheit eines Gases ist dann gegeben, wenn die Verunreinigung wohl in der flüssigen Phase, nicht aber in der festen löslich ist. Beobachtet man den kalorischen Einfluß bei Wärmezu- oder -abführung, so läßt sich ein Vorschmelzungseffekt (*premel-ting-effect*)[3]) beobachten, z. B. bei CO_2—SH_2, C_3O_2—CO_2, N_2O usw. Eine Störung dieses Effektes kann indessen eintreten, wenn in der Nähe des Schmelzpunktes ein Umwandungspunkt liegt, wie dies z. B. beim Kohlenoxyd der Fall ist.

Man kann, wenn keine Präzisionsmessung erforderlich ist, die Anordnung[4]) Abb. 50 velnwenden.

Das innerste Rohr dient zur Einführung des Kupfer-Konstantan-Thermo-elementes[5]); es enthält am Boden etwas *festes* Quecksilber (Paraffin wäre

---

[1]) Washburn, E. W., Z. physik. Chem. (Cohen-Festband) **130** (1927) 592.

[2]) Eucken, A., Physik. Z. **10** (1909) 586.

[3]) Blue, R. W. u. Giauque, W. F., J. Amer. chem. Soc. **57** (1935) 992.

[4]) Ruff, O. u. Menzel, W., Z. anorg. allg. Chem. **217** (1934) 87.

[5]) Kupfer-Konstantan eignet sich besonders gut im Gebiet tiefer Temperaturen. Die Firma Siemens & Halske, Berlin-Siemensstadt, erzeugt solche Drähte, die mit Seide einzeln und dann noch paarweise umsponnen sind.

wahrscheinlich zweckentsprechender), welches die Schmelzstellen des Elementes umgibt. Das Meßgefäß ist von zwei konzentrisch angeordneten Räumen umgeben. Die Zwischenräume können evakuiert oder mit Wasserstoff gefüllt werden. Dieser vermittelt, seinem Druck entsprechend, die Geschwindigkeit des Wärmeaustausches mit der Umgebung.

2. *Beginnendes* Schmelzen läßt sich bei Verwendung sehr kleiner Stoffmengen, nach einem von A. Stock[1]) angegebenen Kunstgriff, auch bei tiefen Temperaturen leicht feststellen (Abb. 51). In einem Rohr (6 mm, 200 mm) befindet sich ein Glaskörper g. Dieser hat unten eine knopfartige Verdickung, in der Mitte eingeschmolzen, einen weichen dicken Eisendraht[2]) Form a und darüber einen in einem dünnen Glasfaden auslaufenden Ansatz. Dieser in der Röhre durch einen Magneten leicht bewegliche Glaskörper wird so gehoben, daß der Ansatz sich etwa in s befindet. Dann friert man (mit flüssiger Luft usw.) im Hochvakuum an der

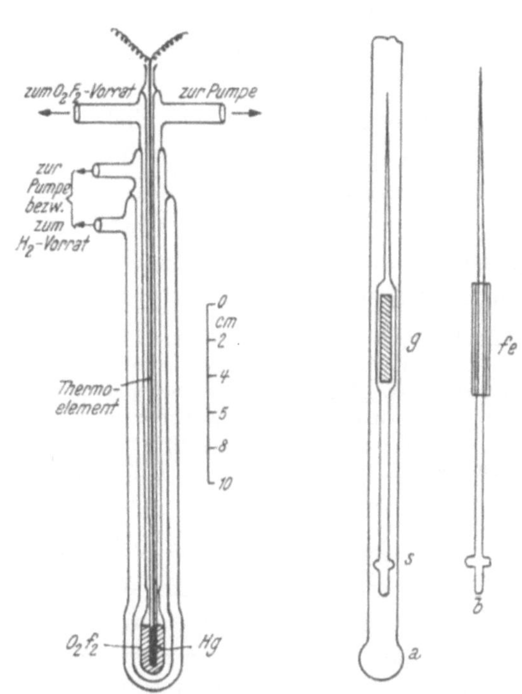

Abb. 50. Schmelzpunkt tiefschmelzender Stoffe, Beispiel O₂F₂.

Abb. 51. Vorrichtung zur Beobachtung beginnenden Schmelzens, bei tiefen Temperaturen.

gleichen Stelle etwas von dem Gase aus, dessen Schmelzpunkt zu bestimmen ist. Der Glaskörper wird nun durch den gebildeten festen Ring hier in der Stellung festgehalten, und der Magnet kann entfernt werden. Ersetzt man nun das zum Ausfrieren verwendete Kältebad durch ein Bad, dessen Temperatur nur einige Grade tiefer als der Schmelzpunkt liegt, und sorgt dafür, daß die Temperatur *langsam* ansteigt (s. S. 88, 115) so läßt sich der Schmelzpunkt eines ganz reinen Stoffes[3]) an der beginnenden Abwärtsbewegung des Glasfadens scharf (auf etwa $\pm$ ¹/₁₀° C) ablesen [s. S. 89, Gl. (9)].

---

[1]) Stock, A., Ber. dtsch. chem. Ges. **50** (1917) 156.

[2]) Greift das Gas Eisen nicht an, so kann man direkt auf den Glasstab ein Eisenröhrchen *fe* schieben und dort, wenn notwendig, festmachen. Form *b*.

[3]) *Nur* bei solchen Stoffen fällt die Temperatur des beginnenden Schmelzens mit der des Sm. P. zusammen.

d) Dichte der flüssigen Gasphase.

Man kondensiert ein bestimmtes Volumen oder eine bestimmte Gewichtsmenge des Gases (im ersten Falle muß das wirkliche Litergewicht des Gases
bekannt sein!) in einer unten geschlossenen Glasröhre und liest das Volumen
der flüssigen Phase ab. Aus diesen Daten findet man die Dichte bei der Temperatur, bei welcher die Ablesung erfolgte. Die Glasröhre ist mit einer Teilung
(feine Striche!) versehen, das Volumen wird an verschiedenen Punkten
derselben durch Auswägung mit Quecksilber bestimmt. Man hat zu berücksichtigen, daß ein Teil des Gases nicht kondensiert wird, entsprechend der
Tension der flüssigen Phase und dem Volumen, welches das Gas über derselben
einnimmt. Ferner ist der Ausdehnungskoeffizient des Glases und die Form
des Meniskus zu beachten. S. etwa A. Klemenc und O. Bankowski[1]).
Für genaue Messungen bei sehr tiefen Temperaturen seien folgende Angaben
aus dem Schrifttum angeführt.:

1. Matthias, E., Cromelin, C. A. u. Kamerlingh-Onnes, H., Comm. Leiden 117,
121b, 131a, 145c, 154b, 162b, 172b, 189a.
Ausführliche Darlegungen über Schmelzpunkt- (Tripelpunkt-) und Dichte-Bestim-
mungen dieses Institutes im Jubiläumsband für H. Kamerlingh-Onnes, 1922 (Martinus
Nijhoff, Lange Voorhout, Den Haag).
2. Clusius, K. u. Bartholomé, E., Z. physik. Chem. (B) 30 (1935) 237.

B. Die besonderen Fraktionierungsmethoden.

Zur Reinigung von Gasen haben sich in den letzten zwei Dezennien gewisse
Methoden herausgebildet, welche auf Grund vorhergegangener Abschnitte in
ihren Grundzügen besprochen werden sollen. Die Methoden sind nicht gleichwertig, sie richten sich einmal nach der Natur des zu behandelnden Systems,
ferner aber auch nach seiner absoluten zur Verfügung stehenden Menge.
Es ist natürlich klar, daß in diesen Ausführungen keineswegs alle möglichen
Wege angegeben werden können. Gerade bei der Gasreinigung gibt es viele
Kunstgriffe, die sich oft erst im Laufe einer Untersuchung ergeben und die
nicht allgemeine Bedeutung haben können.

Die zu erwähnenden Methoden sind:

Fraktionierte Verdampfung,

Fraktionierte Kondensation,

Fraktionierte Destillation.

Diese Methoden werden in ihren Anwendungen oft ungenau gekennzeichnet.
In den folgenden Ausführungen wird deshalb das besondere Kennzeichen für
dieselben ausdrücklich angegeben.

a) Fraktionierte Verdampfung (feste, flüssige Systeme, Beispiele).

1) Festes System. Kühlt man ein System nach 8. des vorigen Abschnittes
ab, so bekommt man ein inniges Gemenge der *reinen* Bestandteile A und B.

---

[1]) Klemenc, A. u. Bankowski, O., Z. anorg. allg. Chem. 208 (1932) 355.

Man kann diese trennen, wenn man die Temperatur so stark erniedrigt, daß der Dampfdruck des einen Bestandteiles gegenüber dem anderen *verschwindend* klein wird; dann läßt sich der eine direkt abpumpen und die Trennung gelingt in einem Zuge. Dies ergibt sich aus der bekannten Gleichung [ΔH_A, ΔH_B, C_A, C_B, Verdampfungs-(Sublimations-)Wärme der festen Stoffe bzw. die Integrationskonstante der Dampfdruckgleichung]:

$$\frac{p_A^0}{p_B^0} = 10^{\dfrac{\Delta H_B - \Delta H_A}{4{,}57\,T} + C_A - C_B}. \tag{10}$$

Je tiefer die Temperatur gewählt wird ($\Delta H_B - \Delta H_A \gtrless 0$), desto günstiger ist das Verhältnis der beiden Dampfdrucke für eine Trennung. Man bemerkt den Vorteil dieser Methode gegen die fraktionierte Destillation, in der nur eine oftmalige Wiederholung zu einer Trennung führen kann, ferner, und dies ist von Bedeutung, kann die fraktionierte Verdampfung an beliebig kleinen Mengen ausgeführt werden.

Bildet sich eine feste Phase (vollkommene Mischbarkeit), oder bilden sich zwei feste Phasen (teilweise Mischbarkeit), so ist jedesmal, wie aus dem Phasengesetz leicht abzuleiten ist, jeder Vorteil gegen die anderen Methoden verloren.

Die praktischen Erfahrungen haben gezeigt, daß beim Abpumpen von Gas aus festen Systemen viel vom festen Anteil mitgerissen werden kann. In einem solchen Fall kann eine *Dephlegmation* (s. unten) von Vorteil sein, d. h. man leitet das Gas durch einen verflüssigten Anteil des Gases. Die Verdampfung an festen Systemen ist zuweilen der einzige Weg, um Gasgemische zu trennen. So gelingt es z. B. nur dann, die letzten Mengen Kohlendioxyd aus Schwefelwasserstoff zu entfernen, wenn das System ganz fest ist. Gleiches ist bei der Trennung des Kohlenoxydes von Tricarbondioxyd beobachtet worden. In diesen Fällen ist nämlich Kohlendioxyd ungemein stark in der flüssigen Phase der Mischung löslich und könnte deshalb nur schwer und nur unter großen Verlusten entfernt werden[1]).

2) Flüssige Systeme. Das eben Ausgeführte gilt auch für ein Flüssigkeitsgemisch.

Mit abnehmender Temperatur nimmt der Gesamtdruck $p = p_A + p_B$ ab. Bedeuten ΔH_A, ΔH_B die Lösungswärmen der einzelnen Dämpfe in der bestimmten Lösung, so erhält man formal den gleichen Ausdruck wie oben:

$$\ln \frac{p_A}{p_B} = \frac{\Delta H_B - \Delta H_A}{R\,T} + C_A - C_B. \tag{11}$$

Je tiefer demnach die Temperatur einer bestimmten Lösung gewählt wird,

---

[1]) Freilich erfordert diese Methode viel Zeit, ganz besonders dann, wenn größere Gasmengen zu trennen sind. Die Pumpe hat *ständig* das flüchtige Gas z. B. Kohlendioxyd vom Tricarbondioxyd abzupumpen. In solchen Fällen wäre, wenn Kohlendioxyd zu sammeln ist, die Anordnung S. 120, Abschn. 5 zu benützen.

bei welcher die Verdampfung vorgenommen wird, um so günstiger liegt das Verhältnis der beiden Dampfdrucke über der Lösung.

Als Beispiel sei die Trennung des Systems Äthylen-Propylen erwähnt. Beim Sd. P. des Äthylens ($- 103^0$ C) beträgt

$$\frac{p^0_{C_2H_4}}{p^0_{C_3H_6}} \backsimeq - 32, \quad \text{bei} - 160^0 \text{ C ist } \frac{p^0_{C_2H_4}}{p^0_{C_3H_6}} \backsimeq 170.$$

Hat man eine Gasmischung, welche z. B. 10 Mol% Äthylen und 90 Mol% Propylen enthält, so wird auch in der flüssigen Phase dieser Mischung $x_{C_2H_4} = 10$ Mol% betragen. Nach der Gl. (5), S. 85[1]) findet man für die im Gleichgewicht befindliche *Gasphase*, bei der angegebenen Temperatur:

$$- 103^0 \text{ C}: \frac{x'_A}{x'_B} = 32 \frac{x_{C_2H_4}}{x_{C_3H_6}} = \frac{x'_{C_2H_4}}{100 - x'_{C_2H_4}} = 32 \frac{10}{90} x'_{C_2H_4} = 78 \text{ Mol}\% .$$

$$- 160^0 \text{ C}: x'_{C_2H_4} = 95 \text{ Mol}\%.$$

Entsprechend dieser Ausführung sieht man, was nun nachträglich bemerkt werden kann:

$$\frac{x'_{C_2H_4}}{x'_{C_3H_6}} = \frac{p_{C_2H_4}}{p_{C_3H_6}} = \frac{78}{12} = 6,5 \qquad\qquad - 103^0 \text{ C}$$

$$\frac{p_{C_2H_4}}{p_{C_3H_6}} = 19 \qquad\qquad - 160^0 \text{ C}.$$

Es ergibt sich also, daß es leicht sein muß, in einer Operation zu nahezu vollständiger Trennung der beiden Gase zu gelangen[2]).

Zur Anwendung der fraktionierten Verdampfung gehört auch die Entfernung von Gasen aus Mischungen, bei denen diese Gase bei der angegebenen Kühltemperatur nicht abgeschieden werden können, wohl aber im festen oder flüssigen Kondensat absorbiert oder löslich sind.

Um z. B. Kohlendioxyd von den letzten Mengen Luft zu befreien, wird man bei möglichst *hoher* Temperatur sublimieren und ausfrieren lassen. Man kann sogar in besonderen Fällen das Kohlendioxyd bei der relativ hohen Temperatur von etwa $- 80^0$ C ausfrieren, wobei die Luft viel weniger stark adsorbiert wird, als wenn mit flüssiger Luft gekühlt wird[3]).

---

[1]) Die Anwendung dieser Gleichung ist hier sogar vollständig berechtigt, da Kohlenwasserstoffmischungen *ideales* Verhalten zeigen. Calingaert, G. u. Hitchcock, L. B., J. Amer. chem. Soc. **49** (1927) 758.

[2]) s. unten S. 96.

[3]) Die Abtrennung des *Methans* von den anderen Kohlenwasserstoffen wird zuweilen nach dieser Methode durchgeführt, die jedoch bereits der fraktionierten Kondensation entspricht.

Die Adsorptionsisothermen zeigen für die pro Flächeneinheit adsorbierte Gasmenge eine viel größere Abhängigkeit von der Temperatur als vom Druck. Um die langsame Abscheidung der Gase bei höherer Temperatur zu beschleunigen, ist Druckerhöhung von Vorteil. Leider sind in dieser Beziehung durch die Glasapparate sehr enge Grenzen gezogen.

Beim Festwerden einer Gasphase kann ein nicht kondensierbares Begleitgas in derselben gelöst bleiben. Durch wiederholtes Schmelzen und Erstarrenlassen kann man es nach diesem einfachen Vorgang abpumpen.

Ist das Gas zu *sammeln,* so muß man dafür sorgen, daß es nicht zu viel Kondensat mitreißt und so verunreinigt wird. In diesem Fall verwendet man die Methoden der *Dephlegmation.* Man läßt das abgepumpte Gas *durch* etwas flüssiges Kondensat streichen, welches man in einer U-Röhre durch entsprechende Kühlung erhält. Hier wird die minder flüchtige Fraktion zurückgehalten.

b) Fraktionierte Kondensation.

Das Prinzip der *fraktionierten Kondensation* besteht darin, daß man eine flüssige Gasmischung aus einem Behälter R durch aufeinanderfolgende Kälte-bäder sendet, welche nacheinander immer tiefer gekühlt werden, wobei sich bei passender Wahl der Temperatur praktisch reine Gase in den einzelnen Bädern abscheiden.

Die Möglichkeit einer Trennung auf diesem Wege ist in den Ausführungen unter b des vorigen Abschnittes und in dem folgenden enthalten. Die Methode führt viel rascher und genauer zum Ziel als die fraktionierte Verdampfung. In dem Kältebad ist die Einstellung des Gleichgewichtes notwendig, und dieser Forderung muß das Tempo der Destillation Rechnung tragen.

Hat man ein binäres, sich ideal verhaltendes Flüssigkeitsgemisch von der Zusammensetzung m_A, m_B, so wird man die Temperatur der Vor-lage R möglichst tief wählen [Gl. (10)], um ein günstiges Verhältnis für p_A/p_B zu erreichen. Leitet man nun die über dem Flüssigkeitsgemisch im Gleichgewicht vorhandenen Gase in einen Behälter von *niedrigerer* Temperatur, so soll sich darin der Bestandteil B kondensieren. Vor dem Eintritt der Gasmischung in diesen gilt folgende Beziehung, für den Fall, daß m'_A, m'_B Mole in der Volumeneinheit der Gasphase vorhanden sind:

$$p_A/p_B = m_A/m_B.$$

Nach der Einstellung des Gleichgewichtes im Behälter beträgt das Ver-hältnis der Dampfdrucke darin

$$\frac{(p_A)_1}{(p_B)_1} = C \frac{m'_A - (m_A)_1}{m'_B - (m_B)_1}. \tag{12}$$

Es bedeuten $(m_A)_1$, $(m_B)_1$; $m'_A - (m_A)_1$, $m'_B - (m_B)_1$ die im Behälter in der Volumeneinheit der Gasphase verbleibenden Mole der beiden Gase bzw. die Mole der beiden Bestandteile in der kondensierten Phase. Da sich B kondensiert, von A dagegen nur ein geringer Teil (nur soweit seine Löslichkeit in der kondensierten Phase von B in Betracht kommt), ist der Wert von $m'_B - (m_B)_1$ groß. Es müßte demnach C möglichst groß sein, damit die angenommene, fast ausschließliche Abscheidung von B erfolgen könnte; das heißt aber, die Temperatur des Behälters müßte entsprechend tief eingestellt werden. Nun kann man aber mit der Temperatur *nicht beliebig* tief herunter gehen, denn die abgeleitete Beziehung gilt ja nur für ein binäres *Flüssigkeitsgemisch*; es darf sich daher keine feste Phase abscheiden.

Da $(p_A)_1/(p_B)_1 = (m_A)_1/(m_B)_1$ ist, beträgt

$$(m_A)_1 = \frac{m'_A \, C \, (m_B)_1}{m'_B + (C-1)\,(m_B)_1} = m'_A \cdot \pi, \tag{13}$$

wenn

$$\pi = \frac{C\,(m_B)_1}{m'_B + (C-1)\,(m_B)_1} \tag{14}$$

gesetzt wird. Dieser Faktor π kann natürlich im günstigsten Fall Eins sein, wird jedoch im allgemeinen < 1 sein. Er gibt den Bruchteil derjenigen Molanzahl des Stoffes A an, der den gekühlten Behälter wieder verläßt. Man kann für einen bestimmten π-Wert den Wert von C berechnen, den man haben müßte, um ein bestimmtes *Abscheidungsverhältnis* $\varphi = 100\,[m'_B - (m_B)_1]/m'_B$ Prozent zu erreichen. Es ist

$$C = \frac{\pi \cdot \varphi}{(1-\pi)\,(100-\varphi)}. \tag{15}$$

Man findet z. B.

φ	99	97	95	90	%	
C	890	290	170	80	$\pi = 0{,}90$	
	9800	3200	1880	890	$\pi = 0{,}99$	

Nach Herleitung der Beziehung Gl. (12) sieht man, daß für den Effekt der fraktionierten Kondensation die *Dimensionen* der verwendeten Gefäße eine Rolle spielen, ein Umstand, der bei kleinen Gasmengen wohl zu beachten sein wird.

Hat man ein Flüssigkeitssystem, welches *nicht* ideales Verhalten zeigt, oder eines, das aus mehr als zwei Bestandteilen besteht, so ist über die Trennung desselben kaum etwas Allgemeines zu sagen. Hier entscheidet alles, ein zum Ziel führendes empirisches Ausprobieren der erwähnten Methoden. Man kann durch eine geschickte Kombination von fraktionierter Verdampfung und Kondensation in vielen Fällen hinreichend gute Ergebnisse erzielen. Um nicht auf weitere Einzelheiten eingehen zu müssen, seien zwei Beispiele angeführt, die eine praktische Nutzanwendung des in den letzten Abschnitten Vorgebrachten darstellen.

α) *Trennung von HCl—SiH_3Cl—SiH_2Cl_2*: In der Vorlage R, Abb. 52, befindet sich die flüssige Mischung, deren Temperatur man während der Destillation von -130 bis -110^0 C steigen läßt. In C wird Monochlorsilan abgeschieden, bei -150^0 C hat es einen verschwindend kleinen Dampfdruck. Durch C muß jedoch Chlorwasserstoff hindurch, ohne sich zu kondensieren. Dies ist nur möglich, wenn der Partialdruck $p_{HCl} < 1{,}2$ Torr ist. In B wird Dichlorsilan abgeschieden, soweit dieses nicht in R zurückbleibt. Die Temperatur in B muß etwa -125^0 C betragen, da bei dieser Temperatur

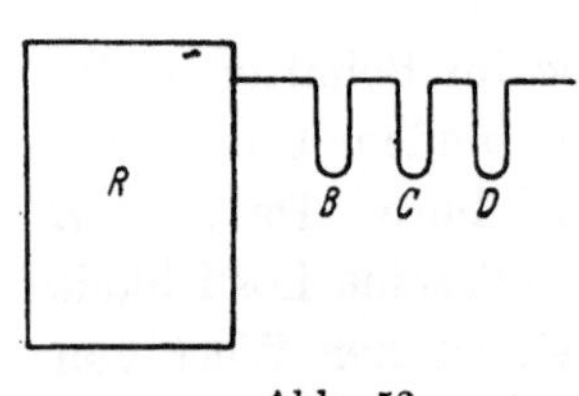

Abb. 52.

$p^0_{SiH_3Cl} = 0{,}5$ Torr, während $p^0_{SiH_2Cl_2}$ praktisch Null ist. D kann so tief gekühlt werden wie nur möglich. A. Stock und C. Somieski[1]), welche diese Trennung durchführten, erhalten in R reines Dichlorsilan, in B eine Mischung SiH_3Cl,

---

[1]) Stock, A. u. Somieski, C., Ber. dtsch. chem. Ges. 54 (1921) 740.

SiH_2Cl_2 und in D, welches mit flüssiger Luft gekühlt war, fast reinen Chlorwasserstoff.

β) *Trennung von C_2H_4—C_3H_6—C_4H_8*: In der Vorlage R befindet sich die flüssige Mischung, deren Temperatur man von — 180 bis gegen — 90° C steigen läßt. In C hat man das Propylen zu kondensieren; wählt man hier — 160° C, so beträgt $p^0_{C_3H_6}$ praktisch Null. Dieses Kältebad muß Äthylen passieren, daher soll der Partialdruck $p_{C_2H_4} < 4$ Torr sein. In B wird Butylen abgeschieden, welches bei — 120° C einen verschwindend kleinen Dampfdruck hat, während bei Drucken $p_{C_2H_4} < 260$, $p_{C_3H_6} < 15$ diese Gase hier nicht kondensieren. M. Shepherd und F. Porter[1]), H. Tropsch und E. Dittrich[2]) und später E. Berl und W. Forst[3]) haben diese Trennung mit ausgezeichneter Exaktheit durchgeführt.

Man sieht demnach, daß für eine erfolgreiche Trennung nach der Methode der fraktionierten Kondensation die Temperatur der Vorlage R entsprechend reguliert werden muß, da bei den vorgegebenen Kühltemperaturen die Partialtensionen der eintretenden Gase gewisse Werte *nicht* überschreiten dürfen. Es ist deshalb bei einer ausgeführten Gastrennung nach dieser Methode, die *Angabe* der Temperatur der Bäder, ferner der Temperatur von R und der hier vorhandenen ungefähren Zusammensetzung des Gemisches, *notwendig*.

c) Fraktionierte Destillation.

Diese Methode wird dann am häufigsten angewendet, wenn man schon ziemlich reines Gas hat. Man destilliert die flüssige Phase zwischen zwei Ausfriergefäßen einige Male, bei nicht genau eingehaltenen Temperaturen, hin und her und verwendet je nachdem einen bestimmten Teil des Destillates.

d) Fraktionierkolonnen.

1. Gegenwärtig hat sich auch bei verflüssigten Gasen die fraktionierte Destillation mit Destillationsaufsatz eingeführt.

Wie in diesem Abschnitt IV, S. 83 ff. angegeben, führt die Verwendung eines Destillieraufsatzes zu einer raschen und wesentlich schärferen Trennung eines Gemisches in seine reinen Bestandteile. Die verschiedenen Destillationsaufsätze findet man in den Handbüchern beschrieben. Der Anwendung der Aufsätze alten Stils steht der Umstand entgegen, daß man dazu größere Mengen Gas braucht; ferner ist die Konstanthaltung der Temperatur in der Kolonne schwierig. Für die Fraktionierung verflüssigter Gase haben sich in letzter Zeit Anordnungen ausgebildet, welche wesentliche Verbesserungen in beiden Punkten enthalten[4]). W. J. Podbielniak[5]) gibt eine sehr beachtenswerte Zusammenstellung und Neukonstruktionen seiner

---

[1]) Shepherd, M. u. Porter, F., Ind. Engng. Chem. **15** (1923) 1143.

[2]) Tropsch, H. u. Dittrich, E., Brennstoff-Chem. **6** (1925) 169.

[3]) Berl, E. u. Forst, W., Z. analyt. Ch. **98** (1934) 305.

[4]) Davis, H., Ind. Engng. Chem. (Anal. Ed.) **1** (1929) 61 und folgende Bände.

[5]) Podbielniak, W. J., Ind. Engng. Chem. (Anal. Ed.) **5** (1933) 119.

Laboratoriumskolonnen zur genauen und raschen Fraktionierung von verflüssigten Gasen an. Diese Ausführungen sind schon mehrfach in Untersuchungen anderer Autoren mit großem Vorteil verwendet worden. Wir beschreiben einen solchen Apparat, der nach H. Davis, W. J. Podbielniak von W. E. Mac Gillivray[1]) zur Reinigung und *Analyse* von Kohlenwasserstoffmischungen gebaut worden ist (Abb. 53).

2. Der Apparat besteht aus einer Röhre R, welche von einem Vakuummantel umgeben ist. In der Röhre befinden sich zwei Glasstäbe, um welche ein Nickelsilberdraht oder Nickel-Kupferdraht eng gewickelt ist (je 0,8 m Länge). Die gezeichnete Glasspirale hat die Aufgabe, die Ausdehnung des Glases durch die großen Temperaturunterschiede auszugleichen. Das Vakuumgefäß bildet oben ein Dewargefäß l, in das flüssige Luft oder ein anderes Kühlmittel eingefüllt werden kann.

Zwischen der flüssigen Luft und der Rückflußröhre R befindet sich ein Raum a, welcher mit Wasserstoff gefüllt wird, dessen Druck nach Belieben über r geändert werden kann. Der oberste Teil der Rückflußröhre enthält eine Kappe, durch welche die zwei Drähte eines Thermoelementes (Kupfer-Konstantan) hindurchgehen, deren Schmelzstelle th sich knapp über dem oberen Ende der Metallspirale befindet.

Die Vorrichtung für die Erwärmung des verflüssigten Gases ist unter dem Gefäß g angebracht. Der Heizdraht ist an eine Verengung desselben zu befestigen. Der ganze Teil b ist hoch evakuiert, so daß bei der Erwärmung durch den Draht die Kühlflüssigkeit wenig in Mitleidenschaft gezogen werden kann. Das Gefäß ist durch einen Schliff an der Fraktionierkolonne befestigt. Zur besseren Isolierung kann das Vakuumgefäß versilbert werden, doch muß man einen Spalt der ganzen Länge nach zur Beobachtung des Inneren frei lassen. Auch der obere Teil der Wand W im Raume l kann versilbert werden, weil dies eine noch besser regulierbare Übertragung der Kühlwirkung zur

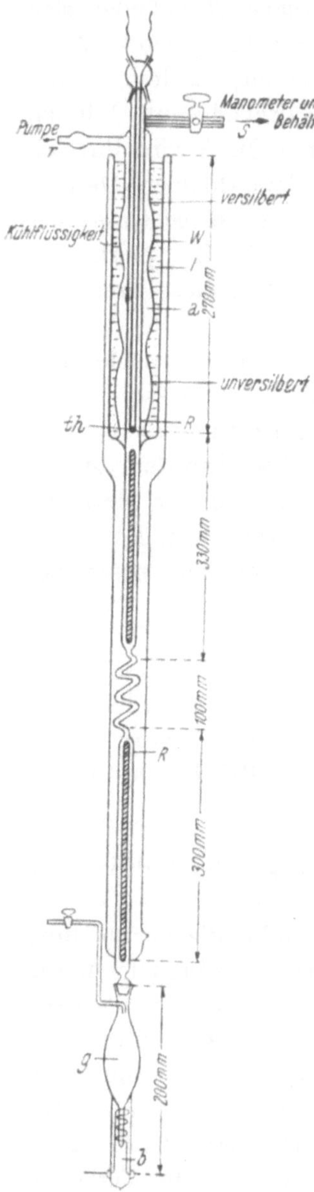

Abb. 53. Fraktionierkolonne nach Davis-Podbielniak.

---

[1]) Mac Gillivray, W. E., J. chem. Soc. London 1932, 941.

Folge hat. Das Sieden wird durch die Heizspirale geregelt (Widerstände), ferner noch durch Heben und Senken des Kältebades. Die Wirksamkeit der Rückflußkühlung wird durch die Regulierung des Wasserstoffdruckes im Raume a bewirkt. Den Druck der siedenden Flüssigkeit mißt ein, nach dem Hahn an die Röhre S angeschlossenes, Manometer; er kann durch die Erwärmung der Heizspirale beliebig geändert werden. Die Temperaturen der sich kondensierenden Fraktion mißt das Thermoelement. Zeigt dieses konstante Temperatur an, so kann nach Öffnen des Hahnes das Gas in die entsprechenden Sammelgefäße durch S abgelassen werden.

Das Wesentliche dieser besonderen Anordnung der Fraktionierkolonne besteht demnach darin, daß durch den Vakuummantel die Temperatur der Kolonne sehr gut konstant gehalten werden kann und durch den veränderlichen Druck in a die Destillationstemperatur innerhalb eines weiten Bereiches geändert und kontrollierbar wird. Auch die Verwendung der Metallspirale[1]) in der angegebenen Form ist für den Wirkungsgrad der Kolonne von Bedeutung.

3. In Laboratorien der Gesellschaft für Linde's Eismaschinen A.G. (Höllriegelskreuth-München) wird zur Trennung und Analyse flüchtiger Kohlenwasserstoffe das nachstehende Gerät verwendet[2]). Es unterscheidet sich von dem Gerät nach Davis-Podbielniak dadurch, daß der Rückflußkondensator nach dem *Thermo-Siphon-Prinzip* arbeitet. Es wird die Kühlung im Kondensator indirekt unter Verwendung eines Hilfsgases geeigneten Siedepunktes, z. B. durch flüssigen Stickstoff bewirkt.

In der Abb. 54 sind die Einzelheiten der Anordnung zu ersehen. Es sind drei Teile vorhanden, DK Destillierkolben, die Rektifikationssäule und der Rückflußkondensator.

Der Destillationskolben besitzt eine elektrische, regulierbare Heizwicklung und wird mit einem Schliff an die Destillationssäule angesetzt.

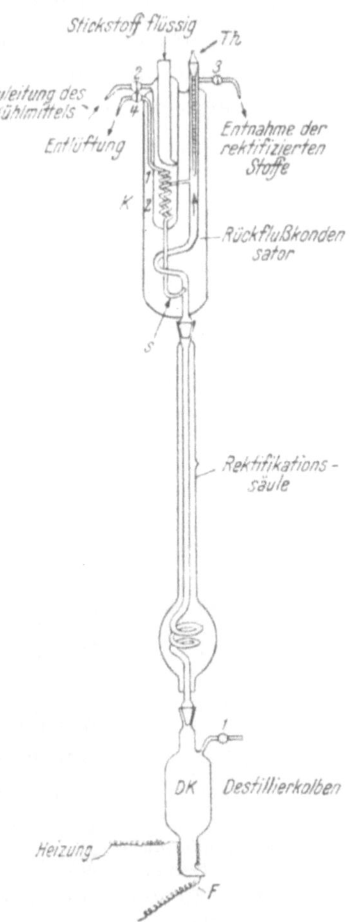

Abb. 54. Fraktionierkolonne (Ges. Linde).

Hahn 1 dient zur Einfüllung der zu fraktionierenden Mischung, z. B. von

---

[1]) In neuen Konstruktionen verwendet man Spiralen aus Platindraht.

[2]) Ich verdanke diese Angabe einer liebenswürdigen Mitteilung des Herrn Dr. Politzer.

Kohlenwasserstoffen. Die Rektifikationssäule ist ein doppelwandiges Glasrohr, das zur Wärmeisolierung evakuiert und versilbert ist. Das Innere der Säule ist mit kleinen Raschig-Ringen[1]) gefüllt.

Auf der Rektifikationssäule sitzt der Rückflußkondensator. Das in der Säule aufsteigende Gas wählt den durch den Pfeil angedeuteten Weg, kondensiert sich in der seitlich sitzenden Kondensationsspirale K, die selbst wieder durch den, nach den Anforderungen passend gewählten, Kohlenwasserstoff gekühlt wird. Letzterer, der vor Beginn der Destillation über den Hahn 2 einkondensiert wird, siedet im Rückfluß gegen einen darüber befindlichen Behälter, der stets mit flüssigem Stickstoff gefüllt gehalten wird. Das in der Spirale anfallende Kondensat fließt durch den Siphon s nach unten, dem aufsteigenden Gas entgegen.

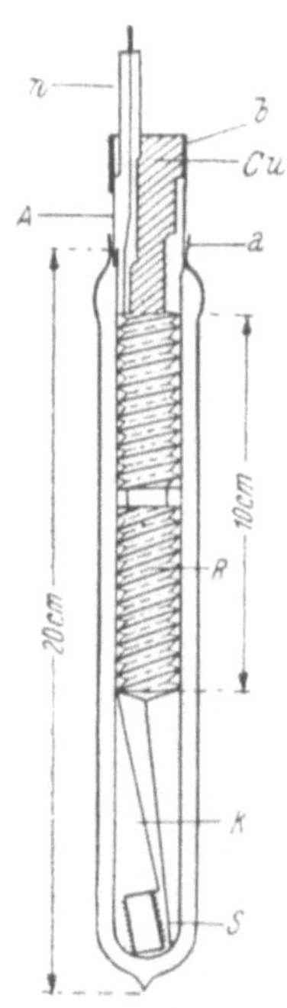

Abb. 55. Fraktionierkolonne zur Trennung kleiner Gasmengen (Leidener Form).

Die Destillation geht unter Atmosphärendruck vor sich. Das Gas zieht durch Hahn 3 ab, seine Temperatur wird durch das Thermometer Th (besser durch ein Thermoelement) gemessen. Hahn 4 dient zur Entlüftung der eventuell im zu destillierendem Gemisch gelösten, unkondensierbaren Gasen.

Die Temperatur des flüssigen Stickstoffes kann durch Siedenlassen bei verschiedenen Drucken entsprechend geändert werden.

Mit diesem Gerät lassen sich bequem größere Gasmengen verarbeiten.

Eine sehr wirksame Anordnung, die auch zur Trennung relativ kleiner Gasmengen mit Hilfe von Fraktionierkolonnen verwendet werden kann, ist von W. H. Keesom, H. van Dijk und J. Haantjes[2]) bei der Trennung der Wasserstoffisotopen gebraucht worden (Abb. 55). Sie hat sich bereits auch bei anderer Gelegenheit[3]) als äußerst wertvoll erwiesen. Die Vorrichtung gestattet mithin eine wesentlich bessere Trennung der Gase, als dies nach den gewöhnlichen Methoden der fraktionierten Kondensation und fraktionierten Verdampfung möglich ist.

Der Mantel der Rektifikationskolonne besteht, wie in allen Fällen, aus einem durchsichtigen Dewargefäß, das oben an der der Stelle a einen Chromeisenring A trägt, der mit dem Glas bei a fest verblasen ist. Durchmesser des Ringes 2 cm, Höhe 1,8 cm, Wandstärke 0,25 mm. Im Dewargefäß befindet sich die eigentliche Kolonne R.

---

[1]) Dünne Blechringe, deren Durchmesser und Höhe *gleich* sind.
[2]) Keesom, W. H., van Dijk, H. u. Haantjes, J., Comm. Leiden 224a.
[3]) van Dijk, H., Mazur, J. u. Keesom, W. H., Comm. Leiden 228a.

Sie besteht aus einer Kupferschraube, die enge in das Dewargefäß hineinpaßt, und deren Kopf Cu, entsprechend der Zeichnung, dicht im Ring eingelötet ist. Am Boden des Gefäßes befindet sich eine Drahtspirale S (Der Draht ist auf einen mit Papier isolierten Messingzylinder gewickelt), die zur Erwärmung der zu rektifizierenden Flüssigkeit dient. Die Stromzuführung geschieht entsprechend durch die Kupferkolonne und einen durch die Neusilber-Röhre n isoliert herausführenden Draht. Die ganze Destillierkolonne befindet sich in einem größeren Dewargefäß, das mit einer Kälteflüssigkeit gefüllt ist. Die Kolonne wird dabei durch die Neusilber-Röhre n gehalten, die deshalb entsprechend lang gewählt wird. Die Kälteflüssigkeit wird nach dem zu rektifizierenden Flüssigkeitsgemisch ausgewählt. Die Dimensionen sind aus der Abbildung ersichtlich.

Der bei der Erwärmung in K gebildete Dampf kondensiert sich in den Windungen der Schraube und rinnt zum Teil durch diese und zum Teil längs der Wandung des Dewargefäßes zurück. Die Kondensationswärme wird durch die Metallverbindungen an die äußere Kühlflüssigkeit abgegeben. Die richtige Zuführung der Wärme durch die Heizspirale kann nach Beobachtung des Rektifikationsvorganges durch das Dewargefäß hindurch reguliert werden.

Als Beispiel für die Funktion dieser kleinen Kolonne führen H. van Dijk, J. Mazur und W. H. Keesom das Ergebnis der Fraktionierung einer Mischung von Sauerstoff mit 5% Stickstoff an. Als Kühlflüssigkeit wurde Luft verwendet. Nach einstündiger Rektifikation konnte der Kolonne Stickstoff entnommen werden, der weniger als 1% Sauerstoff enthielt. Mit dieser Vorrichtung haben die gleichen Autoren Krypton gereinigt. Als Kühlflüssigkeit wird Äthylen verwendet, dessen Temperatur etwas höher war, als dem Tripelpunkte des Kryptons entspricht.

Bemerkung: Der Chromeisenring wird aus einem kompakten Material gedreht. Er hat bei a eine etwas größere Wandstärke und ist konisch abgedreht; das scharfe Ende wird mit dem Glas verblasen. Für die Herstellung der dichten Verbindung des Kupferschrauben-Kopfes mit dem Chromeisenring ist zu bemerken, daß dies etwas schwierig ist. Man überzieht den Chromeisenring, nachdem er bei b in das Glas des Dewargefäßes eingeschmolzen ist, elektrolytisch mit Kupfer. Nun lötet man einen Kupferring hart an den Kopf der Kupferschraube, führt die Kupferschraube in das Dewargefäß ein und lötet sie mit Zinn an den Chromeisenring.

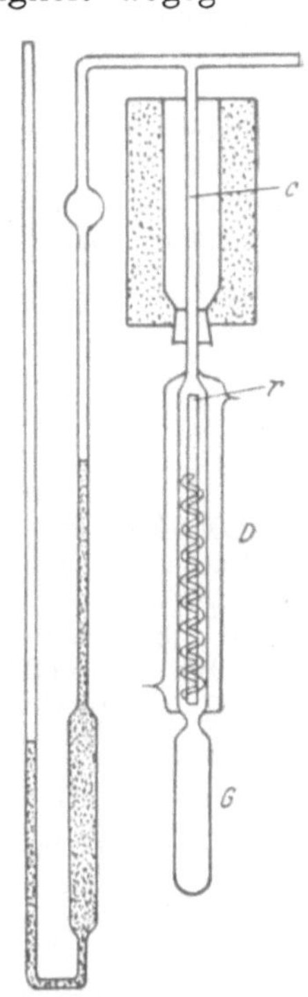

Abb. 56. Fraktionierkolonne mit Kupferspirale (schematisch).

Ein anderer Weg besteht darin, daß man an den Chromeisenring ein Zwischenmaterial anschmilzt (zu beziehen von Philips' Glühlampenfabrik Eindhoven, Holland), an welches sich dann das Kupfer mit Zinn löten läßt.

Destillationsvorrichtungen dieser Art können in gewissen Fällen einfacher ausgeführt werden; sie sind auch dann noch genügend wirksam[1]). Eine Ausführungsform zeigt die Abb. 56. D ist die Destillierkolonne, welche direkt mit einem versilberten *Vakuummantel* umgeben ist. Dieser hat, wie oben, auch nur einen der ganzen Länge nach frei durchsichtigen Streifen zur Beobachtung des Destillationsvorganges. Die „Kolonne" besteht aus einem Glasstab r oder einem Rohr, um welches möglichst eng ein Kupferdraht gewickelt ist. Diese Anordnung schließt sich *sehr eng* an die Röhre an. Der Teil C wird von einer Kältemischung umgeben. Hier wird ein Teil des Dampfes kondensiert, der über die Spiralen in das Gefäß G zurück rinnt. Es wird dadurch der aufsteigende Dampf genötigt, den von den Spiralen vorgezeichneten Weg einzuschlagen, da sein direktes Aufsteigen durch die Benetzung der Spirale und der Röhre verhindert wird. Die bei der Verengung sich ansammelnde Flüssigkeit fällt in Tröpfchen nach G zurück. Die Dimensionen richten sich nach dem angestrebten Ziele.

Weitere Formen bei K. Clusius und L. Riccoboni[2]).

Die theoretische Beherrschung des Destillationsvorganges in einer Fraktionierkolonne ist allgemein sehr schwierig und läßt sich nur durch weitgehende Vereinfachungen übersehen. Einen ersten Einblick in die hier vorliegenden Ableitungen kann die Anwendung der oben gegebenen Gleichung (5) S. 85 von F. D. Brown vermitteln. Die Gleichung gilt für die Destillation eines *binären* Flüssigkeitsgemisches *ohne* Rückkondensation; sie läßt sich jedoch auf einen Fall übertragen, in welchem Rückkondensation erfolgt, also auf Vorgänge, die in einer Fraktionierkolonne vor sich gehen, wie dies H. G. Grimm[3]) ausführt. In der Kolonne wird gleichsam der Siedepunktsunterschied der beiden zu trennenden Flüssigkeiten *vergrößert* und die Konstante von F. D. Brown

$$C = \frac{p^0{}_A}{p^0{}_B} = 1 + \frac{p^0{}_A - p^0{}_B}{p^0{}_B} \tag{16}$$

wird durch einen Faktor k vergrößert und nimmt dadurch die Form an

$$C' = 1 + k\frac{p^0{}_A - p^0{}_B}{p^0{}_B}. \tag{17}$$

Dieser Faktor ist von den Bedingungen abhängig, unter denen die Fraktionierkolonne arbeitet, und *kennzeichnet* damit die betreffende Kolonne durch seinen numerischen Wert. Weiteres muß in den genannten Ausführungen nachgesehen werden.

Zur allgemeinen Orientierung:

H. Hausen in Der Chemie-Ingenieur Bd. I, 3. Teil, S. 70; Robinson u. Gilliland Elements of Fractional Distillation, 3. Ed. McGraw Hill Comp. Inc., New York.

e) Gastrennung durch Adsorption (Sorption).

1. Diese physikalische Trennungsmethode bedient sich vor allem solcher Stoffe, die eine große Oberfläche aufweisen, wie z. B. Kohle, Silicagel und andere. Diese haben die Eigenschaft, Gase in großer Menge zu adsorbieren. Die von einer bestimmten Gewichtsmenge, z. B. von Kohle (*Adsorbens*) adsorbierte Gasmenge (*Adsorptiv, Adsorbat*) hängt von den chemischen und physikalischen Eigenschaften des Gases oder Dampfes ab. Von den einzelnen Bestandteilen eines Gasgemisches werden durch die Kohle

---

[1]) Booth, H. S. u. Swinehart, C. F., J. Amer. chem. Soc. 57 (1935). 1334.

[2]) Clusius, K. u. Riccoboni, L., Z. physik. Chem. (B) 38 (1928) 83.

[3]) Grimm, H. G., Z. physik. Chem. 140 (1929) 321.

verschiedene Mengen adsorbiert, so daß auf diese Weise eine Trennung der Bestandteile möglich ist (s. 7).

2. Die Aufnahme des Gases durch den festen Stoff ist durch zwei Teilvorgänge bedingt.

$$\text{Sorption} = \text{Adsorption} + \text{Absorption}^1).$$

Die Adsorption ist im idealen Fall bei einer *bestimmten* Temperatur durch die von I. Langmuir abgeleitete Isotherme darstellbar. Die Absorption müßte im idealen Fall das Henry-Gesetz befolgen. Es zeigt sich, daß diese Gesetzmäßigkeiten an Stoffen mit sehr stark entwickelter Oberfläche (Kohle, Silicagel usw.) nicht erfüllt sind.

Der Gleichgewichtszustand der Adsorption wird durch die Gleichung von I. Langmuir ausgedrückt

$$a = c_\infty \cdot p \, / \, (p + b'). \qquad (18)$$

Es bedeutet a die Menge des *adsorbierten* Gases beim Gleichgewichtsdruck p, c_∞ die Sättigungskonzentration und b' eine (theoretisch berechenbare) Konstante[2]).

Die Langmuir-Gleichung gilt, wie erwähnt, nicht, sobald man Stoffe in Betracht zieht, welche in der Praxis allein Bedeutung haben. In diesen Fällen wird der Gleichgewichtszustand durch eine empirische Gleichung von der Form

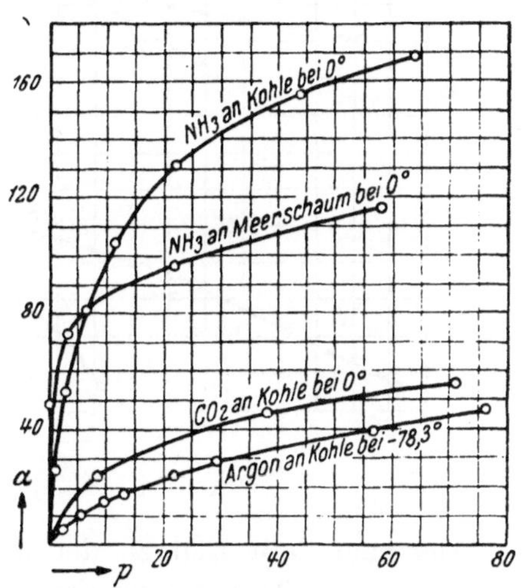

Abb. 57. Adsorptions-Isothermen[3])

$$a = \alpha \, p^{1/b} \qquad (19)$$

ausgedrückt. Hier sind α (*Adsorptionswert*) und $1/b$ Konstanten. Diese von H. Freundlich viel benutzte und nach diesem Autor benannte Gleichung der Adsorptionsisotherme gilt in einem bestimmten Druckintervall; der *Adsorptionsexponent* $1/b$ ändert sich mit der Natur des Gases und mit der Temperatur innerhalb der Grenzwerte 0,2 bis 1, wenn von Extremwerten abgesehen wird. In der Gleichung drückt man a in Kubikzentimetern (0°, 760 Torr) Gas aus, die von 1 g Adsorbens sorbiert werden, p in Torr. Trägt man log p gegen log a auf, so erhält man die *Adsorptionsisotherme* als Gerade.

---

[1]) In dieser formalen Gleichung wird (mit Unrecht!) die Absorption oft außer Betracht gelassen und von Adsorption gesprochen, wo eigentlich Sorption vorliegt. Im folgenden wurde stellenweise die konsequentere Bezeichnung gewählt.

[2]) Ist $p \gg b'$, so ist der Sättigungswert $a = c_\infty$; ist $p \ll b'$, so hat man eine *lineare* Änderung von a mit p.

[3]) Nach H. Freundlich, Kapillarchemie, 4. Aufl. Leipzig: Akad. Verlagsges. 1930.

Das Sorptions-Gleichgewicht ist *divariant*; erst die Angabe zweier Parameter, z. B. von Druck und Temperatur, kennzeichnet das Gleichgewichtssystem vollständig.[1] In den Abb. 57 und 58 sind einige Beispiele über Gasadsorption angegeben.

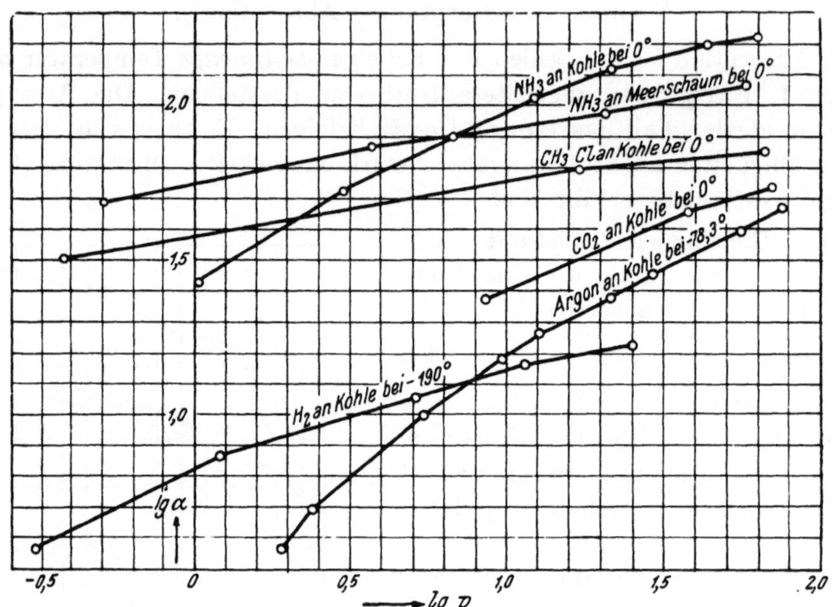

Abb. 58. Adsorptions-Isothermen einiger Gase.

Allgemein läßt sich zu der letzten Gl. (19) sagen, daß a und $1/b$ von der kritischen Temperatur des Gases abhängen. Mit steigender kritischer Temperatur nimmt $(a)_0$ zu, $(1/b)_0$ jedoch ab. Der Index gibt an, daß man den Wert der Konstanten bei 0° C als Vergleich zugrunde legt. Demnach wird auch ein Gas um so stärker sorbiert, je größer sein Molekulargewicht ist. Wie die folgende Tabelle angibt, sind Ausnahmen vorhanden. Besonders auffallend ist die geringe Sorption der Edelgase Neon und Helium, welche durchweg kleiner ist als die des Wasserstoffes, obwohl die kritische Temperatur des Neons wesentlich höher als die von Wasserstoff liegt.

Tabelle[2]). Adsorptionsmittel Kohle.

	$(a)_0$	$\left(\dfrac{1}{b}\right)_0$	Kritische Temperatur
N_2.........	0,256	0,868	— 146
CO	0,559	0,761	— 140
Ar	0,224	0,881	— 122
CH_4	2,69	0,562	— 82
C_2H_4	23,7	0.229	+ 10
CO_2	8,25	0,530	+ 31

[1]) In diesem Zusammenhang wird die Absorption *nicht* berücksichtigt.
[2]) Nach H. Freundlich, Kapillarchemie. Loc. cit.

Anderseits hängt die adsorbierte Menge a von der Natur des Adsorbens ab; sie kann *nicht* zum Vergleich der verschiedenen Adsorbentien herangezogen werden, denn stets überwiegt der Einfluß der Verdichtbarkeit (also die kritische Temperatur) des Gases eine spezifische Wechselwirkung zwischen sorbiertem Gas und Sorptionsmittel. Vergleicht man z. B. die Gleichgewichtswerte a_1 und a_2 zweier Gase, so zeigt sich, daß sehr häufig a_1/a_2 vom Adsorbens unabhängig ist. Das Maß für die Sorption α eines bestimmten Stoffes kann durch verschiedene Umstände sekundäre Änderungen erfahren. Ein reines Sorptionsmittel sorbiert im allgemeinen besser als ein solches, das durch fremde Stoffe verunreinigt worden ist.

3. Es ist ein besonderes Kennzeichen der Sorption, daß sich das Gleichgewicht sehr rasch (meist innerhalb weniger Minuten) einstellt, wobei die Geschwindigkeit für die Adsorption stets noch wesentlich größer ist, als für die Absorption. Bei Gasgemischen jedoch dauert die Gleichgewichtseinstellung immer länger. Dies entspricht den Vorstellungen, welche man sich über die Wechselwirkung der Oberfläche mit der Gasphase macht.

4. Empirisch findet man, daß sich bei niedrigen Drucken $1/b$ zumeist dem Wert von Eins nähert, wie dies übrigens auch aus der Langmuir-Gleichung folgt. Diese Änderung des Wertes $\Delta (1/b)/\Delta p$ ist indessen nicht bei allen Gasen gleich, so daß dieser Umstand bei einer Trennung von Gasen in Gasgemischen eine Rolle spielen kann.

Die einem *bestimmten* Druck entsprechende sorbierte Menge a nimmt allgemein mit steigender Temperatur ab. Es zeigte sich, daß der Wert

$$-\frac{1}{a_T}\frac{da_T}{dT} = \left(\frac{d\log a_T}{dT}\right)_p \qquad (\textit{Isobaren}\text{-Gleichung})$$

für ein bestimmtes Gas und bestimmtes Sorptionsmittel nahezu konstant ist.

5. Die Abhängigkeit des Gleichgewichtsdruckes p von der Temperatur ist durch die allgemeine thermodynamische Gleichung in Abhängigkeit von der *Adsorptionswärme* $- \Delta H$ auszudrücken, wenn man das System monovariant macht. Bezieht man nämlich den Gleichgewichtsdruck auf *dieselbe* absolute adsorbierte Gasmenge a, so ist

$$\left(\frac{d\ln p}{dT}\right)_a = \frac{-\Delta H}{R T^2}.$$

Die Adsorptionswärme und mithin auch der Temperaturkoeffizient $\left(\frac{1}{p}\frac{dp}{dT}\right)$ hängen von der Natur des adsorbierten Gases und der des Adsorbens ab. Man bemerkt, daß der Temperaturkoeffizient um so größer ist, je tiefer die Temperatur und um so niedriger der Druck ist. Der Ausdruck führt, wenn für $d\ln p/dT$ eine empirisch gefundene Funktion eingesetzt wird, zur *Isosteren*-Gleichung, welche die (isosterische) Adsorptionswärme enthält.

6. *Gasgemische.* Die Sorption von Gasgemischen zeigt die bemerkenswerte Erscheinung, daß die Gase *nicht* proportional ihrem Partialdruck

sorbiert werden. Es erfolgt demnach eine gegenseitige Verdrängung des einzelnen Bestandteiles an der Oberfläche des Sorptionsmittels[1]). Hat man z. B. die Mischung zweier Bestandteile, deren Absorptionswerte (α) für die reinen Gase nicht stark voneinander verschieden sind, so ist in der sorbierten Gesamtmenge im Gleichgewicht derjenige Anteil der Mischung höher, dem der größere Wert von α entspricht. Der Anteil aber ist *kleiner*, als wenn das Gas *allein* bei demselben Gleichgewichtsdruck vorhanden wäre. Ist der Adsorptionswert α der Bestandteile einer Gasmischung stark von Gas zu Gas verschieden, so kann der Einfluß derjenigen Bestandteile mit kleinem α gegenüber denen mit großem α vernachlässigt werden. Dies wird immer der Fall sein, wenn die Mischung aus Gasen und Dämpfen besteht. In einer Mischung Luft + Tetrachlorkohlenstoff, Alkohol, Benzol ist der Einfluß von Luft zu vernachlässigen[2]).

Hat man demnach eine Gasmischung zu trennen, die aus schweren und leichten Gasanteilen zusammengesetzt ist, so wird man die Menge des Adsorptionsmittels nach der Menge des *schweren* Gasanteiles bemessen. Ist z. B. wenig schweres Gas vorhanden, so wird man weniger Adsorptionsmittel verwenden, als wenn viel schweres und wenig leichtes vorhanden wäre.

Ich folge in diesem und den nächsten Abschnitten den wertvollen Ausführungen von K. Peters und K. Weil[3]).

7. Der Grad der Adsorption (Desorption), die Geschwindigkeit dieser Vorgänge, die Abhängigkeit derselben von der Temperatur und der Menge des Adsorptionsmittels sind durch die individuellen Eigenschaften eines Gases bestimmt, so daß diese (nach den Ausführungen 2. bis 6.), durch eine zweckmäßige Anwendung der genannten Faktoren auf eine Gasmischung, zu einer Trennung der Bestandteile verwendet werden können.

8. Für die Trennung einer Gasmischung nach der Adsorptionsmethode stehen zwei Wege zur Verfügung: a) Trennung durch fraktionierte Adsorption (entsprechend der fraktionierten Kondensation, s. S. 95), b) Trennung durch fraktionierte Desorption (entsprechend der fraktionierten Destillation, s. S. 97).

a) Bei der Gastrennung durch Adsorption (Sorption) ist für den erzielbaren Reinheitsgrad der Gase die *Sorptionsgeschwindigkeit* von entscheidender Bedeutung. Je nach der Art der Gase, ihrem Partialdruck in der Mischung, der Temperatur und der Menge der vom Adsorbens bereits aufgenommenen Gase sind bis zur Erreichung des Adsorptionsgleichgewichtes sehr verschieden lange Zeiten erforderlich, die zwischen wenigen Sekunden und mehreren Stunden schwanken können. Da bei der Gastrennung durch Adsorption in der Regel mit strömendem Gas gearbeitet wird, ist demnach

---

[1]) Betrifft also eigentlich die Adsorption als Teilvorgang: siehe S. 103.

[2]) Berl, E. u. Andress, K., Z. angew. Ch. **34** (1921) 369, 377; Berényi, L., Z. angew. Ch. **35** (1922) 237.

[3]) Peters, K. u. Weil, K., Z. physik. Chem. (A) **148** (1930) 1; Z. angew. Ch. **43** (1930) 608.

die Strömungsgeschwindigkeit des Gases bzw. die Berührungszeit von Gas und Adsorbens maßgebend für den Trenneffekt. Bei entsprechender Berücksichtigung dieser Verhältnisse kann die Adsorptionsmethode in vielen Fällen bei der Gasreinigung wertvolle Dienste leisten, besonders wenn es sich um die Befreiung eines Gases mit niedrigem Molekulargewicht von geringen Mengen einer gasförmigen Verunreinigung mit größerem Molekulargewicht handelt. So kann man beispielsweise Wasserstoff oder auch Wassergas vollständig von beigemengten Spuren Schwefelwasserstoff und organischen Schwefelverbindungen befreien, wenn man das Gas bei Raumtemperatur langsam über eine genügend lange Schicht von Aktivkohle leitet.

Zweckmäßig arbeitet man mit einem U-Rohr, wobei das zu trennende Gas an der einen Seite eingeleitet und an der anderen entnommen wird. Ist das schwere Gas mit dem großen Molekulargewicht (also hohem Siedepunkt) zu gewinnen, so verflüssigt man das ganze Gasgemisch und läßt den Dampf der fraktioniert abdestillierenden Flüssigkeit in die Aktivkohle des U-Rohres eintreten. Man erreicht dadurch, daß das schwere Gas an der oberen Kohlenschicht festgehalten wird und die Möglichkeit gering ist, unadsorbiert zu entweichen. Bei der nachfolgenden Desorption wird das schwere Gas nach dem ersten Absinken des Kältebades von der ursprünglichen Eintrittsstelle größtenteils entfernt und vom Gas, welches das schwere nur in großer Verdünnung enthält, nach dem weiteren Absinken schließlich ausgespült[1]).

b) Benutzt man für die Gastrennung nicht den Sorptionsvorgang, sondern nur die Desorption, dann fallen die durch die verschiedene Adsorptionsgeschwindigkeit bedingten Schwierigkeiten fort. Die fraktionierte Desorption ist deshalb viel allgemeiner anwendbar und eignet sich zur quantitativen Erfassung aller Bestandteile der Gasmischung. Man läßt die Gasmischung stehend (gasförmig oder verflüssigt) oder bei sehr geringer Strömung von der Kohle vollständig sorbieren und trennt dann die so sorbierten Gase durch Desorption, indem man sie bei niedrigen Drucken (s. S. 105, Abschn. 5) abpumpt.

Man stellt Adsorbate der *reinen* Gase her und ermittelt die Temperaturen (die *Desorptionstemperatur*), bei welchen die Desorptionsgeschwindigkeit schon groß genug ist, um im Hochvakuum gerade das Abpumpen meßbarer Gasmengen zu erlauben. Ferner bestimmt man die Temperatur, bei der, in nicht zu langer Zeit, das Gas vollständig abgesaugt werden kann. Man erhält so, für die angewandte Kohlenmenge, maximale Temperaturbereiche, welche bei der Gastrennung zu berücksichtigen sind und dann zu einer quantitativen Trennung führen. Sorbiert man nun ein Gasgemisch verschiedener Gase (oder Dämpfe), und pumpt bei der bestimmten, vorher

---

[1]) D.R.P. 588885, Gesellschaft für Linde's Eismaschinen A.G., H. Kahle. Siehe G. Damköhler, Z. Elektrochem. **41** (1935) 74. Damköhler, G. u. Teile, H., Beihefte, Verein Deutsch. Chemiker 1944 Verlag Chemie.

ermittelten Temperatur ab, so lassen sich die einzelnen Gasbestandteile nacheinander abtrennen, wenn die Kohlenmenge, den Vorversuchen entsprechend, genügend groß gewählt wird[1]. .

Bei einer entsprechenden Menge Kohle läßt sich immer ein Temperaturbereich auffinden, bei welchem der schwerer flüchtige Bestandteil (also der mit dem höheren Molgewicht) noch keinen merklichen Dampfdruck hat, auch wenn von diesem viel mehr adsorbiert ist, als vom leichter flüchtigen. Durch Desorption des leichter flüchtigen Bestandteiles bei noch sehr niedrigem Gleichgewichtsdruck läßt sich dieser durch Abpumpen trennen. Die Desorptionstemperatur ist bei *guten* Kohlearten *unabhängig* von ihrer Herstellung. Für die Trennung von Kohlenwasserstoffen haben sich die folgenden Desorptions-Temperaturen als günstig erwiesen[2].

Gas	CH_4	C_2H_4	C_2H_6	C_3H_6	C_3H_8	n-C_4H_{10}	i-C_4H_{10}
Temp. °C	− 185	− 80	− 80	− 21	− 21	+80 bis +100	+40 bis +50

Für die Trennung Wasserstoff—Methan . . . . − 200° C

Für die Trennung von Edelgasen:	optimal	Gebiet
Helium von Neon ($+ Ar + Kr + X + O_2 + N_2$ usw.)	− 220°	− 210 bis − 230°
(He +) Neon von Argon ($Kr + X + O_2 + N_2$ usw.)	− 185°	− 130 bis − 210°
(He + Ne +) Argon von Krypton (+ X)	− 93°	− 92 bis − 130°
(He + Ne + Ar +) Kryton von Xenon	− 78°	− 72 bis − 92°
(Xenon von Emanation)	− 60°	− 50 bis − 72°

Absenkverfahren: Ein besonderer Vorgang bei der Gasreinigung durch Desorption wird im Laboratorium der Gesellschaft für Linde's Eismaschinen A.G. — H. Kahle, s. Anm. S. 55, angewendet[3] (Abb. 59).

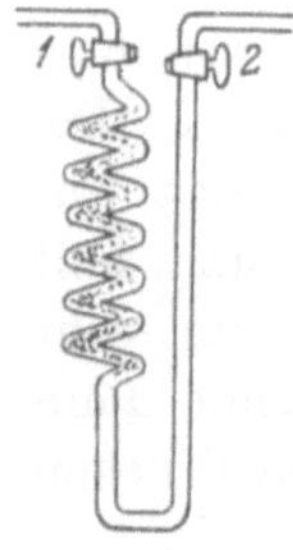
Abb. 59. Vorrichtung zur fraktionierten Desorption (nach H. Kahle).

Prinzip: Bei geschlossenem Hahn 1 wird die mit dem Ausgangsgas beladene Kohle langsam von oben her durch Absenken des Kältebades erwärmt. Das in den oberen Kohleschichten desorbierte Gas streicht über die noch gekühlten unteren Schichten, wo es seine schwerere Komponente gegen die leichtere zum Adsorbens austauscht. Die Desorption ist demnach gleichsam mit einer Fraktionierung gekoppelt, so daß eine scharfe Trennung erreicht wird.

Die Adsorbensschicht wird vom Ausgangsgas nur so lange durchströmt, als das flüchtigste Gas am Ende der Schicht rein austritt.

Die einzelnen Gasbestandteile sind zunächst nach fallendem Molgewicht bzw. Siedepunkt gruppiert, auf der Kohle zwar schon angereichert, aber noch nicht scharf getrennt (das am leichtesten

[1] Bei der Adsorption einer Gasmischung können bei höheren Drucken die, für die reinen einzelnen Gase ermittelten, Bedingungen durch die wechselseitige Beeinflussung derselben geändert werden (s. oben).

[2] Ich verdanke diese Angaben einer freundlichen Mitteilung von K. Peters.

[3] Damköhler, G., Z. physik. Chem. (B) 27 (1934) 130. Für mehr technisch Interessierte s. R. Henjes, Öl und Kohle 14 (1938) 1079. Ferner besonders die Angabe der Fußnote 1 S. 107.

flüchtige der adsorbierten Gase befindet sich am Schichtende). Die Gruppierung kann durch *Vorkondensation des Gasgemisches* und Verdampfung des Kondensates auf die Kohle unterstützt werden.

Die scharfe Trennung der Bestandteile des adsorbierten Gemisches erfolgt erst durch die *besondere Art ihrer Desorption*. Grundsätzlich besteht dieses Verfahren der Verdrängungsdesorption in einer Austreibung des Desorbierten in der Richtung der vorhergehenden Beladung, und zwar durch Erzeugung eines Temperaturgefälles bzw. zunehmende Erwärmung der Adsorbensschicht vom Eingangsende her, während das Schichtende noch kalt gehalten wird. Das am Schichtanfang durch Erwärmen frei gemachte Gas lagert seine schweren Bestandteile an den rückwärtigen noch kälteren Teilen ab. Die schwer flüchtigen Bestandteile verdrängten ihrerseits die leichter flüchtigen mit dem Endeffekt, daß am Ende der Kohleschicht zunächst nur das leichtest flüchtige, und erst, nach vollständiger Abtreibung dieses Bestandteils das nächste Gas in der Reihenfolge der Adsorbierbarkeit erscheint. Wie in der Rektifikationssäule jeder einzelne zum kalten Säulenende aufsteigende Bestandteil des Systems, einem häufig wiederholten Wechsel zwischen Kondensation und Verdampfung, und einer steten Verarmung am schwer flüchtigen Bestandteil unterliegt, so hat auch der, in der Adsorptionssäule zum kalten Ende fortschreitende Bestandteil, einen häufig wiederholten Wechsel, zwischen Adsorption an den noch kalten Schichten und Desorption durch schwerer flüchtiges Gas, zu vollführen, wobei es zunehmend an letzterem Gas verarmt, und zuletzt als einheitliches leichtest flüchtiges Gas austritt. Nach H. Kahle.

9. In der Praxis versendet man jetzt sehr häufig neben Kokosnußkohle besonders wirksam hergestellte Kohlearten, die verschiedene Handelsmarken-Bezeichnungen tragen, wie Aktivkohle (A-Kohle), Noritkohle, die vor der Verwendung alle zu entgasen sind. Andere Aktivkohlen: ,,Supercarbon IV‘‘ Lurgi Gesellschaft für Wärmetechnik Frankfurt (Main), ,,Bayer A-Kohle‘‘ (Leverkusen), Marke A. K. T. II und andere.

Herstellung von Kokosnußkohle: Die Schalen werden in einem geschlossenen Eisen- oder Nickeltiegel nahe zur Rotglut erhitzt, bis keine Dämpfe mehr abgegeben werden. Man zerkleinert die Stücke auf etwa halbe Erbsengröße (Korngröße 0,5—1,5 mm, nicht kleiner!), siebt den Staub ab und erhitzt die Kohle in einem einseitig geschlossenen Glasrohr (schwer schmelzbares Glas) auf 400—500⁰ C, während man das Gefäß durch Vorschaltung eines mit flüssiger Luft gekühlten Ausfriergefäßes evakuiert. Die Abgabe der Gase erstreckt sich auf mehrere Stunden. Für die eigentliche Verwendung wird die so vorbereitete Kokosnußkohle durch Erhitzen im Vakuum entgast, wobei man die Temperatur so hoch steigert, als es das Glas gestattet[1]). Erst wenn innerhalb einer Erhitzungsdauer von einigen Stunden die Gasabgabe gering geworden ist, kann die Kohle verwendet werden.

Ein wirksames und sauber arbeitendes Adsorptionsmittel ist *Silicagel* (*Kieselgel*). Es wird vor der Verwendung eventuell in einer Reibschale zer-

---

[1]) Nach Mohr, W., Ann. Physik (4) **51** (1916) 459, ist bei 500⁰ C die Entgasung der Kohle nicht vollständig.

kleinert, gesiebt und im Hochvakuum bei 400° C so lange erhitzt, bis keine Gase mehr abgegeben werden. Es hat sich gezeigt[1]), daß Silicagel eine auffallend scharfe Trennung Propan-Propylen gestattet und sich auch zur Trennung anderer K. W. eignen wird. Dieser vorteilhafte Unterschied gegen Adsorptivkohle dürfte auf die größere Wärmeleitfähigkeit des Gases gegenüber ersterem zurückzuführen sein.

Silicagel zu erhalten in Deutschland: I. G. Farbenindustrie Aktiengesellschaft Frankfurt/Main und bei Gebr. Herrmann, Köln-Ehrenfeld; für die Feinreinigung der Gase verwendet man Kieselgelsorte Ee.

Es wird auch *Chabasit* (Mineral der Zeolithgruppe) verwendet. Bei 400° C entwässert, werden die Gase stark adsorbiert. Sind diese vollständig trocken, so werden sie schon beim Evakuieren wieder abgegeben[2]). Es gibt Sorten dieses Minerals, welche ein verschiedenes Adsorptionsvermögen untereinander zeigen (Privatmitteilung von G. P. Baxter).

10. Es ist bei der Gasreinigung durch Adsorption zu beachten:

Die als Sorptionsmittel verwendeten Stoffe können *allgemein* bis zu sehr tiefer Temperatur chemische Reaktionen vermöge ihrer großen Oberflächenentwicklung katalysieren. (Polymerisierung ungesättigter Kohlenwasserstoffe!) Bei der Verwendung von Kohle kann dann noch der Fall vorkommen, daß das adsorbierte Gas mit dieser reagiert. So liefert bei tiefen Temperaturen (schon bei — 193° C) Sauerstoff merkliche Mengen Kohlensäure[3]). Die Verwendung eines anderen Sorptionsmittels wird in diesem und ähnlichen Fällen von Vorteil sein.

Zur allgemeinen Orientierung über Gas-Adsorption: H. Freundlich, Kapillarchemie 2. Bd., 4. Aufl. Leipzig: Akad. Verlagsgesellschaft. 1930.

V. Herstellung tiefer Temperaturen.
a) Thermostaten.

A. Bei den Untersuchungen mit Gasen ist die Herstellung tiefer Temperaturen eine wichtige experimentell zu lösende Aufgabe. Es kommen zwei Fälle in Betracht, je nachdem man nur eine beliebige tiefe Temperatur braucht oder ob eine bestimmte tiefe Temperatur von einer hinreichenden Konstanz notwendig ist.

Zur Herstellung von tiefen Temperaturen unter 0° C verwendet man:

a) *Kältemischungen.* Die wertvollsten sind die folgenden:

Mischung	Zusammensetzung der Mischung: % wasserfreies Salz	Temp. d. Bestandt.	tiefste erreichbare Temp.
Eis—NaCl	33	—1°	—17° C
Eis—CaCl$_2$ · 6 H$_2$O ..	58	0°	etwa —54° C

[1]) Edse R. u. Harteck P., Z. angew. Ch. **52** (1939) 32; **53** (1940) 210.
[2]) Seeliger R., Physik. Z. **22** (1921) 563.
[3]) Damköhler G., Z. Elektrochem. **41** (1935) 74 gibt eine diesbezügliche Tabelle an.

Weitere Kältemischungen[1]) s. Landolt-Börnstein-Roth-Scheel, Tabellen, 5. Aufl. I, 626 oder I. Crit. T., Bd. I, S. 63.

b) *Tief siedende Stoffe.* Von den zahlreichen Stoffen, welche hier in Betracht kommen, verwendet man bei den Arbeiten mit Gasen hauptsächlich fest: Kohlendioxyd, oder flüssig: Luft, Sauerstoff, Äthylen, Ammoniak und Wasserstoff.

Das feste Kohlendioxyd wird, schon der besseren Wärmeübertragung wegen, immer indirekt verwendet, indem man es in Methanol, Alkohol, Aceton, Äther, Chloroform, Petroläther usw. einträgt, bis sich ein mehr oder weniger fester Brei ausbildet. Es eignen sich besonders höhere Alkohole, da hier die Flüssigkeitsverluste klein sind. Die erreichbare Temperatur beträgt — 79⁰ C und ist demnach bestimmt durch den Siedepunkt des festen Kohlendioxydes im binären Flüssigkeitssystem (s. S. 83): Flüssigkeit gesättigt mit Kohlendioxyd—Kohlendioxyd fest; die Temperatur ist deshalb auch von der Natur der Flüssigkeit ziemlich unabhängig[2]). Bei der Herstellung des Systems können sich indessen (vorübergehend tiefere Temperaturen (bis

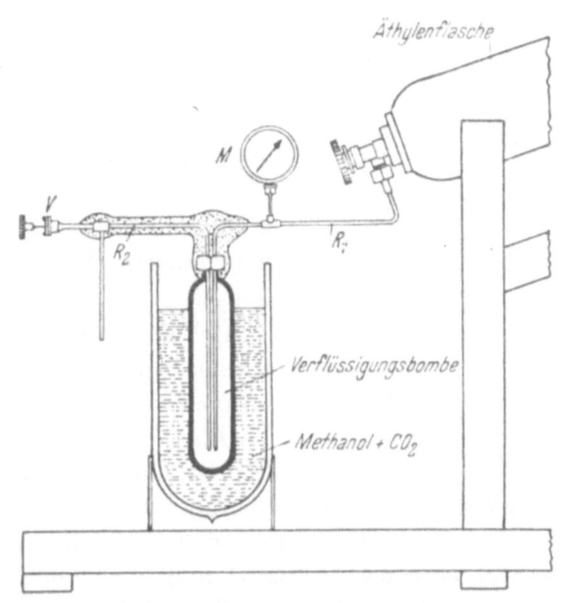

Abb. 60. Anordnung zur Gewinnung größerer Mengen von flüssigem Äthylen nach K. Clusius und L. Riccoboni.

— 110⁰ C) einstellen. Jedenfalls kann man auf diese Weise die Temperatur — 78 bis — 79⁰ C *konstant* erhalten. Seit Einführung des käuflichen *festen Kohlendioxydes* (Trockeneis, Carboeis) ist dessen Verwendung sehr bequem geworden.

Flüssiges Äthylen. Im Temperaturgebiet — 104⁰ (Sd.P.) und — 140⁰ C (46 Torr) ist Äthylen ein sehr geeignetes Kältemittel. Da es heute in Stahlflaschen leicht erhältlich ist, steht seiner Verwendung nichts im Wege. K. Clusius und L. Riccoboni[3]) haben eine einfache Vorrichtung zur Herstellung von flüssigem Äthylen angegeben.

---

[1]) Nichtbrennbare Kältemischungen s. C. W. Kanolt in Int. Crit. T. I, S. 61.

[2]) Thiel, A. u. Schulte, E., Z. physik. Chem. **96** (1920) 312; Thiel, A. u. Caspar E., Z. physik. Chem. **86** (1914) 257.

[3]) Clusius, K. u. Riccoboni, L., Z. physik. Chem. (B) **38** (1938) 93.

Auf einem kräftigen Holzgerüst, Abb. 60, liegt die Äthylenflasche in leicht geneigter Stellung, damit der Inhalt bereits flüssig auslaufen kann, falls die Außentemperatur tiefer als 9,5⁰ C ist. Das Äthylen tritt dann in eine kleine Stahlbombe von 1 l Inhalt durch das Kupferrohr R_1 (von 3 mm lichter Weite) ein. Die Bombe befindet sich in einem großen Dewargefäß aus Panzerglas, das mit Methanol + Trockeneis abgekühlt ist. Den Druck in der Bombe gibt das Manometer M an, wobei über 20 Atm. nicht hinausgegangen werden soll. Da technisches Äthylen stets leichter flüchtige Gase enthält, wird der Druck immer höher, als der Temperatur des Äthylens

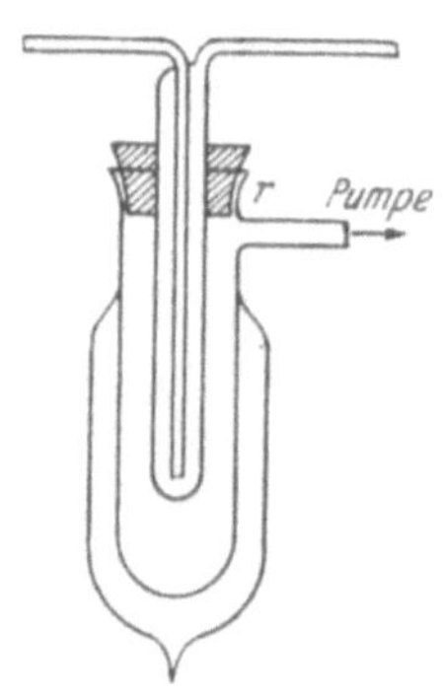

Abb. 61. Vorrichtung zur Temperaturerniedrigung der flüssigen Luft.

entspricht. Sobald er rasch ansteigt, ist die Bombe gefüllt. Das flüssige Äthylen wird dann durch die thermisch isolierte Röhre R_2 mit Hilfe des Ventils V in das Dewargefäß abgelassen. Ein Korb aus Drahtgaze und ein Flanellbeutel in der Bombe halten alle Unreinheiten zurück, die das Ventil verstopfen könnten. Verbrauch an festem Kohlendioxyd während der ganzen Operation etwa 1 kg für 1 l flüssiges Äthylen.

Äthylen-Luftmischungen haben eine niedrige Explosionsgrenze, deshalb ist das Arbeiten in *gut gelüfteten Räumen* notwendig.

Flüssige Luft ist ein unentbehrliches Kühlmittel. Sie ist ein binäres Flüssigkeitsgemisch Sauerstoff— Stickstoff mit einer der Abb. 49 formgleichen Dampfdruckkurve und hat demnach, keinen konstanten Siedepunkt. Von der „frischen" flüssigen Luft beträgt er etwa — 192⁰ C und steigt nach dem Absieden des Stickstoffes auf ungefähr — 183⁰ C. Das Siedepunktintervall $\varDelta t$ muß demnach einer Differenz innerhalb dieser Temperaturen entsprechen. Stickstoffarme flüssige Luft ist *blau*, frische ist *farblos*.

Durch Verminderung des Druckes über der flüssigen Luft kann die Siedetemperatur bis auf — 220⁰ C heruntergesetzt werden. Hier scheidet sich dann fester Stickstoff ab. Man verwendet die in der Abb. 61 angegebene prinzipiell einfache Anordnung. Das Ausfriergefäß befindet sich in einem passend durchbohrten Gummistopfen, der sehr gut dicht in das mit flüssiger Luft gefüllte Dewargefäß paßt. Die Röhre r mit weitem Durchmesser ist an eine gut wirkende Luftpumpe (Öl- oder Kolben-Pumpe) anzuschalten[1]). Für Meßzwecke ist die Anordnung eventuell durch einen, die flüssige Luft in Bewegung haltenden, Rührer zu ergänzen.

Eine sehr wirksame und noch einfache Vorrichtung, die sich bewährte, beschreiben F. Fischer und F. Schröter[2]), Abb. 62. Sie besteht aus einer

---

[1]) Diese Röhre kann auch in eine zweite Bohrung des Stopfens verlegt werden.
[2]) Fischer, F., u. Schröter, F., Ber. dtsch. chem. Ges. **43** (1910) 1448.

Kupferspirale, die sich in einem mit flüssiger Luft gefülltem Dewargefäß befindet. Das eine Ende der Spirale ragt aus dem Gefäß und ist mit einer Pumpe verbunden. Das andere Ende befindet sich in flüssiger Luft und trägt ein mit einem Stoffilter umgebenes einfaches Ventil, durch das ständig in die Spirale kleine Mengen flüssige Luft gesaugt werden, wo sie unter vermindertem Druck absiedet; dadurch fällt die Temperatur der umgebenden Luft.

Die Ausführung an Dewargefäßen, zur Verbindung mit Pumpe und Meßgeräten, zeigt in vollkommener Anordnung, die „*Leidener Kappe*", deren Konstruktion und Befestigung am Dewargefäß in der Abb. 63 dargestellt ist. Die Kappe ist aus gelötetem Neusilberblech angefertigt und wird mittels eines Gummiringes an das Gefäß luftdicht angepreßt.

Eine andere Anordnung, bei der man eine gewöhnliche Thermosflasche (Dewarflasche mit Hals) verwenden kann, beschreibt K. Peters[1]).

Flüssiger Wasserstoff steht in nur wenigen Laboratorien zur Verfügung, deshalb können weitere Bemerkungen dazu hier unterbleiben. Die Herstellung einer besonders einfachen Anordnung zur Herstellung von flüssigem Wasserstoff beschreibt W. Nernst[2]) und in letzter Zeit F. G. Keyes[3]).

Moderne Wasserstoffverflüssigungs-Anlagen baut Andreas Hofer in Mülheim-Ruhr.

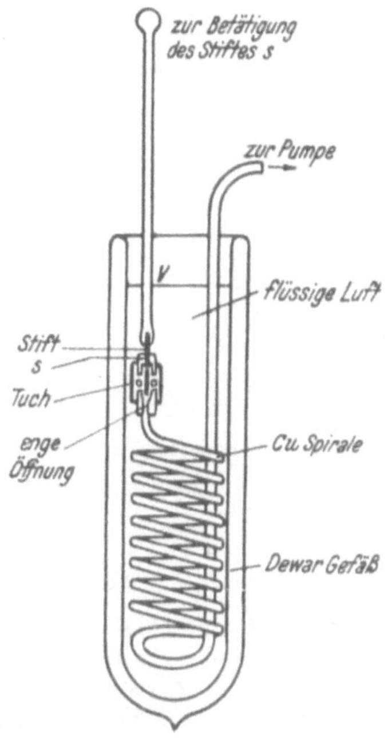

Abb. 62. Vorrichtung zur Temperaturerniedrigung der flüssigen Luft nach F. Fischer u. F. Schröter.

Einen Apparat zur Erzeugung sehr tiefer Temperaturen, der ungemein einfach ist, gibt M. Ruhemann[4]) an. Es ist ein auf dem Linde-Prinzip beruhender Apparat, der es gestattet, mit einem Bad von flüssiger Luft Versuche bei Temperaturen des flüssigen Wasserstoffes, mit einem Bad von flüssigem Wasserstoff aber Versuche bei Temperaturen des flüssigen Heliums auszuführen. Ob sich diese, nur für kleine Ausmaße geeignete Vorrichtung in der Laboratoriums-Gas-Technik einführen wird, bleibt noch abzuwarten. Erreichung von Helium-Temperaturen ohne Verwendung von flüssigem Wasserstoff beschreibt K. Sieler[5]).

---

[1]) Peters, K., Z. angew. Ch. **41** (1928) 515.
[2]) Nernst, W., Z. Elektrochem. **17** (1911) 735.
[3]) Keyes, F. G., Gerry. H. T. u. Hicks, J. F. G. jr., J. Amer. chem. Soc. **59** (1937) 1426.
[4]) Ruhemann, M., Z. Physik **65** (1930) 67.
[5]) Sieler, K., Z. Elektrochem. **47** (1941) 116.

B. *Herstellung bestimmter tiefer Temperaturen.* Diese lassen sich natürlich am genauesten durch tiefsiedende reine Flüssigkeiten herstellen. Das Arbeiten mit solchen Flüssigkeiten erfordert entsprechende Vorkehrungen. Eine im Laboratorium der Gesellschaft für Linde's Eismaschinen A.G. verwendete Anordnung zeigt die Abb. 64. Mit dieser kann man, bei Verwendung von flüssiger Luft als Kühlmittel, beliebig höhere Temperaturen konstant erhalten[1]); mit flüssigem Methan z. B. — 161° C. Es wird dem

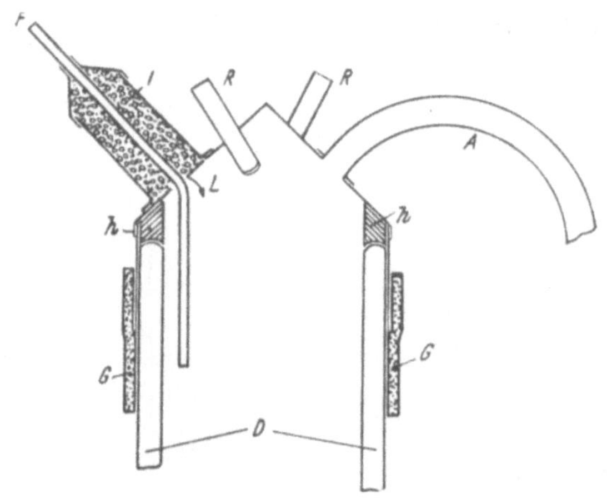

Abb. 63. „Leidener Kappe".

D Dewargefäß. — *F* Füllröhre. — *R* Röhrchen für Widerstandsdrähte usw. — *h* Holzrand. — *G* Gummiring. — *A* Absaugröhre. — *I* Isoliermasse, Kapok (Pflanzenseide), Baumwolle usw. — *L* An dieser Stelle darf *F* *nicht* die Kappe berühren, da sie sonst zu kalt wird.

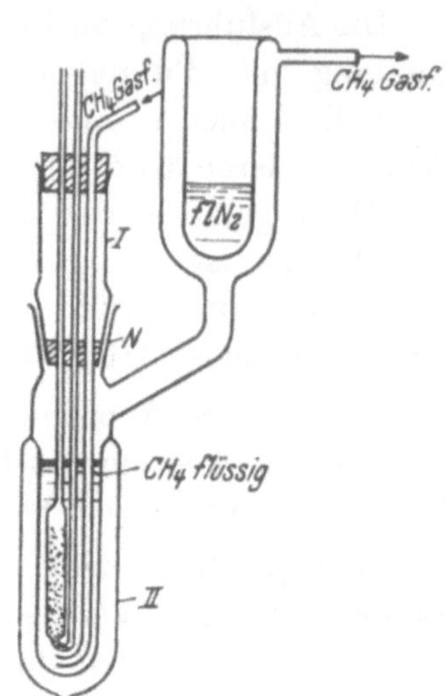

Abb. 64. Vorrichtung zur Herstellung von Siedebädern aus verflüssigten Gasen.
II Dewargefäß. — *N* Gefetteter Schliff mit Röhrenführung in *I.*

flüssigen Methan gasförmiges Methan ständig zugeführt, welches am Rückflußkühler durch flüssigen Stickstoff kondensiert wird. Das Gas strömt durch einen Blasenzähler gegen die äußere Atmosphäre. Für die konstante Temperatur — 78° C s. S. 111.

In dem gewöhnlichen Arbeitsgang mit Gasen sind jedoch andere, bequemere Wege hinreichend, besonders deshalb, weil sehr häufig eine scharfe Konstanz der Temperatur nicht notwendig ist. Man hat die angegebenen *Kühlmittel* in entsprechender Weise zu verwenden. Dazu bedarf es besonderer *Kühlbäder.* Es eignet sich gut Propylen, Sd.P. — 48, Sm.P. — 185°, welches noch nahe der Temperatur der flüssigen Luft eine leicht bewegliche Flüssigkeit ist. Leider ist es bei gewöhnlicher Temperatur gasförmig. Auch Propan, Pentan, Petroläther sind geeignet, doch muß man immer dafür Sorge tragen, daß sie abgekühlt mit feuchter Zimmerluft wenig in Berührung stehen, da sie sonst rasch zähflüssig werden.

[1]) Damköhler, G., Z. physik. Chem. (B) **23** (1933) 72.

Um mit diesen Kühlbädern gleichmäßige Temperaturverteilung zu erhalten, verwendet man nach A. Stock[1]) einen Metallzylinder in der angegebenen Form. Mit flüssiger Luft kann man leicht Temperaturen von — 160 bis — 180° C in dieser Anordnung erhalten[2]), Abb. 65. Die Vorrichtung wird in das mit der Badflüssigkeit beschickte Vakuumgefäß gestellt. Das vorliegende Metall ist einem Dewargefäß von 7 cm Weite und 20 cm Tiefe angepaßt. In dem Zylinder A (starkes Kupferblech) ist das Segment B eingelötet. Der in der Mitte etwa 9 mm breite, unten durch einen Boden abgeschlossene Behälter C nimmt die zur Kühlung des Bades dienende flüssige Luft auf. Die beiden federnden Blechbänder D schmiegen sich der Glaswandung an. Ein Loch in A erleichtert das Herausheben des Einsatzes.

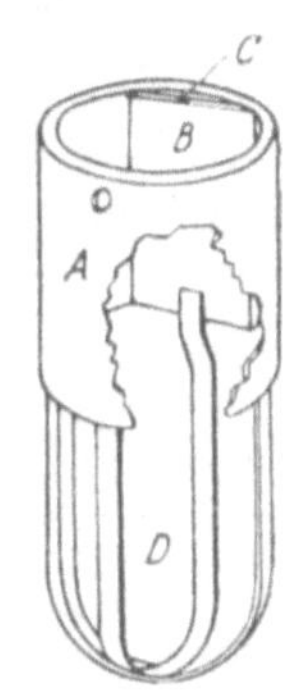

Abb. 65. Einsatz zur gleichmäßigen Temperaturverteilung.

Keinesfalls darf man Alkohol, Kohlenwasserstoffe, Schwefelkohlenstoff usw. direkt mit flüssigem Sauerstoff (abgestandene flüssige Luft) *direkt* abkühlen. Hohe Explosionsgefahr!!

Für tiefe Temperaturen verwendet man einen Aluminiummetallblock. Seine Konstruktion und Arbeitsweise ist in der genannten Arbeit (A. Stock) nachzusehen.

b) Thermostaten für tiefe Temperaturen.

Thermostaten für tiefe Temperaturen sind in der Literatur sehr zahlreich beschrieben. Sie sind oft nur mit großen Mitteln herstellbar[3]). Für die meisten Zwecke verwendet man die von F. Henning[4]) angegebene einfache Vorrichtung, welche bei richtiger Behandlung ausgezeichnete Dienste leistet (Abb. 66).

Ein Dewargefäß D von etwa 35 cm Höhe und 10 cm Weite wird mit einem Metalleinsatz versehen, wie er oben beschrieben ist. Das Dewargefäß wird mit Alkohol (für Temperaturen bis — 80° C) oder mit Petroläther (bis — 150° C) gefüllt. In die Taschen des Metalleinsatzes strömt flüssige Luft, welche mit einem doppelwandigen Heber H einer Vorratsflasche B entnommen wird. Der Heber kann durch einfache Glasröhren, die mit Gummischlauch befestigt werden, an seinen Enden entsprechend verlängert werden.

Die Dimensionen des Hebers sind so bemessen, daß die Ausflußstelle d nicht unterhalb des Flüssigkeitsspiegels in D liegt, so, daß der Tasche nur dann flüssige Luft zuströmt, wenn in der Flasche B ein Überdruck vor-

[1]) Stock, A., Ber. dtsch. chem. Ges. **53** (1920) 751.

[2]) Peters, K., Chem. Fabrik **7** (1934), 47, gibt eine Anordnung zur automatischen Nachlieferung der flüssigen Luft an.

[3]) Eine Literaturzusammenstellung findet man bei Egerton, A. C. u. Ubbelohde, A. R., Trans. Faraday Soc. **26** (1930) 236.

[4]) Henning, F., Z. Instrumentenkunde **33** (1913) 35.

handen ist. Dieser wird sich natürlich stets im ausreichenden Maße einstellen, wenn der Gummistopfen dicht in B sitzt. Der Stopfen wird mit
etwas Glyzerin benetzt, um ihn leicht jederzeit wieder entfernen zu können.

Die Stärke der Kühlwirkung, die der Menge flüssiger Luft, welche pro
Zeiteinheit durch den Heber fließt, entspricht, kann durch den Gasdruck
in der Flasche B reguliert werden. Dazu dient die einfache Vorrichtung,
welche sich an die Glasröhre anschließt. Diese wird durch einen Gummi-

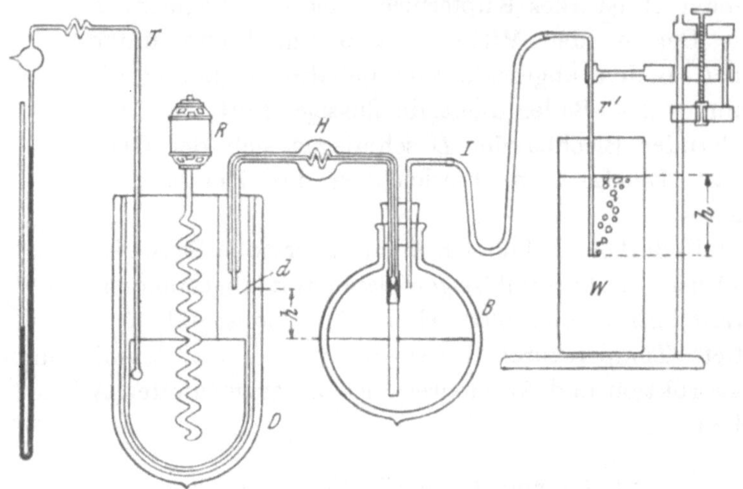

Abb. 66. Thermostat für tiefe Temperaturen, nach F. Henning, modifiziert.

schlauch mit einem zweiten Glasrohr r' verbunden, das in den Wasser-
behälter w eintaucht. Der Druck in B kann einen bestimmten Betrag, der
durch die Wassersäule h gegeben ist, nicht überschreiten. Der Einfluß der
Siedeverzüge ist unmerklich; man kann diese durch Einführung scharf
gezähnter Glimmerplatten in B noch weiter vermindern. Um die Druckdifferenz für den Austritt der flüssigen Luft konstant zu halten, muß die
Wassersäule h ständig vergrößert werden. Am bequemsten wird dies erreicht,
wenn man die Glasröhre r' an einem Halter befestigt, der durch eine Schraube
mit niedrigem Gang von Zeit zu Zeit nach abwärts bewegt wird (F. Henning
gibt eine andere Anordnung).

Zunächst wird der Druck in der Flasche möglichst groß gewählt, um eine
rasche Abkühlung des Bades zu ermöglichen. Dann wird die Einstellung
auf h der Temperatur entsprechend ausprobiert. Die Badflüssigkeit muß
durch einen Rührer R (Elektromotor, Glasspirale) in Bewegung gehalten
werden. Die Temperatur des Bades mißt man mit dem Tensionsthermo-
meter T (S. 122).

Diese Vorrichtung gestattet, bei richtiger Wartung, die Herstellung sehr
konstanter Temperaturen. Man kann diese Konstanz noch steigern, wenn
man das Dewargefäß D in ein zweites Dewargefäß steckt und den Raum

zwischen den beiden mit einer mit festem Kohlendioxyd gekühlten Flüssigkeit ausfüllt[1]).

Auf eine besonders einfache Thermostatenform (über — 200° C) soll hier noch aufmerksam gemacht werden. Nach E. Justi[2]) verwendet man zur Kühlung eine erstarrte Menge Quecksilber, die mit flüssiger Luft gekühlt wird. Zwischen Luft und Quecksilber befindet sich eine stark verdünnte Wasserstoffatmosphäre. Die Temperatur des Quecksilbermetallblockes wird induktiv durch Wirbelstromerwärmung reguliert[3]). Der Apparat arbeitet ohne Hochvakuumpumpe.

VI. Das allgemeine Gerät zur Reinigung und Behandlung von Gasen.

A. Die Verwendung der Hochvakuumpumpe, Ausfriergefäße.

1. Die Reinigung der Gase erfolgt in einem besonders zu diesem Zwecke hergestellten Gerät. Da eine einigermaßen anspruchsvolle Reinigung nur im Hochvakuum erfolgen kann[4]), wird man die folgende Anordnung verwenden müssen. Es ist in der Abb. 67 nur eine rohe Skizze dazu angeführt, in welcher sich die hauptsächlichsten Geräteteile vorfinden, welche bei den zur Verfügung stehenden Methoden verwendet werden. Es ist natürlich klar, daß man im allgemeinen mit ganz wesentlich kleineren Aggregaten auskommen wird, die aber doch nach Form und Anlage Teilen der Skizze entsprechen werden.

2. Es bedeuten m_1, m_2 ... Manometer, M Hauptmanometer (Barometer), welche an verschiedenen Stellen notwendig sind. Sie werden derart geschickt zusammengefaßt, daß sie in den gleichen Quecksilberbehälter tauchen und an Stellen verlegt werden können, die für eine Ablesung bequem liegen.

Die in der Skizze zahlreich angedeuteten Hähne sollen *nicht* dazu verleiten, beim Aufbau irgendeines Gerätes zuviel Hähne und Schliffe zu verwenden. Nur dasjenige Gerät ist „*schön*", *welches mit einem Minimum an Hähnen und Schliffen ein Maximum an Verwendbarkeit leistet.* Die Rohrleitungen und der Radius ihrer lichten Weite müssen möglichst kurz bzw. möglichst weit sein. Dies ist notwendig, um einerseits ein rasches Evakuieren der einzelnen Gefäße zu ermöglichen; ferner wird dadurch die Dauer der

---

[1]) S. etwa S Klemenc, A. u. Bankowski, O., Z. anorg. allg. Chem. **208** (1932) 348

[2]) Justi, E., Physik. Z. **35** (1934) 3; **36** (1935) 571.

[3]) Dies ist eine Verbesserung des Thermostaten nach Holborn, L. u. Otto, J., Z. Physik **30** (1924) 320, bei welchem ein großer Aluminiumblock großer Kapazität mit Heizwicklung verwendet wird.

[4]) Über Fraktionierkolonnen, die zuweilen in einem Zuge reines Gas liefern können, S. 97.

Destillation zwischen zwei Gefäßen namentlich bei niedrigen Drucken wesentlich abgekürzt[1]). Berücksichtigung des Poiseuille-Gesetzes S. 18, 20. Freilich muß man in dieser Hinsicht viele andere Gesichtspunkte berücksichtigen (Größe der Hähne, die Rigidität der Anordnung, möglichst kleiner

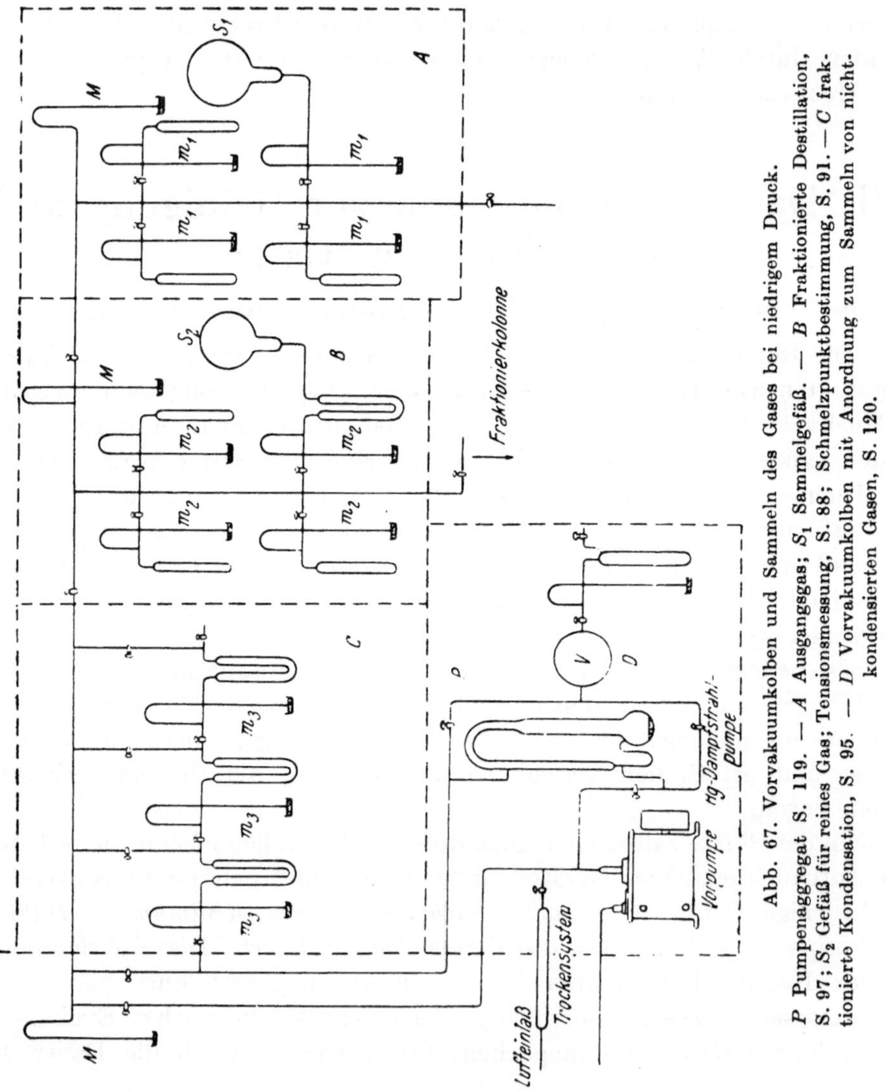

Abb. 67. Vorvakuumkolben und Sammeln des Gases bei niedrigem Druck. P Pumpenaggregat S. 119. — A Ausgangsgas; S_1 Sammelgefäß. — B Fraktionierte Destillation, S. 97; S_2 Gefäß für reines Gas; Tensionsmessung, S. 88; Schmelzpunktbestimmung, S. 91. — C fraktionierte Kondensation, S. 95. — D Vorvakuumkolben mit Anordnung zum Sammeln von nicht-kondensierten Gasen, S. 120.

schädlicher Raum usw.), welche dazu nötigen, an gewissen Stellen des Gerätes ungünstige Dimensionen zu verwenden.

---

[1]) Eine instruktive Berechnung der hier waltenden Gesetzmäßigkeiten findet man z. B. in den Listen der Pumpen erzeugenden Firma E. Leybolds Nfg. A. G., Köln-Bayental.

a) Das Pumpenaggregat.

1. Als Hochvakuumpumpe wird heute wohl nur die Quecksilber-Diffusionspumpe verwendet. Von diesen Pumpen gibt es bereits verschiedene Ausführungen. Das Arbeitsprinzip derselben ist in einschlägigen Werken leicht zu finden[1]). Die Pumpen arbeiten mit Quecksilberdampf, doch ist bei entsprechend apparativer Anordnung auch Öldampf geeignet (Apiezonöl, s. S. 22; Octoil, ein 2-Äthyl-hexyl-phthalat). Solche Pumpen werden dann verwendet, wenn ein stoßfreies Sieden und Abwesenheit von Quecksilberdämpfen notwendig ist. Damit ist auch insofern ein weiterer Vorteil verknüpft, da hier die Anwendung von flüssiger Luft zur Abscheidung des Quecksilbers überflüssig ist.

Die Quecksilberdiffusionspumpen werden aus Glas, Quarz und Eisen hergestellt. Bei Arbeiten mit aggressiven Gasen wird man Pumpen aus letzterem Material nicht verwenden. Nach der Anzahl der Diffusionsspalte werden sie als ein-, zwei- usw. stufig bezeichnet. Je höherstufig die Pumpe, um so höher kann das Vorvakuum sein und um so größer ist die Sauggeschwindigkeit.

2. Zum Betrieb einer Diffusionspumpe ist eine *Vorpumpe* zur Erzeugung des Vorvakuums notwendig. Eine einstufige Diffusionspumpe benötigt 0,1, eine zweistufige etwa 15, eine vierstufige 40 Torr Vorvakuum. Als Vorpumpe genügt in den letzten Fällen eine Wasserstrahlpumpe, sonst müssen rotierende Ölpumpen verwendet werden. Von diesen Ölpumpen, die ein Vakuum von $5 \cdot 10^{-2}$ bis 10^{-1} Torr liefern können, gibt es ebenfalls verschiedene Konstruktionen. Es ist zu beachten, daß die Sauggeschwindigkeit der Ölpumpen mit fallendem Druck rasch abnimmt.

3. Weder die rotierende Ölpumpe noch die Quecksilberdiffusionspumpe kann ein dampffreies Vakuum geben. Nur bei Einschaltung von Fallen, die mit flüssiger Luft gekühlt sind, wird das möglich.

Quecksilber läßt sich wirksam durch Alkalimetalle, die in die Apparatur hineindestilliert werden, oder auch durch eine flüssige Natrium-Kalium-legierung absorbieren[2]). Die Wirksamkeit soll gegen flüssige Luft nicht zurückbleiben. Man füllt die flüssige Legierung (hergestellt durch Zusammenschmelzen Na/K = 1 : 2 im inerten Gas) in einem inerten Gasstrom in eine 30 cm lange Röhre mit großer lichter Weite ein. Ein- und Auslaß verbindet man mit der Pumpe. Das mit der Zeit an der Oberfläche sich ausbildende feste Amalgam kann durch Schütteln entfernt werden. Mit Eisenspiralen oder Kugeln, die von außen mit einem Magneten betätigt werden, gelingt dies bequemer.

Auch *Goldblättchen*, die vorher ausgeglüht werden, sollen wirksam absorbieren.

---

[1]) Sehr wertvolle Zusammenstellung Liste 26, E. Leybolds Nfg., Köln-Bayental.

[2]) Hughes, A. L. u. Poindexter, F. E., Phil. Mag. (6) **50** (1925) 423; Nature **115** (1925) 979; Finch, G. J., Nature **119** (1927) 856.

In Anordnungen, wo keine Kühlung angewendet wird, zeigt die Messung des Druckes mit einem McLeod-Manometer nur den *Partialdruck* des nicht kondensierbaren Gases an. Dies ist bei der Beurteilung des Endvakuums zu beachten. Das Endvakuum beträgt bei Quecksilberdiffusionspumpen 10^{-6} Torr und noch weniger.

4. Die „Leistung" eines Pumpenaggregates, bestehend aus einer Vorpumpe und Diffusionspumpe, beurteilt man nach der Sauggeschwindigkeit[1]). Das Maximum ist bei beiden Pumpen verschieden, sie müssen deshalb richtig aufeinander abgestimmt sein. Die Sauggeschwindigkeit auch der kleinsten

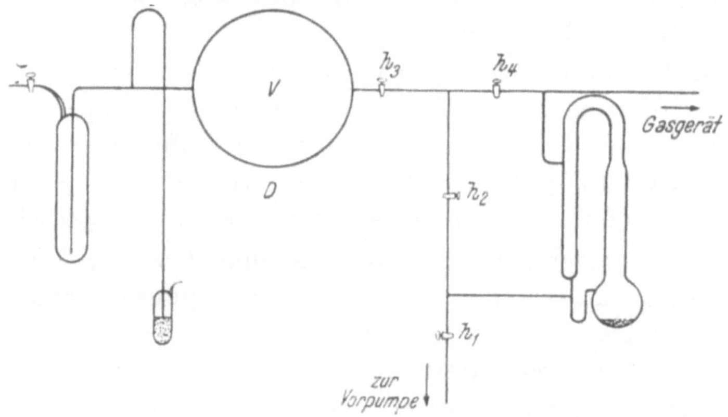

Abb. 68. Vorvakuumkolben und Sammeln des Gases bei niedrigem Druck.

Diffusionspumpe ist im Hochvakuum immer um eine Größenordnung besser als die der rotierenden Ölpumpe. Von den Firmen, die Pumpen für Hochvakuumzwecke liefern, erhält man für die Zusammenstellung eines richtig arbeitenden Aggregates die notwendigen Daten.

5. Die Verwendung der Quecksilberdiffusionspumpe als Förderpumpe und zum Sammeln von Gasen:

a) Hat die Diffusionspumpe nur noch wenig Gas abzusaugen, so kann man die Vorvakuumpumpe abstellen und sie durch einen *Vorvakuumkolben* ersetzen, den man vorher an der Hochvakuumseite vollständig ausgepumpt hat. Damit erreicht man, daß die Diffusionspumpe jetzt noch besser arbeiten kann, da das Vorvakuum im allgemeinen nun niedriger sein wird, als es bei der angeschalteten Ölpumpe der Fall war. Dieser von F. Simon und P. Segebade angegebene Kunstgriff läßt sich auch zum Sammeln des abgepumpten Gases verwenden. Das Prinzip der Schaltung zeigt die

---

[1]) Die *Sauggeschwindigkeit* ist diejenige Menge Luft, die bei einem bestimmten Druck aus einem praktisch *unendlich* großen Gefäß in der Zeiteinheit entfernt wird. Bei rotierenden Ölpumpen bezieht sich die geförderte Luftmenge auf Atmosphärendruck, bei den Diffusionspumpen auf den Druck von 10^{-3} Torr. Die Sauggeschwindigkeit einer dreistufigen Quecksilberdiffusionspumpe nach Volmer-Gaede beträgt 0,3 l/sec, einer dreistufigen Pumpe aus Metall nach Gaede 15—20 l/sec.

Skizze Abb. 68. Bei angeschlossenem Vorvakuum, geschlossenem Hahn h_2, geöffneten Hähnen h_3 und h_4 wird der Vorvakuumkolben D vollständig evakuiert. Schließt man dann mit h_1 das Vorvakuum ab und schließt h_4, *so fördert die Pumpe das Gas nach* D; hier steigt der Druck. Aus seiner Zunahme und dem bekannten Volumen V des Vorvakuumkolbens läßt sich die Menge des geförderten Gases berechnen.

Der Druckanstieg vermindert die Sauggeschwindigkeit der Diffusionspumpe. Um den Anstieg möglichst stark zu verlangsamen, wird man das Volumen V groß wählen. Ferner ist eine hochstufige Diffusionspumpe zu verwenden. Wie schon erwähnt, könnte eine vierstufige Pumpe bis zum Drucke von etwa 40 Torr im Vorvakuumkolben arbeiten, eine einstufige nur bis einige Zehntel Millimeter.

b) Das im Vorvakuumkolben aufgespeicherte Gas kann durch Ausfrieren in einem Ansatz desselben konzentriert werden, oder aber man pumpt das Gas mit Hilfe einer Toepler-Pumpe in einen entsprechenden Behälter. Man bedient sich dabei des folgenden, von K. Peters[1]) angegebenen Gerätes (Abb. 69). Wie man sieht, ist die Toepler-Pumpe A (abgekürzte Form) mit dem Vorvakuumteil der Quecksilber-diffusionspumpe C verbunden. Durch diese Anordnung erreicht man, daß der Vorvakuum-kolben D dauernd rasch von dem geförderten Gas befreit werden kann. Die abgeführte Gas-

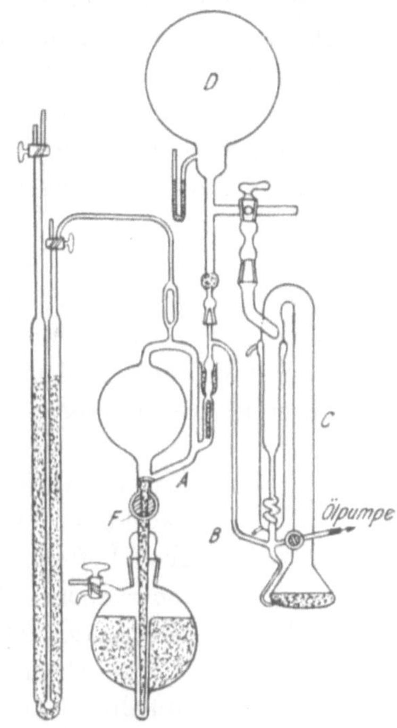

Abb. 69. Vorrichtung zur Sammlung des von der Diffusionspumpe abgesaugte Gases.

menge wird in der Bürette abgemessen, bei dem Zweiweg-Hahn (links oben) kann man z. B. den für die genaue Abmessung in der Bürette notwendigen Unterdruck durch eine Wasserstrahlpumpe herstellen. Die Verwendung der Hähne und das Spiel der angebrachten Glasventile ist aus der Skizze wohl ohne weiteres verständlich.

6. Von den Firmen, die rotierende Ölpumpen und Quecksilberdiffusions-pumpen erzeugen, erhält man sehr ausführlich gehaltene Listen, in welchen die notwendig einzuhaltenden Betriebsbedingungen bei der Verwendung der verschiedenen Pumpen angegeben sind.

1. E. Leybold's Nachfolger A. G., Köln-Bayental, Bonner Str. 500.
2. Central Scientific Company, Cambridge, Mass., U. S. A.; Chicago, Ill., 1700 Irving Park Boulevard.

7. Im Teil A Abb. 67 werden die Ausgangsgase aufgehoben. Zweckmäßig

---

[1]) Peters, K., Z. angew. Ch. **41** (1928) 510.

sollen in diesem Teil die Volumina aller Gefäße einschließlich der Rohrleitungen bekannt sein, um die Mengen der Gase angenähert genau zu bestimmen.

Im Teil B wird die fraktionierte Destillation ausgeführt, S_2 dient für das Sammeln des reinen Gases. In den verschiedenen Gefäßen dieses Teiles werden die entsprechenden Fraktionen, Vorlauf, Mittelfraktion, Restfraktion usw., aufgehoben und durch ihre Tensionen, den Schmelzpunkt usw. kontrolliert.

Im Teile C kann die fraktionierte Kondensation zweckentsprechend ausgeführt werden. Jede einzelne Fraktion dieses Abschnittes ist getrennt erfaßbar, um in den verschiedenen Teilen von A und B aufgehoben zu werden.

b) Ausfriergefäße.

Die Gase werden durch Tiefkühlung in Gefäßformen kondensiert, welche man nach der Menge des Gases und der sich anschließenden weiteren Behandlung entsprechend wählt. Verschiedene Formen findet man an mehreren Stellen dieses Buches verzeichnet. Für eine fraktionierte Kondensation eignet sich ganz besonders die U-Form. Das in den einen gekühlten Schenkel eintretende Gas scheidet zuerst den unflüchtigen Bestandteil aus und wird im anderen Schenkel davon befreit, weiter strömen. Es besteht so keine Gefahr einer nachträglichen Beimischung des unflüchtigen Bestandteiles zum austretenden Gas.

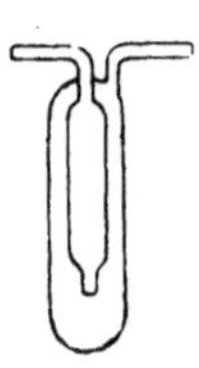

Abb. 70. Ausfriergefäß für große Gasmengen.

Zur Abscheidung größerer Gasmengen im festen Zustand empfiehlt sich, Formen nach Abb. 70 zu verwenden. Sie verhindern eine zu rasche Verlegung des Gasweges. Andere Formen s. Abb. 156, 163, 164 usw.

B. Dampfdruck-Thermometer nach A. Stock.

Für das Arbeiten mit Gasen sind genaue Thermometer zur Bestimmung physikalischer Konstanten und zur Kontrolle von Temperaturbädern unter 0^0 C nicht zu entbehren. Die von A. Stock[1]) angegebenen Thermometer sind in jeder Beziehung sehr geeignet und können in jedem Laboratorium leicht hergestellt werden. Sie sind unter den Arbeitsbedingungen eines chemischen Laboratoriums bequem zu handhaben und stehen gegenüber der mittels Thermoelementen und Widerstandsthermometern erreichten Meßgenauigkeit nicht zurück, ganz besonders nicht im Bereich hoher Drucke des verwendeten Füllgases. Die für tiefe Temperaturen benutzten Alkohol(-78^0 C) oder Pentan-Thermometer (-174^0 C) sind für eine *genaue* Temperaturmessung nicht geeignet.

---

[1]) Stock, A., loc. cit.

Mit Hilfe der Dampfdruck-Thermometer wird die Temperatur durch den Druck bestimmt, den die flüssige (feste) Phase des Füllgases anzeigt.

Es gibt mehrere Formen dieser Thermometer. Die in der Abb. 71 maßstäblich angegebene verdanke ich der Freundlichkeit des Herrn Dr. E. Kuss (Oppau).

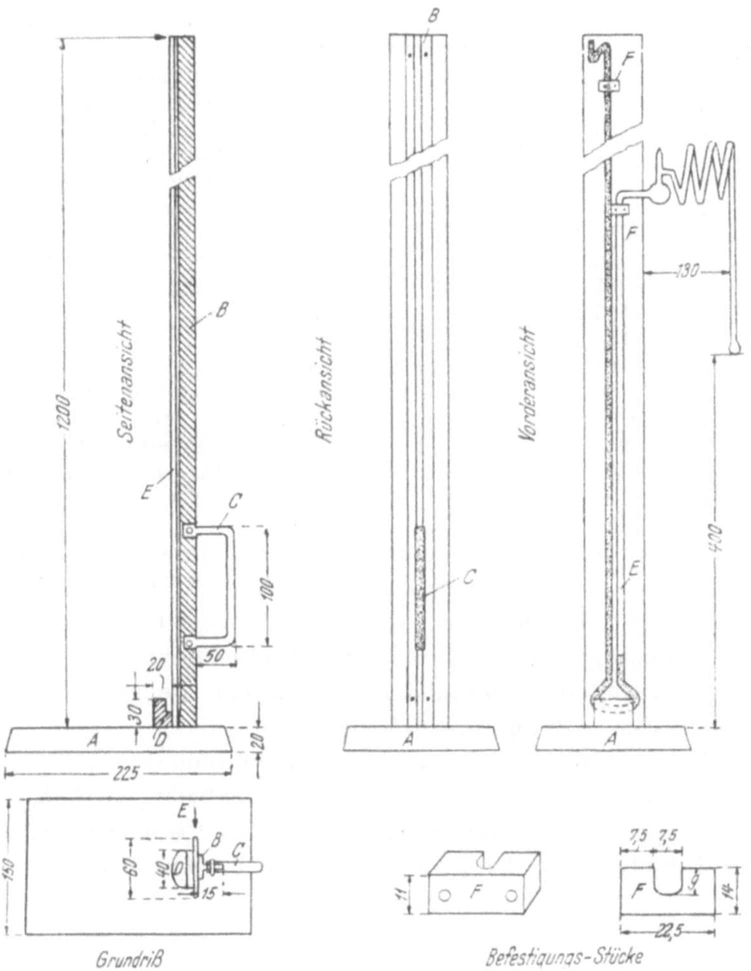

Abb. 71. Dampfdruck-Thermometer.

Die Herstellung der Thermometer beschreiben A. Stock, F. Henning und E. Kuss[1]). Es empfiehlt sich, für ein Füllgas gleich mehrere Thermometer herzustellen, da dies keine wesentliche Mehrarbeit bedeutet. Man hat dann auch, in deren Übereinstimmung untereinander, eine besondere Kontrolle für ihre Richtigkeit. Am bequemsten ist das Thermo-

<hr>

[1]) Stock, A., Henning, F. u. Kuss, E., Ber. dtsch. chem. Ges. 54 (1921) 1119.

meter dann, wenn der eine Schenkel bis zur Abschmelzstelle vom Quecksilber *vollständig* gefüllt ist.

Die folgende Tabelle gibt die Stoffe an, die sich zur Herstellung der Thermometer eignen und den Temperaturbereich, in welchem sie verwendet werden können.

Stoff	Temp.-Bereich ^{0} C	Sm.P. ^{0} C	Anmerkung
CS_2	25 bis — 26	—116,6	Herstellung[1]
SO_2	— 10 bis — 59	— 72,5	Hstg. S. 222, *1*
NH_3	— 33 bis — 69	— 77,7	„ S. 202, *1 a*
CO_2	— 78 bis —110	— 78,4	$\{$ Sublimationspunkt $\{$ Hstg. S. 161, *2*
HCl	— 85 bis —110	—114,2	$\{$ Dampfdr. b. Tripelpunkt $\{t = — 114,3, p = 103,70$ $\{$ Hstg. S. 234, *1*
PH_3	— 87 bis —133	—133,5	Hstg. S. 211, *1*
C_2H_4	—103 bis —140	—169,3	„ S. 175, *1 a*
CH_4	—161 bis —182	—182,6	„ S. 167, *4*
O_2	—182 bis —233	—218,6	„ S. 144, *1*
N_2	—190 bis —211	—210,0	Comm. Leiden Nr. 145 *b* (1914)
H_2	—252 bis —259	—257,1	$\{$ Kamerlingh-Onnes Labor.
He	—268 bis —271	—272,1	$\{$ Leiden. S. 139, *Id*, S. 252, *III*

Die Verwendung der Thermometer ist solange einfach, solange *flüssige* Phase vorliegt. Ist *feste* Phase vorhanden, wie z. B. beim Kohlendioxyd und in einem noch gut meßbaren Bereich auch beim Chlorwasserstoff, so ist Vorsicht notwendig, da hier die Temperatureinstellung langsam erfolgt.

Bei der Benutzung der Thermometer ist ferner die auf S. 55 und 89 angeführte Maßnahme streng einzuhalten.

Für die Bestimmung der Temperatur aus dem gemessenen Druck eignet sich die Tabelle in Landolt-Börnstein-Roth, Tabellen, 5. Aufl., II. Bd., S. 1210. Man kann auch die Werte $\log p$ und $1/T$ auftragen (s. S. 89 oben) und aus der Geraden die den Drucken entsprechenden Temperaturen ablesen.

C. Glas- und Quarz-Federmanometer.

Die Messung des Druckes mit Hilfe eines Quecksilbermanometers versagt bei Gasen, welche das Quecksilber angreifen. In diesem Falle verwendet man Glas- oder Quarzfedermanometer. Quarz eignet sich besonders gut, da die elastische Nachwirkung, die beim Glas vorhanden ist, hier wegfällt. Das Prinzip und die Verwendung dieser Manometer, die fast durchweg als *Nullinstrument* geschaltet werden, ist in dem angegebenen Schrift-

---

[1] In der in Fußnote 1 (vorhergehende Seite) angegebenen Stelle S. 1124.

tum[1]) nachzusehen. Sehr geeignet erweisen sich Quarzmanometer mit vier Windungen (Durchmesser 25 mm) mit 35 cm langem Ausschlaghebel S. Die Nullstellung wird durch ein Mikroskop (Teilung im Okular) beobachtet. Die Anbringung des Manometers kann verschieden sein, ein Beispiel zeigt die Abb. 72.

M ist ein gasdichtes Messinggefäß[2]), welches unten die entsprechend angebrachten Fenster F für Beleuchtung und das Mikroskop enthält. K ist ein entsprechend geformter Deckel, der mit Marineleim eingekittet wird. Mit dem Gefäß ist ein Quecksilbermanometer verbunden. Es ist für eine feine Druckeinstellung (Schleusen) zu sorgen.

Man kann mit Quecksilber Drucke aggressiver Gase messen, wenn man sich einer besonderen Anwendung des Trennrohres bedient[3]).

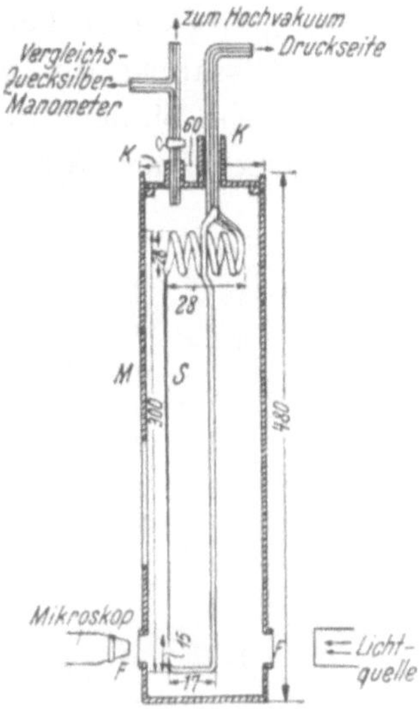

VII. Gase in Stahlflaschen.

Abb. 72. Quarzfedermanometer als Nullinstrument.

Eine beschränkte Anzahl von Gasen wird technisch im großen Maßstabe hergestellt und komprimiert oder verflüssigt in Stahlflaschen in den Handel gebracht. Es ist natürlich klar, daß diese Gase meist nur „technisch rein" sind und im besonderen Falle erst gereinigt werden müssen. Trotzdem ist es stets sehr bequem und von Vorteil, ein solches Gas als Ausgangsmaterial zur Verfügung zu haben.

Das in Stahlflaschen unter hohem Druck stehende Gas wird durch ein an der Flasche befindliches Ventil abgesperrt. Eine Form des Ventils und Bezeichnungen der einzelnen Bestandteile zeigt Abb. 73. Zur Entnahme des Gases ist dieses meist zu grob, es wird ein Reduzierventil an das erste Ventil befestigt, das den hohen Druck des Gases entsprechend mindert, wodurch erst eine leichter regelbare Entnahme erfolgen kann. Zum Schutz gegen Explosionsgefahr hat das Ventil ein Links- oder Rechtsgewinde, je nachdem die Flasche ein brennbares oder unbrennbares Gas enthält. Im Deutschen Reich wird der Inhalt der Flasche durch ein Farbband um den

---

[1]) Bodenstein, M. u. Katayama, M., Z. Elektrochem. **15** (1909) 244; Starck, G· u. Bodenstein, M., Z. Elektrochem. **16** (1910) 961; Preuner, G. u. Brockmüller, J.· Z. physik. Chem. **81** (1913) 129.

Diese Quarzfedermanometer erzeugt die Firma Heraeus Quarzglas Ges. m. b. H., Hanau/Main.

[2]) Messingröhren sind selten hochvakuumdicht; mit Spritzlackierung ist dies leicht zu beheben.

[3]) Fleischmann, R., Naturw. **29** (1941) 485.

Hals der Flasche gekennzeichnet. Sauerstoff blau, Wasserstoff rot, Stickstoff grün, Acetylen weiß, alle übrigen Gase grau. *Feinregulierung* geschieht durch Nadelventile (S. 26). Wird das Gas einer Stahlflasche entnommen, so muß man es auch bei Anwendung von Reduzierventilen vor dem Eintritt in die Glasapparatur noch durch ein Sicherheitsventil streichen lassen, welches sehr einfach konstruiert ist. Man verwendet ein ⊤-Stück, das unter Quecksilber, Wasser oder anderen Flüssigkeiten abgesperrt ist. Solche Vorrichtungen verwendet man auch sonst, wo plötzlich eintretende Überdrucke aufzufangen sind. *Diese Vorsichtsmaßregel darf niemals unbeachtet bleiben.*

Man beachte die behördlich vorgeschriebene Behandlung der Stahlflaschen: Sie müssen von Zeit zu Zeit auf Druckfestigkeit geprüft werden und erhalten dann den entsprechenden Vermerk eingeschlagen; Stahlflaschen müssen am Laboratoriumstisch oder an der Wand mit Schellen aufrecht stehend befestigt sein. Wichtige Hinweise sind: Schutz gegen Erwärmung, strenge Vermeidung des Werfens.

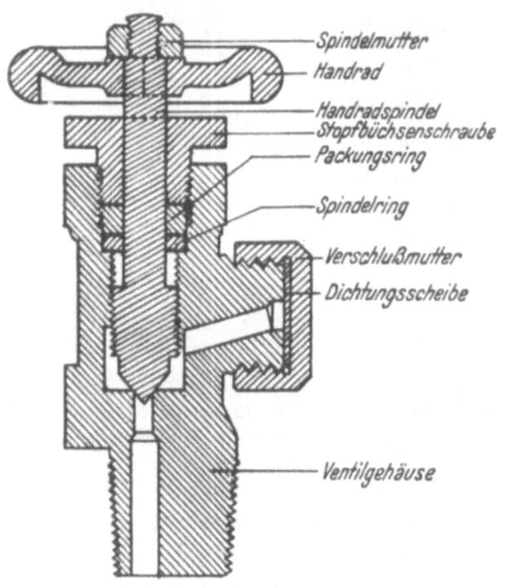

Abb. 73. Form eines Flaschenventils.

In der folgenden Zusammenstellung sind die Gase angeführt, die heute, in Stahlzylinder verschiedener Größe gepreßt, käuflich zu haben sind. Wenn sie nicht allgemein erhältlich sind, ist die Erzeugerfirma mit genauer Anschrift verzeichnet. In den meisten Fällen sind direkt oder indirekt von dem Betriebe, von welchem das Gas bezogen werden kann, die Angaben über die (1936—1937 und so weit es ging bis 1943) übliche Herstellungsart und den durchschnittlichen Reinheitsgrad des komprimierten oder verflüssigten Gases zur Verfügung gestellt worden. Dadurch ist es möglich, den Weg für die Reinigung des betreffenden Gases leichter aufzufinden.

Alle Gase in Stahlflaschen enthalten infolge der Komprimierung Mineralöl und andere Beimengungen als „Schwebestoffe", die leicht durch Filter (s. S. 63, Abschn. D) entfernt werden können. Die den Gasflaschen mit *flüssigem* Inhalt entnommene Gasprobe hat im allgemeinen eine *verschiedene* Zusammensetzung, je nachdem, ob die Flasche bei der Entnahme liegt oder steht. Da eine Änderung im Herstellungsprozeß vorkommen kann und dadurch andere Begleitstoffe auftreten können, wird man sich in solchen konkreten Fällen direkt an den Betrieb wenden, von welchem das Gas bezogen worden ist.

Tab 11e.

Gas	Herstellung	Ungefährer %-Gehalt an reinem Gas	Begleitgase	Bezugsquelle[1]	Anmerkung
Wasserstoff H_2	Elektrolyse	99,5	0,5% O_2, N_2	A Spektralrein I,V	Auf anderem Wege hergestelltes Gas enthält mehr fremde Bestandteile
Sauerstoff O_2	Elektrolyse	99	1% H_2, N_2, CO_2	A Spektralrein I	Medizinischer Sauerstoff ist 99,8 proz.; Restgehalt: 0,1% N_2 0,1% CO_2
	Linde-Verfahren	99	0,7% Ar, 0,3% N_2	A	—
Stickstoff N_2	Linde-Verfahren	99,8	0,2% O_2	A	Entfernung des Sauerstoffs auf nassem Wege s. H. v. Wartenberg, Z. Elektrochem. **36** (1930) 295
		100,0	Spuren Sauerstoff	II	Auf besond. Verlangen hergestellt. Besonders reinen Stickstoff erzeugt „Osram"-Auer-Gesellschaft, Berlin O
Chlor Cl_2	Elektrolyse	—	Luft, CO_2 CO, HCl	A	—
		99,9 u. höher	—	V	—
Fluorwasserstoff HF	Einleiten von F_2 in HF-Lösungen	Wasserfrei rein	—	I	—
Chlorwasserstoff HCl	Verbrennung v.Chlor in Wasserstoffatmosphäre [Cl, und H, werden bei der NaCl-Elektrolyse gewonn.]	fast rein	geringe Mengen Luft	I	—
Kohlenoxyd CO	Aus entgast. Hüttenkoks u. reinem Sauerstoff D.R.P. 280968	95	0,5% N_2 3,5% H_2 [H_2S, CO_2] Eisencarbonyl	I	—
Kohlendioxyd CO_2	Nach verschiedenen Verfahren Erdgas	fast rein	H_2O, Luft	A Spektralrein I	fest: Karboeis, Trokkeneis, allgemein erhältlich
Phosgen $COCl_2$	synthetisch	99	—	I	—
		> 99	—	V	—
Schwefelwasserstoff SH_2	—	99,7	—	XI	—
Schwefeldioxyd SO_2	Nach verschiedenen Verfahren	—	H_2O, H_2SO_4, CO_2, Luft	A I,V,VI	—
Ammoniak NH_3	Kokerei	99,5	H_2O, Pyridinbasen, Nitrile, Kohlenwasserstoff usw.	A	—
	Aus d. Elementen	fast rein	—	I, V	—

[1]) Adressen s. S. 130.

Tabelle (Fortsetzung).

Gas	Herstellung	Ungefährer %-Gehalt an reinem Gas	Begleitgase	Bezugsquelle[1]	Anmerkung
Stickoxydul N_2O	In die Schmelze von Natrium-Kalium-nitrat wird bei 180 bis 260° C Ammon-nitrat eingetragen	95—99	N_2, O_2	I	—
		99, 99,5	O_2	XIII	
Cyanwasser-stoff HCN	Aus Cyaniden mit Schwefelsäure	98—99	H_2O und Stabilisator	V	—
Methan CH_4	Aus kohlenwasser-stoffreichen Gasen, Absorption an Aktiv-kohle, Entfernung von S, katalytische Hydrierung über Ni	80—90	10—20% N_2	I	[Auch XI erhältlich] —
	Kokereigase, Natur-gas, Linde-Verfahr.	rein	—	VII	
Äthan C_2H_6	—	94	—	I, XI, XII	—
Propan C_3H_8	Aus Restgasen der Kohlehydrierung: fraktionierte Kon-densation in einer Linde-Anlage	95 Propan + Propylen	$n\text{-}C_4H_{10}$, $i\text{-}C_4H_{10}$, C_2H_6, C_2H_4, C_4H_8	I	„Leuna Propan"
		98—99	olefinfrei, C_2H_6	I	„Rein Propan" [auch XI erhältlich]
	Fraktionierung v. natürlichen Gasen	95—96	höhere u. nie-drigere K. W.	X	$\varDelta t$ von — 46,1 bis — 40° C
		über 99,9	—	X	Propane C. P.
n-Butan C_4H_{10}	Aus Restgasen der Kohlehydrierung; fraktionierte Kon-densation in einer Linde-Anlage	95 n-Butan + i-Butan + Butylen	C_5H_{12}, Amylen, C_5H_8, C_3H_6	I	„Leuna Butan"
	Fraktionierung v. natürlichen Gasen	90—95	höhere u. nie-dere K. W.	X	techn. Butan ent-hält i-Butan + n-Butan. $\varDelta t$ von — 9,4 bis — 1,1° C
		99	höhere u. nie-dere K. W.	X	Butangemisch $\varDelta t$ von — 6,6 bis — 1,1° C
		über 99	—	XI	Butane C. P.
i-Butan C_4H_{10}	Aus Restgasen d. Kohlehydrierung; fraktionierte Kon-densation i. einer Linde-Anlage	95	$n\text{-}C_4H_{10}$ C_3H_8	I	—
		98—99	olefinfrei $n\text{-}C_4H_{10}$	I	—
	Fraktionierung v. natürlichen Gasen	über 99	höhere u. nie-dere K. W.	X XI	Isobutane C. P.
Äthylen C_2H_4	Koksofengase	96—97	größtenteils C_2H_6	IV XI	über Äthyalkolhol her-gestelltes Gas kann Äthyläther enthalten.
Propylen C_3H_6	—	88	—	XI	—

1) Adressen s. S. 130.

Tabelle (Fortsetzung).

Gas	Herstellung	Ungefährer %-Gehalt an reinem Gas	Begleitgase	Bezugsquelle[1]	Anmerkung
Acetylen C_2H_2	Aus Calciumcarbid	—	Als „Dissougas" acetonhaltig	A	Technische Herstellung von verflüssigtem Acetylen ist allgemein nicht gestattet
Chlormethyl CH_3Cl	$CH_3OH + HCl$ unter Druck i. flüss. Phase oder drucklos durch Überleiten beider üb. Katalysatoren ($ZnCl_2$ aktivierte Kohle), Reinigung durch Tiefkühlung	rein	—	I V	—
	—	—	H_2O 0,01 HCl 0,001 $CH_2O_2 < 0,01$ Rückst. 0,01 } Gewicht-%	VIII	—
Brommethyl CH_3Br	$CH_3OH + PBr_3$ oder BrH	95	—	IVa	—
Chloräthyl C_2H_5Cl	Überleiten von $C_2H_5OH + HCl$ üb. Katalysatoren [$ZnCl_2$, aktivierte Kohle]. Reinigung durch Tiefkühlung	rein	—	I	—
	$C_2H_5OH + HCl$	99,8	—	V	—
Dichlordifluormethan[2]) CCl_2F_2	Aus CCl_4 durch Einwirkung von SbF_3	99,5	0,002% H_2O 0,5% höher siedende Verunreinigungen	I IX	Th. Midgley jr. und A. L. Henne, Ind. Engng. Chem. **22** (1930) 542; Handelsmarke „Freon 12"; „Frigen" I. G. Farbenindustrie Akt.-Ges.; Sd.P. —29,8°C
Nickelcarbonyl	—	—	—	XI	—
Helium He	aus Erdgasquellen Luft-Verflüssigung	> 99,5	0,01% H_2 N_2	III	s. Ausführungen nächste Seite
Neon Ne	Luft-Verflüssigung	> 99,5	0,5% : $He + H_2$	III	—
Argon Ar	Luft-Verflüssigung	99,54	N_2-Gehalt kleiner als 0,540 (0,1 bis 0,2%)	II	—
Krypton Kr	Luft-Verflüssigung	99	1% Xenon	II	—
Xenon X	Luft-Verflüssigung	99	1% Krypton	II	—

Auch technisch wichtige, nicht einheitlich zusammengesetzte Gase, z. B. Leuchtgas, können komprimiert von manchen Betrieben auf Verlangen erhalten werden.

[1]) Adressen s. S. 130.

[2]) Es wird auch hergestellt $CClF_3$ „Freon 13" und CCl_3F „Freon 11" s. S. 230. $CHCl_2F$ „Freon 22" Mod. Refrig. **47** (1944) 114.

Bezeichnungen.

A. Allgemein erhältlich.

   I. I. G. Farbenindustrie Aktiengesellschaft, Tea Büro, Frankfurt (Main) 20, Grüne-burgplatz.

  II. Gesellschaft für Linde's Eismaschinen A. G., Höllriegelskreuth bei München.

 III. Griesheimer Autogen Verkaufs-Gesellschaft m. b. H., Frankfurt (Main)-Gries-heim.

 IV. Chemische Fabrik Holten G. m. b. H., Oberhausen-Holten (Rhld.).

IVa. Schering-Kahlbaum A.-G., Berlin N 65.

  V. Imperial Chemical Industries Limited, Millbank, London S. W. 1.

 VI. Boake, Roberts & Co., Ltd., Carpenters Road, Stratford, London E. 15.

VII. Georg Insole & Son, Cardiff, England.

VIII. E. I. du Pont de Nemours & Company, Wilmington, Del., U. S. A.

 IX. Kinetic Chemicals Inc., Wilmington, Del., U. S. A.

  X. Philgas Dep. Phillips Petroleum Comp. General Motors Bldg., Detroid, Michigan.

 XI. Matheson Labor. Gases, East Rutherford, N. J.

XII. Ohio Chemical Comp.

XIII. Coxeter & Son Ltd., Nordern Road, London S. W. 19.

Weitere Firmen, die Kohlenwasserstoffe erzeugen:

Carbide & Carbon Chemicals Corporation, 30 East 42nd Street, New York, N. Y.
The Matheson Company Inc., East Rutherford, New Jersey.
Ohio Chemical & Manufacturing Company, Cleveland, Ohio.
Skelly Oil Company, Tulsa, Oklahoma.

Bemerkung. Nach Auffindung starker Helium-Quellen in den Vereinigten Staaten von Amerika durch H. P. Cady und D. F. Mc Farland[1]) im Jahre 1905 wird dieses Gas seit etwa 1916 dort in großem Maßstabe hergestellt[2]). Gegenwärtig kann Helium aus den Vereinigten Staaten ausgeführt werden (Section 4 of the Act of Congress March 3, 1927; Executive Order February 22, 1934). Die Ausfuhr bedarf jedoch der Bestätigung durch den Präsidenten der Vereinigten Staaten nach Einsichtnahme und Zustimmung durch die Staatssekretäre für Krieg, Flotte und das Innere. Das Ansuchen hat den Namen und Adresse des Beziehers und des Konzerns zu enthalten, von dem das Helium bezogen wird. Ferner ist die Menge des zu exportierenden Heliums und die genaue, in Einzelheiten ausgeführte Angabe, für welche Zwecke es benötigt wird, anzuführen.

Dieses Gesetz ist durch ein neues im Jahre 1937 erweitert worden. Es besteht nach wie vor eine Art Regierungsmonopol. Die Ausfuhr wird durch den *National Munitions Control Board*, Washington D. C. überwacht. Die entsprechenden Grundlagen erhält man hier im *Senate Document Room*.

Folgende Konzerne kommen für eine Heliumlieferung in Betracht:

1. Linde Air Products Co.,
   30 E. 42nd St., New York City.

---

[1]) Cady, H. P. u. Mc Farland, J. Amer. chem. Soc. **29** (1907) 1524.

[2]) Näheres in der interessanten, leider schwer zugänglichen Monographie „Helium-bearing Natural Gas" von G. Sh. Rogers, Depart. of the Interior, United States Geological Survey (Professional Paper 121), Washington 1921.

2. Air Reduction Co.,
   342 Madison Ave., New York City.
3. The Matheson Co.,
   North Bergen, New Jersey,
4. The Helium Company,
   Louisville, Kentucky.
5. The Ohio Chemical and Manufacturing Co.,
   231 E. 51st Street, New York City.

Die genannten Firmen besorgen nach Auftragerteilung die notwendigen oben angegebenen Ausfuhrdokumente. Das Helium wird in Stahlflaschen mit einem Druck von 125 Atm. versendet.

Herstellung reiner Gase.

Bei den folgenden Gasen sind die angegebenen Werte für den Siedepunkt (Sd.P.), Schmelzpunkt (Sm.P.) und Tripelpunktdruck meist abgerundet angegeben. Wo stark abweichende Angaben vorliegen, wurden die verläßlich scheinenden verwendet. Ob dies immer richtig war, soll dahingestellt bleiben.

Von sehr vielen, Wasserstoff enthaltenden, Gasen sind bereits die entsprechenden Deuteriumverbindungen (mit vollständigem als auch teilweisem Ersatz von Wasserstoff durch Deuterium) hergestellt worden. Ich habe nur stellenweise einige wenige Daten aus der überreichen Literatur angeben können, da eine ausführliche Besprechung der verwendeten Methoden etwas zu weit führen würde. Es muß hier auf die Spezialliteratur verwiesen werden.

Bei den einzelnen Gasen ist die Prüfung auf ihre Reinheit nicht angegeben. Diese erfolgt nach den Methoden der Gasanalyse. Im I. Teil, S. 34, sind einige Verfahren zur Ermittlung kleiner Mengen von häufiger vorkommenden Gasen angeführt, wenn diese als Begleitstoffe zu bestimmen sind. Zuweilen kann man aus den Verfahren zur Gewinnung eines bestimmten Gases ableiten, welche Verunreinigungen es enthalten kann. Nach diesen richtet sich dann jedenfalls der zur Reinigung einzuschlagende Weg.

Einige der Gase, die in diesem Teil behandelt werden, sind, ohne daß stets darauf hingewiesen wird, käuflich in *Stahlflaschen* erhältlich. Ein Verzeichnis darüber findet man S. 125 ff.

Wasserstoff H$_2$.
Sm.P. = — 257,1° C.   Sd.P. = — 252,75° C.
Tripelpunkt-Druck = 53,9 (± 0,1)[1]) Torr.

1. *Aus Säuren.* Die bequemste Methode zur Herstellung von Wasserstoff ist die Einwirkung von verdünnter Schwefelsäure (1 : 6) oder Salzsäure (1 : 1) auf granuliertes Zink im Kippschen Apparat (s. S. 3). Um zu verhindern,

---

[1]) Da bei dieser Temperatur gewöhnlicher Wasserstoff nicht beständig ist, sondern erst eine *Mischung* mit Parawasserstoff, kommt dieser Zahl eigentlich keine scharfe Bedeutung zu.

daß die Säure der obersten Kugel Luft auflöst, verbindet man diese Kugel mit einer anderen Wasserstoffquelle. Eine Anordnung, die mit *einem* Kippschen Apparat auskommt, beschreibt M. Dolch [11].

Reinen Wasserstoff erhält man nur bei Verwendung von chemisch reinem Zink (in Stangenform oder gekörnt) und chemisch reiner Salzsäure. Die Gasentwicklung kann durch Zugabe von Platinsalzen, Kupfersulfat oder Kobaltchlorid entsprechend beschleunigt werden, doch soll man, wenn es nicht unbedingt notwendig ist, davon absehen. Der entweichende Wasserstoff kann die flüchtigen Wasserstoffverbindungen der Elemente enthalten, die in den verwendeten Reagentien als Verunreinigungen vorkommen, also

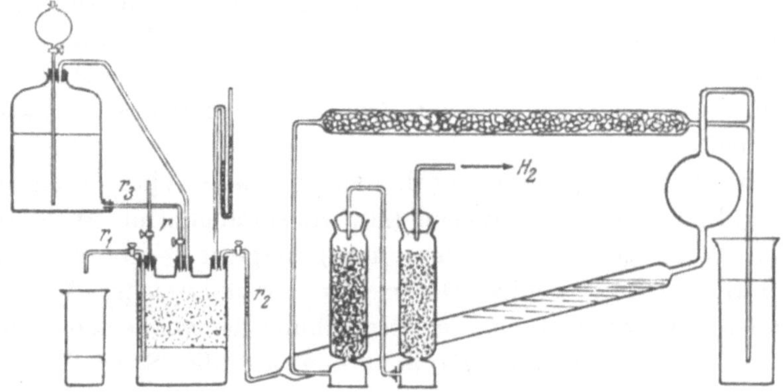

Abb. 74. Reiner Wasserstoff durch Auflösung von Zink in Säure.

Arsenwasserstoff, Kohlenwasserstoffe usw. Schwefeldioxyd [1] und Schwefelwasserstoff (?) bilden sich bei Verwendung von verdünnter oder konz. Schwefelsäure zur Entwicklung bzw. Trocknung des Gases; ferner enthält es immer Sauerstoff und Stickstoff. Ein Gehalt des letztgenannten Gases ist sehr schwierig zu entfernen, kann aber durch entsprechende Vorsichtsmaßregeln sehr verringert werden [4].

Besser noch als ein Kippscher Apparat ist die Anordnung, wie sie etwa Th. W. Richards [1] verwendete (Abb. 74).

Die Wulffsche Flasche wird mit reinstem Zink beschickt, die oberste Flasche enthält reinste Salzsäure (1 : 1), die nach [4] behandelt wurde. Die Regulierung des Gasstromes erfolgt durch Glashahn 1, der es gestattet, die Säure tropfenweise zum Zink zufließen zu lassen. Durch das Rohr r_1 entleert man den Inhalt der Wulffschen Flasche, so daß durch die sehr enge Röhre r_3 weitere Säure zufließen kann. Das Gasentbindungsrohr r_2 leitet das Gas in eine in einem Winkel von 10^0 geneigte Röhre (2,5 cm, 80 cm) die mit starker Kalilauge gefüllt ist. Das Gas muß in kleinen Bläschen aufsteigen, was besonders dadurch erreicht wird, daß man die Röhre mit Glasperlen füllt. Nach den Sicherungen tritt der Wasserstoff in ein 60 cm langes Chlorcalciumrohr und streicht schließlich durch zwei Phosphor-pentoxyd-Trockentürme. Das auf diese Weise hergestellte Gas ist sehr rein; der Luftgehalt dürfte geringer sein als 0,01 %.

a) Der aus Säuren entwickelte Wasserstoff ist im allgemeinen besonders zu reinigen. Inhalt und Folge der Waschflaschen gibt nachstehende Abb. 75 an. Die Verbrennung des Sauerstoffs erfolgt über Platin [1], Platinasbest [8] oder platiniertem Quarz [6] bei etwa 800° C. Niedrigere Temperaturen, etwa 400—500° C erfordern Palladiumasbest. Die Länge der Röhre beträgt etwa 30—40 cm[1]).

b) Eine besondere Reinigungsmethode ist von E. W. Morley [2] angegeben worden. Der Wasserstoff wird von Palladium bei gewöhnlicher Temperatur absorbieren gelassen und dann bei höherer Temperatur wieder ausgetrieben. Man erhitzt zuerst das Palladium im Vakuum, dann leitet

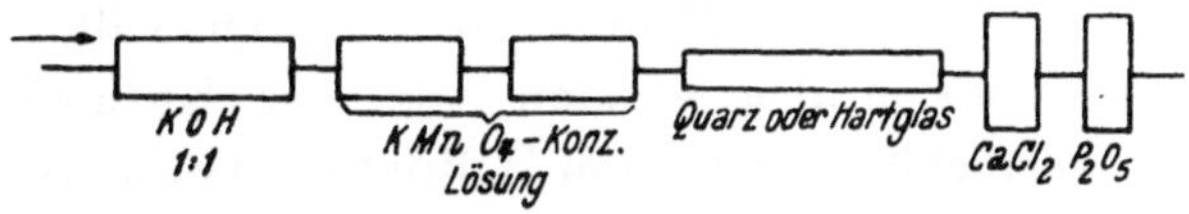

Abb. 75.

man noch einige Zeit Wasserstoff darüber und läßt während des Erkaltens Wasserstoff absorbieren. Danach leitet man wieder Wasserstoff über das Palladium, um eventuell nicht absorbierte Gase zu verdrängen.

c) Zur Entfernung von Wasserdampf und Sauerstoff wirkt metallisches Natrium sehr günstig, welches den absorbierten Wasserstoff bei 300 bis 400° C wieder abgibt [3]. Wenn keine störenden Nebenreaktionen dabei auftreten, kann diese Methode, da sie andere Trockenmittel ausschaltet, in besonderen Fällen von Vorteil sein.

d) Die Reinigung des Wasserstoffes ist auch durch Verflüssigung möglich. Da dieser Vorgang aber nur in wenigen Laboratorien eingeschlagen werden kann, soll hier auf nähere Angaben nicht eingegangen werden. Aus dem verflüssigten Wasserstoff läßt sich nach entsprechenden Vorsichtsmaßregeln ein Gas abpumpen, das noch etwa 0,002 % Stickstoff enthalten kann [9].

Für die Verflüssigung eignet sich der durch Elektrolyse hergestellte Wasserstoff besser, da er leicht vorgereinigt werden kann und auf diese Weise von den Beimengungen befreit wird, die bei der Tiefkühlung zu Verlegungen führen. Reinigung des gasförmigen Wasserstoffes mit Hilfe von flüssigem Wasserstoff s. [14] und [8].

---

[1]) Verwendet man zur Trocknung konz. Schwefelsäure nach dem Verlassen des Ofens, so hat dies mit Vorsicht zu geschehen. Gelangen geringe Teile des Platins (des Palladiums) in die Säure, so wird diese zu flüchtigen Schwefelverbindungen reduziert: Dies ist eine Reaktion, die in ganz erheblichem Ausmaße eintreten kann. *Deshalb genügend Watte in den engen Teil der Hartglasröhre!*

2. *Elektrolyse des Wassers.* Die Elektrolyse des Wassers ist imstande, nach Anwendung sehr einfacher Reinigungsmethoden, einen sehr reinen Wasserstoff zu liefern [1, 2, 4, 10].

Man elektrolysiert verdünnte Schwefelsäure und wäscht das entwickelte Gas durch nahezu gesättigte Kalilauge. Dann leitet man es über glühendes Kupfer, festes, pulverisiertes Kaliumhydroxyd und zum Schluß über Phosphorpentoxyd. Nach dem glühenden Kupfer schaltet man eine Röhre ein (1 m, 2,5 cm), die mit Glasperlen gefüllt ist, und eine gesättigte Lösung von Kalilauge und Bleioxyd PbO enthält. Wird der Wasserstoff dann noch durch Absorption mittels Palladiumfolie gereinigt, so beträgt der Stickstoffgehalt höchstens 0,003—0,005⁰/₀₀.

In der Praxis verwendet man als Elektrolytflüssigkeit 15proz. Kalilauge, selten Bariumhydroxyd. Der Apparat ist im Prinzip ein Voltameter, dessen Größe sich nach den Mengen Wasserstoff richtet, die man' pro Zeiteinheit erhalten will. Um eine Vermischung der Anoden- mit der Kathodenflüssigkeit zu vermeiden, ist in dem U-Rohr ein Glasdiaphragma (Sinterglas) eingebaut.

Eine prinzipielle Anordnung, um größere Mengen Wasserstoff elektrolytisch zu erzeugen, zeigt Abb. 76 [6]. Der Apparat besteht aus einem Glasgefäß, das den Elektrolyten, (15—30proz.) Natronlauge, enthält. In diesen taucht eine Glasglocke (zweckentsprechend verwendet man eine Flasche mit abgesprengtem Boden). Durch den gut passenden Gummistopfen führt einerseits das mit einem Dreiweghahn versehene Gasentbindungsrohr, anderseits die Stromzuführung für die Kathode. D_1 ist ein lose aufsitzender Deckel, D_2 fixiert die Glocke in diesem. Die Ausmaße der Elektroden werden nach dem pro Zeiteinheit benötigten Gasbedarf gewählt. Durch das Ansaugen am Dreiweghahn wird die Lauge bis zum Hahn gehoben und dann die Elektrolyse begonnen. S ist eine Sicherung gegen Knallgaszündung, ist aber bei richtiger Wartung entbehrlich.

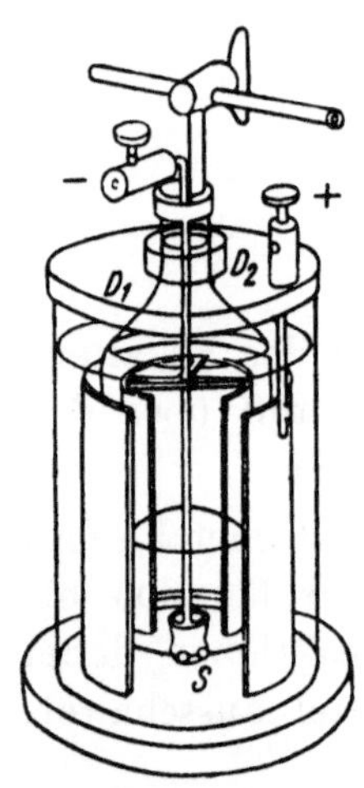

Abb. 76. Elektrolytische Herstellung von Wasserstoff in größeren Mengen.

Eine Anordnung mit Platin- und Amalgamelektroden, sowie Salzsäure als Elektrolyt s. [10].

Eine elektrolytische Herstellung von Wasserstoff mit einem Gehalt von weniger als $4 \cdot 10^{-6}\%$ Luft beschreiben F. Paneth und K. Peters [15].

3. *Durch Einwirkung von Metall auf Lauge.* Sehr reiner Wasserstoff wird bei der Einwirkung von reiner Aluminiumfolie auf starke Lauge erhalten. Der Reinheitsgrad, der bei Anwendung gleicher Maßnahmen wie in 2, erreicht wird, kommt dem Reinheitsgrade des Elektrolytwasserstoffs gleich [1].

Um in einer kleinen Menge Wasserstoff bei niedrigen Drucken die Anwesenheit eines anderen Gases festzustellen, wird der Wasserstoff durch ein Palladiumröhrchen, das durch eine besondere Spirale erhitzt wird, abgepumpt. Ein Rest zeigt die Verunreinigung an [5].

Die besondere Anordnung und Behandlung eines Palladiumröhrchens, welches zur Reinigung des Wasserstoffs nach der eleganten Diffusionsmethode dienen soll, beschreiben .F. P. Burt und E. C. Edgar [12] und eingehend M. Bodenstein und W. Unger [13].

Literatur.

1. Richards, Th. W., Experimentelle Untersuchungen über Atomgewichte, Hamburg und Leipzig 1909; S.48ff.
2. Morley, E. W., Smithsonian Contributions to Knowledge 1895; Z. physik. Chem. **20** (1896) 242.
3. Hüttig, G. F. u. Krajewski, A., Z. anorg. allg. Chem. **141** (1924) 136; Travers, M. W., Experimentelle Untersuchungen von Gasen, Braunschweig 1905.
4. Guye, C. E. u. Rudy, R., Arch. phys. nat. Genève **5** (1923) 241.
5. de Boer, J. H. u. Dippel, C. J., Z. physik. Chem. (B) **25** (1934) 399.
6. Vézes, M. u. Labatut, J., Z. anorg. Chem. **32** (1920) 464.
8. Kamerlingh-Onnes, H., Comm. Leiden 94f., 109.
9. Kanolt, C. W. u. Cook, J. W., Ind. Engng. Chem. **17** (1925) 183.
10. Kamerlingh-Onnes, H., Comm. Leiden 27 u. 60.
11. Dolch, M., Chem.-Ztg. **44** (1920) 378.
12. Burt, F. P. u. Edgar, E. C., Proc. Roy. Soc. London (A) **216** (1916) 393.
13. Bodenstein, M. u. Unger, W., Z. physik. Chem. (B) **11** (1931) 256.
14. Kamerlingh-Onnes, H., Comm. Leiden Nr. 109b (1909).
15. Paneth, F. u. Peters, K., Z. physik. Chem. **134** (1928) 360.

Deuterium D$_2$.

Sm.P. $= -254,5^0$ C.   Sd.P. $= -249,6^0$ C.   Tripelpunkt-Druck $= 121$ Torr.

Für die Herstellung des Deuteriums wird man gegenwärtig wohl am besten vom schweren Wasser D$_2$O ausgehen. Man erhält schweres Wasser in Deutschland durch I. G. Farbenindustrie Aktiengesellschaft, Frankfurt (Main), in den anderen Ländern direkt durch die herstellende Firma: Norsk Hydro-Elektrisk Kvaelstofaktieselskab, Abtg. H, Oslo, Solligaten 7.

Es sind verschiedene Konzentrationen von schwerem Wasser: (5—99,6%), erhältlich.

1. *Zersetzung des schweren Wassers mit Natrium* (1). Abb. 77. In *V* befindet sich Deuteriumoxyd, in *E* ein Aluminiumtiegel mit metallischem Natrium. Während *V* in flüssige Luft eintaucht, wird das System vollständig evakuiert. Bei geschlossenem

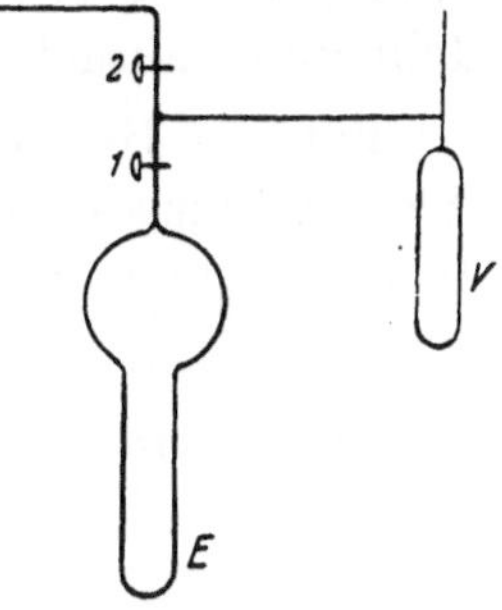

Abb. 77. Anordnung zur Herstellung von D$_2$ aus D·O.

Hahn 2 läßt man dann das schwere Wasser nach dem mit flüssiger Luft gekühlten Gefäß *E* abdestillieren. Erwärmt man nun *E* mehrere Stunden lang auf 350^0 C, so wird das ganze Deuterium in Freiheit gesetzt. Die Reinigung erfolgt so, daß man das Gas bei -185^0 C über gasfrei gemachter

Holzkohle stehen läßt. Von hier wird das Deuterium *langsam* in die entsprechenden Gefäße abgepumpt. Gehalt an Begleitgasen: etwa 0,02%.

Bemerkung: Das Natrium gibt zu Beginn seiner Verwendung Wasserstoff ab, dessen
Entstehung verschiedene Ursachen hat. Es werden daher die ersten Anteile an
Deuterium mehrere Prozente Wasserstoff enthalten können; erst bei der zweiten
Darstellung, unter Verwendung *des gleichen* Stückes Natrium, kann man reines Deuterium
erhalten.

2. *Die Reduktion des schweren Wassers mit glühenden Metallen*. a) *Eisen*.
Man leitet im Vakuum bei 900° Deuteriumoxyd durch eine Quarzröhre,
in welcher sich kohlenstofffreies, vollständig entgastes Eisen (ferrum reductum)
befindet. Mit Hilfe einer Toeplerpumpe sendet man das Gas, ehe es gesammelt
wird, durch Ausfriergefäße, die mit flüssiger Luft gekühlt sind [2].

b) *Wolfram*. Die Verwendung dieses Metalls eignet sich zur Herstellung
kleiner Mengen. Man erhält auf diesem Wege ein sehr reines Gas, das nur
durch solche Bestandteile verunreinigt sein kann, die eventuell im verwendeten schweren Wasser vorhanden sein könnten. Das Deuteriumoxyd
wird an einem Wolframdraht bei 1000° zersetzt. Die Zersetzung ist vollständig, so, daß der Reinheitsgrad des Deuteriums dem des schweren
Wassers entspricht. Das gebildete Wolframoxyd ist flüchtig und destilliert
ab, so daß stets eine frische Metalloberfläche vorhanden ist. Das Metall
kann man vor der Verwendung bei 2000° C restlos entgasen. Man erhält
30 cm³ Gas, bevor ein Draht (0,2 mm, 20 cm) durchbrennt [3].

3. *Elektrolyse*. Es wird schweres Wasser elektrolysiert, das man mit
etwas wasserfreier Soda versetzt. Man beginnt die Elektrolyse im erreichbaren
Vakuum und fängt den Sauerstoff und das Deuterium getrennt auf. Dieses
leitet man dann über Pt-Asbest, besser Platinwolle, bei 600° C und dann,
vor der Sammlung, durch Ausfriergefäße, die mit flüssiger Luft gekühlt
sind [4]. Die Reinigung kann auch durch Diffusion mit Verwendung von
Palladium ausgeführt werden [6].

Für die Herstellung größerer Mengen ist es besser, den Sauerstoff des
Elektrolytgases mit flüssigem Wasserstoff auszufrieren. Das Gas enthält
99,5% Deuterium [5].

Quantitative Trennung der H_2-Isotope durch fraktionierte Desorption [8].

Ortho-Para-Gleichgewicht [7].

Literatur.

1. Lewis, G. N. u. Hanson, W. T. jr., J. Amer. chem. Soc. **56** (1934) 1001, 1687.
2. Zintl, E. u. Harder, A., Z. physik. Chem. (B) **28** (1935) 480.
3. Farkas, A. u. Farkas, L., Proc. Roy. Soc. London **144** (1934) 469.
4. Geib, K. H. u. Steacie, E. W. R., Z. physik. Chem. (B) **29** (1935) 215.
5. Clusius, K. u. Bartholomé, E., Z. physik. Chem. (B) **29** (1935) 162.
6. Wirtz, K., Z. physik. Chem. (B) **31** (1936) 309.
7. Farkas, A. Farkas, L. u. Harteck, P., Proc. Roy. Soc. London (A) **144** (1934) 481.
8. Peters, K. u. Lohmar, W., Z. physik. Chem. (A) **180** (1937) 51.
9. Clusius, K. u. Popp, L., Z. physik. Chem. (B) **46** (1940) 71.

Parawasserstoff p-H$_2$.

Tripelpunkt = — 259,03° C   Sd.P. = — 252,87° C.

Tripelpunkt-Druck = 53,0 (±0,1) Torr.

Für die Herstellung dieses Gases kommt lediglich die von K. F. Bonhoeffer und P. Harteck [1] ausgearbeitete Versuchsmethodik in Betracht. Da sich das Gleichgewicht Ortho-—Parawasserstoff mit fallender Temperatur immer stärker nach der Parawasserstoffseite verschiebt, so wird dieser Umstand benutzt, um Parawasserstoff herzustellen. Ohne Katalysator stellt sich jedoch dieses Gleichgewicht bekanntlich nicht ein. Ein wirksamer Katalysator ist Adsorptionskohle, aber auch Silicagel katalysiert die Umwandlung. Man kühlt zweckmäßig, ein mit Kohle gefülltes Gefäß aus Quarz oder Jenaerglas von etwa 50 cm³ Inhalt mit flüssiger Luft (s. Abb. 78), und läßt den Wasserstoff mit einer Geschwindigkeit von nicht mehr als 1 cm³ pro Sekunde durchströmen. Dies genügt, damit sich das, der Temperatur der flüssigen Luft entsprechende Gleichgewicht, einstellt. Es hat sich als günstig erwiesen, die Kohle nicht zu stark auszuglühen. Fast alle Adsorptionskohlen katalysieren die Parawasserstoff-Umwandlung. Es ist vorteilhaft, eine kleine Menge Sauerstoff, etwa 0,2 cm³ pro 1 g Kohle, zu adsorbieren, denn der adsorbierte Sauerstoff katalysiert dann auf alle Fälle die Parawasserstoffbildung. Der Wasserstoff ist sauerstoffrei, denn bei der Temperatur der flüssigen Luft wird die oben genannte Sauerstoffmenge restlos adsorbiert. Die Temperatur der flüssigen Luft wird mit einem Sauerstoff-Tensionsthermometer (s. S. 124) bestimmt.

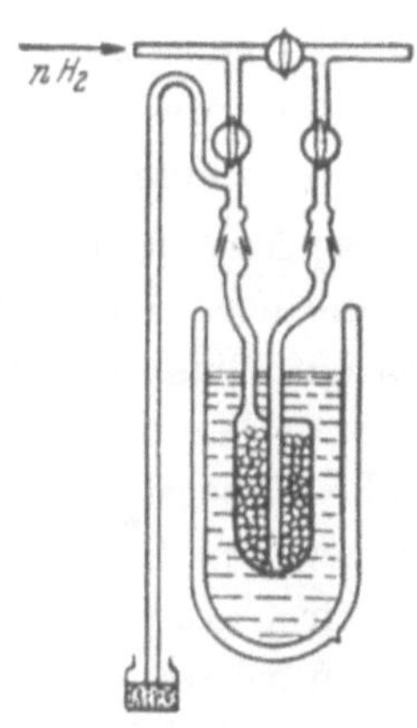

Abb. 78. Anordnung zur Herstellung des Parawasserstoffes.

Zu höheren Parawasserstoff-Konzentrationen gelangt man durch Kühlen mit abgepumpter flüssiger Luft (s. S. 112), zu praktisch reinem Parawasserstoff durch Kühlen mit flüssigem Wasserstoff.

Man erhält auch ein an Parawasserstoff reiches Gasgemisch, wenn man Wasserstoff unter Atmosphärendruck bei tiefer Temperatur absorbiert und nach einiger Zeit denselben in ein evakuiertes Gefäß absieden läßt.

Parawasserstoff ist bei Zimmertemperatur ein fast beständiges Gas. Er läßt sich durch gefettete Hähne und Gummischlauchverbindungen leiten und kann über *trockenem* Quecksilber aufbewahrt werden. Sauerstoffgas und Metalloberflächen bewirken seine Rückverwandlung zu normalem Wasserstoff.

Man bestimmt die Parawasserstoff-Konzentration mit Hilfe der Schleiermacherschen Wärmeleitfähigkeitsmethode [2] (s. S. 46). In der beigefügten Tabelle sind die Gleichgewichtskonzentrationen von Parawasserstoff für eine Reihe von Temperaturen angegeben.

T_{abs}	20	40	60	70	80	84	90	100	273	hohe T
% p-H_2	99,8	88,6	65,4	55,8	48,4	46,0	42,8	38,5	25,1	25,0

Para-Deuterium siehe oben.

Literatur.

1. Bonhoeffer K. F. u. Harteck, P., S.-B. Pr. Akad. Wiss. Berlin **1929**, 103; Z. physik. Chem. (B) **4** (1929) 113; **5** (1929) 292 u. a.
2. Farkas L., Ergebnisse der exakten Naturwissenschaften, **12** (1933) 163, J. Springer, Berlin: Farkas, A., Orthohydrogen, Parahydrogen and heavy Hydrogen. Cambridge Univ. Press. 1935.

Stickstoff N_2.

Sm.P. $= - 210{,}0^0$ C.   Sd.P. $= - 195{,}8^0$ C.   Tripelpunkt-Druck $= 94{,}0$ Torr.

1. *Herstellung aus Luft.* Ist die Beimischung von Edelgasen für die Verwendung des Stickstoffs nicht von Belang, so ist die Herstellung aus Luft oder aus dem käuflichen Stickstoff in Stahlflaschen die bequemste Methode.

a) Man leitet *reine*, durch Wasser perlende Luft über glühende Kupferspäne oder Kupferkörner bei etwa 650⁰ C. Die Röhre aus schwer schmelzbarem Glas oder Porzellan hat ungefähr eine Länge von 40—50 cm. Eine höhere Temperatur ist zu vermeiden, da Kupferoxyd dann schon eine merkliche Sauerstofftension zeigt. Es ist aus diesem Grunde auch das unedlere Eisen dem Kupfer vorzuziehen, und Lord Rayleigh hat bei seinen klassischen Untersuchungen, über den atmosphärischen Stickstoff, auch *reines* Eisen verwendet. Beide Metalle müssen vor der Benützung in der Röhre in reinem Wasserstoffstrom reduziert werden. Die im Eisen und Kupfer vorhandenen Metalloide werden als Oxyde in 50proz. Kalilauge absorbiert. Volltrocknung. Die Kontrolle, ob der Stickstoff ganz rein ist und keinen Sauerstoff mehr enthält, ist bei einem Sauerstoffgehalt von einigen Zehntel Prozenten leicht, da sie sich mit Hilfe von gelbem Phosphor durchführen läßt (Nebelbildung) (s. S. 60 bei Sauerstoff). Schwieriger ist der quantitative Nachweis. Bis etwa 0,01% ist dies kolorimetrisch mit Pyrogallol möglich. Prinzip der Methode [1]. Nachweis eines Sauerstoffdruckes bis etwa $^1/_{10000}$ Torr s. H. Kautsky und A. Hirsch [2]. S. S. 36 und Tab. S. 38, Leuchtbakterien.

Es gibt natürlich auch Wege, den Sauerstoff der Luft mit flüssigen Absorptionsmitteln zu entziehen. R. Threlfall [3] z. B. absorbiert den Sauerstoff durch metallisches Kupfer und Ammoniak und dann mit einer Paste aus festem ChromII-chlorid.

Kleinere Mengen von Stickstoff lassen sich auch durch Einwirkung von etwas feuchtem gelben Phosphor auf Luft herstellen. Man läßt Luft in einem geschlossenen Kolben, in dem sich Phosphorstangen befinden, mehrere Stunden stehen. Feuchtigkeit wird durch Bildung der Metaphosphorsäure vollständig ausgeschaltet. Man hat dann eigentlich nur für die Entfernung des Phosphordampfes Sorge zu tragen (s. S. 60).

b) *Aus käuflichem, komprimiertem Stickstoff.* Der nach dem Linde-Verfahren hergestellte Stickstoff in den Stahlflaschen kann bis 2% Sauerstoff enthalten. Man leitet den Stickstoff über glühendes Kupfer oder *reines* Eisen, so wie unter 1. angegeben. Wenn man dafür Sorge trägt, daß der Stickstoff, nach dem Passieren der Stelle glühenden Kupfers noch etwa 30 cm über Cu-Netz, das sehr dicht die Röhre ausfüllt, streichen kann, so erhält man einen Stickstoff, der etwa 10^{-8} Vol-% O_2 enthält [23]. Die Gesellschaft für Linde's Eismaschinen A. G., Höllriegelskreuth bei München, liefert auf Bestellung, einen von den letzten Resten Sauerstoff befreiten Stickstoff, in Stahlflaschen komprimiert. Der Sauerstoffgehalt dürfte etwa 0,01% betragen. Mittels einer sehr wirksamen Absorptionsvorrichtung lassen sich aus dem käuflichen Linde-Stickstoff durch alkalische Natriumhyposulfitlösung die allerletzten Spuren Sauerstoff entfernen (H. Kautsky und H. Thiele [4]).

2. *Aus Aziden.* Die einwandfreieste Methode zur Gewinnung des Stickstoffs ist die aus den Aziden, da hier keine Beimengung von Sauerstoff möglich ist. Die Azide sind leicht aus Wasser umzukristallisieren und können deshalb sehr rein erhalten werden. Sie werden vor der Verwendung im Vakuum getrocknet und können dann noch in der Darstellungsapparatur, durch Erhitzen im Vakuum unterhalb der Zersetzungstemperatur, von adsorbierter Luft befreit werden [7].

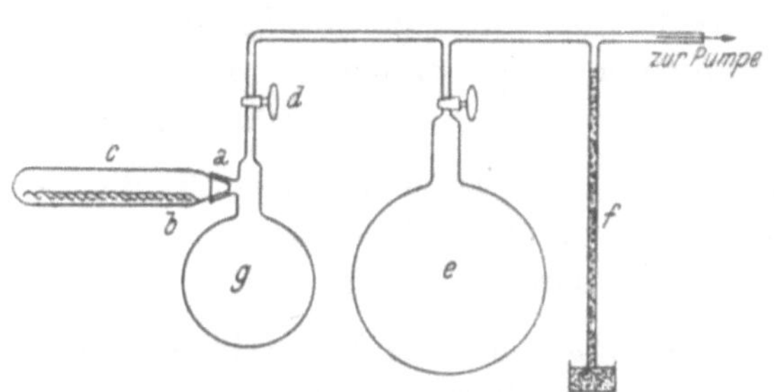

Abb. 79. Herstellung von Stickstoff aus Aziden.

Im allgemeinen gestattet die Methode nur die Herstellung kleiner Mengen Stickstoff, da die Azide leicht zur Explosion neigen. Nach E. Tiede [6] ist die Temperatur, bei welcher gleichmäßige Entwicklung des Stickstoffs eintritt, vom Metall abhängig.

Azid	Zersetzungstemperatur ^{0} C
Na	280
K	360
Ca, Sr, Ba	ca. 110

Das Azid wird am besten in ein einseitig geschlossenes Rohr gefüllt, das dann etwas geneigt an die Vakuumapparatur angeschmolzen wird. Zwischen Rohr und Apparatur schaltet man noch eine mit flüssiger Luft gekühlte Falle, die den Metallstaub und eventuell die letzten Spuren Feuchtigkeit aufzufangen hat [8, 9, 10].

Eine größere Menge Stickstoff läßt sich gefahrlos nach E. Justi [11] herstellen (Abb. 79). Ein Kolben *g* von etwa 2 l Inhalt trägt seitlich die äußere Hülle eines Schliffes *a*, in dem mit dem gefetteten Innenkonus *b* das

Zersetzungsrohr c von etwa 40 cm Länge und 2 cm Durchmesser aus dünnem Glas eingesetzt ist. Durch den Hahn d besteht eine Verbindung zu dem Vorratskolben e, dem Manometer f und der Pumpe. Der Boden des Zersetzungsrohres wird einige Millimeter hoch mit dem Na-Azid gleichförmig bedeckt, das Ganze einige Tage zum Austrocknen und zur Prüfung auf Gasdichtigkeit auf Hochvakuum gehalten. Vor der Zersetzung umwickelt man a mit einem nassen Tuchstreifen, um eine Erhitzung der Fettdichtung zu verhindern, und erwärmt bei offenem Hahn d das ganze Rohr gleichmäßig mit leuchtender Flamme. Darauf gibt man durch das Handgebläse Luft zu und erhitzt eine Stelle nahe b von unten; sowie eine Spur Natrium vorhanden ist, schreitet die Zersetzung bei niederer Temperatur fort. Man entfernt deshalb die Flamme, bis die Gasentwicklung nachläßt, und erhitzt dann weiter, indem man mit der Flamme links angrenzende Azidmengen zersetzt und bei einigem Druck im Kolben g den Stickstoff langsam nach e abläßt, wobei das pulverförmige Natrium, das zunächst mit dem Stickstoff in einer Staubwolke entweicht und sich in g absetzt, zurückbleibt. Eine Explosionsgefahr besteht bei dieser Anordnung nicht, weil bei plötzlichem Überdruck das Zersetzungsrohr aus dem Schliff a herausfliegt und außerdem zur Zurückhaltung der schwebenden Natriumteilchen kein Glaswollepfropfen [9] nötig ist, der sich sonst sehr leicht verstopft.

Eine besondere Reinigung des aus Aziden gewonnenen Stickstoffs dürfte wohl überflüssig sein. Es bliebe nur übrig, den Stickstoff durch im Vakuum siedende flüssige Luft zu kondensieren und dann zu fraktionieren.

Es ist auch möglich, auf *nassem* Wege aus einem Azid zu reinem Stickstoff zu gelangen, wenn man zu einer Lösung desselben, welche Natriumthiosulfat enthält, eine Jod-Jodkaliumlösung zufließen läßt [2].

Ebenso wirkt eine kurz vorher vereinigte Jod-Jodkalium- und Natriumthiosulfat-Lösung auf das gelöste Azid ein [13, 14]. Das Gas wird mit Natriumthiosulfatlösung gewaschen und in einer Kältemischung von Feuchtigkeit befreit. Eine weitere Reinigung muß angeschlossen werden, da sich von Seite der beiden Lösungen Beimengungen zum Stickstoff ergeben.

3. *Aus Ammoniumnitrit NH_4NO_2.* Es empfiehlt sich nicht, von dieser Verbindung direkt auszugehen. Nach einem Vorschlage von L. Moser [15] verwendet man eine gesättigte Lösung von Alkalinitrit, die man zu einer ebenfalls gesättigten Ammonsulfatlösung zufließen läßt [10], wobei man gleichzeitig am Wasserbad auf 60—70° C erwärmt. E. Moles und J. M. Clavera [16] verwenden 13proz. Natriumnitrit- und 13proz. Ammonsulfatlösung. Sie geben an, daß auch unter diesen Bedingungen in einem Fall eine unerklärlich heftige Explosion in dem verwendeten Glaskolben beobachtet wurde. Das entweichende Gas ist sehr unrein, es enthält vor allem Stickoxyd und Ammoniak.. Um die Menge an Stickoxyd zu verringern, wird

empfohlen, der Ammonsulfat-Lösung Kaliumchromat (auf 1 Tl. Ammonsulfat 1 Tl. Kaliumchromat) zuzusetzen, doch wird von anderer Seite die Wirksamkeit dieses Zusatzes in Zweifel gezogen.

Zur Reinigung passiert das Gas konz. Schwefelsäure, konz. Lauge und wird dann durch eine etwa 60 cm lange Röhre geleitet, die mit Kupferspänen (Drahtnetz) gefüllt und bis zur Rotglut erhizt wird. Hier erfolgt der Zerfall des Stickoxydes, es bildet sich Stickstoff und KupferI-oxyd.

Diese von P. Sabatier und J. B. Senderens [17] und F. Emich [18] aufgefundene Reaktion, welche sich sogar zur quantitativen Bestimmung des Stickoxydes eignet, scheint jedoch beachtenswerte Reaktionswiderstände zu erfahren. E. Moles und J. M. Clavera [16] geben an, daß glühendes Kupfer Stickoxyd *nicht* zerstört, erst glühendes Eisen bewirkt dies sicher. Auch Lord Rayleigh [19] bemerkt, daß sich Eisen besser als Kupfer zur Reduktion des Stickoxydes eignet. Zuweilen wird Nickel verwendet [22]. Aus diesem Grunde wird die Anwendung des Kupfers mit Vorsicht überwacht werden müssen. Das Leiten des Gases über glühendes Kupfer wird immer notwendig sein, daher ist das Waschen des Stickstoffs zur Entfernung des Stickoxydes mit starker Schwefelsäure und Kaliumchromat entbehrlich. Nach dem Passieren der Kupferröhre erfolgt dann die Volltrocknung.

4. *Aus Ammoniak.* Es wird gasförmiges Ammoniak in eine Mischung von Brom und Wasser unter Eiskühlung eingeleitet. Am Entwicklungskolben befindet sich ein ebenfalls mit Eiswasser gekühlter Rückflußkühler. Das Gas wird über festes Kaliumhydroxyd, wasserfreies Kupfersulfat, 50proz. Kalilauge, konz. Schwefelsäure, festes Kaliumhydroxyd und Phosphorpentoxyd geleitet. Man verflüssigt den Stickstoff und verwendet nur die Mittelfraktion [20].

5. *Aus Harnstoff.* Diese von Lord Rayleigh [21] angegebene Methode ist von E. Moles und J. M. Clavera [16] etwas abgeändert worden. Man läßt in der Anordnung (Abb. 4b) zu einer Lösung von 60 g Harnstoff in 400 cm³ Wasser aus dem Tropftrichter 35proz. Natriumnitritlösung zufließen. Der entweichende Stickstoff enthält neben Kohlendioxyd auch Stickoxyd und Stickstoffoxydul. Man reinigt so, wie unter 3. angegeben.

Literatur.

1. Pfeiffer, O., Gas- und Wasserfach **1897**, 354; Engler u. Höfer, Erdöl Bd. IV. (1930) 428.
2. Kautsky, H. u. Hirsch, A., Z. anorg. allg. Chem. **222** (1935) 126; Ber. dtsch. chem. Ges. **64** (1931) 2677.
3. Threlfall, R., Philos. Mag. [5] **35** (1893) 3.
4. Kautsky, H. u. Thiele, H., Z. anorg. allg Chem. **152** (1926) 342.
5. McIntosh, D., Proc. Trans. Nova Scot. Int. Sc. **17** (1923) 71.
6. Tiede, E., Ber. dtsch. chem. Ges. **49** (1916) 1745.
7. Tiede, E. u. Domcke, E., Ber. dtsch. chem. Ges. **46** (1913) 4100.
8. Clusius, K. u. Teske, W., Z. physik. Chem. (B) **6** (1929) 135.
9. Koenig, A. u. Elöd, E., Ber. dtsch. chem. Ges. **47** (1914) 525.

10. **Cardoso, E., J. Chim.** physique **13** (1915) 326.
11. **Justi, E.**, Ann. Physik [5] **10** (1931) 985.
12. **Raschig, F.**, Ber. dtsch. chem. Ges. **48** (1915) 2088.
13. **Schacherl, F.**, Publ. d. Fac. d. Sc. Univ. Masaryk **99** (1928) 5.
14. **Trautz, M. u. Ernst, O.**, Z. anorg. allg. Chem. **150** (1926) 277.
15. **Moser, L.**, Die Reindarstellung der Gase, S. 80.
16. **Moles, E. u. Clavera, J. M.**, Z. anorg. allg. Chem. **167** (1927) 49.
17. **Sabatier, P. u. Senderens, J. B.**, C. R. Acad. Sci. Paris **114** (1892) 1429.
18. **Emich, F.**, Mh. Chem. **13** (1892) 76.
19. **Lord Rayleigh**, Proc. Roy. Soc. London **55** (1894) 340.
20. **Giauque, W. F. u. Clayton, J. O.**, J. Amer. chem. Soc. **55** (1933) 4875.
21. **Lord Rayleigh**, Proc. Roy. Soc. London **64** (1898) 95; Philos. Trans. Roy. Soc. London **186** (1896) 187.
22. **Baxter, G. P. u. Starkweather, H. W.**, Proc. Nat. Acad. Sci. U. S. A. **12** (1926) 703.
23. **Meyer, K. P.**, Helv. chim. acta **15** (1941) 3.

Versuch einer *Isotopentrennung* nach der Trennrohr-Methode:

Fleischmann, R., Physik. Z. **41** (1940) 14.
Clusius, K., Dickel, G. u. Becker, E., Reindarstellung ^{14}N. ^{15}N. Naturw. **31** (1943) 210.

Sauerstoff O_2.

Sm.P. = $-218{,}6^0$ C.   Sd.P. = $-182{,}9^0$ C.

1. *Durch Erhitzen von Kaliumpermanganat* [2, 3, 4]. Zur Darstellung verwendet man reinstes, umkristallisiertes Kaliumpermanganat, das man in einer Glasröhre mit einem Brenner direkt auf $200-240^0$ C erhitzt. Wird eine größere Gasmenge benötigt, verwendet man Anordnung Abb. 3. Das entweichende Gas leitet man durch eine mit Glaswolle gefüllte Glasröhre, die den Mangandioxydstaub zurückhält. In sehr gut wirkenden Absorptionsapparaten absorbiert man das Kohlendioxyd in konz. Kalilauge oder gesättigter Barytlauge. Um den Sauerstoff von Ozon zu befreien, schalten E. Moles und F. Gonzalez [1] einen Quecksilberwäscher (s. S. 2) ein. Dasselbe erreicht man durch Erhitzen des Sauerstoffs auf 400^0 C. Abschließend Volltrocknung.

Für eine besonders weitgehende Reinigung des Sauerstoffes, welcher nach dieser Methode hergestellt wird, s. A. Stock und G. Ritter [10].

2. *Durch Erhitzen von Kaliumchlorat* [1, 5]. Man erwärmt das Salz in der gleichen Anordnung, wie unter 1. angegeben, und zwar nur solange, bis der Vorgang

$$2\,KClO_3 = KCl + KClO_4 + O_2$$

abgelaufen ist. Dies ist dann der Fall, wenn das geschmolzene Salz wieder fest wird. Das sehr reine Gas passiert nun eine Schicht Glaswolle und wird dann so wie unter 1. angegeben weiter behandelt. Die Methode liefert auf die bequemste Art das reinste Gas.

E. W. Morley [5] leitet den Gasstrom, der das Erhitzungsgefäß verläßt, durch eine 1 m lange Röhre, welche mit fein verteiltem Silber beschickt und auf Rotglut erhitzt wird. Das so erhaltene Gas ist, bei Anwendung der entsprechenden Vorsichtsmaßregeln, chlorfrei und enthält höchstens Spuren von Stickstoff.

3. *Aus Silberoxyd* [1, 6]. Nach A. Scott [6] liefert diese Verbindung durch direktes Erhitzen sehr reinen Sauerstoff.

4. *Durch Elektrolyse* [1, 5, 7, 8]. Diese wird in der bekannten Anordnung (s. S. 5, Abschn. B) mit Platinelektroden ausgeführt. Als Elektrolytflüssigkeit wird gesättigte Bariumhydroxydlösung verwendet. Das Anodengas leitet man über erhitzten Palladiumasbest oder über Platin bei 400—500⁰ C, um es vom Wasserstoff zu befreien. Nach der Volltrocknung ist der Sauerstoff rein, falls dafür gesorgt wurde, daß vor dem Sammeln desselben die letzten Reste Luft aus der Elektrolytflüssigkeit, durch genügend langes Elektrolysieren, vertrieben wurden (s. S. 6).

Wird eine besonders hohe Reinheit des, nach einer der genannten Methoden hergestellten, Sauerstoffs verlangt, so wird dieser noch durch Kondensieren mit „frischer" flüssiger Luft gereinigt. Man fraktioniert zweimal aus Bädern, deren Temperatur gegenüber dem gekühlten Vorlagegefäß nur etwa 3⁰ höher ist; verwendet wird nur die Mittelfraktion. Siehe Bemerkungen am Schluß von 1. Ferner [15] bei Wasserstoff.

5. *Sauerstoff nach dem Linde-Verfahren.* Die technische Fraktionierung der flüssigen Luft nach dem Linde-Verfahren liefert ein 99proz. Gas, das in Stahlflaschen komprimiert in den Handel kommt.

6. *Andere Methoden.* Für eine rasche Herstellung von Sauerstoff von nicht besonders hoher Reinheit, kommen die folgenden Methoden in Betracht:

a) *Aus Kaliumchlorat und Braunstein.* Diese alte Methode ist natürlich der unter 2. angegebenen ähnlich, verwendet aber Braunstein als Katalysator ($KClO_3 : MnO_2 = 2 : 1$), um eine gleichmäßige Sauerstoffentwicklung zu erhalten. Man bedient sich eines schwer schmelzbaren Rohres oder noch besser einer Eisenröhre, die einseitig geschlossen ist und ein mit Schrauben befestigtes Gasentbindungsrohr enthält. Der beim Erhitzen entweichende Sauerstoff ist sehr unrein. Nach dem Waschen mit Wasser und Lauge ist er genügend rein, um z. B. für die Elementaranalyse verwendet werden zu können. Zu diesem Zweck fängt man ihn in einem Wassergasometer auf.

b) *Aus Wasserstoffsuperoxyd.* Läßt man zu festem Kaliumpermanganat oder Braunstein (durch Fällung erhalten) angesäuertes Wasserstoffsuperoxyd tropfen (Abb. 4b), so entweicht sehr rasch Sauerstoff, den man bei genügender Vorkehrung entsprechend rein erhalten kann. Man kann nach einem Vorschlage von A. Baumann [9] sogar einen Kippschen Apparat benutzen, den man mit *groben* Körnern Braunstein und einer angesäuerten Wasserstoffsuperoxydlösung beschickt.

Die Sauerstoffentwicklung läßt sich gut regeln durch Eintauchen eines Ni-Bleches in eine Wasserstoffsuperoxydlösung [11].

Literatur.

1. Moles, E. u. Gonzalez, F., J. Chim. physique **19** (1921) 310.
2. Germann, A. F. O., J. Chim. physique **12** (1914) 66.
3. Moles, E. u. Crespi, M., Z. physik. Chem. **100** (1922) 337.
4. Clusius, K., Z. physik. Chem. (B) **3** (1929) 52.
5. Morley, E. W., Z. physik. Chem. **20** (1896) 90, 242.
6. Scott, A., Proc. Roy. Soc. London **53** (1893) 130.
7. Noyes, W. A., J. Amer. chem. Soc. **29** (1907) 1719.
8. Burt, F. P. u. Edgar, E. C., Philos. Trans. Roy. Soc. London (A) **216** (1916) 393.
9. Baumann, A., Z. angew. Ch. **3** (1890) 79.
10. Stock, A. u. Ritter, G., Z. physik. Chem. **124** (1926) 204.
11. v. Wartenberg, H., Z. anorg. allg. Chem. **238** (1930) 297.

Versuche zur Gewinnung des Isotopen $^{18}O_2$:

Huffman, J. R. u. Urey, H. C., Ind. Engg. Chem. **29** (1937) 531.
Clusius, K., Dickel, G. u. Becker, E., Reindarstellung: Naturw. **31** (1943) 210.

Ozon O_3.

Sm.P. $= -251{,}4^0$ C.　　Sd.P. $= -112^0$ C.

Die Herstellung des Ozons erfolgt mit Hilfe eines Ozonisators (Siemens-Röhre), durch welchen man reinen Sauerstoff von 1 Atm. Druck strömen läßt [1]. Der Sauerstoff wird durch Elektrolyse einer 15proz. Kalilauge unter Verwendung von Nickelelektroden gewonnen. Als Elektrolysenapparat dient am besten die von M. Bodenstein (s. S. 6) angegebene Form. Um genügend rasch Sauerstoff nachliefern zu können, empfiehlt es sich, mehrere solche Elektrolyseure gleichzeitig in Betrieb zu setzen, die nebeneinander die Füllung desselben Gasvorrates besorgen. Die apparative Anordnung ist einfach und ergibt sich ohne besondere Bemerkungen aus der Abb. 80. Alle Glasteile müssen verschmolzen werden. Die Bewegung des Gases aus dem Gasvorrat V besorgt zumeist die Wasserstrahlpumpe, welche dieses so weit zu fördern hat, daß im Ozonisator ungefähr Normaldruck herrscht. Die Gasgeschwindigkeit läßt sich aus der Kenntnis des Volumens V, durch Beobachtung des Manometers M und der aus den Elektrolyseuren pro Zeiteinheit zuströmenden Sauerstoffmenge hinreichend genau einstellen, um sicher zu sein, daß das gesamte gebildete Ozon in A ausgefroren werden kann[1]). Da Ozon Fett stark angreift, trachte man, möglichst wenig Hähne zu verwenden. Ferner ist vorgeschlagen worden, dieselben mit Phosphorsäure zu schmieren. Vor dem Eintritt in den Ozonisator muß der Sauerstoff sorgfältig gereinigt werden. Zu diesem Zweck leitet man ihn bei 250—350⁰ C durch ein mit Platinasbest beschicktes Röhrchen (Geschwindigkeit 1 l Atm. pro Stunde) Pd, dann durch drei Waschflaschen mit konz. Schwefelsäure S, Natronkalk N und Phosphorpentoxyd P. Der Ozonisator wird mit einem Transformator von etwa 200 Watt Leistung betrieben, Sekundär-Spannung 8000 V. Um die Ausbeute zu steigern, kühlt man den Ozonisator mit

---

[1]) E. H. Riesenfeld schaltet einen Strömungsmesser in den Apparat ein. Er dürfte jedoch bei dieser Anordnung entbehrlich sein.

fließendem Wasser. Bei mäßiger Geschwindigkeit erhält man so einen 8 %
Ozon haltigen Sauerstoff. Das Ozon wird in einem mit flüssiger Luft ge-
kühlten Ausfriergefäß *A* kondensiert. Je dunkler die violette Färbung des
Kondensates, um so ozonreicher ist es. Schließt man nun die Sauerstoff-
zufuhr ab, während man die Wasserstrahlpumpe weiter laufen läßt, so
verdampft aus dem Kondensat der Sauerstoff, während sich im Rückstand
Ozon anreichert, der Druck im Manometer *M* fällt. Man schaltet durch
einen Dreiweghahn die Ölpumpe der Hochvakuumanlage ein. Sinkt der
Druck rasch auf 1 mm und weniger, so befindet sich in *A* eine etwa 70 %
Ozon enthaltende Flüssigkeit. Um bei der Anreicherung das Pumpenaggregat gegen den Ozonangriff zu schützen, schaltet man eine erhitzte
Glasröhre *Fe* vor, die, um Explosionen zu verhüten, dicht mit Eisenfeilspänen
gefüllt ist.

Um ganz reines Ozon zu erhalten, muß man den noch vorhandenen
Sauerstoff durch fraktionierte Destillation im Hochvakuum entfernen

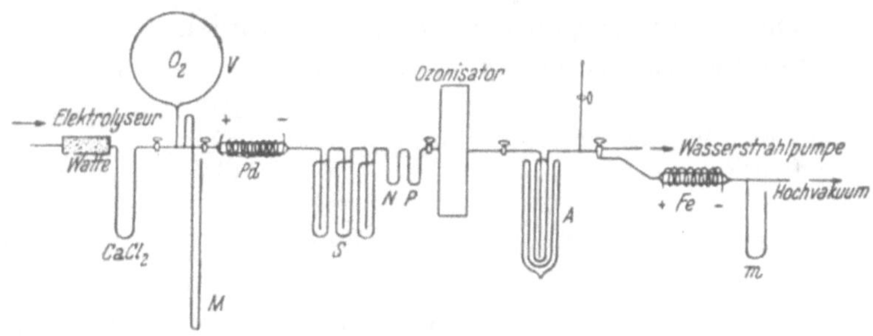

Abb. 80. Anordnung zur Ozon-Herstellung.

Es gelingt dies leicht, da der Unterschied der Siedepunkte etwa 70° beträgt.
Man senkt das Dewargefäß so weit, daß das Ende des Ausfriergefäßes bis
knapp an die Oberfläche der flüssigen Luft reicht. Nun werden $^2/_3$ des
Inhaltes abgepumpt. Der Rückstand enthält dann nahezu 100 proz. Ozon.

Apparatteile, die mit dem hochkonzentrierten Ozon in Berührung
kommen, sind äußerst sauber zu halten und vor allem von *organischen* Stoffen
zu befreien. Man kann vor der Konzentrierung die entsprechenden Teile
mit 8 proz. Ozon waschen.

Da Ozon in *allen* Aggregatzuständen (also auch bei Kühlung mit flüssiger
Luft!) zur Explosion neigt, wird man immer nur kleine Mengen davon
herstellen.

Literatur.

1. Riesenfeld, E. H. u. Schwab, G.-M., Ber. dtsch. chem. Ges. **55** (1922) 2088;
   Riesenfeld, E. H. u. Beja, M., Z. anorg. allg. Chem. **132** (1924) 179.
2. Riesenfeld, E. H. u. Bonholtzer, W., Z. physik. Chem. **130** (1927) 241.

Fluor F_2.

Sm.P. = — 223° C.   Sd.P. = — 188° C.

1. *Aus wasserfreier Fluorwasserstoffsäure.* Diese von H. Moissan [1] angegebene Methode, welche durch grundlegende Arbeiten von O. Ruff [2] wesentlich ergänzt und verbessert worden ist, wird gegenwärtig kaum noch angewendet. S. Ergänzung S. 248.

G. Gallo [8] hat eine Anordnung angegeben, um Fluorgas zu erzeugen, für die nur ein Platintiegel nötig ist. Der Apparat liefert aber nur geringe Mengen des Gases, so daß es für gewöhnliche präparative Arbeiten nicht in Betracht kommt.

2. *Aus Alkalihydrofluorid-Schmelzen durch Elektrolyse.* KF · HF verwenden W. L. Argo, F. C. Mathers, B. Humiston und C. O. Anderson [3, 3a], KF · 3 HF P. Lebeau und A. Damiens [4], A. Tian [14]. Letzteres Salz ist schwerer wasserfrei zu erhalten als das erstere. Da ein Wassergehalt von großem Einfluß auf die Fluorausbeute ist, muß dies beachtet werden. Die Elektrolyse von $NH_4F(HF)_x$, die schon bei Zimmertemperatur durchführbar ist, scheint nur gelegentlich verwendet worden zu sein [12].

Für die Verwendung der ersten zwei Salze ist zu beachten:

	KF · HF	KF · 3 HF
Temperatur, bei der die Elektrolyse beginnt ...	217—227°	100° C
Fluorwasserstofftension [5]	57 Torr (238° C)	28 Torr (100° C)
	142 Torr (282° C)	130 Torr (150° C)

Da die Fluorwasserstofftension der Schmelze für eine erfolgreiche Elektrolyse sehr maßgebend ist, hat G. H. Cady [15] das System KF—HF genauer untersucht und die Zusammensetzung der Systeme angegeben, die eine kleine Tension (etwa 50 Torr) haben.

Temperatur der Schmelze	— 50° C	72° C	240° C
$\dfrac{HF}{HF + KF}$	0,925	0,65—0,697	0,48—0,508

Die Elektrolytzusammensetzung 0,65—0,697 entspricht der, welche auch von K. Fredenhagen [16] angegeben wird.

Diese technisch hergestellten Salze könnten Sulfat enthalten, das entweichende Fluor wäre dann schwefelhaltig [7].

Das Kaliumhydrofluorid muß, um rasche Fluorentwicklung zu erreichen, bei 120° C mehrere Stunden lang getrocknet werden. Anders zusammengesetzte Systeme KF—HF werden vor dem Schmelzen durch einen trockenen Luftstrom getrocknet [16]. Die Schmelze darf man nicht unnötig hoch erhitzen, um Verluste an Fluorwasserstoff zu vermeiden. Die Salze sollen frei von Siliciumverbindungen sein [6].

Für die Elektrolyse dieser geschmolzenen Hydrofluoride sind verschiedene Apparate angegeben worden.

a) Man kann den Apparat benutzen, den O. Ruff [2] beschreibt. Nach einer Privatmitteilung von O. Ruff verwendet man Graphitelektroden

(Durchmesser 3,5 cm), deren Oberfläche zwecks Vergrößerung in der Längsrichtung mit Hohlkehlen versehen ist. Die Isolation der Anode wird dadurch erreicht, daß man den Stiel der Kupferfassung der Anode durch einen Flußspatstopfen nach außen führt. Der Stopfen wird aus natürlichem Flußspat gedreht und mit der Dichtung Mennige-Glycerin-Kitt an das Diaphragma angesetzt. Elektrolyt 1,8 Mol HF pro 1 Mol KF; Arbeitstemperatur 200⁰ C; Stromstärke 6—10 A.

Statt der Kupfergefäße kann man auch solche aus Magnesium verwenden. Diese wirken aber etwas nachteilig, da die Bifluoridschmelzen nach Aufnahme von Magnesiumfluorid sehr zähflüssig werden und stärker schäumen.

b) Zelle nach L. M. Dennis [6, 13]. Viel benützt.

Diese besteht aus zwei V-förmig zusammengeschweißten Kupferröhren. Die Elektroden sind aus Graphit. Die Füllung besteht aus Natriumfluorid; die Heizung erfolgt elektrisch, Stromstärke 12 A bei etwa 12 V. Einzelheiten müssen der zitierten Arbeit entnommen werden.

c) Zelle nach H. v. Wartenberg [5]. Näheres siehe die I. Auflage dieses Buches S. 113 und Abb. 81.

d) Zelle nach M. Bodenstein, H. Jokusch und H. Krekeler [17, 18].

Diese ist der technischen Kastner-Zelle nachgebildet. Die Abb. 82 zeigt einen Längs- und einen Querschnitt durch den unteren Teil. Das Material des Gefäßes ist Elektronmetall (Mg mit 2% Mn) von der I. G. Farbenindustrie A. G., Werk Bitterfeld, das sich gegen die Schmelze und gegen Fluor ebenso resistent verhält wie das reine Magnesium. Die Legierung wird teilweise als Guß, teilweise als gezogenes Material verwendet, die Verbindungen sind durch Verschweißen hergestellt.

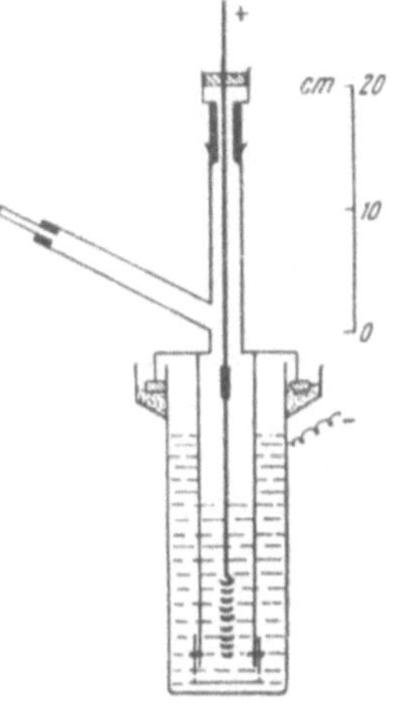

Abb. 81.
Fluor-Herstellung nach
v. Wartenberg.

Die Abbildung zeigt maßstäblich die Einzelheiten. A ist der zylindrische Hauptteil des Gefäßes, senkrecht geschieden in Anoden- und Kathodenraum, und zwar im oberen Teil durch eine massive Wand B, die an einer Seite stark verdickt ist und eine Bohrung enthält, in die von oben ein Thermometer eingeführt ist. Im unteren Teil wird die Scheidung fortgesetzt durch eine Doppeljalousie von Winkelstücken C, die in zwei an gegenüberliegenden Stellen der Wand vorgesehene Rinnen mittels zweier entsprechend ausgefräster Flachstäbe eingeschoben ist. Sie verhindert die Mischung der Gase, ohne irgend nennenswerten Widerstand hereinzubringen. Der Deckel des Gefäßes trägt einen großen Dom, der durch die Scheidewand ebenfalls in zwei Teile, $D\,D$, getrennt ist, in deren Köpfe die Ableitungsrohre für die beiden Gase mit Konusverschlüssen eingesetzt werden können. Der Deckel des Gefäßes ist ferner durch ein in

den Kathodenraum eintauchendes Rohr *E* durchbrochen, das zur Einleitung
von Fluorwasserstoff dient, wenn die Schmelze erschöpft ist, und in dessen
unterem Ende ein kleines Rückschlagventil ein Aufsteigen der Schmelze
bei zu lebhafter Absorption verhindert.

Dieser zylindrische Hauptteil des Elektrolyseurs ist in seiner oberen
Hälfte, die den eigentlichen Schmelzraum darstellt, umgeben von einer
lose übergeschobenen elektrischen Heizung. In
seine untere Hälfte ist von unten der „Boden"
eingeschoben, ein Rohr von wenig kleinerem
Querschnitt als der Hauptteil, oben flach geschlossen. Durch diese Verschlußplatte, die den
Boden des Schmelzraumes bildet, gehen nach unten
vier Rohre, ein weites für die Anode *G*, zwei engere
für die Zuführung der beiden Kathoden *H H* und
ein noch engeres *J*, durch das bei Bedarf die
Schmelze abgelassen werden kann. Als Anode
dient ein Graphitstab, und zwar von 60 mm
Durchmesser, im unteren Teil exzentrisch auf
50 mm Durchmesser abgedreht, als Kathode ein
gelochtes Feinsilberblech, das zwischen zwei oben
durch einen Querbalken verbundenen Rohren von
Feinsilber gespannt ist, die ihrerseits durch ein-
geschobene Rundeisenstäbe verstärkt sind.

Das Mantelrohr des „Bodens" trägt unten
drei kräftige Ansätze *K*. Diese nehmen drei ein-
geschraubte Rundeisen auf, mit denen der Apparat
in einem dreibeinigen Stativ mit den üblichen
Doppelmuffen fixiert ist. Auf diese Ansätze ist der
Mantel des Hauptteils mittels dreier Aussparungen
aufgesetzt, so daß er von den genannten Rundeisen ebenfalls getragen wird, solange der Apparat
in Betrieb ist.

Es hat sich gezeigt, daß man bei Betriebs-
pausen die Schmelze erstarren lassen kann, um
sie dann bei Bedarf wieder anzuheizen.

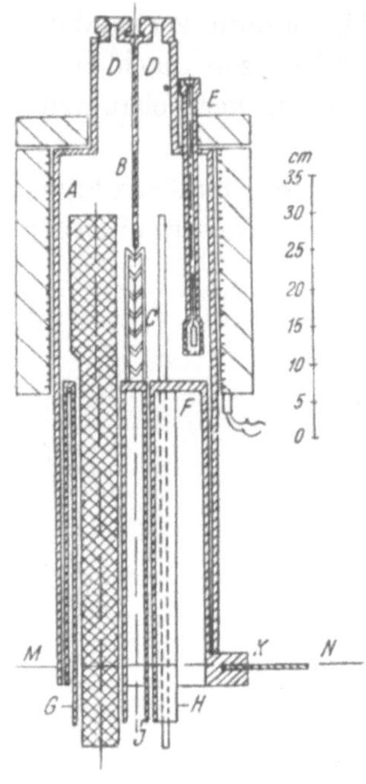

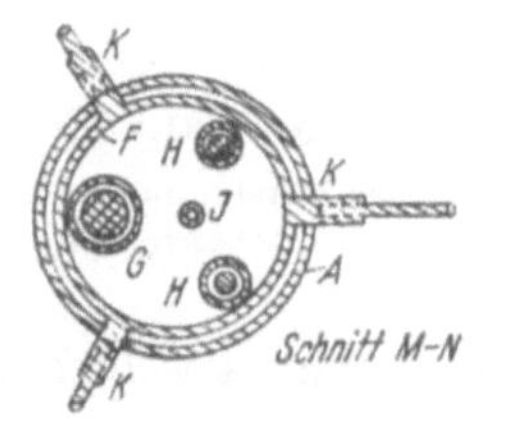

Abb. 82. Fluor-Herstellung
nach Bodenstein.

Die *Inbetriebsetzung* beginnt mit der Einfügung der Elektroden in den
Boden, wobei ihre Zentrierung am unteren Ende durch Ringe aus Asbest-
zement, am oberen bei der Graphitanode durch kleine, in diese halb ein-
gelassene Flußspatstückchen erfolgt. Bei den Zuführungen zur Silberkathode
genügt die etwas hinaufgeführte Zentrierung am unteren Teil. Über den
mit den Elektroden versehenen Boden wird dann der Hauptteil geschoben,
es wird angeheizt und während des Anheizens das Bifluorid in fester Form
eingetragen, so daß auch hier die Handhabung der geschmolzenen Masse

entfällt. Die Entwässerung vollzieht sich dann in den ersten Stunden durch das Fluor.

Erfahrungen zeigten, daß die Graphitelektrode mindestens 2 cm vom Diaphragma stehen soll und der herausragende untere Teil des Apparates auf etwa die Hälfte verkürzt werden kann.

e) Zelle nach A. L. Henne [21]. Abb. 83.

Diese Zelle besteht aus zwei Kupferröhren, die in V-Form zusammengeschweißt sind; die Form ist demnach dieselbe, wie sie L. M. Dennis in der oben erwähnten Ausführung angibt. Länge der Röhre 30 cm, Durchmesser 5 cm, Winkel etwa 70°.

Die linke Seite der Röhre bleibt als Kathode offen. Hier wird die Graphitelektrode durch einen guten Kork festgehalten, der an mehreren Stellen Rillen für das Entweichen des Wasserstoffes erhält.

Die rechte Seite der Röhre ist durch eine aufgeschweißte Kupferplatte geschlossen. Sie erhält zwei Öffnungen, in der Mitte wird die Graphitanode eingeführt, daneben ist dann die zweite Öffnung für das Entweichen des Fluors. Entsprechend der Zeichnung wird die Anode durch zwei ineinander verschraubbare Systeme festgehalten, von denen das eine in der Mitte der genannten Kupferplatte angeschweißt ist. Das andere System nimmt die Graphitelektrode auf, die in dasselbe durch Portlandzement oder andere *isolierende* Bindemittel befestigt wird. Man wird einige überzählige Stücke solcher Art machen, um die Elektroden, wenn notwendig, rasch auszutauschen oder zu ersetzen. Das Fluor entweicht durch das ebenfalls angeschweißte Kupferrohr.

Bevor die Anode in das Schraubengewinde fest eingedreht wird, führt man am Boden derselben einen weichen Kupferring als Dichtungsmittel ein. Dieser muß nach einiger Zeit erneuert werden.

Die Erwärmung des Apparates geschieht am besten durch elektrischen Strom. Den dazu notwendigen Draht wickelt man isoliert um die Röhren. Die Temperatur der Schmelze kann man durch ein entsprechend geschütztes Thermometer messen, das man vorübergehend in den linken Schenkel einführt.

Als Elektrolyt verwendet man am besten das schon genannte trockene Salz KF · 3 HF, mit dem bereits in einem Temperaturgebiet um 100° elektrolysiert werden kann. Ist in diesem Salz eine längere Elektrolyse durchgeführt worden, so wird an das Fluor-Entbindungsrohr ein Stahlzylinder mit wasserfreiem Fluorwasserstoff angeschraubt und diese Anordnung sich selbst überlassen. Es wird Fluorwasserstoff in die Zelle eingesaugt und auf diese Weise eine Regenerierung des Salzes KF · 3 HF erreicht. Enthält das verwendete Salz Silicium, so überzieht dieses besonders die Anode so dicht, daß der Strom unterbrochen wird. Der Belag läßt sich durch Schmirgeln entfernen; die Elektrode ist dann wieder verwendbar.

Ein Angriff des Kupfers durch das Fluor ist natürlich unvermeidlich. Nach längerem Gebrauch durchsetzen zunehmend feine Kupferteilchen die Schmelze und setzen den Wirkungsgrad der Elektrolyse entsprechend herab. Nach einiger Zeit wird man deshalb am besten die alte Beschickung durch eine ganz neue ersetzen.

Im Dauerbetrieb haben sich ferner noch bewährt:

f) Zelle nach W. T. Miller jr. [20].

g) Zelle nach J. H. Simons [22].

An der Eigenschaft des Fluors, das Leuchtgas eines kleinen Sparbrenners

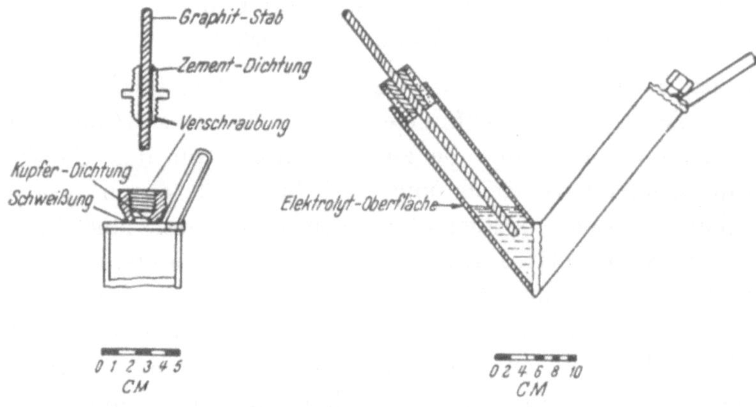

Abb. 83. Zelle nach A. L. Henne.

zu entzünden, erkennt man, ob dieses den Entwicklungsapparat in einer größeren Konzentration verläßt.

Das Fluor, welches das Elektrolysengefäß verläßt, enthält als Beimengungen Sauerstoff (Ozon), Fluorwasserstoff, bei Verwendung von Graphitelektroden Tetrafluormethan CF_4 [19] und Hexafluoräthan C_2F_6, sowie Schwefelverbindungen [11].

Durch Kühlung mit flüssiger Luft sind diese Verunreinigungen bis auf Sauerstoff sehr weitgehend zu entfernen [11]. Es sind Metall-(Kupfer-)Ausfriergefäße zu verwenden. Das gereinigte Fluor kann ohne Bedenken in Kupferröhren geleitet werden.

Man kann zur Reinigung, wenn diese nicht besonders weitgehend zu sein braucht, das Rohfluor durch Gefäße leiten, die auf etwa — 50° C abgekühlt sind, anschließend durch ein Gefäß, das mit wasserfreiem Natriumfluorid (so wie oben) beschickt ist und zuletzt durch ein Gefäß, das als Staubfänger dient. Die Wirksamkeit der Fluorwasserstoff-Absorption an Natriumfluorid ist von L. M. Dennis [6] geprüft worden.

Die *Gehaltsbestimmung* des Fluorgases, so wie es die Entwicklungsapparate verläßt, erfolgt unter Verwendung von Quecksilber nach W. T. Miller jr. [20].

Die Entfernung des Sauerstoffes gelingt, wenn durch das Gas eine Glimmentladung gesendet wird. Man verwendet Quarzgefäße, die in flüssige Luft tauchen, wobei sich die Fluoroxyde an der gekühlten Wandung niederschlagen [9, 10].

Vorübergehend läßt sich ganz trockenes Fluor in Glas- (Quarz-) und Silbergefäßen aufbewahren [18].

Literatur.

1. Moissan, H., Le Fluor et ses composés.
2. Ruff, O., Die Chemie des Fluors. Berlin: Springer, 1920, S. 44, 66.
3. Argo, W. L., Mathers, F. C., Humiston, B. u. Anderson, C. O., J. physic. Chem. 23 (1919) 348; Trans. Amer. elektrochem. Soc. 35 (1919) 335.
3a. Fichter, Fr. u. Humpert, K., Helv. chim. Acta 9 (1926) 467.
4. Lebeau, P. u. Damiens, A., C. R. Acad. Sci. Paris 181 (1925) 917; 185 (1927) 652; 188 (1928) 1253.
5. v. Wartenberg, H. u. Klinkott, G., Z. anorg. allg. Chem. 193 (1930) 409.
6. Dennis, L. M., Veeder, J. M. u. Rochow, E. G., J. Amer. chem. Soc. 53 (1931) 3264.
7. Ruff, O. u. Menzel, W., Z. anorg. allg. Chem. 198 (1931) 49.
8. Gallo, G., Atti R. Acad. Roma [5] 19 I (1910); Chem. Zbl. 1910 I, 1951.
9. Ruff, O. u. Menzel, W., Z. anorg. allg. Chem. 211 (1933) 204.
10. Ruff, O., Z. angew. Ch. 46 (1933) 738.
11. Ruff, O. u. Menzel, W., Z. anorg. Chem. 198 (1931) 49.
12. Ruff, O., Z. angew. Ch. 41 (1928) 1290; Z. anorg. allg. Chem. 172 (1928) 417.
13. Dennis, L. M. u. Rochow, E. G., J. Amer. chem. Soc. 56 (1934) 879.
14. Tian, A., Bull. Soc. chim. France [5] 1 (1934) 1010.
15. Cady, G. H., J. Amer. chem. Soc. 56 (1934) 1431.
16. Fredenhagen, K., Chem. Zbl. 1930 I, 2940. D.R.P. 493873.
17. Bodenstein, M., Jockusch, H. u. Krekeler, H., Chem. Fabrik 8 (1935) 283.
18. Bodenstein, M. u. Jockusch, H., S.-B. Preuss. Akad. d. Wiss. Phys.-Math. Kl. 1934 II, 27.
19. Meyer, F. u. Sandow, W., Ber. dtsch. chem. Ges. 54 (1921) 759.
20. Miller, W. T. jr. u. Bigelow, L. A., J. Amer. chem. Soc. 58 (1936) 1585.
21. Henne, A. L., J. Amer. chem. Soc. 60 (1938) 96.
22. Simon, J. H., Inorganic Syntheses. Mc. Graw-Hill Book Co. Inc., New York 1939, S. 142.

Neuere Methoden zur Herstellung des Fluors siehe unter Ergänzungen am Schluß des Buches.

Chlor Cl₂.

Sm.P. = — 100,9 C⁰   Sd.P. = — 34,0 C⁰.   Tripelpunkt-Druck = 10,4 mm Torr.

1. *Aus Kaliumpermanganat, Braunstein, Natriumbichromat.* Man läßt zu fein pulverisiertem Kaliumpermanganat starke Salzsäure (spez. Gew. 1,16) aus einem Tropftrichter mit feiner Spitze tropfenweise zufließen (s. Abb. 4a). Glasschliffe. Die Reaktion ist sehr heftig und daher eine Kühlung des Kolbens notwendig. Diese von C. Graebe [1] angegebene Methode ist von S. J. Lewis und E. Wedekind [2] untersucht worden, wobei sie die Abwesenheit von Sauerstoff und Chloroxyden im Chlor feststellten. Eine sorgfältige Nachprüfung durch L. Wöhler und S. Streicher [3] hat dies leider nicht bestätigen können. Das so bereitete Chlor soll bis 0,5 % Sauerstoff enthalten;

der Sauerstoffgehalt wächst mit steigender Reaktionstemperatur. Verwendet man Natriumbichromat, so ist der Sauerstoffgehalt geringer als 0,1%. Bei Verwendung von mineralischem Braunstein ist das Chlor ebenfalls sauerstoffhaltig (bis 0,2%). Die zuletzt genannten Autoren finden, daß künstlich gefälltes Mangandioxydhydrat (86%, Merck) mit konz., luftfreier Salzsäure ein sauerstofffreies Chlor liefert. Durch gelindes Erwärmen läßt sich die Gasentwicklung gut regulieren. Man leitet das Chlor durch Wasser, konz. Schwefelsäure und verflüssigt es in einer Kältemischung. Sodann läßt man das Gas wieder verdampfen, kondensiert abermals und wiederholt dies einige Male, wobei man immer die unkondensierbaren Gase (Sauerstoff!) abpumpt. Anschließend fraktioniert man von — 78 bis — 183° C.

Doch gelingt auf diesem Wege die volle Entfernung des Sauerstoffs nicht, obwohl ein Gas, nach dieser Methode hergestellt, schon sehr rein ist [8, 12].

2. *Durch Elektrolyse.* a) Man bedient sich der von M. Bodenstein und W. Pohl angegebenen elektrolytischen Zelle (s. S. 6). Als Elektrolyt verwendet man eine mit Chlorwasserstoff gesättigte Natriumchloridlösung. Das Gefäß, in das die Anode eintaucht, ist von *festem* Salz umgeben und wirkt so gleichsam als eine Art Diaphragma gegen die Kathodenflüssigkeit. Als Anode dient ein Platin-, als Kathode ein Kupferdraht. Nach einiger Zeit ist frische Chlorwasserstoffsäure in den Kathodenraum hineinzugeben. Das entweichende Chlor leitet man durch Wasser und konz. Schwefelsäure. Der Sauerstoffgehalt des Chlors beträgt etwa 0,01% bei Verwendung einer Acheson-Graphitanode [4].

b) *Aus dem verflüssigten Chlor des Handels.* Das bei der Alkalielektrolyse gewonnene Chlor ist nicht rein, wenn bei seiner Herstellung nicht besonders große Sorgfalt angewendet wurde[1]). Das der Stahlflasche entnommene Chlor leitet man durch zwei Waschflaschen oder Türme mit konz. Schwefelsäure, eventuell noch über Calciumoxyd zur Bindung des Chlorwasserstoffes, dann über Phosphorpentoxyd und verflüssigt es. Man destilliert so wie unter 1. angegeben im Vakuum und verwendet die Mittelfraktion.

Das wirksamste Mittel, um die letzten Reste Sauerstoff aus dem Chlor zu entfernen, dürfte tagelanges Durchleiten von reinstem Wasserstoff durch das verflüssigte Chlor bei — 78° C sein. Um dies besonders wirksam zu gestalten, verflüssigt man das Chlor in einer Spiralrohr-Waschflasche.

Extrem reines Chlor [13].

Kleine Mengen Chlor, frei von Sauerstoff, erhält man durch Erhitzen von reinem Gold III-chlorid in einem Glasrohr im Vakuum [6, 7]. Auch wasserfreies Kupfer II-chlorid ist verwendet worden [9, 10].

Chlor läßt sich über konz. Schwefelsäure aufbewahren.

Bei Chlorwasserstoff gelingt mit Hilfe des Trennrohres eine 99,6% Zerlegung in die Molekeln $H^{35}Cl$ und $H^{37}Cl$ [11].

---

[1]) Auf Wunsch stellen einige Firmen besonders reines Chlor her, s. S. 127.

Literatur.

1. G r a e b e, C., Ber. dtsch. chem. Ges. 35 (1902) 43.
2. L e w i s, S. J. u. W e d e k i n d, E., Z. angew. Ch. 22 (1909) 580.
3. W ö h l e r, L. u. S t r e i c h e r, S., Ber. dtsch. chem. Ges. 46 (1913) 1596.
4. B o d e n s t e i n, M., Z. Elektrochem. 22 (1916) 204.
5. B o d e n s t e i n, M. u. U n g e r, W., Z. physik. Chem. (B) 11 (1931) 256.
6. C o e h n, A. u. J u n g, G., Z. physik. Chem. 110 (1924) 705.
7. v. W a r t e n b e r g, H. u. H e n g l e i n, F. A., Ber. dtsch. chem. Ges. 55 (1922) 1003.
8. H ö n i g s c h m i d, O. u. S a f d e r B e d r C h a n, Z. anorg. allg. Chem. 163 (1927) 315.
9. R o l l e f s o n, G. K., J. Amer. chem. Soc. 51 (1929) 770.
10. L o e b, L. B., Physic. Rev. 35 (1930) 184.
11. C l u s i u s, K. u. D i c k e l, G., Z. physik. Chem. (B) 44 (1939) 451.
12. G i a u q u e, W. F. u. P o w e l l, T. M., J. Amer. chem. Soc. 61 (1939) 1970.
13. F y e, P. M. u. B e a v e r, J. J., J. Amer. chcm. Soc. 63 (1941) 1268.

Borwasserstoff, Diboran B_2H_6.

Sm.P. = $-$ 165,7° C.	Tensionen	$-$ 140° C	17,5
Sd.P. = $-$ 92,5° C.	in Torr	$-$ 126,2° C	69,5
		$-$ 114,5° C	191

Die Borhydride sind zuerst von A. S t o c k und seinen Mitarbeitern [1] durch Zersetzung von Metallboriden, vor allem des Magnesiumborids, mit wässerigen Säuren rein hergestellt worden. Diese schwierig zu handhabende Methode umgeht ein von H. J. S c h l e s i n g e r und A. B. B u r g [2] angegebener Vorgang, der von A. S t o c k und seinen Mitarbeitern [3] ebenfalls für die Herstellung des Gases verwendet wird. Nach dieser Methode wird das Borhalogenid mit Wasserstoff, bei einem Gesamtdruck von etwa 9 mm, im Glimmlicht reduziert. Das gebildete Reaktionsprodukt liefert dann, in einem sekundären Prozeß in guter Ausbeute, das Diboran.

Die zur Herstellung notwendige Anordnung, die kaum zu vereinfachen ist, beschrieben A. S t o c k und W. S ü t t e r l i n [3]. Die maßstäbliche Abbildung zeigt Abb. 84. V_1 bis V_6 sind Quecksilber-Schwimmerventile (s. S. 23 ff) (V_4 etwas größer als das gewöhnliche Modell). V_1 verbindet links mit dem Vorrat an reinem BBr_3 und mit der Hauptvakuumapparatur, damit auch diese Seite der Apparatur schneller evakuiert werden kann, als es durch das poröse Ventil B hindurch möglich wäre. Durch V_2, an das sich links zunächst ein Strömungsmanometer anschließt, wird der Wasserstoff zugeleitet. V_5 führt ebenfalls zur Vakuumapparatur, V_6 zur Ölpumpe, die während des ganzen Versuches läuft und den überschüssigen Wasserstoff entfernt. In A sättigt sich der Wasserstoff mit BBr_3-Dampf; zum Eindestillieren des BBr_3 wird A auf $-$ 40° gekühlt, d. h. dicht an den Schmelzpunkt des BBr_3 ($-$ 46°). B ist ein regelbares poröses Ventil mit dem Quecksilbergefäß. Darunter befindet sich das kurze Quecksilbermanometer D, das zur Ablesung des im Entladungsrohr E herrschenden Druckes dient. E ist von einem angeschlossenen Wasserkühler umgeben. In seine Enden sind die wassergekühlten Elektroden F_1 und F_2 (7 cm Abstand; Kupferrohr von 6 mm lichter Weite; Kühlwasserrohre aus Glas mit Gummischläuchen befestigt) mit Piceïn eingekittet; weiter schließen sich die Kondensationsrohre G und H an.

Man verwendet Wasserstoff aus einer Stahlflasche, der nach S. 134—135 gereinigt wird. Das Bortribromid (Schering-Kahlbaum A. G.) wird vor der Verwendung im Hochvakuum fraktioniert. Bei 0^0 C ist die Tension $p_{BBr3} = 19{,}0$ Torr. Die Strömungsgeschwindigkeit beträgt etwa $230\,cm^3/min$. Der Druck in E (9 Torr), der für die Entladung maßgebend ist, wird mit dem porösen Ventil B reguliert (s. S. 23). Die anschließenden Kondensationsgefäße G und H werden mit flüssiger Luft gekühlt. Der größte Teil wird in G kondensiert; H wird nur benötigt, wenn die Kühlung in G entfernt wird, um das Kondensat zusammenzuschmelzen. Es ist durch Brom etwas braun gefärbt, das aber durch Destillieren leicht zu entfernen ist. Die Entladung in E wird durch Anlegen des Sekundärkreises eines Transformators von etwa 200 W Leistung (Sekundärspannung 15 kV) in Gang gehalten.

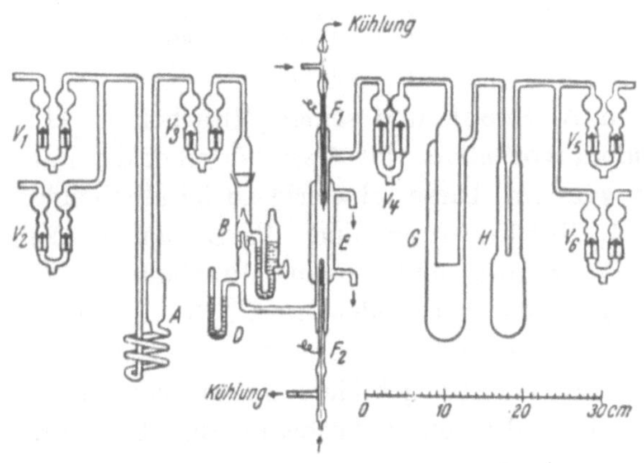

Abb. 84. Herstellung von Diboran durch Glimmentladung im System BBr_3—H_2.

Durch fraktionierte Kondensation des Inhaltes von G und H wird zuerst Bromwasserstoff abgeschieden. Badtemperatur $- 40^0$ C (man destilliert nur etwa die Hälfte ab), I. Vorlage $- 80^0$ C, II. Vorlage $- 120^0$ C, III. Vorlage fl. Luft. In I und II sammelt sich Bortribromid (BBr_3) und Monobromdiboran (B_2H_5Br), in III der gesamte Bromwasserstoff. Eine Trennung der Bestandteile im System $BBr_3 - B_2H_5Br -$ (wenig) Br_2 durch Fraktionierung gelingt nicht. Man läßt daher das Gemisch, das mit der übriggelassenen Hälfte vereinigt wird, $1\frac{1}{2}$ Stunden bei 60^0 C oder 12 Stunden bei Zimmertemperatur stehen. In der Röhre, welche mit einem 2 l fassenden Kolben in Verbindung steht, an dem auch ein Manometer zur Messung des Druckanstiegs angebracht ist, stellt sich ein Gleichgewicht im nun Diboran enthaltenden System $BBr_3 - B_2H_5Br - B_2H_6$ ein.

Abtrennung des Diborans. Man verflüssigt den ganzen Kolbeninhalt in einem Kölbchen und läßt dessen Temperatur dann in einem abgekühlten Dewar langsam auf Zimmertemperatur steigen und fraktioniert: I. Vorlage $- 120^0$ C, II. Vorlage $- 160^0$ C, III. Vorlage $- 185^0$ C. Beim Schmelzen siedet das Diboran ab. Hört dieses auf, so wird die Destillation unterbrochen. Der in I. und II. befindliche Anteil wird in das Kölbchen zurückdestilliert, der Inhalt von III., der ziemlich reines (etwas bromhaltiges) Diboran ist, gesammelt. Im Kölbchen wird nun, nach Herstellung der Verbindung mit dem 2-l-Kolben, weitere Bildung von Diboran durch Erwärmung (oder durch Stehenlassen bei Zimmertemperatur) abgewartet und dann, so wie angegeben, wieder abgetrennt. Man wiederholt diesen Vorgang so oft, als noch Diboranbildung zu bemerken ist.

Reinigung. Die gesammelten Mengen von Diboran werden nun endgültig durch fraktionierte Kondensation gereinigt. Man läßt die Temperatur der Vorlage im abgekühlten Dewargefäß langsam von -185^0 C ansteigen. I. Vorlage -160^0 C, II. Vorlage -185^0 C. In dieser wird der größte Teil des völlig reinen Diborans abgeschieden.

Man kann aus 70 cm^3 Bortribromid etwa 1 l Diboran erhalten.

Diboran besitzt einen widerlichen Geruch. Es kann einige Zeit über Quecksilber aufbewahrt werden; im unreinen Zustand ist es an der Luft selbstentzündlich.

Literatur.

1. Zusammenfassende Darstellung: Stock, A., Hydrides of Boron and Silicon, London 1933, Humphrey Milford.
2. Schlesinger, H. J. u. Burg, A. B., J. Amer. chem. Soc. **53** (1931) 4321.
3. Stock, A., Martini, H. u. Sütterlin, W., Ber. dtsch. chem. Ges. **67** (1934) 396; **67** (1934) 408.

Bortrifluorid BF$_3$.

Sm.P. $= -128^0$ C.   Sd.P. $= -100{,}4^0$ C.

Das Bortrifluorid ist von Siliciumtetrafluorid schwer zu befreien. Man wird deshalb dort, wo es auf große Reinheit des Gases ankommt, kieselsäurefreie Ausgangsstoffe wählen müssen. Ein Kriterium für die Anwesenheit von Siliciumtetrafluorid s. [4].

1. *Aus Borsäureanhydrid (B_2O_3) und Kryolith oder Flußspat (CaF_2).*
a) Man bereitet eine Mischung von 1 Teil Borsäureanhydrid, 1 Teil Kryolith (siliciumfrei!) und 12 Teilen konz. Schwefelsäure und erwärmt dieselbe in einem ähnlichen Apparat, wie er bei der Herstellung des Fluorwasserstoffes beschrieben ist. Das mit flüssiger Luft ausgefrorene Gas kann durch fraktionierte Destillation in Glasgefäßen noch weiter gereinigt werden [1]. Man kann auch, wenn nicht besondere Reinheit erforderlich ist, bei Anwendung eines Absorptionsrohres, gefüllt mit Natriumfluorid zur Bindung des Fluorwasserstoffes, das reine Gas direkt über Quecksilber sammeln.

b) Verwendet man Flußspat, so wird in gleicher Weise gearbeitet. Es hat sich jedoch gezeigt, daß ein natürliches Produkt immer Siliciumtetrafluorid liefert, welches nur chemisch entfernt werden kann [2]. Man leitet das Bortrifluorid deshalb bei 800^0 C über geschmolzenes Borsäureanhydrid in einem Platinrohr, wobei sich folgende Reaktion abspielt:

$$2\ B_2O_3 + 3\ SiF_4 = 4\ BF_3 + 3\ SiO_2.$$

Das austretende Gas wird dann in einer Kupfervorlage zur Abscheidung des Fluorwasserstoffes auf — 80° abgekühlt und dann in flüssiger Luft ausgefroren. Mehrmaliges Fraktionieren gibt ein Gas, das weniger als 1,7 % Siliciumtetrafluorid enthält.

Das Platinrohr verstopft sich leider sehr leicht, da das Anhydrid nach den kälteren Teilen abdestilliert.

Es scheint jedoch bei entsprechender Arbeitsweise auch in Glasgefäßen ein reines Gas erhältlich zu sein [3].

2. *Aus Salzen der Borfluorwasserstoffsäure.* Man erhält das Bortrifluorid nach der Gleichung:

$$6 \text{ KBF}_4 + \text{B}_2\text{O}_3 + 6 \text{ H}_2\text{SO}_4 = 8 \text{ BF}_3 + 6 \text{ KHSO}_4 + 3 \text{ H}_2\text{O}.$$

Die Reaktion ist in Bleigefäßen durchzuführen, wie es beim Fluorwasserstoff beschrieben ist [4]. Da das Ausgangsmaterial im Handel zu haben ist (z. B. Schering-Kahlbaum) und die Reaktion sehr glatt verläuft, wird man diese alte Darstellungsweise mit Vorteil verwenden können.

3. Eine eigenartige, interessante Bildung des Bortrifluorids beschreiben G. Balz und G. Schliemann [5]. Es zersetzt sich z. B. das Phenyldiazonium-borfluorid nach der Gleichung:

$$\text{C}_6\text{H}_5\text{N}_2\text{BF}_4 = \text{C}_6\text{H}_5\text{F} + \text{N}_2 + \text{BF}_3.$$

Diese Reaktion benutzen L. le Bouscher, W. Fischer und W. Biltz [6] zur Darstellung des Gases. Man erhitzt in einem Vakuumsystem das genannte Borfluorid direkt, kondensiert zuerst in einer Vorlage (— 80°) das Fluorbenzol und eventuelle andere Fremdstoffe und dann mit flüssiger Luft das Bortrifluorid. Reinigung wie oben angegeben.

4. *Aus Bortrichlorid.* Dieses im Handel sehr rein erhältliche Ausgangsprodukt läßt sich nach der allgemeinen Methode zur Umwandlung der Metallhalogenide in Fluoride mit Fluorsilber für die Herstellung des Bortrifluorides verwenden [1, 4].

Reines Bortrifluorid kann über Quecksilber aufbewahrt werden. Feuchtigkeit hydrolisiert nicht, es bildet sich $\text{BF}_3 \cdot \text{H}_2\text{O}$ und $\text{BF}_3 \cdot 2 \text{ H}_2\text{O}$. Letztere Verbindung ist im Vakuum destillierbar, Sd.P. 60°. Zusatz von 2 % Methylal gestattet das Gas in Glasgefäßen beliebig lange aufzubewahren. Es ist in Anisol leicht löslich; das kann benützt werden, Vorräte an BF_3 herzustellen.

Literatur.

1. Ruff, O., Die Chemie des Fluors. Berlin: Springer, 1920, S. 25, 37.
2. Ruff, O. (u. Brettschneider, O.), Z. anorg. allg. Chem. **206** (1932) 59.
3. Germann, A. F. O. u. Booth, H. S., J. physic. Chem. **30** (1926) 370.
4. Pohland, E. u. Harlas, W., Z. anorg. allg. Chem. **207** (1932) 242.
5. Balz, G. u. Schliemann, G., Ber. dtsch. chem. Ges. **60** (1927) 1186.
6. le Bouscher, L., Fischer, W. u. Biltz, W., Z. anorg. allg, Chem. **207** (1932) 61.

Kohlenoxyd CO.

Sm.P. = — 205,1° C.   Sd.P. = — 191,4° C.   Tripelpunkt-Druck = 115,0 Torr.

1. *Durch Einwirken von konzentrierter Schwefelsäure auf Ameisensäure.*
In der Anordnung Abb. 4b läßt man konz. Schwefelsäure zu eisgekühlter
Ameisensäure langsam zutropfen und erwärmt eventuell später. (Gelegentlich
geht man auch von Formiaten aus. F. Oberhauser [5] empfiehlt Barium-
formiat, das sich durch Umkristallisieren besonders rein darstellen läßt.)
Das entweichende Gas leitet man durch 50proz. Kalilauge und trocknet
mit Schwefelsäure. Werden entsprechende Vorsichtsmaßregeln angewendet,
so ist das Gas schon sehr rein, besonders frei von Wasserstoff und Kohlenwasserstoffen. Das Gas enthält immer Spuren von Sauerstoff. Nach
M. Bodenstein [3] und K. Clusius und W. Teske [4] entfernt man diesen,
wenn die Menge nicht zu groß ist, durch Leiten des Gases über einen glühenden
Kohlefaden (Kohlefadenlampe). Die Richtung des Gasstromes zeigt die
Abb. 85. Die gebildete Kohlensäure wird am besten in einem folgenden
Ausfriergefäß oder -spirale ausgefroren. Sollte das Gas Wasserstoff enthalten, so ist sein Schicksal nach dieser Reinigungsmethode *unsicher.*

Ist eine besondere Reinheit des Gases erwünscht, so wird
das Kohlenoxyd, nachdem es die Kalilauge verlassen hat,
über Phosphorpentoxyd getrocknet und in flüssiger Luft, die
unter vermindertem Druck zum Sieden gebracht wird, kondensiert. Man fraktioniert zweimal und nimmt jedesmal
nur die Mittelfraktion. Die möglichen Verunreinigungen eines
auf diese Weise gereinigten Kohlenoxydes betragen höchstens
$^1/_{1000}$ Mol% [1, 2].

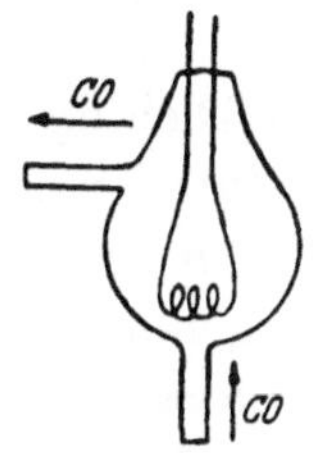

Abb. 85.
Kohlefaden-
lampe zur Rei-
nigung des
Kohlenoxyds.

Zur Herstellung größerer Mengen reinen Kohlenoxydes
hat J. G. Thompson [6] eine kontinuierlich arbeitende Anordnung
beschrieben. Es wird Ameisensäure (85proz.) und Phosphorsäure (85proz.) unter Erwärmung aufeinander wirken gelassen.

Obgleich die Herstellung des Kohlenoxyds nach dieser Methode zweifellos
die bequemste und einfachste ist, mögen noch einige andere Methoden erwähnt
werden.

2. *Durch Einwirkung von konzentrierter Schwefelsäure auf Oxalsäure.*
In einem Rundkolben erhitzt man eine Mischung von 1 Gew.-T. kristallisierter
Oxalsäure mit 5 Gew.-T. konz. Schwefelsäure vorsichtig bis zur beginnenden
Gasentwicklung, welche niemals zu stürmisch werden darf. Das Gas, das
zu gleichen Teilen aus Kohlenoxyd und Kohlendioxyd besteht, leitet man durch
mindestens 2 Waschflaschen mit Kalilauge (40 : 100). Die weitere Behandlung
erfolgt dann, je nach der verlangten Reinheit des Gases entsprechend
1. [10].

3. *Aus Calciumoxalat und Calciumoxyd.* Diese Methode gestattet auf
trockenem Wege durch Erhitzen einer innigen Mischung beider Stoffe Kohlen-

oxyd herzustellen. Sie ist von B. Blount [11] angegeben und weiter nicht näher untersucht worden, dürfte aber bei entsprechender Vorsicht reines Gas liefern. Die Zersetzung des reinen Calciumoxalates studierten genauer E. Moles und C. Diaz Villamil [12]. Auf die Zersetzungsgeschwindigkeit bei Temperaturen unterhalb 440° C übt ein gelinder Feuchtigkeitsgrad starken Einfluß aus, das Gas enthält etwas Kohlendioxyd und Ameisensäure. Oberhalb 440° C ist die Pyrolyse schon wesentlich komplexer und für eine Kohlenoxydherstellung *unbrauchbar.*

Ebenso erhält man Kohlenoxyd aus gasförmigen Nickelcarbonyl[1]) $Ni(CO)_4$. Erhitzt man dieses auf 105° C, so zersetzt es sich rasch nach der Gleichung:

$$Ni(CO)_4 \rightarrow Ni + CO.$$

Dieser Vorgang ist von Vorteil für die Herstellung kleiner Mengen sehr reinen Gases [13, 14].

Die Methoden zur Darstellung des Kohlenoxydes aus Cyaniden und konz. Schwefelsäure [7, 8] bieten keinerlei Vorteile gegenüber 1. und 2., sie sind durchweg unbequem auszuführen und liefern meist ein stärker verunreinigtes Gas. Allerdings konnte Lord Rayleigh [8] durch Vergleich der Dichten von Kohlenoxyd, dargestellt nach 1., 2. und aus umkristallisiertem Kaliumferrocyanid, feststellen, daß alle drei Methoden ein gleich reines Gas liefern, wobei aber eine Fraktionierung nach vorheriger Verflüssigung *nicht* vorgenommen wurde.

Bemerkung: Ein in Stahlflaschen aufbewahrtes Kohlenoxyd kann neben Wasserstoff, Stickstoff, Kohlendioxyd, Methan, Sauerstoff auch Eisencarbonyl enthalten [9].

Enthält das Kohlenoyxd *größere* Mengen von Sauerstoff, so kann dieser durch langsames Leiten über reine Kohle (700—900° C) oder metallisches Kupfer bei Rotglut zugleich mit Eisencarbonyl entfernt werden. Das Gas muß man dann zur Entfernung von Kohlendioxyd über *feuchtes,* festes Kaliumhydroxyd leiten. Besser ist es aber, das Kohlendioxyd mit flüssiger Luft auszufrieren. Wasserstoff kann restlos durch Verflüssigung des Kohlenoxydes entfernt werden.

Sehr reines Kohlenoxyd [15].

Literatur.

1. Clayton, J. O. u. Giauque, W. F., J. Amer. chem. Soc. **54** (1932) 2610.
2. Cuthbertson, C. u. Cuthbertson, M., Proc. Roy. Soc. London **97** (1920) 152.
3. Bodenstein, M., Z. physik. Chem. **130** (1927) 422.
4. Clusius, K. u. Teske, W., Z. physik. Chem. (B) **6** (1929) 135.
5. Manchot, W. u. Scherer, O. (Oberhauser), Ber. dtsch. chem. Ges. **60** (1927) 320.
6. Thompson, J. G., Ind. Engng. Chem. **21** (1929) 389.
7. Wade, J. u. Panting, L. C., J. chem. Soc. London **73** (1898) 255.
8. Lord Rayleigh, Proc. Roy. Soc. London **62** (1899) 204.
9. Rossini, F. D., Bur. Stand. J. Res. **6** (1931) 37; Analyst **60** (1935) 471; Nat. Phys. Labor. Rep.
10. Schacherl, F., Pub. Fac. d. Sc. Univ. Masaryk **99** (1928) 5.
11. Blount, B., Analyst **43** (1918) 88.

----

[1]) Im Handel erhältlich, z. B. Matheson Laboratory Gases, East Rutherford, N. J., U. S. A.

12. **Moles, E. u. Diaz Villamil, C.**, Anales de la Soc. Española Fis. y Quim. **22.** (1924) 174.
13. **Mittasch, A.**. Z. physik. Chem. **40** (1902) 1.
14. **Bown, C. E. H.**, Trans. Faraday Soc. **31** (1935) 440.
15. **Branham, I. R., Shephered, M. u. Schuhmann, Sh.**, J. Res. Nat. Bur. Standards **26** (1941) 571.

Kohlendioxyd CO_2.

Sm.P. $= - 56,7^0$ C   Sd.P. $= - 78,52^0$ C   Tripelpunkt-Druck $= 5,11$ Atm.

1. *Durch Einwirkung von Säuren auf Carbonate.* a) Marmor und Salzsäure (1:1). Man verwendet dazu in bekannter Weise einen Kippschen Apparat. S. 2 ff sind weitere Vorkehrungen für die Herstellung dieses Gases angegeben. Das Kohlendioxyd ist vor der Volltrocknung mit gesättigter Kupfersulfatlösung zu waschen.

b) Aus Alkalibicarbonatlösung mit verdünnter Schwefelsäure. Man kann auf diesem Wege schon ein Kohlendioxyd erhalten, das im Vergleich zu dem nach a) dargestellten weniger Luft enthält, doch ist dazu eine entsprechende Vorrichtung notwendig. Es sei als Beispiel eine Anordnung von R. C. Farmer [1] kurz beschrieben (Abb. 86).

In den birnenförmigen Gefäßen A befindet sich die Kaliumbicarbonatlösung (300 g in 1 l Wasser), bzw. die verdünnte Schwefelsäurelösung (120 cm³ konz. H_2SO_4 in 1 l Wasser). Beide werden filtriert eingefüllt. Die Gefäße sind unten durch Quecksilber abgedichtet. Eine Wulffsche Flasche dient als Gasentwicklungsgefäß; das Gas strömt durch den Hahn B aus. Einen Teil des entwickelten Gases läßt man mit Hilfe der Rohransätze links und rechts durch die Vorratslösung perlen, um die gelöste Luft zu verdrängen. Etwas Methylorange, den Lösungen hinzugefügt, dient zur Kontrolle einer richtigen Mischung. Da die Entleerung durch den Ansatz E erfolgt, braucht die Vorrichtung niemals auseinandergenommen zu werden.

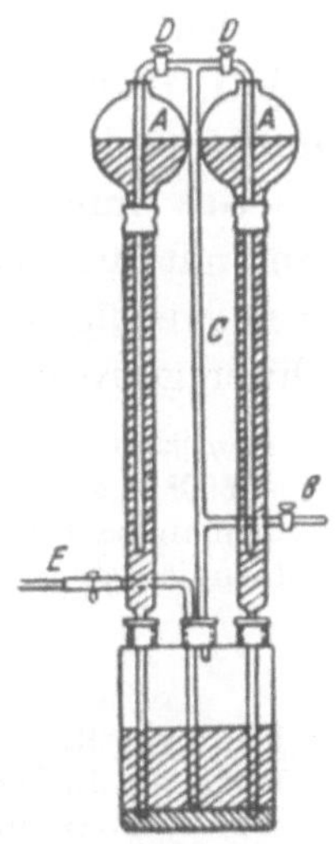

Abb. 86. Kohlendioxyd aus Alkalibicarbonatlösung.

Bessere, aber weniger einfache Anordnungen werden noch von E. J. Poth [2] und von E. W. Lowe und W. S. Guthmann [3], H. Reihlen [8] beschrieben.

2. *Aus Carbonaten durch Erhitzen.* a) Natriumbicarbonat: $2\,NaHCO_3 = = Na_2CO_3 + CO_2 + H_2O$. Reines Natriumbicarbonat wird nach Vorgang und Vorrichtung (s. S. 2), mit freiem Brenner gelinde erwärmt. Die entsprechenden Drucke bei den zwei Temperaturen betragen:

	$P_{CO_2 + H_2O}$
100⁰ C	731 Torr
120⁰ C	1250 Torr

Der frei werdende Wasserdampf wird vor der Trocknung des Kohlendioxydes in einem mit Wasser oder Eis gekühlten U-Röhrchen verdichtet. Auch eine einfache kugelförmige Erweiterung an Stelle des U-Röhrchens wird genügen. Nach der Volltrocknung ist das Gas sehr rein [4].

b) Magnesiumcarbonat: $MgCO_3 = MgO + CO_2$. Die Zersetzungstemperatur liegt hier wesentlich höher, als in a). [Bei 540° C beträgt $p_{CO_2} \simeq 1$ Atm.] Es müssen deshalb entsprechende Vorkehrungen getroffen werden, sowohl zur Erreichung der hohen Temperatur, als auch zum Schutz gegen das Springen des Rohres (Drahtnetz oder Ofen).

Das nach 1. und 2. hergestellte Kohlendioxyd ist nach Berücksichtigung S. 52ff und Volltrocknung für viele Zwecke hinreichend rein. Zu chemisch reinem Gas gelangt man erst durch Reinigung im Hochvakuum, wie im folgenden angegeben wird.

3. *Kohlendioxyd aus der Stahlflasche*. Das Gas ist meist 99proz. und enthält zuweilen viel Wasserdampf. Die Reinigung des Gases beschreiben A. Klemenc und O. Bankowski [5]. Man leitet das Gas durch eine gesättigte Kupfersulfat- und sodann durch Kaliumhydrocarbonatlösung. Hierauf streicht das Gas durch 4 gekühlte U-Röhren (— 20°, — 40°, zwei — 60°) und wird dann mit flüssiger Luft ausgefroren. Mehrmalige Sublimation im Hochvakuum ist notwendig, vor allem auch deshalb, weil Kohlendioxyd (nach A. Stock [6]) schwer getrocknet werden kann.

Bemerkung: Leitet man Kohlendioxyd über reines Kupfer bei Temperaturen von 400—600° C, so wird dabei weniger als 1/1000 zu Kohlenoxyd reduziert. Dieses Verhalten kann man nach E. Brody und Th. Millner [7] dazu verwenden, ein sauerstofffreies Kohlendioxyd zu erzeugen.

Literatur.

1. Farmer, R. C., J. chem. Soc. London **117** (1920) 1446.
2. Poth, E. J., Ind. Engng. Chem. (Anal. Ed.) **3** (1931) 202.
3. Lowe, E. W. u. Guthmann, W. S., Ind. Engng. Chem. (Anal. Ed.) **4** (1932) 440.
4. Guye, Ph.-A. u. Pintza, A., Mém. Soc. phys. hist. nat. Genève **35** (1905/07) 556.
5. Klemenc, A. u. Bankowski, O., Z. anorg. allg. Chem. **209** (1935) 225.
6. Stock, A., Wustrow, W., Lux, H. u. Ramser, H., Z. anorg. allg. Chem. **195** (1931) 140.
7. Brody, E. u. Millner, Th., Z. anorg. allg. Chem. **164** (1927) 86.
8. Reihlen, H., Ber. dtsch. chem. Ges. **72** (1939) 112.
    An Kohlendioxyd ist die teilweise Trennung $^{13}C—^{12}C$ nach der Austauschmethode durchgeführt, S. 83.
Urey, H. C. u. Aten, A. H. W., Physic. Rev. **50** (1936) 575.
Urey, H. C. u. Kestan, H. S., J. chem. Physics **4** (1936) 622.
Urey, H. C., Miels, A., Roberts, J., Thode, H. G. u. Huffman, J. R., J. chem. Physics **7** (1939) 138.

Tricarbondioxyd (Kohlensuboxyd) C_3O_2.

Sm.P. = — 112,5° C.   Sd.P. = + 6,7° C.

1. *Aus Malonsäure*. Die Herstellung aus Malonsäure ist zuerst von O. Diels und G. Meyerheim [1] angegeben worden. Die Darstellung wurde

dann von A. Stock und H. Stolzenberg [2] mit Hilfe der Hochvakuumtechnik verbessert. Die verwendete Anordnung zeigt die Abb. 87. *A* ist ein 1-l-Kolben mit dem mindestens 10 mm weiten Verbindungsrohr *C*, dem geräumigen U-Rohr *D* (stärkerer Schenkel: 3 cm weit), dem großen, mit frisch ausgeglühtem Calciumoxyd (erbsengroße Stücke) beschickten Trockenturm *F*, den Hähnen *H*, *M*, dem als Manometer und zur Gasableitung dienenden, in der Schale *K* unter Quecksilber endenden, 80 cm langen Rohr (zweckmäßig wird neben dieses ein gleichfalls in die Schale *K* tauchendes Vergleichsbarometer angebracht) und den zwei folgenden *U*-Röhren; *B* ist ein durch leichtes Einfetten gedichteter Gummistopfen; *E* und *G* sind mit Marineleim überzogene Korke. Im übrigen sind alle Apparateteile durch Verblasen oder Verkitten miteinander gasdicht verbunden. Vor den Kalkturm schaltet A. Klemenc [3] eine mit Glaswolle gefüllte Glasröhre, um das Phosphorpentoxyd zurückzuhalten, das im Kalkturm stark zersetzend auf das Suboxyd wirken würde. Es empfiehlt sich, das Gas nach dem Passieren des Kalturmes zu kondensieren (flüssige Luft) und es dann über Glaswolle und eine neue Schichthöhe Kalk in die Fraktionierungsapparatur eintreten zu lassen.

In *A* wird eine innige Mischung von 1 Gew.-T. Malonsäure mit 2 Gew.-T. ausgeglühtem Seesand und

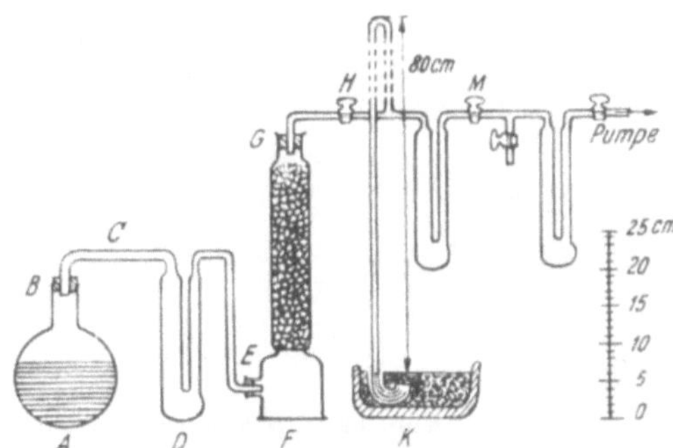

Abb. 87. Tricarbondioxyd aus Malonsäure.

10 Gew.-T. *reinem* Phosphorpentoxyd eingetragen. Die ganze Vorrichtung wird vollständig evakuiert. Während der folgenden Operationen bleibt die Pumpe ständig im Betrieb. Man kühlt *D* mit flüssiger Luft und erwärmt *A* auf etwa 140° C in einem Ölbad. Nach einer Stunde ist die Zersetzung zu Ende. Man entfernt nach Aufhebung des Vakuums durch Stickstoff (trockene Luft), den Kolben *A* und verschließt die Röhre *C* am besten durch Zuschmelzen. Nach Wiederherstellung des Vakuums kühlt man das Gefäß zwischen *H* und *M* mit flüssiger Luft und läßt den Inhalt von *D* recht langsam über den Kalkturm nach *L* destillieren. Nach [3] wird diese Operation noch einmal wiederholt. Dann schließt sich die Fraktionierung im Hochvakuum an, die sehr viel Aufmerksamkeit erfordert, da die schwierige Trennung C_3O_2—CO_2 durchzuführen ist. Man fraktioniert aus einem Bad von — 115 bis — 110° C und kühlt die Vorlage mittels flüssiger Luft. Solange viel Kohlendioxyd vorhanden ist, ist das System bei der angeführten Temperatur fest; deshalb Vorgang S. 93. Sinkt der Druck im Mauometer anf einige Zehntel Millimeter, so prüft man die Tension bei 0° C, die bei dem reinen Gas genau 573 Torr betragen soll [3]. Ausbeute etwa 25%.

Die in [2] angegebene Dauer der Fraktionierung ist zu kurz, da das Gas von den letzten Mengen Kohlendioxyd schwer zu befreien ist. Nach dem Verschwinden der festen Phase soll man mit der Temperatur auf — 125° C bis — 130° C herunter gehen, da hier die Trennung *erst* vollständig ist. Freilich erfordert diese bei gleichen Mengen Ausgangsmaterial etwa 15 Stunden.

2. *Aus Diacetylweinsäureanhydrid* (4, 3). Die Darstellung des Diacetylweinsäureanhydrides erfolgt nach [4]. Man verwendet das möglichst reine, *frisch* hergestellte Präparat.

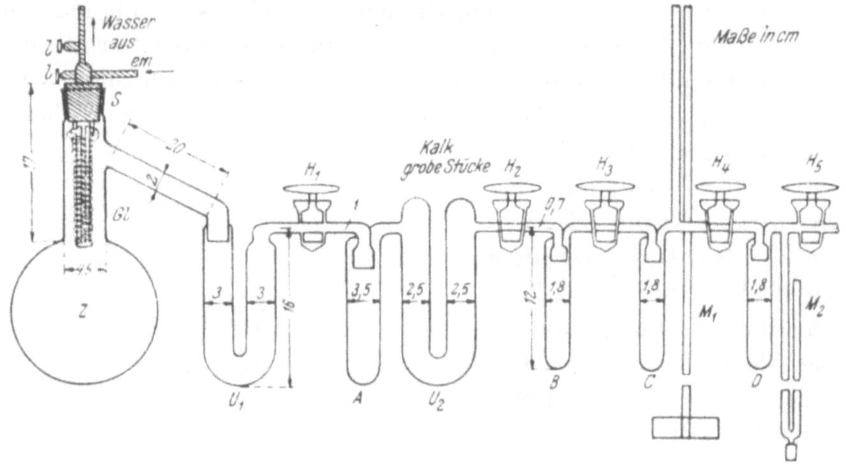

Abb. 88. Tricarbondioxyd aus Diacetylweinsäureanhydrid.

Die Gewinnung des Tricarbondioxydes vollzieht sich nach folgender Gleichung:

$$O\begin{cases} OC \\ CHOCOCH_3 \\ CHOCOCH_3 \\ OC \end{cases} \rightarrow 2CH_3COOH + CO + C_3O_2.$$

Die Zersetzung wird in der in Abb. 88 dargestellten Anordnung ausgeführt.

Der Zersetzungskolben Z enthält im weiten Hals einen Stahlschliff S, der durch Wasser gekühlt werden kann. Durch die isolierten Stromzuführungen l wird einem Cekas-Draht (Chromnickel) (1,4 m lang), der um zwei Quarzrohre gewunden ist, Strom zugeführt, welcher den Draht auf 600—700° C erwärmt. Die Temperatur des Drahtes soll den angegebenen Wert haben, wenn die durchschnittliche Geschwindigkeit des darüber streichenden Gases etwa 3 l pro Stunde beträgt.

Besser ist die in Abb. 89 dargestellte Anordnung des Drahtes. Auf dem aus 4 mm starken, aus Hartmessing verfertigten Schaft S sind zwei kreisförmige Platten aus Cementasbest (Eternit), E_1 und E_2, befestigt. Die Platte E_1 ist mit Hilfe der Muttern M_1, M_2, M_3 auf dem Schaft S fest montiert. Die

Platte E_2 trägt in ihrer mittleren Bohrung eine Messingbüchse B, die von der Mutter M_4 festgehalten wird. W ist die Heizwicklung aus Platin- bzw. Chromnickeldraht, deren Enden einerseits mit dem Schaft S, anderseits mit der Kontaktschraube L in leitender Verbindung stehen. Im kalten, ungedehnten Zustand berührt der Büchsenrand von B den auf dem Schaft S aufgekeilten Anschlag A. Im glühenden, gedehnten Zustande wird die Wicklung W durch die auf dem Schaft S in ihrer Buchse B gleitend montierte Platte E_2, die mit der Stahlfeder F verbunden ist, gespannt. Die 2,5 m lange Heizwicklung verläuft durch 1 mm starke, in die Platten gebohrte Löcher, die, wie die Abb. 89 zeigt, in drei konzentrischen Kreisen angeordnet sind.

Die Beschickung des in einem Temperaturbad befindlichen Rundkolbens, Z erfolgt mit 70—90 g Diacetylweinsäureanhydrid. Nach Entfernung der Luft aus dem System wird mit der Erhitzung des Inhaltes auf etwa 160° begonnen. Gegen Ende der Darstellung läßt man die Temperatur bis 200° C steigen. Während der Zersetzung wird das System ständig an der Ölpumpe gelassen, damit das unkondensierbare Kohlenoxyd entfernt werden kann. Es wird U_1 auf — 70° C, A mit flüssiger Luft gekühlt. In U_1 kondensiert sich die Essigsäure. Kohlen-säure, Kohlensuboxyd und das bei der Zersetzung ebenfalls entstehende Keten

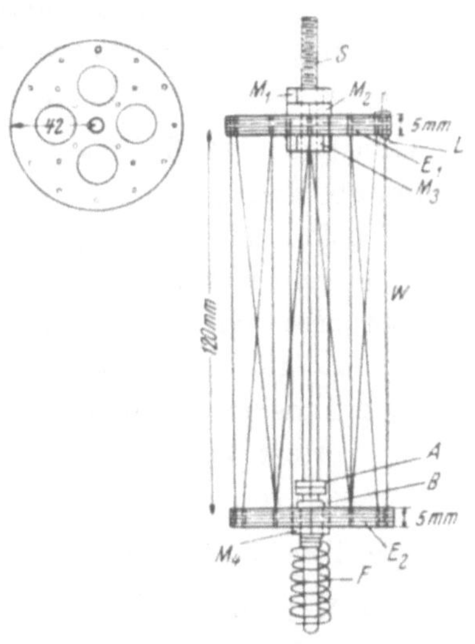

Abb. 89. Anordnung zur thermischen Zersetzung des Diacetylweinsäure-anhydrides.

werden in A ausgefroren. Dauer der Zersetzung 1—4 Stunden. Ist alles zersetzt, so wird H_1 geschlossen, A auf — 50 bis — 60° C erwärmt, B mit flüssiger Luft gekühlt. Das abdestillierte Gas streicht jetzt über Glaswolle und Kalk und verliert die letzten Reste Essigsäure. Dann wird H_2 geschlossen und das ganze System auf Hochvakuum gebracht. Nun erfolgt die lang-wierige Fraktionierung des flüssig-festen Systems CO_2—C_3O_2—CH_2CO. Das Rohgas enthält, wie schon O. Diels und K. Hansen [6] gefunden haben, reichliche Mengen Keten. Das zu trennende Gemisch ist bei — 125° C ein quartäres System CO_2—C_3O_2—CH_2CO—$(CH_2CO)_2$. Die Trennung der Bestand-teile vom Kohlensuboxyd ist auf dem vorläufig angegebenen verlustreichen Weg möglich.

Der Vorgang ist ähnlich, wie oben in 1., wobei jetzt neben Kohlendioxyd auch Keten übergefroren oder abgepumpt wird. B wird auf — 125 bis — 130° C erwärmt und C mit flüssiger Luft gekühlt. In dieses destilliert ein Gemisch von Kohlendioxyd und Keten. Die fraktionierte Destillation wird solange fortgesetzt, bis der Inhalt, bei der angegebenen Temperatur, eine Tension von höchstens einigen Zehntel Millimeter aufweist. Der Inhalt des Fraktionierungsgefäßes ist aber noch kein reines Tricarbondioxyd, die Tension bei 0° C beträgt zirka 600—650 Torr und ändert sich auch bei weiterem Abpumpen bei — 130° C nicht mehr wesentlich. Der Inhalt wird nun bei 0° C absieden gelassen, wobei ständig ein Absinken der Tension bis 530 Torr zu beobachten ist. Es bleibt schließlich ein geringer flüssiger, brauner Anteil zurück, welcher dimeres Keten ist. Der erhaltene Anteil, der bei 0° C eine Tension von 570—580 Torr hat, wird durch mehrmalige fraktionierte Kondensation (0° C, Vorlage flüssige Luft) gereinigt. Die kondensierte Menge wird zu Beginn am besten verworfen. Das Gas ist dann ketenfrei und enthält höchstens etwa 0,1 % Kohlendioxyd.

Günstiger jedoch arbeitet man wie folgt: Man pumpt bei — 95° C das Keten ab, und kontrolliert den Fortschritt der Reinigung durch Beobachtung der Tension bei 0° C. Nach diesem Vorgang bemerkt man keine Bildung von dimerem Keten mehr, woraus sich ergibt, daß bei der angegebenen Temperatur eine sehr weitgehende, aber noch nicht vollständige Befreiung von Keten erfolgt. Bei dieser Arbeit ist der Verlust an Kohlensuboxyd gering, und die Tension, die man hier erhalten kann, beträgt 590 Torr bei 0° C. Mit einem Verlust von etwa 90 % Suboxyd läßt sich dieses Gas bei 0° C durch Abpumpen von den letzten Resten Keten befreien.

Die Tension des reinen Gases beträgt bei 0° C 573,5 Torr (korr.).

Das Kohlensuboxyd greift Hahnfett stark an, daher ist es am besten, bei der Reinigung Quecksilberventile (S. 24) zu verwenden. Über die Haltbarkeit des Suboxydes läßt sich sagen, das es *rein* vollkommen beständig ist. Sein Polymerisationsbestreben kann man weitgehend aufheben, wenn man das Gas in einem Kolben nur bis zu Drucken von etwa 100 Torr aufbewahrt. Nichtsdestoweniger kann es vorkommen, daß sich das Gas ganz unerwartet, aus nicht bekannter Ursache, zu polymerisieren beginnt; es ist dann rettungslos verloren.

Das flüssige Gas läßt sich (oft wochenlang) aufbewahren, nach einiger Zeit tritt explosionsartig Polymerisation ein. Es wird angegeben [7], Hydrochinon sei ein Inhibitor zu diesem Vorgang.

Literatur.

1. Diels, O. u. Meyerheim, G., Ber. dtsch. chem. Ges. **40** (1907) **355**.
2. Stock, A. u. Stolzenberg, H., Ber. dtsch. chem. Ges. **50** (1917) **498**.
3. Klemenc, A., Wechsberg, R. u. Wagner, G., Mh. Chem. **66** (1935) **337**.
4. Ott, E., Ber. dtsch. chem. Ges. **47** (1914) **2388**.
5. Wohl, A. u. Oesterlin, C., Ber. dtsch. chem. Ges. **34** (1901) **1144**.
6. Diels, O. u. Hansen, K., Ber. dtsch. chem. Ges. **59** (1926) **2555**.
7. Hurd, Ch. D. u. Pilgrim, F. D., J. Amer. chem. Soc. **55** (1933) **757**.

Die Kohlenwasserstoffe.

Die Methoden zur Gewinnung der Kohlenwasserstoffe sind sehr zahlreich. In **Beilsteins Handbuch der organischen Chemie, Syst. Nr. 3 bis 13** sind dieselben erschöpfend dargestellt. Indessen sind nur wenige Methoden bisher soweit untersucht worden, um eine Entscheidung bezüglich der Reinheit des betreffenden Gases treffen zu können. In den folgenden Kapiteln über Kohlenwasserstoffe sind deshalb nur solche Darstellungsmethoden angeführt, bei welchen bezüglich dieses Punktes einige Sicherheit vorhanden ist. Die Methoden zur Gewinnung und Reinigung gasförmiger Kohlenwasserstoffe sind noch wenig durchgearbeitet, obwohl gerade in den letzten Jahren auf diesem Gebiete, besonders in den Vereinigten Staaten von Amerika, sehr viele Erfolge erzielt worden sind.

Methan CH_4.

Sm.P. $= - 182,6^0$ C.   Sd.P. $= - 161,4^0$ C.

1. *Darstellung aus den Elementen.* Obgleich dieser Weg zur Reindarstellung noch nicht benutzt worden zu sein scheint, möge auf diesen, da er *sehr günstig* liegt, hingewiesen werden: Bei den experimentellen Bedingungen dieser Versuche ist Methan bei Wasserstoffüberschuß der einzige stabile Stoff.

Stark geglühte Buchenholzkohle gibt bei 500^0 C und Wasserstoffdrucken von 50—450 Atm. 62—68% Methanausbeute. Auf die experimentelle Anordnung kann nur hingewiesen werden [13].

Das erhaltene Rohgas, das nur Wasserstoff und kaum andere Kohlenwasserstoffe enthält, wäre am besten durch Verflüssigung zu reinigen.

2. *Aus natürlichen Gasquellen.* An vielen Stellen der Erdoberfläche sind Erdgasquellen vorhanden, die oft ein reines Methan liefern, das aber häufig Stickstoff enthält. Man friert das Gas mit flüssigem Stickstoff aus und pumpt den unkondensierbaren Rest ab. Sodann läßt man die Temperatur bis zum Schmelzen des Methans ansteigen, kühlt wieder ab und pumpt abermals den unkondensierbaren Anteil ab. Diese Operation hat man einige Male zu wiederholen. Das Endgas kann jedoch noch immer etwas Stickstoff enthalten [5]. Sind im Erdgas höhere Kohlenwasserstoffe vorhanden (z. B. enthält das Gas von Pittsburgh 8—15% Äthan und 1—3% höhere K. W.), so entfernt man diese durch aktive Kokosnußkohle nach dem Vorgang von H. H. Storch und P. L. Golden [5].

Ist die Möglichkeit vorhanden, daß das Methan höhere Kohlenwasserstoffe enthält, so können diese auch durch entsprechend vorsichtiges Überleiten über Ni-Katalysatoren (s. unter *5a*) bei 350—400^0 C zerstört werden[1]). Für die Entfernung der gebildeten ungesättigten K. W. und Wasserstoff

---

[1]) Nach freundlicher Mitteilung von K. Peters verläuft die Zerstörung von Äthan neben viel Methan *nicht* quantitativ.

muß dann gesorgt werden. (S. unter [4].) Gelegentlich [9, 10] wurde zur
Herstellung von reinem Methan aus Erdgasquellen die fraktionierte Destillation
(Fraktionierkolonne) angewendet. Allgemeine Anordnung s. S. 97.

3. *Aus Natriumacetat, Calciumoxyd und Ätznatron.* Diese bekannteste
Methode liefert kein reines Gas, ist aber wegen ihrer Einfachheit und Billigkeit
in vielen Fällen verwertbar.

L. Vanino [12] gibt die Ausführung dieser Methode wie folgt an: In einer
geräumigen Schale aus Nickel oder Eisen (2—3 l Inhalt) löst man 750 g Ätznatron in 800 cm³ siedendem Wasser auf und gibt unter ständigem Umrühren
mit einem Metallspatel 750 g kristallisiertes Natriumacetat zu. Sobald das
Salz in Lösung gegangen ist, rührt man 1250 g grob gepulverten, gebrannten
Marmor ein und erhitzt das körnige Gemisch am Gasofen bis zur völligen
Trockenheit. Dann füllt man es noch heiß in eine 2 l fassende Flasche aus
Schwarzblech und setzt in den Hals dieser Flasche mit Hilfe von Asbestschnur
und Gipsbrei ein gebogenes Glasrohr luftdicht ein.

Nun wird allmählich stärker, schließlich bis zur eben beginnenden Rotglut
erhitzt, indem man die Flamme so regelt, daß eine gleichmäßige Gasentwicklung eintritt.

Das entwickelte Methan leitet man zunächst durch ein leeres, in kaltem
Wasser stehendes Gefäß, in dem sich noch etwas Wasser kondensiert, dann
durch eine Waschflasche mit konz. Schwefelsäure, eine zweite Waschflasche
mit rauchender Schwefelsäure (20% SO_3) und endlich noch durch einen
Zylinder, der mit konz. Schwefelsäure getränkten Bimsstein enthält.

Das Gas ist nach den angeführten Methoden zu reinigen, wenn dies erforderlich sein sollte. Es ist zu betonen, daß eine mehrmalige fraktionierte
Destillation ein reines Methan nach dieser Methode liefern kann.

4. *Einwirkung von Wasser auf Aluminiumcarbid.* Man kann vom Handelsprodukt ausgehen, welches meist genügend rein ist (76% Al_4C_3, 0,5% Al,
0,9% AlN, Rest Al_2O_3 + $Al(OH)_3$ [2].) Sollte viel freies Aluminium vorhanden sein, so kann dieses nach dem Vorschlag von C. Matignon [1] durch
rasches Waschen des stark zerkleinerten Carbids mit kalter wässeriger Lauge
entfernt werden. Doch schadet die Wasserstoffbildung vom Aluminium
nicht, wenn das rohe Methan entsprechend gereinigt wird.

Man verwendet etwa 100 g Carbid, das in der gewöhnlichen Anordnung
(Abb. 4a) oder besser (Abb. 5a) durch Wasser bei etwa 70—90° C zersetzt
wird. Nachdem starke Erwärmung eintritt, ist ein Wasserüberschuß anzuwenden. Das entweichende Gas ist stark verunreinigt, es enthält Acetylen,
Äthylen, Wasserstoff, Kohlendioxyd, Ammoniak, vielleicht auch Phosphorwasserstoff, Schwefelwasserstoff, Monosilan und Luft. Die Reinigung des
Gases erfordert *viel* Aufmerksamkeit, besonders dann, wenn größere Reinheit
wünschenswert ist. Durch ammoniakalische KupferI-Chloridlösung entfernt
man Acetylen; auch andere Verunreinigungen werden dadurch teilweise

absorbiert[1]). Über eine Waschflasche mit konz. Schwefelsäure streicht das Gas durch eine mit Kupferoxyd beschickte Röhre, in der der Wasserstoff verbrannt wird. Die Länge der Röhre beträgt etwa 20 cm, die Temperatur 250—320° C. Dieses Temperaturgebiet muß streng eingehalten werden [3][2]). Etwas Methan wird auch in diesem Gebiet verbrannt (CO$_2$) [11], ferner scheint sich nach R. Schenk [4] auch Acetylen zu bilden. Beide Gase und Sauerstoff werden in zwei Waschflaschen durch Kupfer I-Chloridlösung absorbiert. Dann folgt die Volltrocknung. Das so gereinigte Gas kann noch Stickstoff enthalten. Zur Reinigung des Rohgases kann man dieses, nachdem man es mit konz. Schwefelsäure, verd. Natronlauge und mit 33 proz. Natronlauge im 10-Kugelrohr gewaschen hat, volltrocknen und in flüssiger Luft kondensieren. Fraktionierung bei — 187° C (abgestandene fl. Luft), Vorlage — 193° C (frische fl. Luft) (A. Stock, F. Henning und E. Kuss [6]. Dieser Vorgang liefert ein Gas, dessen Tension mit der eines recht reinen Methans übereinstimmt.

C. Campbell und A. Parker [8] geben an, daß bei einer Mischung von 80% Methan und 20% Wasserstoff nahezu die Hälfte der verflüssigten Mischung absieden gelassen werden muß, um reines Methan zu erhalten[3]).

Man beachte die Gefährlichkeit, die sich beim Zusammentreffen flüssiger Kohlenwasserstoffe mit flüssiger Luft ergibt[4]).

Eine andere Reinigung des Gases bei gewöhnlicher Temperatur kann durch Kaliumchlorat, das mit Osmium-Palladium aktiviert ist, erfolgen (K. A. Hofmann und O. Schneider [7]).

5 a. Durch Reduktion des Kohlenoxydes mit Wasserstoff. An Nickelkatalysatoren[5]) läßt sich nach der Gleichung

$$CO + 3\,H_2 = CH_4 + H_2O$$

in sehr guter Ausbeute Methan herstellen. Diese auf P. Sabatier und J.-B. Senderens zurückgehende Methode [14] wird nach B. Neumann und K. Jakob [5] in der folgenden Weise ausgeführt. Herstellung des Katalysators: Da der Katalysator keine Spur Schwefel oder Halogen enthalten darf, so geht man am zweckmäßigsten von Nickelnitrat aus, tränkt damit die Trägersubstanz und erzeugt durch Glühen bei 550—600° C Oxyd, welches

---

[1]) Es wären hier die S. 102 angegebenen Reinigungsmethoden, Gastrennung durch Adsorption, anwendbar.

[2]) Gilt für Kupferoxyd, welches durch Glühen von Kupfernitrat bei 1000° C erhalten worden ist. Strömungsgeschwindigkeit 34 cm³/Min. Bei Verwendung von Mangandioxyd kann die Verbrennung schon bei 175° C durchgeführt werden.

[3]) Nach den Messungen von F. A. Freeth und T. T. H. Verschoyle, Proc. Roy. Soc. London 130 (1931) 461, kann man schätzen, daß bei p_{H_2} = 1 Atm. ungefähr 0,02% Wasserstoff im flüssigen Methan bei — 182° C gelöst sein werden.

[4]) Ersatz durch flüssigen Stickstoff!

[5]) Auch andere Metalle der 8. Gruppe des P. S. d. E. vermögen diese Reaktionen zu katalysieren. Fischer, F., Tropsch, H. u. Dilthey, P., Brennstoff-Chem. 6 (1925) 265; 7 (1929) 97.

dann im Wasserstoffstrome bei möglichst niederer Temperatur zu Metall reduziert werden muß; man läßt dabei die Temperatur nicht über 280° C steigen, da bei höherer Temperatur die katalysierende Wirkung stark nachläßt, wohl infolge einer Sinterung des Metalls. Die Reduktion geht sehr langsam vor sich und wird fortgesetzt, bis ein vorgelegtes Chlorcalciumrohr keine Gewichtszunahme mehr aufweist. Als Träger eignen sich poröse, unglasierte, gebrannte Tonscherben (Tonteller). Stückchen von 3 mm Korngröße werden mit Salpetersäure ausgekocht, getrocknet, in die Kristallwasserschmelze des Nickelnitrates eingetragen, 2 Stunden bei 580° C geglüht und 13 Stunden bei 280° C reduziert; auf 37 g Scherben kommen 7,4 g Nickel ($= 20\%$).

Man verwendet entweder eine Röhre (28 cm, 2 cm), welche sich in einem gut regulierbaren Ofen befindet oder eine entsprechend lange U-Röhre, die in einem Öl- oder Sandbad erwärmt werden kann. Die in einem Gasometer, genau nach der Gleichung hergestellte Mischung, tritt getrocknet über einen Blasenzähler in die Röhre. Das austretende Gas enthält als Beimischungen Kohlenoxyd, Wasserstoff, Kohlendioxyd und Stickstoff. Es ist nach 2. entsprechend zu reinigen. Bei der optimalen Temperatur, etwa 290° C, ergibt sich bei einer Gasgeschwindigkeit von 10 cm³/Min. ein nahezu 100proz. Umsatz zur Methanbildung.

Auch die Reduktion von Kohlendioxyd führt in gleicher Weise zu Methan, doch bietet sie keinen Vorteil.

Nach P. Pascal und E. Botolfsen [16] verläuft die Reaktion

$$4\,CO + 2\,H_2O = 3\,CO_2 + CH_4$$

mit Nickel (aus Nickelcarbonat hergestellt) bei 270° C quantitativ.

5b. Zur Reduktion von Kohlenstoffverbindungen durch den gleichen Katalysator gehört auch die Methanbildung aus Benzol. Sie verläuft nach der Gleichung $C_6H_6 + 9\,H_2 = 6\,CH_4$. Diese von A. Mailhe und C. R. Creusot [20] angegebene Methode liefert bei 310—325° C aus *thiopenfreiem* Benzol, bei einer Gasgeschwindigkeit von 50 cm³ H_2/Min., in 5 Min. aus 2 cm³ Benzol einen 75proz. Umsatz. Da keine Analyse des erhaltenen Gases angegeben wird, kann auf diesen Weg nur hingewiesen werden.

6. *Herstellung aus Methyljodid.* Diese Methode ist zuerst von J. H. Gladstone und A. Tribe [17] mit einem Kupfer-Zinkpaar ausgeführt worden. Sie ist von W. A. Bone und R. V. Wheeler [18] insofern geändert worden, als die Forscher ein Aluminium-Quecksilber-Metallpaar verwenden, welches viel energischer in Reaktion tritt. Das Entwicklungsgefäß wird mit Aluminiumblechstücken voll gefüllt. Dann gibt man 2 cm Sublimatlösung dazu und schüttelt einige Minuten kräftig durch. Die Flüssigkeit wird abgegossen und die Blechstückchen gründlich mit Methylalkohol gewaschen. Die Jodmethyllösung (1 Tl. Methylalkohol, 2—3 Tl. Jodmethyl) läßt man in Anordnung Abb. 4b langsam zu dem Metall zufließen. Das Entwicklungs-

gefäß ist dabei mit Eis zu kühlen. Das entweichende Gas, das neben den leicht kondensierbaren Bestandteilen auch noch Wasserstoff enthält, wird von den ersteren durch Waschen mit Natriummethylat und konz. Schwefelsäure befreit. Der Wasserstoff wird durch Absorption mit Palladium bei 100° C entfernt. Besser ist es, das Gas nach dem Passieren der Schwefelsäure durch Verflüssigen weiter zu reinigen.

7. *Herstellung aus Methylmagnesiumbromid.* Diese Methode verwendeten G. Baume und F. L. Perrot [19] für die Herstellung eines besonders reinen Gases, das zur Atomgewichtsbestimmung des Kohlenstoffes diente. Man zersetzt das in Äther gelöste Methylmagnesiumbromid[1]) mit Wasser (Anordnung Abb. 4b). Das entwickelte Methan wird mit Wasser und Lauge gewaschen. Nach der Volltrocknung erfolgt Verflüssigung und fraktionierte Destillation unter vermindertem Druck. Die im flüssigen Methan sich lösende Luft kann nur beim Erstarren des Methans vollkommen entfernt werden (s. S. 94 Fußnote).

Auch Zinkmethyl gibt mit Wasser Methan [15].

Tetradeuteromethan CD₄ [21], *Monodeuteromethan* [21], *Trideuteromethan* CHD₃ [22].

Literatur.

1. Matignon, C., C. R. Acad. Sci. Paris 145 (1907) 676; Ann. Chim. Physique [8] 13 (1908) 276.
2. Biesalski, E. u. van Eck, H., Z. anorg. allg. Chem. 156 (1926) 234.
3. Neumann, B. u. Hsiao-Hai Wang, Z. angew. Chem. 46 (1933) 57.
4. Schenck, R., Z. anorg. allg. Chem. 164 (1927) 145.
5. Storch, H. H. u. Golden, P. L., J. Amer. chem. Soc. 54 (1932) 4662.
6. Stock, A., Henning, F. u. Kuss, E., Ber. dtsch. chem. Ges. 54 (1921) 1119.
7. Hofmann, K. A. u. Schneider, O., Ber. dtsch. chem. Ges. 48 (1915) 1585.
8. Campbell, C. u. Parker, A., J. chem. Soc. London 103 (1913) 1292.
9. Mac Gillivray, W. E., J. chem. Soc. London 1932, 941.
10. Davis, H. S., Ind. Engng. Chem. (Anal. Ed.) 1 (1929) 61.
11. Bone, W. A. u. Wheeler, R. V., J. chem. Soc. London 81 (1902) 535; 83 (1903) 1074.
12. Vanino, L., Handbuch der präp. Chemie, II. Bd., Aufl. 1923, S. 2.
13. Berl, E. u. Bemmann, R., Z. physik. Chem. (A) 162 (1932) 76; Pring, J. N. u. Fairlie, D. M., J. chem. Soc. London 101 (1912) 91.
14. Sabatier, P. u. Senderens, J.-B., C. R. Acad. Sci. Paris 134 (1902) 514, 689.
15. Neumann, B. u. Jacob, K., Z. Elektrochem. 30 (1924) 557.
16. Pascal, P. u. Botolfsen, E., C. R. Acad. Sci. Paris 191 (1930) 186.
17. Gladstone, H. J. u. Tribe, A., J. chem. Soc. London 45 (1884) 154.
18. Bone, W. A. u. Wheeler, R. V., J. chem. Soc. London 81 (1902) 535.
19. Baume, G. u. Perrot, F. L., C. R. Acad. Sci. Paris 148 (1909) 39.
20. Mailhe, A. u. Creusot, C. R. Acad. Sci. Paris 193 (1931) 60.
21. Urey, H. C. u. Price, D., J. chem. Physics 2 (1934) 300.
    Clusius, K. u. Popp, L., Z. phys. Chem. (B) 46 (1940) 63.
22. Mac Wood, G. E. u. Urey, H. C., J. chem. Physics 3 (1935) 650.

---

[1]) In den gebräuchlichsten Handbüchern der organischen Chemie ist die Herstellung dieser Verbindung beschrieben.

An Methan ist schon häufig die Trennung ^{12}C—^{13}C nach verschiedenen Methoden durchgeführt worden. In allen Fällen ist bisher nur teilweise Trennung an $^{13}CH_4$—$^{12}CH_4$ erreicht worden.

1. Nach der Diffusionsmethode (Hertz) S. 64.
Harmsen, S., Hertz, G. u. Schütze, W., loc. cit.
Woodbridge, D. E. u. Jenkins, F. A., Physic. Rev. **49** (1936) 404, 704.
Woodbridge, D. E. u. Smythe, W. R., Physic. Rev. **50** (1936) 233.
Capron, P., Delfoss, J. M., de Hemptine, M. u. Taylor, H. S., J. chem. Physics **6** (1938) 656.
Capron, P. u. de Hemptine, M. Bull. Cl. Sci. Acad. roy. Belgique [5] **24** (1938) 641.
de Hemptine, M. u. Capron, P. J., J. Phys. et Radium **10** (1939) 171.
Nier, A. O. u. Bardeen, J., J. chem. Phys. **9** (1941) 690.

2. Trennrohr S. 65.
Nier, A. O., Physic. Rev. [2] **57** (1940) 359.
Watson, W. W., Physic. Rev. [2] **56** (1939) 703; **57** (1940) 562.
Taylor, H. S. u. Glockler, G., J. chem. Physics **7** (1939) 851; **8** (1940) 843.
Welles, S. B., Physic. Rev. [2] **59** (1941) 920.

Äthan C_2H_6.

Sm.P. = — 172,5° C.   Sd.P. = — 84,1° C.

1. *Aus Jodäthyl C_2H_5J.* a) Man stellt aus frisch destilliertem Jodäthyl nach Grignard[1]) Äthylmagnesiumjodid C_2H_5MgJ in der Anordnung (Abb. 4d) her. Dann evakuiert man das gesamte Apparatsystem und läßt daraufhin tropfenweise Wasser zur Zersetzung in den Kolben fließen. Das Gas entweicht durch ein angeschlossenes System von Waschflaschen (rauch. Schwefelsäure, konz. Schwefelsäure, 20proz. Kalilauge) und zuletzt durch eine mit festem Kaliumhydroxyd gefüllte Röhre. Hierauf wird das Gas gesammelt.

Statt mit Wasser kann die Zersetzung auch mit festem Ammonchlorid nach J. Houben [1] ausgeführt werden:

$$2\ C_2H_5MgBr + NH_4Cl = 2\ C_2H_6 + MgNH_2Br + MgClBr.$$

Man fügt zur Grignard-Lösung (mit Eis gekühlt) allmählich die berechnete Menge festes, fein gepulvertes Ammonchlorid hinzu. Vorrichtung dazu Abb. 5 [3], s. auch [4].

b) Eine Lösung von 1 Gew.-T. Jodäthyl in 1 Gew.-T. absolutem Alkohol wird in der Anordnung (Abb. 4a) mit einem Zink-Kupferpaar zusammengebracht. Es ist vorteilhaft, den Kolben mit einem Rückflußkühler zu verbinden (Luftkühlung), durch den das Äthan zu entweichen hat. Die Reaktion wird durch gelindes Erwärmen eingeleitet. Das „Zink-Kupferpaar" bereitet man aus ganz dünnen Zinkblechschnitzeln, die zuerst etwas angeätzt werden und sodann mit einer sehr verdünnten, nur schwach gefärbten Kupfersulfatlösung so oft behandelt werden, bis sich ein dicker pulveriger Überzug auf dem Zink ausgebildet hat. Diese Stücke werden dann in Alkohol und Äther gewaschen und im Kohlendioxydstrom gut getrocknet.

---

[1]) In den gebräuchlichsten Handbüchern der Organischen Chemie ist die Herstellung dieser Verbindung beschrieben.

Die Äthanausbeute ist bei dieser Darstellung nahezu quantitativ.

Die Zersetzung des Zinkäthyls $Zn(C_2H_5)_2$ durch Wasser liefert, auch nach sorgfältiger Reinigung, kein sehr reines Gas [2].

2. *Aus Äthylcyanid (Propionnitril).*

$$2\,C_2H_5CN + 2\,Na = CH_3CHNaCN + C_2H_6 + NaCN.$$

Nach dieser Methode erhält man ein sehr reines Gas [14, 15, 16]. Ein Rundkolben von etwa 300 cm³ Inhalt wird mit Natriumdraht gefüllt. Nach Herstellung des Vakuums läßt man dazu *trockenes* Propionnitril tropfenweise zufließen. Es tritt sofort eine sehr regelmäßige Gasentwicklung ein. Damit kein Schaden bei einem eventuellen Springen des Kolbens angerichtet werden kann, wird er mit einem Tuch umgeben. Das Gas wird durch zwei Waschflaschen mit Kalilauge und konz. Schwefelsäure geleitet, dann folgt die Volltrocknung. Ist ein besonders hoher Reinheitsgrad erforderlich, so wird man anschließend im Hochvakuum fraktionieren.

3. *Durch Elektrolyse von Alkaliacetat.* Diese zuerst von H. Kolbe [5], später von anderen, und ausgezeichnet von T. S. Murray [6] beschriebene Methode, ist Gegenstand sehr zahlreicher Untersuchungen, die sich mit dem qualitativen und quantitativen Ablauf der Äthanbildung an der Anode, in Abhängigkeit von den verschiedenen möglichen experimentellen Bedingungen, beschäftigen.

Der an der Anode ablaufende Vorgang

$$2\,CH_3COO' + 2\,\oplus = C_2H_6 + 2\,CO_2$$

vollzieht sich bei Verwendung von Kaliumacetat mit etwa 90% Stromausbeute. Der restliche Teil des Stromes liefert in Nebenreaktionen Methylalkohol, Sauerstoff und Äthylen [7].

Die Elektrolyse kann in sehr einfachen Apparaten ausgeführt werden. Man verwendet z. B. ein zylindrisches Rohr, das sich nach oben zu einem Gasentbindungsrohr verengt und rechtwinklig abgebogen ist. Unten ist das Rohr durch einen dreimal durchbohrten Gummistopfen verschlossen, der die senkrechten, einander parallel zugeordneten Elektrodenbleche trägt. In der dritten Öffnung befindet sich eine Glasröhre, die zu dem Vorratsgefäß mit der Elektrolytlösung führt. Von hier aus erfolgt die Füllung der zylindrischen Röhre, und zwar so, daß man die Elektrolytlösung bis zur Verengung steigen läßt. Man kann die Röhre auch mit einem Kühlgefäß (Flasche mit abgesprengtem Boden) umgeben [6]. Elektrolyt: 45 g wasserfreies Kaliumacetat in 100 g Wasser, glatte Platinanoden, Stromdichte etwa 0,3 Amp/cm², Klemmenspannung 4 V., Zimmertemperatur oder noch besser tiefere Temperaturen. Will man dauernd eine reichliche Äthanausbeute erzielen, so muß das Verhältnis Kaliumacetat : Kaliumhydrocarbonat (letzteres bildet sich bei der Elektrolyse) möglichst groß gehalten werden. Man erreicht dies durch zeitweises Zutropfen von Essigsäure.

J. Salauze [8] findet, daß die Elektrolyse einer Lösung von Natrium-acetat in Methylalkohol für Äthan eine 95proz. Stromausbeute liefert. (4 g Natriumacetat, 100 g Methylalkohol, 30 g Essigsäure; Stromdichte an der glatten Platinanode 0,23 Amp/cm², Kathode aus Golddraht; Temperatur 15⁰C).

Bei beiden experimentellen Bedingungen ist die hohe Stromdichte für die Äthanentwicklung maßgebend. Bei Stromdichten von 0,72 bis 10 m A/cm² ist auch Methanbildung möglich [9]. Das entweichende Gas enthält neben Äthan hauptsächlich noch Wasserstoff, Sauerstoff, Kohlendioxyd, Kohlen-oxyd und Äthylen (eventuell Methylalkohol).

Das Gas wird mit 30proz. Kalilauge, rauchender Schwefelsäure, konz. Schwefelsäure und abermals mit 30proz. Kalilauge gewaschen und dann mittels Kaliumhydroxyd und Phosphorpentoxyd getrocknet. Sodann wird das verflüssigte Gas fraktioniert destilliert. Man verwendet die Mittel-fraktion, die etwa 99% Äthan enthält [10, 11]. (Ausführlich [12, 13].) A. Eucken und A. Parts verwenden eine kleine Fraktionierkolonne [17].

4. *Hydrierung von Äthylen, C_2H_4.* Steht reines Äthylen zur Verfügung, so kann dasselbe nach der allgemeinen Methode mit Nickel als Katalysator reduziert werden. (Siehe bei Methan S. 169 [18, 19].) E. K. Rideal [20] beschreibt dafür die Herstellung eines besonders wirksamen Ni-Katalysators, der sich auf sehr einfache Weise gewinnen läßt.

Ein *sehr wirksamer* Katalysator ist metallisches Kupfer (hergestellt durch Reduktion von Kupferoxyd), *welches schon bei 0⁰ C zu hydrieren* vermag. Es können bei dieser Temperatur von 100 g Katalysator etwa 50 cm³ Äthylen pro Minute bis zu 99% in Äthan übergeführt werden [21].

Literatur.

1. Houben, J., Ber. dtsch. chem. Ges. **38** (1905) 3017.
2. Stock, A. u. Ritter, G., Z. physik. Chem. **124** (1926) 204.
3. Fischer, W. und Klemm, W., Z. physik. Chem. (A) **147** (1930) 275.
4. Timmermans, J., J. Chim. physique **18** (1920) 133.
5. Kolbe, H., Liebigs Ann. Chem. **69** (1849) 279; J. prakt. Chem. **4** (1871) 46.
6. Murray, T. S., J. chem. Soc. London **61** (1892) 10.
7. Foerster, F., Elektroch. wäßr. Lösungen, III. Aufl., S. 853ff.
8. Salauze, J., Bull. Soc. chim. France [4] **37** (1925) 522.
9. Shukla, S. N. u. Walker, O. J., Trans. Faraday Soc. **28** (1932) 457.
10. Heuse, W., Ann. Physik [4] **59** (1919) 86.
11. Wiebe, R., Hubbard, K. H. u. Brevoort, M. J., J. Amer. chem. Soc. **52** (1930) 611.
12. Stuckert, L., Z. Elektrochem. **16** (1910) 62.
13. Loomis, A. G. u. Walters, J. E., J. Amer. chem. Soc. **48** (1926) 2051.
14. Frankland, E. u. Kolbe, H., Liebigs Ann. Chem. **65** (1848) 269.
15. Stahrfoss, K., J. Chim. physique **16** (1918) 191.
16. Cardoso, E. u. Bell, R., J. Chim. physique **10** (1912) 498.
17. Eucken, A. u. Parts, A., Z. physik. Chem. (B) **20** (1933) 184.
18. Sabatier, P., C. R. Acad. Sci. Paris **124** (1897) 1360.
19. Palmer, D. M. u. W. G., Proc. Roy. Soc. London (A) **99** (1921) 402.
20. Rideal, E. K., J. chem. Soc. London **121** (1922) 309.
21. Kistiakowsky, G. B., Romeyn jr., H., Ruhoff, J. R., Smith, H. A. u. Vaughan, W. E., J. Amer. chem. Soc. **57** (1935) 68.

Äthylen C_2H_4.

Sm.P. $= -169,15°$ C.   Sd.P $= -103,70°$ C.

1. *Aus Äthylalkohol durch wasserentziehende Stoffe.* Die entsprechende Reaktion $C_2H_5OH \rightarrow C_2H_4 + H_2O$ kann sowohl mit konz. Schwefelsäure als auch mit sirupöser Phosphorsäure ausgeführt werden. Im letzteren Fall soll das Gas einen höheren Reinheitsgrad besitzen [1].

a) In einem Rundkolben (Abb. 4b) (der Stiel des Tropftrichters reicht bis knapp zum Boden) befinden sich 50—60 cm³ sirupöse Phosphorsäure. Man erwärmt auf 200—230° C, läßt tropfenweise durch den Tropftrichter absoluten Alkohol zufließen und regelt auf diese Art die Geschwindigkeit der Gasbildung. Das Gas wäscht man in zwei Kalilauge-Waschflaschen (auf 0° C abgekühlt) und mit konz. Schwefelsäure [1].

b) In einem 2-l-Rundkolben (Abb. 4a), der mit einem Thermometer versehen ist, werden 25 g absoluter Alkohol mit 150 g konz. Schwefelsäure auf 160° C erhitzt und aus dem Tropftrichter langsam eine Lösung von 1 Teil Alkohol in 1,5 Teilen konz. Schwefelsäure zufließen gelassen. Vor Beginn der Gasentwicklung wird das ganze System vollständig evakuiert und dann mit Wasserstoff gefüllt. Man kann diesen auch während der Entwicklung langsam durchstreichen lassen. Das entwickelte Gas streicht durch einen Luft-Rückflußkühler und weiter durch einen ¾-l-Kolben, der, wie die folgende leere Waschflasche, auf 0° C gekühlt wird. Es folgen dann zwei Waschflaschen mit konz. Schwefelsäure, zwei Waschflaschen mit 30proz. Natronlauge und zum Schluß ein mit 50proz. Natronlauge beschicktes Zehnkugelrohr, das am Ende einen Hahn besitzt. Das Gas wird durch flüssige Luft kondensiert und nach dem Abpumpen des Wasserstoffes in einen großen Kolben absieden gelassen. Dort läßt man es zwei Tage lang über 100 cm³ 50proz. Kalilauge stehen, wobei man häufig umschüttelt [2].

Zur weiteren Reinigung wird das Äthylen nach der Volltrocknung im Hochvakuum aus einem Bad von $-140°$ C fraktioniert destilliert. Eine Reinigung des Äthylens, das einem Stahlzylinder entnommen wird, s. [10].

Entfernung letzter Sauerstoffmengen s. [8].

2. *Aus Äthylalkohol durch katalytisch bewirkte Wasserabspaltung.* Die Katalysatoren, die zu diesem Vergang geeignet sind, unterscheiden sich in ihrer Wirksamkeit stark voneinander; es sind bisher sehr viele beschrieben worden.

Man verwendet für diese Zwecke am besten einen elektrischen Ofen. Die wirksam erhitzte Röhrenlänge für den Katalysator, der in einem Schiffchen verteilt wird, soll etwa 40 cm betragen. Man läßt den Alkohol tropfenweise zufließen (eventuelle Anwendung der Vorrichtung Abb. 6), der in Dampfform mit dem Katalysator zur Reaktion kommen muß.

Die Wirksamkeit einiger von J.-B. Senderens [3] untersuchter Katalysatoren ist aus der folgenden Tabelle ersichtlich, die außerdem auch zur allgemeinen Orientierung dienen soll.

Reaktions- temp. °C	NaHSO$_4$ geschmolzen	Al(OH)$_3$[1]) gefällt	Al$_2$(SO$_4$)$_3$[2]) wasserfrei	Al-Silikat (Schering- Kahlbaum A.G.)
210	5	—	—	—
260	16	5	—	—
270	14	12	3	2,5
340	⎰ Abscheidung	90	75	54
370	⎱ von Kohle	120	100	78

Die angeführten Zahlen bedeuten die jeweilig entwickelte Gasmenge in Kubikzentimeter/Min.

W. N. Ipatieff [5] hat gefunden, daß sich für diese Art der Dehydratation des Äthylalkohols auch Kaolin, käufliche Tonerde (sogar Scherben von unglasierten Tontellern [6]) im Temperaturgebiet von etwa 400—450° C eignen. Man kann statt Glasröhren auch solche aus Kupfer verwenden.

Das auf diesem Wege hergestellte Äthylen ist anscheinend noch selten als Ausgangsmaterial zur vollständigen Reindarstellung des Gases verwendet worden. Jedenfalls wäre das Gas nach dem Verlassen des Ofens so zu behandeln, wie unter 1 b angegeben ist[3]).

3. *Aus Äthylenbromid CH$_2$Br—CH$_2$Br.* Die Bildung des Äthylens durch Abspaltung des Broms kann auf mehreren Wegen erreicht werden. Es lassen sich jedoch immer nur kleine Mengen des Gases herstellen.

Man läßt bei 40° C eine 15 proz. alkoholische Äthylbromidlösung zu reinem, gekörntem Zink zutropfen und reinigt das entweichende Gas wie oben angegeben [7].

Die Deuteriumverbindungen

$$CD_2—CD_2$$
$$CHD—CHD$$

sind dargestellt [9].

Literatur.

1. Stahrfoss, K., J. Chim. physique 16 (1918) 187; Newth, G. S., J. chem. Soc. London 79 (1901) 915.
2. Stock, A. u. Ritter, G., Z. physik. Chem. 124 (1916) 204, Stock, A., Henning, F. u. Kuss, E., Ber. dtsch. chem. Ges. 54 (1921) 1125.

---

[1]) Herstellung nach [4]. Man geht von Natriumaluminat aus und fällt das Aluminiumhydroxyd mit verdünnter Schwefelsäure. Den Niederschlag wäscht man wiederholt durch Dekantation, filtriert und verteilt das Hydroxyd möglichst fein in siedendem Wasser. Dann dekantiert man dreimal, filtriert und wäscht zweimal mit siedendem Wasser. Das Aluminiumhydroxyd trocknet man im Trockenschrank, pulverisiert und trocknet weiter bei einer Temperatur von etwas über 100° C. Schließlich wird das Präparat in einer Abdampfschale weiter erhitzt, bis es sein ganzes Wasser verloren hat.

[2]) Wird durch vorsichtige Calcination von Ammoniumalaun in einer Porzellanschale hergestellt [4].

[3]) Man wird das Rohgas etwa nach dem Vorgang S. 11, Abschn. 5, Abb. 17 in einem kleinen Stahlzylinder zuerst sammeln und dann damit die weitere Reinigung durchführen.

3. Senderens, J.-B., C. R. Acad. Sci. Paris **190** (1930) 1167.
4. Senderens, J.-B., Ann. Chim. physique [8] **25** (1912) 449.
5. Ipatieff, W. N., Ber. dtsch. chem. Ges. **36** (1903) 1990, 2012.
6. Ssakmin, P. S., Ber. dtsch. chem. Ges. **67** (1934) 392.
7. Gladstone, J. H. u. Tribe, A., Ber. dtsch. chem. Ges. **7** (1874) 364.
8. Storch, H. H., J. Amer. chem. Soc. **57** (1935) 2598.
9. Joris, G., Taylor, H. S. u. Junges, J. S., J. Amer. chem. Soc. **60** (1938) 1982.
10. Egan, C. J. u. Kemp, J. D., J. Amer. chem. Soc. **59** (1937) 1264.

Acetylen C$_2$H$_2$.

Sm.P. = − 82,4° C.   Subl.P. = − 84,1° C.

Zur Herstellung dieses Gases wird fast ausschließlich das technische Calciumcarbid verwendet, das allerdings von verschiedenem Reinheitsgrade sein kann[1]). Das aus dem Carbid durch Einwirken von Wasser erhaltene Acetylen enthält deshalb sehr wechselnde Mengen von Begleitgasen, von denen Phosphor- und Schwefelwasserstoff besonders zu beachten sind. Sie sind chemisch alle, außer Stickstoff und Wasserstoff, zu entfernen. Ganz reines Gas liefert natürlich nur die fraktionierte Hochvakuumdestillation.

Wegen der starken Wärmeentwicklung bei der Einwirkung des Wassers auf das Carbid und der damit verbundenen unregelmäßigen Gasentwicklung müssen besondere Anordnungen getroffen werden. Wir beschreiben die Vorrichtung von W. Steinkopf [1] (Abb. 90). In einem dickwandigen Glaszylinder a von etwa 45 cm Höhe und 23 cm Durchmesser befindet sich ein zweiter, unten und oben offener Zylinder B von etwa 10 cm Durchmesser, der am einfachsten durch Absprengen einer entsprechenden Flasche hergestellt wird. Dieser zweite Zylinder wird durch ein 10 cm breites in der Mitte durchbohrtes Brett C, das seinerseits durch die federnden Messingbänder D festgeklemmt wird, in seiner Lage gehalten. Der obere Teil des Zylinders B trägt in einem doppelt durchbohrten Gummistopfen ein Abzugsrohr für das entstandene Acetylen, das zweckmäßig gleich mit einer Waschflasche E verbunden ist, und einen mit einem Haken versehenen Glasstab F, an dem sich ein aus ziemlich weitmaschigem Drahtnetz hergestelltes Körbchen befindet, das zur Aufnahme des Calciumcarbids dient. Durch Verstellen des Glasstabes F kann der Druck beliebig reguliert werden. Man erhält so einen konstanten, leicht zu regelnden Strom von Acetylen. Das nach Abschluß des Hahnes H durch Nachentwicklung sich bildende Acetylen entweicht, durch die Öffnung des Zylinders B und das in a enthaltene Wasser, ins Freie.

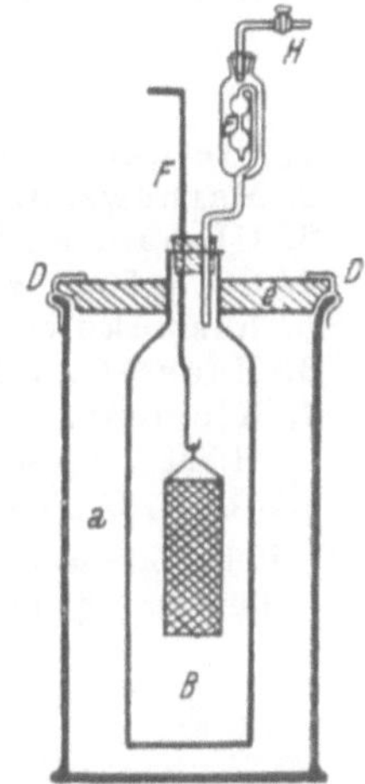

Abb. 90. Acetylen aus Calciumcarbid.

Die Gasentwicklung kann auch besonders regelmäßig gemacht werden, wenn man das Carbid mit 95% Äthylalkohol bedeckt und das Wasser nur

---

[1]) Die Carbidfabriken können auf Wunsch besonders reines Carbid zur Verfügung stellen.

tropfenweise zufließen läßt [2, 6]. Durch Waschen mit starker Schwefelsäure
wird man den mitgeführten Alkohol aus dem Gase entfernen. Der verwendete
Alkohol kann durch einmalige Destillation vollkommen rein für die gleiche
Verwendung zurückgewonnen werden.

Auch durch Einfallenlassen von pulverisiertem Carbid in Wasser (Abb. 5)
ist es möglich, in regelmäßiger Entwicklung das Gas herzustellen [4].

Das rohe Acetylen wird nun durch eine Anzahl von Waschflaschen geschickt, die der Reihe nach mit verd. Schwefelsäure, konz. Schwefelsäure +
+ Chromtrioxyd [3], Quecksilberchlorid-Salzsäure, Kupfernitrat-Salpeter-
säure und starker Natronlauge gefüllt sind; zum Schluß trocknet man über
Phosphorpentoxyd. Manche Forscher verwenden in dieser Reihenfolge
auch Chlorkalk, oder eine Mischung von Chlorkalk und gebranntem Kalk,
zur Vorreinigung des Gases.

Wie schon erwähnt, kann nur eine wiederholte fraktionierte Destillation
im Hochvakuum des mit flüssiger Luft zuerst ausgefrorenen Gases ein vollkommen reines Acetylen liefern. Flüssiges Acetylen ist unter diesen Bedingungen gefahrlos.

Zur Prüfung des Fortschreitens der Reinigung des Acetylens dürfte es
von Vorteil sein, das Absorptionsspektrum des Gases aufzunehmen [5].

Geht man von Dissousgas aus, so läßt sich das Aceton beim Leiten über
Aktivkohle, die auf — 45° (schmelzendes Chlorbenzol) gekühlt wird, entfernen.

Deuteroacetylen C_2D_2 [7] und [8].

Literatur.

1. Steinkopf, W., Chem.-Ztg. **33** (1909) 969.
2. Mathews, J. A., J. Amer. chem. Soc. **22** (1900) 106.
3. Ullman, F., Acetylen in Wiss. und Techn. 1899.
4. Stahrfoss, K., J. Chim. physique **16** (1918) 175.
5. Kistiakowsky, G. B., Physic. Rev. [2] **37** (1931) 276.
6. Maass, O. u. Russell, J., J. Amer. chem. Soc. **40** (1918) 1569.
7. Klemenc, A. u. Bankowski, O., Naturwiss. **22** (1934) 465; Glockler, G. u. Davis,
   H. M., Physic. Rev. [2] **46** (1934) 535.
8. Joris, G., Taylor, H. S. u. Junges, J. G., J. Amer. chem. Soc. **60** (1938) 1982.
Weitere Literatur findet man in dem Werke: Vogel, J. H., Das Acetylen, II. Aufl.
Leipzig, Spamer, 1923.

Methylacetylen (Allylen) $CH_3—C\equiv CH$.

Sd.P. = — 23,1° C.

1. *Aus Natriumacetylid, nach der allgemeinen Methode von P. Lebeau
und M. Picon* [5]. Man löst 1 Gew.-T. Natrium in flüssigem Ammoniak
(14 cm³ pro 1 Gew.-T. Natrium) und leitet in diese Lösung 1 Äquivalent
Acetylen ein, wobei die blaue Färbung verschwindet. Es ist vorteilhaft,
während des Einleitens einen Rührer zu verwenden, der die Lösung stark
durcheinander mischt. Dann fügt man bei — 50 bis — 60° C langsam Methyl-

jodid dazu und steigert nach beendeter Reaktion die Temperatur im Reaktionsgefäß[1]). Das entweichende Gas wird mit 10proz. Schwefelsäure gewaschen, mit Calciumchlorid getrocknet und bei — 78⁰ C verflüssigt. Die endgültige Reinigung erfolgt am besten in einer Vakuumdestillierkolonne [1], s. S. 97.

Reinigung über das Kupfersalz [3].

An Stelle von Methyljodid kann man auch das wohlfeilere Dimethylsulfat verwenden [2].

2. Aus Propylhalogeniden und alkoholischen Laugen wird ebenfalls Methylacetylen gewonnen [3, 4].

Literatur.

1. Hurd, Ch. D., Meinert, R. N. u. Spence, L. U., J. Amer. chem. Soc. **52** (1930) 1141.
2. Meinert, R. N. u. Hurd, Ch. D., J. Amer. chem. Soc. **52** (1930) 4544.
3. Heisig, G. B. u. Hurd, Ch. D., J. Amer. chem. Soc. **55** (1933) 3485.
4. Coffman, D. D., Chien-yu Tsao, J., Schniepp, L. E. u. Marold, C. S., J. Amer. chem. Soc. **55** (1933) 3792.
5. Lebeau, P. u. Picon, M., C. R. Acad. Sci. Paris **156** (1913) 1077.

Propan C_3H_8.

Sm.P. = — 187,6⁰ C.   Sd.P. = — 42,1⁰ C.

1. *Aus n-Propyljodid*, $CH_3 \cdot CH_2 \cdot CH_2J$. a) Durch Einwirkung eines „Kupfer-Zink-Paares" auf Propyljodid, so wie es bei Äthan angegeben ist. Das entweichende Gas wird bei etwa — 78⁰ C verflüssigt, dann mehrere Male bei 50⁰ C über ein „Kupfer-Zink-Paar", das mit Alkohol befeuchtet ist, geleitet, solange bis es frei von Jod ist. Das Gas wird vor der endgültigen Fraktionierung im Hockvakuum, mit konz. Silbernitratlösung, ferner mit konz. Kalilauge gewaschen und zuletzt mit Phosphorpentoxyd getrocknet [1].

b) Durch Einwirkung von Aluminiumchlorid (1 Gew.-T.) auf Propyljodid (2,5 Gew.-T.) im Bombenrohr läßt sich ein etwa 98proz. Gas erhalten. Erhitzungsdauer 20 Stunden, Temperatur 130⁰ C. Die Öffnung des Bombenrohres kann natürlich erst nach Abkühlung unter den Siedepunkt des Propans erfolgen [4, 5].

2. *Aus Propylcyanid*, C_3H_7CN.

$$2C_3H_7CN + 2Na = CNNa + CNCHNaC_2H_5 + C_3H_8.$$

Der Vorgang bei der Herstellung verläuft ganz gleich, wie bei Äthan unter 2. angegeben ist [2, 3]. Das Gas ist sehr rein, so daß nur wenige Fraktionierungen notwendig sind. Die im Rohgas vorhandenen Begleitstoffe (Wasserstoff, Luft, Propylcyanid und Hexan) lassen sich leicht durch fraktionierte Kondensation entfernen; Hexan anscheinend etwas schwieriger.

3. *Hydrierung von Propylen*. Nach der allgemeinen Methode über Nickel-Katalysatoren bei 130 bis 140⁰ C, s. S. 169. Eine scharfe Trennung Propylen-Propan ist möglich, s. S. 110.

---

[1]) Zum Schutze gegen das Zurücksteigen der Lösungen in die Waschflaschen sind entsprechende Vorkehrungen zu treffen.

Literatur.

1. **Maas, C. u. Wright, C. H.**, J. Amer. chem. Soc. **43** (1921) 1098.
2. **Timmermans, J.**, J. Chim. physique **18** (1920) 133.
3. **Fischer, W. u. Klemm, W.**, Z. physik. Chem. (A) **147** (1930) 275.
4. **Bartholomé, E.**, Z. physik. Chem. (B) **23** (1933) 152.
5. **Hainien, A. (Köhnlein)**, Liebigs Ann. Chem. **282** (1894) 233.

Propylen H_3C_6.

Sm.P. = − 185,3° C.   Sd.P. = − 47,7° C.

1. *Dehydratation nach der allgemeinen Methode von J.-B. Senderens.* Ausführlich ist die Methode bei Äthylen unter 2. auf S. 175 beschrieben. Man geht von gereinigtem Propyl- oder Isopropylalkohol aus. Es hat sich gezeigt, daß bei Verwendung von geschmolzenem *Natrium*-hydrosulfat ($NaHSO_4$) die Reaktion bei 125° C beginnt und bei 140° C schon sehr rasch abläuft [1]. Auch andere Katalysatoren können verwendet werden [4]. T. Batuecas [2] benützt calciniertes Aluminiumphosphat (Schering-Kahlbaum A.-G.) bei einer Temperatur von 250—260° C. Es wird dabei aber nur bei Verwendung von Isopropylalkohol eine gute Ausbeute erhalten. Aktiviertes Aluminiumoxyd[1]) liefert bei 370—400° C und einer Alkoholmenge von 300 cm³ in der Stunde (Röhre 70 cm, 2,5 cm) etwa eine 90proz. Ausbeute an ungereinigtem Gas, welches indessen nur wenig Beimengungen enthält [2, 3].

Das Rohgas, das unter anderem auch Kohlendioxyd enthält, läßt man am besten durch Glasfilterwaschflaschen (S. 57) streichen, die ersten sind mit 10proz., die letzten mit 50proz. Kalilauge beschickt. Weiterhin wird das Gas über Trockentürme geleitet, die mit festem Kaliumhydroxyd (Plätzchenform) gefüllt sind. Zur weiteren Reinigung wendet man die Methode der Dephlegmation an. Reinigung mittels einer Destillierkolonne wird in [3] beschrieben.

2. *Aus n-Propylalkohol und Phosphorpentoxyd.* Man läßt in einen mit Phosphorpentoxyd beschickten Kolben, der über das Gasentbindungsrohr mit dem restlichen Teil der Apparatur verschmolzen ist, im Vakuum kleine Mengen Propylalkohol zufließen. Gelindes Erwärmen beschleunigt die Reaktion. Das entweichende Gas wird so, wie unter 1. angegeben, gewaschen und weiter gereinigt. Nach T. Batuecas soll das so gewonnene Gas nicht vollständig zu reinigen sein, obgleich G. A. Burrell und J. W. Robertson [5], und ferner F. M. Seibert und G. A. Burrell [6] auf diesem Wege anscheinend ein reines Gas erhielten.

Sehr reines Propylen [7].

---

[1]) Zu erhalten von: a) Société des Usines chimiques Rhône-Poulenc (Paris); b) Aleva Ore Co., Pittsburgh, Pa. Vertreten in Deutschland durch G. C. F. Techow, Hamburg 8, Hüxter 4. Ferner Aluminium Company of America, Pittsburgh, Pa.

Literatur.

1. Senderens, J.-B., C. R. Acad. Sci. Paris **190** (1930) 1167.
2. Batuecas, T., J. Chim. physique **31** (1934) 165.
3. Kistiakowsky, G. B., Ruhoff, J. R., Smith, H. A. u. Vaughan, W. E., J. Amer. chem. Soc. **57** (1935) 876.
4. Allardyce, Wm. J., Trans. Roy. Soc. Canada (III) **21** (1927) 315.
5. Burrell, G. A. u. Robertson, J. W., J. Amer. chem. Soc. **37** (1915) 2188.
6. Seibert, F. M. u. Burrell, G. A., J. Amer. chem. Soc. **37** (1915) 2683.
7. Powell, T. M. u. Giauque, W. F., J. Amer. chem. Soc. **61** (1939) 2366.

Weitere Kohlenwasserstoffe.

n-Butan $CH_3 \cdot CH_2 \cdot CH_2 \cdot CH_3$

Sd.P. $= - 0,3^0$ C.

Herstellung erfolgt durch Einwirkung von n-Butylchlorid auf eine Lösung von Natrium in flüssigem Ammoniak.

Lebeau, P., C. R. Acad. Sci. Paris **140** (1905) 1042.

Calingaert, G. u. Hitchcock, L. B., J. Amer. chem. Soc. **49** (1927) 754.

Isobutan, 2-Methylpropan $(CH_3)_3CH$

SdP. $= - 13,4^0$ C.

Herstellung aus Isobutyljodid und Reinigung des Gases beschreiben: Seibert, F. M. u. Burrell, G. A., J. Amer. chem. Soc. **37** (1915) 2684.

Buten-(1), α-Butylen, Äthyläthylen $CH_3 \cdot CH_2 \cdot CH : CH_2$

Sd.P. $= - 6,7^0$ C.

Die Herstellung erfolgt aus n-Butylalkohol (Sd.P. $= 117,5^0$ C (nach der von J.-B. Senderens (s. S. 175, 2) angegebenen katalytisch bewirkten Dehydratation.

Bessere Ergebnisse erzielt man bei Verwendung von aktiviertem Aluminiumoxyd (s. S. 176), wie es G. B. Kistiakowsky, J. R. Ruhoff, H. A. Smith und W. E. Vaughan [J. Amer. chem. Soc. **57** (1935) 879] verwenden. Hier ist auch die Reinigung des Gases beschrieben. Die gleichen Forscher beschreiben weiter die Darstellung und Reinigung des Gases aus Butylendibromid (Sd.P. $= 80,9^0$ C).

Buten-(2), β-Butylen, sym. Dimethyläthylen $CH_3 \cdot CH : CH \cdot CH_3$.

Es sind zwei Formen bekannt:

<table>
<tr><td>H—C—CH₃</td><td>H—C—CH₃</td></tr>
</table>

H—C—CH$_3$	H—C—CH$_3$
‖	‖
H—C—CH$_3$	CH$_3$—C—H
cis-Form	trans-Form
Sd.P. $= + 0,9^0$ C	Sd.P. $= + 3,6^0$ C

Die Herstellung des Rohgases erfolgt aus käuflichem sekundärem Butylalkohol (Sd.P. $= 98,5^0$ C) mit konz. Schwefelsäure nach F. C. Whitmore und S. N. Wrenn [J. Amer. chem. Soc. **53** (1931) 3136].

Die Gewinnung der reinen cis- und trans-Form mit Hilfe moderner Fraktionierungskolonnen, in einem Arbeitsgang, beschreiben M. R. Fenske, D. Quiggle und C. O. Tongberg [Ind. Engng. Chem. **24** (1932) 408]; G. B. Kistiakowsky und Mitarbeiter, so wie bei Buten-(1) angegeben.

Isobutylen, asym. Dimethyläthylen $\begin{smallmatrix}CH_3\\CH_2\end{smallmatrix}\!\!>\!C\!:\!CH_2$

Sd.P. $= - 6^0$ C.

Siehe Darstellungsmethoden in Beilsteins Handbuch der organischen Chemie, I. Bd. u. Erg.-Bd. Syst. Nr. 11, 4. Aufl.

Butadien- (1,3) $CH_2 : CH \cdot CH : CH_2$

Sd.P. $= - 4,6^0$ C,

log p $= - 1259/T + 7,572$; Bereich $- 58$ bis $+ 92^0$ C.

Vaughan, W. E., J. Amer. chem. Soc. **54** (1932) 3874.

   Heisig, G. B., J. Amer. chem. Soc. **55** (1933) 2304.

Äthylacetylen $C_2H_5C : CH$

log p $= - 1453/T + 8,061$; Bereich $- 44$ bis $+ 14^0$ C.

Sd.P. $+ 7,4^0$ C.

Morehouse, F. R. u. Maass, O., Canad. Journ. Res. **5** (1931) 306.

Vinylacetylen $HC : C \cdot CH : CH_2$

log p $= - 1210/T + 7,229$; Bereich $- 6$ bis $+ 43^0$ C.

Sd.P. $+ 5,5^0$ C.

Nieuwland, J. A., Calcott, W. S., Downing, F. B. u. Carter, A. C., J. Amer. chem. Soc. **53** (1931) 4200; Heisig, G. B., loc. cit.

Butadiin $HC : C \cdot C : CH$

log p $= - 1361/T + 7,702$; Bereich $- 35$ bis $+ 12^0$ C.

Sm.P. $= - 36^0$ C.

Sd.P. $= + 9,3^0$ C.

Tanneberger, H., Ber. dtsch. chem. Ges. **66** (1933) 484.

Tetramethylmethan (Neopentan) $C(CH_3)_4$

log p $= - 1525,0/T + 13,595 - 2,1698$; Bereich $- 15,0$ bis $+ 9,8^0$ C;

Sm.P. $= - 19,5^0$ C; Sd.P. $= + 9,4^0$ C.

Whitmore, F. C. u. Fleming, G. H., J. Amer. chem. Soc. **55** (1933) 3803.

Tertiäres Butylchlorid und Methylmagnesiumchlorid werden in Toluol gelöst und die Lösung auf 45—50⁰ erwärmt. Das von Olefinen freie Produkt wird dann in möglichst wirksamen Kolonnen fraktioniert destilliert[1]). Das erste Destillationsprodukt wird mit 85%iger Schwefelsäure und darauf mit 25proz. Kalilauge gewaschen, über Phosphorpentoxyd getrocknet und kondensiert. Das Kondensat wird weiter fraktioniert, schließlich mit flüssiger Luft gekühlt und bis auf 10^{-6} Torr ausgepumpt. Man schmilzt das Produkt wieder, kühlt es ab und wiederholt das Auspumpen. Das Gas enthält nach sorgfältiger Reinigung etwa 0,73 Mol% Begleitstoffe.

Bemerkung. Die angegebenen Dampfdrucke (in Torr) in diesem Abschnitt beziehen sich auf die flüssige Phase.

---

[1]) Solche wirksamen Kolonnen beschreibt T. C. Whitmore u. A. R. Lux, J. Amer. chem. Soc. **54** (1932) 3451; ferner J. G. Aston u. G. H. Messerly, J. Amer. chem. Soc. **58** (1936) 2354. Gegenwärtig wird man moderne Kolonnen s. S. 97 benutzen.

Methylfluorid CH₃F.

Sd.P. = — 78⁰ C.

1. *Aus methylschwefelsaurem Kalium* (CH_3OSO_3K) *und Kaliumfluorid.*
Eine trockene, fein pulverisierte, innige Mischung von 1 Gew.-T. Kaliumfluorid und 2,5 Gew.-T. methylschwefelsaurem Kalium wird in einem Glasrundkolben (nach Herstellung des Vakuums) zuerst auf 160⁰ C und später
steigend bis auf 220⁰ C erhitzt. Das entweichende Gas, wird durch ein
auf — 78⁰ C abgekühltes Gefäß geleitet (Entfernung von Wasser, Methylalkohol und anderen Begleitstoffen), sodann mittels flüssiger Luft kondensiert und fraktioniert destilliert.

Dieses Gas enthält jedoch meist noch etwas Methyläther, Schwefeldioxyd und Siliciumtetrafluorid. Wenn man das Gas vor der Sammlung
in einem Quecksilbergasometer, noch einen kleinen Wäscher mit Wasser
passieren läßt, so ist der Gehalt dieser Stoffe nach der Fraktionierung
gering [1, 2].

2. *Aus Jodmethyl und Silberfluorid* [3, 2]. Man leitet *trockenes,* im Vakuum
destilliertes Jodmethyl langsam durch eine Kupferröhre (Länge 30 cm), in
der sich, in einem Platinschiffchen verteilt, *sehr trockenes* Silberfluorid befindet.
Diese Stelle der Röhre wird durch einen kleinen Ofen auf etwa 90⁰ C erwärmt.
Das entweichende Gas wird durch Abkühlung auf — 78⁰ C von den leicht
kondensierbaren Gasen befreit und dann am besten mit · flüssiger Luft
kondensiert. Das Gas ist nicht rein, man muß es neuerdings unter den gleichen
Bedingungen über *frisches* Silberfluorid leiten. Dieser Vorgang ist etwa
zehnmal zu wiederholen.

Zweckmäßig wird man dazu zwei Ausfriergefäße zu beiden Seiten der
Röhre anbringen. Wenn das kondensierte Gas in dem einen Gefäß mit
flüssiger Luft gekühlt wird, so kann man nach Herstellung des Vakuums,
das Gas bei etwa — 80⁰ C absieden lassen und es nach dem Passieren der
erhitzten Silberfluoridschicht in dem anderen, jetzt mit flüssiger Luft
gekühlten Ausfriergefäß, abscheiden. Zuletzt wird das Gas durch fraktionierte Destillation gereinigt.

Für die vakuumdichte Verbindung zwischen Glas und Kupferröhre muß
gesorgt werden (S. 23).

3. *Durch Spaltung des Tetramethylammoniumfluorides* $N(CH_3)_4F$. Die
unter 2. beschriebene Methode ist, wie man sieht, etwas umständlich. Die
thermische Zersetzung des genannten Salzes führt rascher zu einem reinen
Produkt. Zum erstenmal wurde dieser Weg von J. N. Collie [5] eingeschlagen; er soll auch ein reineres Gas liefern, da in diesem Falle die Anwesenheit von Methyläther ausgeschlossen ist [4].

Herstellung des Tetramethylammoniumfluorides: Diese erfolgt auf dem gewöhnlichen
Wege aus Trimethylamin und reinem Jodmethyl. Die mit feuchtem Silberoxyd erhaltene
Base wird mit reinem Fluorwasserstoff versetzt und durch Eindampfen und Trocknen
im Vakuum bei 160⁰ C das Salz erhalten [6]. Es zersetzt sich im Vakuum bei etwa 180⁰ C.

Das beim Erhitzen von festem und trockenem Tetramethylammonium-
fluorid sich bildende Gas wird zuerst durch ein auf -78^0 C gekühltes Gefäß
geleitet. Weiter streicht das Gas durch konz. Schwefelsäure, konz. Kalilauge und über festes Kaliumhydroxyd. Das Gas wird dann abermals auf
-78^0 C in einer U-Röhre abgekühlt, sodann mit Phosphorpentoxyd
getrocknet, mit flüssiger Luft ausgefroren und fraktioniert destilliert.
Anschließend folgt Dephlegmation.

Das Methylfluorid kann über Quecksilber aufbewahrt werden. Es wird
von konz. Lauge kaum angegriffen [5].

Literatur.

1. Dumas, J. u. Péligot, E., Ann. Chim. physique [2] 61 (1836) 193.
2. Moles, F. u. Batuecas, T., J. Chim. physique 17 (1919) 537.
3. Moissan, H. u. Meslans, M., C. R. Acad. Sci. Paris 107 (1885) 1155.
4. Cawood, W. u. Patterson, H. S., J. chem. Soc. London 1932, 2180.
5. Collie, J. N., J. chem. Soc. London 55 (1888) 110; 85 (1904) 1317.
6. Lawson, A. T. u. Collie, J. N., J. chem. Soc. London 53 (1888) 624.

Methylchlorid CH_3Cl.

Sm.P. = $-91,5^0$ C.   Sd.P. = $-24,1^0$ C.

1. *Aus Methylalkohol und Chlorwasserstoffgas.* Man verwendet einen
Kolben mit einer bis zum Boden reichenden Einleitungsröhre; dieser ist
noch außerdem mit einem Rückflußkühler versehen. Im Kolben befindet
sich eine Lösung von 1 Gew.-T. wasserfreiem Zinkchlorid in 2 Gew.-T. Methylalkohol. Man leitet in diese trockenes Chlorwasserstoffgas ein, worauf sofort
die Entwicklung des Gases einsetzt [1].

Von dieser Darstellung prinzipiell nicht verschieden, aber bequemer ist
der Vorgang von J. F. Norris und H. B. Taylor [2, 5]. Man löst in konz.
Salzsäure *in der Kälte* wasserfreies Zinkchlorid, fügt Methylalkohol dazu
und erwärmt am Rückflußkühler. Das Verhältnis der Gewichtsmengen
der angewendeten Stoffe ist: Methylalkohol : konz. Salzsäure : Zinkchlorid =
= 1 : 2 : 2. Ausbeute 79%.

Das entweichende Gas wird kondensiert und fraktioniert destilliert. Die
mittlere Fraktion besitzt den höchsten Reinheitsgrad [3].

2. *Aus Dimethylsulfat und Salzsäure.* Läßt man in eine starke Salzsäure (25% HCl, Dichte 1,125) Dimethylsulfat eintropfen, so entweicht
bei 50^0 C ein regelmäßiger Strom von Methylchlorid [4]. Eine Reinigung des
auf diesem Wege gewonnenen Gases dürfte keine Schwierigkeiten bereiten.

Literatur.

1. Groves, Ch. E., Liebigs Ann. Chem. 174 (1874) 378.
2. Norris, J. F. u. Taylor, J. B., J. Amer. chem. Soc. 46 (1924) 753.
3. Baume, G., J. Chim. physique 6 (1908) 47.
4. Boulin, Ch. u. Simon, L.-J., C. R. Acad. Sci. Paris 170 (1920) 595.
5. Clark, R. H. u. Streight, H. R. L., Trans. Roy. Soc. Canada (III) 23 (1929) 77

Methylbromid CH$_3$Br.

Sm.P. = — 93,7⁰ C.   Sd.P. = + 3,56⁰ C.

1. *Aus Dimethylsulfat und Bromwasserstoffsäure.* I. Der Vorgang ist der gleiche wie der bei Methylchlorid beschriebene. Man verwendet konz. Bromwasserstoffsäure und läßt die Reaktion bei etwa 50⁰ C ablaufen [1].

II. Man geht von einem in Stahlflaschen erhältlichen Produkt aus. Nach Vorreinigung in einer einfachen Fraktionierkolonne (S. 101), wobei das mittlere Drittel des Destillates verwendet wird, läßt man das Gas durch 36 n Schwefelsäure perlen und trocknet über Phosphorpentoxyd. Das Gas soll dann nur 1⁰/$_{00}$ fremde Stoffe enthalten [2].

Literatur.

1. Boulin, Ch. u. Simon, L.-J., C. R. Acad. Sci. Paris **170** (1920) 595.
2. Egan, C. J. u. Kemp, J. D., J. Amer. chem. Soc. **60** (1938) 2097.

Dicyan C$_2$N$_2$.

Sm.P. = — 27,8⁰ C.   Sd.P. =: — 21,15⁰ C.
Tripelpunkt-Druck = 552 Torr, dürfte nicht genau sein.

1. *Aus Kaliumcyanid und Kupfer II-sulfat.* In einem Kolben löst man 1 Gew.-T. KupferII-sulfat in 2 Gew.-T. Wasser auf und läßt zu der Lösung eine konz. wässerige Lösung von Cyankalium allmählich (Anordnung Abb. 4a) zufließen[1]). Die Cyanentwicklung tritt sofort lebhaft ein und wird durch Zugabe der Cyankaliumlösung reguliert. Beim Nachlassen der Reaktion erwärmt man in einem Wasserbade. Das entweichende Gas leitet man zuerst durch eine leere trockene Waschflasche, die man in Eis kühlt, dann durch ein U-Rohr, welches mit Chlorcalcium gefüllt ist. Das so erhaltene Gas kann bis 20% Kohlendioxyd enthalten [5]. Das gebildete KupferI-cyanid kann wieder zur Darstellung von Cyangas dienen. Man gießt zu diesem Zweck nach dem Aufhören der Gasentwicklung die Flüssigkeit von dem ausgefallenem KupferI-cyanid ab und bringt in das feuchte Cyanid 2,2 Gew.-T. EisenIII-chloridlösung vom spez. Gew. 1,26, worauf das entweichende Cyangas in derselben Weise, wie angegeben, gereinigt wird. Es enthält jetzt wesentlich geringere Mengen Kohlendioxyd. Zur weiteren Reinigung wird das Gas bei — 55⁰ C ausgefroren, wobei Luft und Kohlendioxyd entfernt werden. Man pumpt es, nach Verwerfung eines bescheidenen Vorlaufes, bei der genannten Temperatur ab. Das Gas ist frei von Schwefeldioxyd und Cyanwasserstoff [1].

2. *Aus Metallcyaniden.* a) Man erhitzt reines QuecksilberII-cyanid in einem schwerschmelzbaren Glasrohr oder Glaskolben (Duran-, Pyrexglas) auf 400⁰ C, nachdem vorher Hochvakuum im ganzen Apparatesystem hergestellt worden ist. Das entweichende Cyangas leitet man über Phosphor-

---

[1]) Man kann auch eine starke Kaliumcyanidlösung zu fein gepulvertem KupferII-sulfat hinzufügen [1].

pentoxyd und kondensiert es in flüssiger Luft. Die nicht kondensierbaren Gase werden abgepumpt. Da das Gas stets noch etwas Kohlendioxyd und Stickstoff enthält, ist es notwendig, dasselbe durch fraktionierte Kondensation zu reinigen. Man kondensiert das *fest* verdampfende Dicyan wiederholt in einer Vorlage, die auf — 88 bis — 90° C abgekühlt ist [2, 4].

Vor dem Erhitzen bis zur Zersetzungstemperatur wird man das verwendete Quecksilber II-cyanid zur vollkommenen Trocknung mehrere Stunden auf etwa 300° C erwärmen.

b) Für die Herstellung kleiner Mengen Cyan besonders in einer Hochvakuumanordnung eignet sich besser Silbercyanid, welches bei Rotglut Cyan abspaltet. Das Quecksilbercyanid sublimiert unter diesen Bedingungen leicht, ohne sich dabei zu zersetzen [3, 4].

Manche Forscher ziehen die Herstellung auch in großen Mengen aus Silbercyanid den anderen Methoden vor [6, 7].

Herstellung des Silbercyanides. Es wird eine gesättigte Silbernitratlösung, mit einer berechneten 78% Lösung von Kaliumcyanid gefällt, rasch abfiltriert und sofort mit warmer Ammoniaklösung (d = 0,88) behandelt. Das in der Kälte ausfallende Produkt wird zweimal aus Ammoniak umkristallisiert und mehrere Tage bei 140° C gehalten. Die Entwicklung des Dicyans setzt bei etwa 330° C ein. Vorher entweichende Gase sind abzupumpen [6].

Dicyan kann über Quecksilber aufbewahrt werden.

Literatur.

1. Mc Morris, J. u. Badger, R. M., J. Amer. chem. Soc. **55** (1933) 1954.
2. Perry, J. H. u. Bardwell, D. C., J. Amer. chem. Soc. **47** (1925) 2629.
3. Mooney, R. B. u. Reid, H. G., Proc. Roy. Soc. Edinburgh **52** (1931/32) 152.
4. Terwen, J. W., Z. physik. Chem. **91** (1916) 469.
5. Noir, C. u. Tchéng-Tatchang, C. R. Acad. Sci. Paris **187** (1928) 126.
6. Cook, R. P. u. Robinson, P. L., J. chem. Soc. London **1935**, 1001.
7. Ruehrwein, R. A. u. Giauque, W. T., J. Amer. chem. Soc. **61** (1939) 2940.

Cyanwasserstoff HCN.

Sm.P. = — 13.2° C.　　　　Sd.P. = + 25,7° C.　　　　Tripelpunkt-Druck = 140 Torr.

1. *Aus Ferrocyankalium.* Nach Gattermann [1] erhält man aus diesem Ausgangsprodukt, sehr leicht und gefahrlos, die wasserfreie Verbindung.

In einem Rundkolben von ungefähr 2 l Inhalt werden 1 Gew.-T. nicht allzu fein zerstoßenes Ferrocyankalium mit einem erkalteten Gemisch von 0,8 Gew.-T. konzentrierter Schwefelsäure und 1,4 Gew.-T. Wasser übergossen. Man verwendet einen Rundkolben mit dicht schließendem Gummistopfen, durch den das weite Gasentbindungsrohr (Durchmesser 10 mm) vertikal 40 cm hoch aufsteigt. Die bei nicht zu starkem Erhitzen (Sandbad oder Asbestteller) entweichenden Blausäuredämpfe passieren von hier aus noch ein engeres, nach unten laufendes Glasrohr, welches mit einem System von drei Chlorcalciumröhrchen in Verbindung steht. Damit sich die Blausäure nicht schon in diesen kondensiert, werden letztere in ein mit Wasser von 40° C gefülltes Gefäß fast vollständig eingetaucht. Den Abschluß dieser Trockenröhren bildet ein Dreiweghahn, der den Zweck hat, zu jeder beliebigen Zeit den Kolben mit der Abzugsöffnung verbinden zu können. Die aus den Chlorcalciumröhren entweichende Blausäure wird in einem gut wirkenden Liebig-Kühler kondensiert und in einem, mit dem Kühlrohr, durch einen Gummistopfen verbundenen und gut abgekühlten Gefäß, das überdies noch mit der Abzugsöffnung in Verbindung steht, aufgefangen. Ein Quecksilber-Manometer ist zur Kontrolle des Druckes, wie immer (S. 126), in die Anordnung einzubauen.

2. *Aus Kaliumcyanid.* Die Entwicklung des Cyanwasserstoffes aus Kaliumcyanid geht wesentlich vorteilhafter bei Gegenwart von Eisen-II-sulfat [2, 3] vor sich. In Vorrichtung Abb. 4b gibt man 1 Gew.-T. konz. Schwefelsäure, 0,4 Gew.-T. Wasser, 0,02 Gew.-T. Eisen II-sulfat und einige Siedesteinchen. Zu der Mischung (Temperatur etwa 90° C Wasserbad) fügt man langsam aus dem Tropftrichter eine Lösung von 1 Gew.-T. techn. Natriumcyanid in 1,2 Gew.-T. Wasser. Ist das ganze Salz umgesetzt, so bringt man das Wasserbad zum Sieden und treibt die letzten Spuren Cyanwasserstoff über. Das Gasableitungsrohr führt zu einem absteigenden Kühler, der entsprechend dicht in einem als Vorlage dienenden Absaugkolben endet. Der Absaugkolben ist mit einem zweiten durch eine bis zum Boden des letzteren gehende Röhre verbunden. Der erste Absaugkolben ist mit 20 cm³ 2 n Schwefelsäure gefüllt, der zweite hat unten eine Schicht Glaswolle, auf welcher 200 g Chlorcalcium aufgeschichtet sind[1]). Beide Kolben befinden sich in einem Wasserbad von 50° C. Das austretende Gas wird dann in einer Eis-Kochsalzlösung verflüssigt. Der erhaltene Cyanwasserstoff müßte, wenn größere Reinheit verlangt wird, noch fraktioniert destilliert werden. Reinigung von Cyanwasserstoff [6] u. [7]. Hier eine interessante Beobachtung an festem Produkt.

3. *Aus Quecksilber II-cyanid.* Zur Herstellung kleiner Mengen Cyanwasserstoffs eignet sich der von J. R. Partington und M. F. Carroll [4] angegebene Vorgang.

Man leitet trockenen Schwefelwasserstoff durch ein U-Rohr, das sich in einem Wasserbad von 30—40° C befindet und mit kleinen Kristallen von Quecksilber II-cyanid beschickt ist. Die Reaktion tritt sehr rasch ein, erkenntlich daran, daß das Salz in dem einen Schenkel schon vollständig zu Sulfid umgewandelt ist, während es in dem anderen Schenkel noch ganz unangegriffen ist. Man kann das entweichende Gas noch zur besonderen Sicherheit mit Bleipapier prüfen. Das austretende Gas wird über reinem Phosphorpentoxyd getrocknet. Man evakuiert die Vorrichtung vor Beginn der Gasentwicklung gründlich über einen mit festem, etwas feuchtem Alkalihydroxyd beschickten Trockenturm. Nach dem Einsetzen der Gasentwicklung

---

[1]) Dieser zweite Kolben ließe sich wohl besser durch einen Trockenturm ersetzen.

setzt man das Evakuieren noch einige Zeit fort, um die restliche Luft zu
verdrängen, und schaltet dann durch einen Zweiweghahn das Sammelgefäß an.

Auf die besonderen Vorsichtsmaßregeln beim Arbeiten mit Blausäure
braucht wohl nicht besonders aufmerksam gemacht werden. L. Gattermann
gibt an, daß man beim Tabakrauchen am raschesten das Auftreten von
Cyanwasserstoffgas im Arbeitsraum durch eine empfindliche Geschmack-
reaktion bemerkt.

Deuteriumcyanid DCN [5].

Literatur.

1. Gattermann, L., Liebigs Ann. Chem. **357** (1907) 318.
2. Slotta, K. H., Ber. dtsch. chem. Ges. **67** (1934) 1028.
3. Wade, J. u. Panting, L. C., J. chem. Soc. London **73** (1898) 256.
4. Partington, J. R. u. Carroll, M. F., Phil. Mag. [6] **49** (1925] 665.
5. Lewis, G. N. u. Schulz, Ph. W., J. Amer. chem. Soc. **56** (1934) 1002.
6. Perry, J. H. u. Porter, F., J. Amer. chem. Soc. **48** (1926) 299.
7. Giauque, W. F. u. Ruehrwein, R. H., J. Amer. chem. Soc. **61** (1939) 2626.

An Cyanwasserstoff ist eine teilweise Trennung ^{12}C—^{13}C nach der Aus-
tauschmethode durchgeführt worden.

C. A. Hutchison, D. W. Sewart u. H. C. Urey, J. chem. Physics **8** (1940) 843.
J. Roberts, H. S. Thode u. H. C. Urey, J. chem. Physics **7** (1939) 137.

Cyanchlorid CNCl.

Sm.P. = — 6,5⁰ C.   Sd.P. = + 13,0⁰ C.   Tripelpunkt-Druck = 337 Torr.

Aus Kaliumcyanid und Chlor [1, 2, 3]. In einem Rundkolben wird eine
Lösung von 22 g Zinksulfat ($ZnSO_4 \cdot 7\,H_2O$) in 100 g Wasser auf 0⁰ abgekühlt
und dann mit einer kalten Lösung von 20 g Kaliumcyanid in 100 g Wasser
versetzt. Man leitet Chlor, am besten aus einer Stahlflasche, in den gebildeten
dichten Niederschlag so lange ein, bis er sich löst. Der gleich nach der Lösung
sich einstellende geringe Chlorüberschuß wird belassen und zweckmäßiger
nicht durch nachträglichen Zusatz von Kaliumcyanid aufgehoben. Das
nun im Kolben gebildete Chlorcyan kann auf zwei Wegen gereinigt werden.

1. Man destilliert das Chlorcyan durch Erwärmung des Kolbeninhaltes
auf etwa 40⁰ C (Wasserbad) in ein Gefäß, in dem sich zur Reinigung eine
Aufschlämmung von 5 g Calciumcarbonat und 5 g Zinkoxyd in 600 cm³
Wasser befindet; man läßt sie 12 Stunden lang bei 0⁰ stehen. Schließlich
wird durch gelindes Erwärmen das Chlorcyan durch einen langen, gut ver-
schlossenen Kühler zur Zurückhaltung der Feuchtigkeit, abdestilliert. Hinter
den Kühler schaltet man noch ein großes Chlorcalciumrohr an, und kondensiert dann das Chlorcyan bei — 10⁰ C. Man kann die Feuchtigkeit noch
durch weiteren Zusatz von Calciumchlorid zum flüssigen Chlorcyan entfernen.

2. Will man sehr reines Gas herstellen, so wird zur Reinigung das Vakuumverfahren anzuwenden sein [4]. Das Rohgas wird (*ohne* Zwischenreinigung in der Aufschlämmung) sofort bei — 79⁰ C kondensiert, das überschüssige Chlor im Vakuum abdestilliert und fraktioniert.

Das folgende Gerät kann verwendet werden (Abb. 91). Der Entwicklungskolben K_1 ist vom „Aufschlämmungskolben" K_2 durch ein Rohr mit dem Schwanzhahn h_1 verbunden. Dieser ist während der Sättigung der Lösung mit Chlor so eingestellt, daß das Chlor durch den Ansatz entweichen kann, ohne also in die übrige Anordnung zu gelangen. Es wird das trockene Rohgas

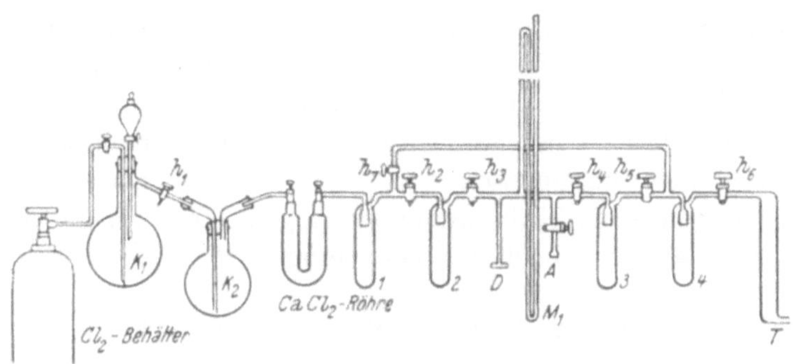

Abb. 91. Anordnung zur Entwicklung und Reinigung von Chlorcyan.
D Gefäß zur Messung der Tensionen, M Manometer, A Schliffansatz zur Entnahme des Gases.

im Ausfriergefäß *1*, das mit flüssiger Luft oder Kohlensäureaceton gekühlt wird, gesammelt. Man destilliert bei geschlossenem h_2 bei — 79⁰ C im Vakuum einen Vorlauf ab, dann wird *1* mit Eis gekühlt (und streng darauf gesehen, daß hier ständig flüssige Phase vorhanden ist), *2* mit flüssiger Luft. Bei geschlossenem h_7 wird der größte Teil des Chlorcyans nach *2* destilliert, der Rest wird (h_2 geschlossen, h_7 offen) abgesaugt. Nun wird in gleicher Weise das Chlorcyan von *2* nach *3* destilliert, wobei man durch Verwendung des Gefäßes D die Tensionen der einzelnen Fraktionen bei 0⁰C mißt, $p_{CNCl} = 445$ Torr. Wenn notwendig, ist dieser Vorgang zu wiederholen.

Wird der angegebene Darstellungsvorgang nicht streng eingehalten, so kann sich ein Überschuß an Kaliumcyanid bilden, und man erhält ein Chlorcyan, das als Begleitgas Cyanwasserstoff enthält. Dieses ist aber durch einfache fraktionierte Destillation, wenn überhaupt, sehr schwierig zu entfernen.

Literatur.

1. Hantzsch, A. u. Mai, L., Ber. dtsch. chem. Ges. **28** (1895) 2471.
2. Held, A., Bull. Soc. chim. Belgique [3] **17** (1897) 287.
3. Zappi, E. V., Bull. Soc. chim. Belgique [4] **47** (1930) 453.
4. Klemenc, A. u. Wagner, G., Z. anorg. allg. Chem. **235** (1938) 427.

Kohlenoxychlorid (Phosgen) $COCl_2$.

Sm.P. $= -226^0$ C.   Sd.P. $= +8,2^0$ C.

1. *Aus Oleum .$(H_2SO_4 + 45\% SO_3)$ und Tetrachlorkohlenstoff.* a) Nach
H. Erdmann [1]. In einem Rundkolben von 300 cm³ Inhalt werden 100 cm³
Tetrachlorkohlenstoff am kochenden Wasserbade zum Sieden erhitzt. Auf
dem Kolben ist mittels Glasschliffs ein Kugelkühler als Rückflußkühler aufgesetzt, der einen Tropftrichter mit einem längeren, zu einer kurzen Spitze
ausgezogenen Stiel trägt. In der Nähe des Trichtergefäßes ist das Gasableitungsrohr an den Kühler angeschmolzen, welches zuerst zu einer, mit wenig
konz. Schwefelsäure beschickten, durch fließendes Wasser gekühlten Waschflasche führt. Durch den Trichter werden nach und nach 120 cm³ Oleum
(45% SO_3)[1]) zufließen gelassen, so daß jeder Tropfen desselben zuerst schon
mit den aufsteigenden Dämpfen im Kühler in Berührung kommt und dann
erst in den Kolben fließt. Das in regelmäßigem Strom entwickelte Phosgen,
wird in einer Waschflasche mit wenig konz. Schwefelsäure gewaschen, um
die Dämpfe von Schwefelsäureanhydrid und Pyrosulfurylchlorid zurückzuhalten, und in einer mit Kältemischung umgebenen Vorlage verdichtet.
Die Reaktion vollzieht sich nach der Gleichung:

$$SO_3 + H_2SO_4 + CCl_4 = COCl_2 + 2 SO_3HCl,$$

wie dies V. Grignard und Ed. Urbain [2] annehmen. Sie zeigten, daß
durch Oleum mit 45% SO_3 das Schwefeltrioxyd *am besten* zur Phosgen-
bildung ausgenützt wird. Man läßt (in Abb. 4a) zu Oleum von etwa 78⁰ C
Tetrachlorkohlenstoff tropfenweise zufließen und erhält auf diese Weise
einen sehr regelmäßigen Gasstrom. Man kann auch umgekehrt verfahren,
nur muß das Oleum auf eine Temperatur gebracht werden, bei der es flüssig ist.

b) Nach denselben Autoren [2] (s. auch [3]) ist die Bildung des Phosgens
direkt aus wasserfreier Schwefelsäure nach folgender Gleichung möglich:

$$2 H_2SO_4 + 3 CCl_4 = 3 COCl_2 + 4 HCl + S_2O_5Cl_2.$$

Man fügt in einem Glaskolben zu wasserfreier Schwefelsäure eine gleiche
Gewichtsmenge Pyrosulfurylchlorid und dann etwa 2 % sehr trockene Kieselgur,
die als Katalysator für die Reaktion notwendig ist. Zu dieser Mischung
gibt man die berechnete Menge Tetrachlorkohlenstoff, der sich glatt auflöst.
Beim langsamen Erwärmen setzt gegen 80⁰ C die Reaktion ein, hört aber
beim Nachlassen der Erwärmung auf. Dem Fortschritt der Reaktion entsprechend, muß allmählich die Temperatur bis gegen 140⁰ C gesteigert werden.
Verwendet man reinen Tetrachlorkohlenstoff, so beträgt die Phosgenausbeute
95%. Ist er nicht rein, sondern z. B. mit Schwefelkohlenstoff verunreinigt,

---

[1]) H. Erdmann gibt 80% SO_3 an.

so ist das Phosgen mit Kohlendioxyd, Schwefeldioxyd und anderen Gasen gemengt. Im Rückstand ist *reines Pyrosulfurylchlorid* vorhanden.

Die *Reinigung des Phosgens* ist schwierig und verlangt viel Aufmerksamkeit. Eine Reinigung größerer Mengen wird mit Hilfe von Destillieraufsätzen durchgeführt. E. Paternò und A. Mazzuchelli [4] verwenden einen senkrecht aufsteigenden Wasserkühler; daran schließt sich ein Hempel-Aufsatz, der von einem Glasmantel umgeben ist, in welchem sich kaltes Wasser von 7—8° C befindet. Das Wasser wird durch Einleiten von Luft langsam gerührt. Dann folgt ein absteigender Kühler, der mit einer Eis-Kochsalz-Kältemischung gekühlt wird. Das Phosgen wird in einer mit der gleichen Kältemischung umgebenen Vorlage kondensiert. Die Verunreinigungen betragen weniger als 0,4%. Schwierig ist die Entfernung des Chlorwasserstoffes aus dem Phosgen, der immer im Rohgas vorhanden ist. Leiten durch Wasser führt nicht zum Ziel. In der Technik reinigt man das Phosgen durch Lösen in Tetrachlorkohlenstoff und nachheriges Absieden-lassen [2, 3]. Kleinere Mengen werden unter Verwendung von flüssiger Luft durch Fraktionierung im Hochvakuum gereinigt, und die Destillation so lange fortgesetzt, bis alle Fraktionen übereinstimmende Tension zeigen. Nachweis kleinster Chlormengen S. 41.

2. *Verflüssigtes Phosgen in Stahlflaschen.* In dieser Form ist das Gas heute leicht erhältlich. Große Mengen davon können, wie oben angegeben, fraktioniert destilliert werden. Kleinere Mengen reines Gas werden durch Fraktionierung im Hochvakuum erhalten, wobei man, um schnell zu reinem Gas zu kommen, das erste Fünftel absieden läßt, fraktioniert und nur die mittlere Fraktion verwendet.

Das Gas läßt sich leicht bei etwa 0° C in Glasgefäßen verflüssigt auf-bewahren, denen es dann mittels eines Glashahnes entnommen werden kann. Allerdings greift das Gas sehr stark Fett an, wodurch die Hähne undicht werden. Es wurde deshalb vorgeschlagen [4], einen Quecksilberverschluß zu verwenden.

Das Phosgen erleidet, auch wenn es in Gefäßen aufbewahrt wird, die vorher sehr sorgfältig getrocknet wurden, Hydrolyse, die erst nach einiger Zeit aufhört. Wahrscheinlich dürfte auch eine vollkommene Trocknung des Phogens sehr schwierig sein.

Literatur.

1. Erdmann, H., Ber. dtsch. chem. Ges. **26** (1893) 1990.
2. Grignard, V. u. Urbain, Ed., C. R. Acad. Sci. Paris **169** (1919) 17.
3. Manguin, Ch. u. Simon, L.-J., C. R. Acad. Sci. Paris **169** (1919) 34.
4. Paternò, E. u. Mazzuchelli, A., Gazz. chim. Ital. **50** (1920) 30.

Kohlenoxysulfid COS.

Sm.P. = − 138,2⁰.   Sd.P. = − 50,2⁰.

1. *Durch Zersetzung von Rhodanammonium* (NH₄CNS) *mit Schwefelsäure* (1). Die Bildung des Gases erfolgt nach der Gleichung:

$$HCNS + H_2O = COS + NH_3.$$

Man läßt in Vorrichtung Abb. 4b zu einer kalten Mischung (1 Gew.-T. konz. Schwefelsäure, 0,8 Gew.-T. Wasser) etwa $^1/_{10}$ Gew.-T. bei gewöhnlicher Temperatur gesättigte Rhodanammonium- (spez. Gew. 1,14) oder Rhodankalium- (spez. Gew. 1,42) Lösung zufließen. Bei gewöhnlicher Temperatur entwickelt sich das Gas sehr langsam; die Gasentwicklung wird durch ein auf 30⁰ C gehaltenes Wasserbad beschleunigt. Häufiges Durchschütteln der Lösung ist notwendig. Etwa 75% des vorhandenen Rhodanwasserstoffes werden zur Kohlenoxysulfidbildung verbraucht. Das entweichende Gas enthält Kohlendioxyd, Schwefelwasserstoff, Schwefelkohlenstoff und noch andere Beimengungen. Kohlendioxyd und Schwefelwasserstoff läßt man in einen Zehnkugelrohr durch 33proz. Natronlauge absorbieren. Diese nimmt auch noch andere Beimengungen auf, z. B. Schwefelkohlenstoff[1]) [2]. Dann folgt die Trocknung in zwei mit Kalk beschickten Trockentürmen und schließlich über Chlorcalcium.

Das so erhaltene Gas ist jedoch meistens noch nicht ganz rein. Stets ist etwas Kohlendioxyd (bis 0,1 Vol-%) vorhanden. Die letzte Reinigung erfolgt durch fraktionierte Destillation des mit flüssiger Luft kondensierten Gases.

2. *Durch Zersetzung des Ammoniumthiocarbaminats,* CO$\begin{smallmatrix}\diagup NH \\ \diagdown SNH_4\end{smallmatrix}$ [3]. Solange diese Verbindung im Handel zu haben gewesen ist, war dies die bequemste Herstellung des Gases.

Es ist möglich, nicht ganz rein gewonnenes Kohlenoxysulfid (s. 1. und 3.) dadurch zu reinigen, daß man es bei 0⁰ C in eine gesättigte Lösung von Ammoniak in absolutem Alkohol einleitet [4]. Es scheidet sich das schön kristallisierte Thiocarbaminat aus, welches, rein und trocken aufbewahrt, sehr lange Zeit haltbar ist.

In einen Rundkolben, der mit genügender Menge 10proz. Salzsäure beschickt ist (auf 1 Gew.-T. Thiocarbaminat etwa 25 Gew.-T. Salzsäure), wird mittels einer Einwurfsvorrichtung (Abb. 5 *A*), das Carbaminat allmählich eingetragen. Gleichzeitig leitet man einen trockenen Wasserstoff- oder Stick-

---

[1]) Schwefelkohlenstoff läßt sich durch mäßig langsames Durchleiten des Gases durch 1 bis 2 cm³ *unverdünntes* Triäthylphosphin quantitativ entfernen. Die Verwendung dieses Reagens ist aber nach dem eben Gesagten bei diesen Arbeitsbedingungen nicht notwendig.

stoffstrom durch. Das entwickelte Gas kann leicht nach dem unter 1. angegebenen Vorgang gereinigt werden.

3. *Aus Kohlenoxyd und Schwefel* [4, 5, 6]. Die Lage des Gleichgewichtes in der Reaktion $CO + S \rightleftharpoons COS$ liegt bei niedriger Temperatur (350 bis 400°C)

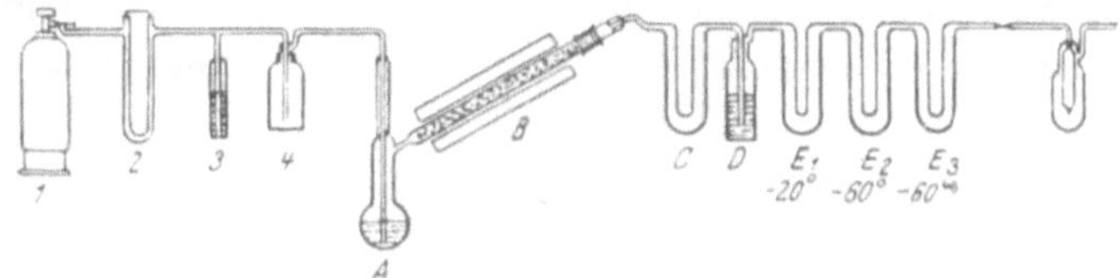

Abb. 92. Herstellung und Reinigung des Kohlenoxysulfides.

1 Kohlenoxyd-Stahlflasche. — *2* Strömungsmanometer. — *3* Sicherheitsventil. — *4* Waschflasche konz. Schwefelsäure. — *A* Siedegefäß. — *B* Elektrischer Ofen. — *C* U-Rohr gefüllt mit Kupferspänen. — *D* Waschflasche (lange Form), 33 proz. Natronlauge mit Eiswasser gekühlt. — Am Schluß großes Ausfriergefäß, mit flüssiger Luft gekühlt, davor Abschmelzstelle.

sehr zugunsten der Kohlenoxysulfid-Bildung. Da bei dieser Temperatur auch die Reaktionsgeschwindigkeit genügend groß ist [4], ist es möglich, nach dieser Methode größere Gasmengen herzustellen. Die Reaktion verläuft heterogen an festen Oberflächen; besonders Bimsstein und andere poröse Stoffe eignen sich als Katalysatoren [4]. Da sich Kohlenoxysulfid nach der Gleichung $2\,COS \rightleftharpoons CO_2 + CS_2$ wieder teilweise zersetzt, ist das nach dieser Methode hergestellte Gas durch Kohlendioxyd und Schwefelkohlenstoff verunreinigt, die aber mit 33 proz. Natronlauge (s. 1.) sehr leicht zu entfernen sind.

In einem Gefäß *A* (s. Abb. 92) aus *schwerschmelzbarem Glas* wird gereinigter Schwefel zum Sieden erhitzt. Durch das strömende Kohlenoxyd wird der Schwefeldampf mitgeführt. Gemeinsam passieren sie die mit Bimssteinstückchen (Erbsengröße) oder anderem porösen Material ausgefüllte Röhre (2,5 cm, 40—50 cm). Sie wird am besten durch einen elektrischen Ofen *B* auf etwa 350° C erhitzt. Ihr oberster Teil

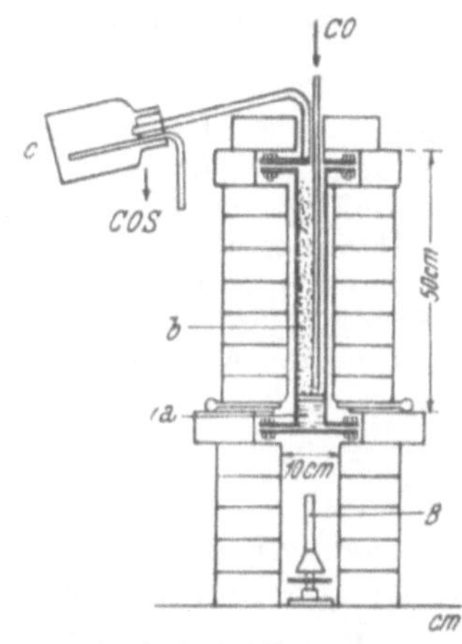

Abb. 93. Kohlenoxysulfid-Herstellung in größerer Menge.

a geschmolzener Schwefel. — *b* Katalysatorraum, Bimssteinstückchen. — *B* Brenner. — *C* Flugstaubkammer.

muß zum Schutze des Gummistopfens mittels einer mit Wasser durchflossenen Bleispirale gekühlt werden. Die Gasgeschwindigkeit beträgt 8 l/Stunde. Diese muß übrigens, gemäß der Reaktionsgeschwindigkeit, so geregelt werden, daß nicht zuviel Schwefelflugstaub nach oben gelangt, weil sonst eine Verstopfung der Röhre eintritt. Bei einer Kohlenoxyd-Geschwindigkeit von 8 l/Stunde erhält man leicht eine Ausbeute von 75% und darüber. Das am Schluß mit flüssiger Luft ausgefrorene Gas enthält immer noch etwa 2% Begleitgase.

Eine weitere Reinigung, wenn überhaupt noch notwendig, erfolgt im Hochvakuum.

Für die Herstellung größerer Mengen Kohlenoxysulfid, mit einer Ausbeute bis 90% und noch darüber, bei großer Strömungsgeschwindigkeit kann man ein Gefäß aus V 2 A-Stahl (oder andere von Schwefel nicht angreifbare Stahlsorten) verwenden, dessen Form und Einbau in einen kleinem Ziegelofen die Abb. 93 zeigt. Das Temperaturoptimum liegt in dieser Bauart bei etwa 450⁰ C.

4. Nach der Reaktionsgleichung

$$SO_2 + 3\,CO \rightleftharpoons COS + 2\,CO_2$$

läßt sich (DRP. 398322) ein reines Gas herstellen. Die besten Ergebnisse werden mit Holzkohle als Katalysator bei 400—430⁰ C erhalten. Nach dem oben Ausgeführten ergibt sich die Reinigung dieses Rohgases.

Vollkommen trockenes Kohlenoxysulfid läßt sich über Quecksilber als Sperrflüssigkeit aufbewahren, obwohl auch hier zweifellos nach längerer Zeit eine Veränderung, aus noch unbekannten Gründen, zu beobachten ist. Feuchtes Gas erfährt sehr rasch Hydrolyse.

Das Gas ist giftig [7].

Literatur.

1. Klason, P., J. prakt. Chem. (2) **36** (1887) 67.
2. Stock, A. u. Kuss, E., Ber. dtsch. chem. Ges. **50** (1917) 159.
3. Stock, A., Siecke, W. u. Pohland, E., Ber. dtsch. chem. Ges. **57** (1924) 719.
4. Klemenc, A., Z. anorg. allg. Chem. **191** (1930) 246.
5. Lewis, G. N. u. Lacey, E., J. Amer. chem. Soc. **37** (1915) 1976.
6. Stock, A. u. Seelig, P., Ber. dtsch. chem. Ges. **52** (1919) 681.
7. Klemenc, A., Ber. dtsch. chem. Ges. **76** (1943) 299.

Methylmerkaptan CH_3SH.

Sd.P. = 7,6⁰ C.

Aus Natriummethylsulfat und Natriumhydrosulfat [1, 2]. Methylmerkaptan erhält man durch Einwirkung genannter Stoffe in wäßriger Lösung. Das beim Erhitzen entwickelte Gas wird durch Waschen mit Natronlauge vom Schwefelwasserstoff befreit und dann in konzentrierter Natronlauge absorbiert. Dimethylmerkaptan, das auch gebildet wird, scheidet sich dabei flüssig ab und kann mit einem Scheidetrichter von der Lösung getrennt werden. Zur Lösung fügt man noch etwas Natriumacetat hinzu, um die letzte Menge Schwefelwasserstoff zu entfernen, und filtriert ab. Durch tropfenweisen Zusatz von Chlorwasserstoff zu dieser Lösung wird das Methylmerkaptan in Freiheit gesetzt und in einer Kältemischung kondensiert. Man wäscht das Merkaptan mit Wasser, trocknet mit wasserfreiem Glaubersalz und destilliert es schließlich fraktioniert.

Literatur.

1. Klason, P., Ber. dtsch. chem. Ges. **20** (1887) 3409.
2. Berthout, A. u. Brum, H., J. Chim. physique **21** (1923) 143.

# Dimethyläther CH_3—O—CH_3.
Sm.P = — 138,5⁰ C.   Sd.P. = — 23,6⁰ C.

1. *Aus Methylalkohol und konz. Schwefelsäure.* Es wird eine Mischung von 1,3 Gew.-T. Methylalkohol mit 2 Gew.-T. konz. Schwefelsäure in einem Wasserbade auf 80—90⁰ C erwärmt. Man leitet das entweichende Gas durch drei Gefäße, welche auf etwa — 15⁰ C gekühlt werden, und trocknet es sodann über Phosphorpentoxyd. Das Gas wird schließlich kondensiert (Kohlendioxydschnee) und mehrmals fraktioniert destilliert [1, 2].

Der Methyläther löst sich sehr leicht in konz. Schwefelsäure auf. Man kann diese Eigenschaft zur Reinigung des Gases benützen, indem man zu so einer Lösung Wasser tropfen läßt, wodurch das gelöste Gas wieder ausgetrieben wird [3, 4].

2. *Aus Methylalkohol durch katalytische Dehydration nach Sabatier.* Man läßt Dämpfe von Methylalkohol bei etwa 300⁰ C über entwässertes Aluminiumhydroxyd streichen. Dieses ist in einer Röhre (erhitzte Länge 65 cm, 1,6 cm ⌀) aufgeschichtet.

Das entweichende Gas kühlt man auf etwa — 15⁰ C ab, läßt es durch konz. Kalilauge perlen, kühlt es abermals auf etwa — 10⁰ C ab und trocknet über Phosphorpentoxyd. Dann folgt mehrfache fraktionierte Destillation [2].

Bei der angegebenen Ofenlänge und 408⁰ C beträgt die Ausbeute 40% (38 g Alkohol in 2 Stunden durchgesendet) [2].

Gleich wie Aluminiumhydroxyd wirken die unter Äthylen S. 175 angegebenen Dehydratationskatalysatoren. Die optimale Temperatur liegt bei etwa 300—370⁰ C.

Literatur.

1. Baume, G., J. Chim. physique 6 (1908) 45.
2. Batuecas, T., C. R. Acad. Sci. Paris 179 (1924) 440.
3. Erlenmeyer, E. u. Kriechbaumer, A., Ber. dtsch. chem. Ges. 7 (1874) 699.
4. Maass, O. u. Russell, J., J. Amer. chem. Soc. 40 (1918) 1850.
5. Briner, E., Plüss, W. u. Paillard, H., Helv. chim. Acta 7 (1924) 1046.

# Methyläthyläther CH_3—O—C_2H_5.
Sd.P. = 7,9⁰ C.

Aus *Jodäthyl und Natriummethylat.* Für die Darstellung kommen mehrere Methoden in Betracht. Wir beschreiben den Vorgang nach A. Berthoud und R. Brum [1].

Einwirkung von Jodäthyl auf eine Lösung von Natriummethylat in absloutem Methylalkohol: Das Jodäthyl wird tropfenweise zum Methylat fließen gelassen. Der entweichende Äther wird über einen ansteigenden Kühler geleitet und in einer Kältemischung verflüssigt. Er wird dann mit Wasser gewaschen, über Natrium getrocknet und schließlich vorsichtig ohne Überhitzung fraktioniert destilliert.

Literatur.

1. Berthoud, A. u. Brum, R., J. Chim. physique 21 (1924) 144.

Silane: Monosilan SiH$_4$, Disilan Si$_2$H$_6$.

$$\text{Sm.P.} \begin{cases} \text{SiH}_4: & -185^{\circ}\,\text{C.} \\ \text{Si H}_6: & -132^{\circ}\,\text{C.} \end{cases} \qquad \text{Sd.P.} \begin{cases} \text{SiH}_4: & -112^{\circ}\,\text{C.} \\ \text{Si}_2\text{H}_c: & -15^{\circ}\,\text{C.} \end{cases}$$

Die genaue Kenntnis der Siliciumwasserstoff-Verbindungen, sowohl was ihr chemisches, als auch ihr physikalisches Verhalten betrifft, verdanken wir ausschließlich A. Stock und seinen Mitarbeitern [1]. In mustergültig durchgeführten Untersuchungen werden die großen Schwierigkeiten überwunden, die sich auf dem Gebiete dieser schwer zu behandelnden Gase ergeben haben.

Die ursprüngliche Methode, die von A. Stock zur Herstellung der Silane verwendet wurde, ist von W. C. Johnson [2] verlassen worden. An Stelle der Zersetzung des Magnesiumsilicides in verdünnter wäßriger Salzsäure wird die in flüssigem Ammoniak mit Ammoniumbromid verwendet. Da der letztere Vorgang wesentlich bessere Ausbeuten liefert, wird nur dieser angeführt.

a) *Herstellung des Magnesiumsilicides.* Es wird reinstes Magnesiumpulver mit reinstem Siliciumpulver in einem Verhältnis gemischt, welches zur Bildung der Verbindung Mg$_2$Si erforderlich ist, wobei man wohl einen 10proz. Überschuß an Magnesium nehmen muß. Die Mischung erhitzt man in einem kohlenstofffreien Eisenschiffchen, welches sich in einem schwer schmelzbaren Glasrohr befindet, mit Hilfe eines elektrischen Ofens auf 500°C.

Die Reaktion wird in einer Wasserstoffatmosphäre durchgeführt und die Erhitzungsdauer mindestens auf 20 Stunden bei gleicher Temperatur ausgedehnt. Man erhält ein feines blaues Pulver, welches gegen Feuchtigkeit ziemlich unempfindlich ist. Über das Verhalten des Silicides s. [4].

b) Für die Herstellung des Siliciumwasserstoffes bedient man sich eines Gerätes, welches von Ch. A. Kraus bei seinen schönen Untersuchungen mit flüssigem Ammoniak als Lösungsmittel, zur Herstellung von Germaniumwasserstoffen und ihren Derivaten, angegeben worden ist [3].

Das Reaktionsgefäß zeigt die Abb. 94. Der Teil A des Apparates (Fassungsraum etwa 500 cm³) wird von einem Dewargefäß umgeben und durch siedendes Ammoniak oder eine Kältemischung auf -33° C gekühlt. Über den Hahn h_1 leitet man durch die bis zum Boden von A reichende Einleitungsröhre trockenes Ammoniak zur Kondensation ein. Im flüssigen Ammoniak löst man Ammoniumbromid auf, und zwar einen 50proz. Überschuß derjenigen Menge, welche für die vollständige Überführung, des in Reaktion zu bringenden Silicides, notwendig wäre:

$$4\,\text{NH}_4\text{Br} + \text{Mg}_2\text{Si} = \text{SiH}_4 + 2\,\text{MgBr}_2 + 4\,\text{NH}_3.$$

Man läßt zur Rührung des Reaktionssystemes auch während der Reaktion Ammoniakgas durchströmen. In dem seitlichen Arm g befindet sich die Einfüllvorrichtung für das feste Magnesiumsilicid. Durch Drehung des Ansatzes im Schliffe S nach oben läßt sich das feste Produkt langsam zur Reaktion nach A bringen. Die Gasmischung verläßt durch die Röhre r_2 und den Hahn h_2 das Entwicklungsgefäß. Der weitere Vorgang zur Behandlung der Gase ergibt sich aus der Anordnung.

Das spontan entwickelte Gas läßt man unter einem Überdruck von etwa 250 mm Hg austreten, indem man im Gefäß H_1 das Quecksilber entsprechend

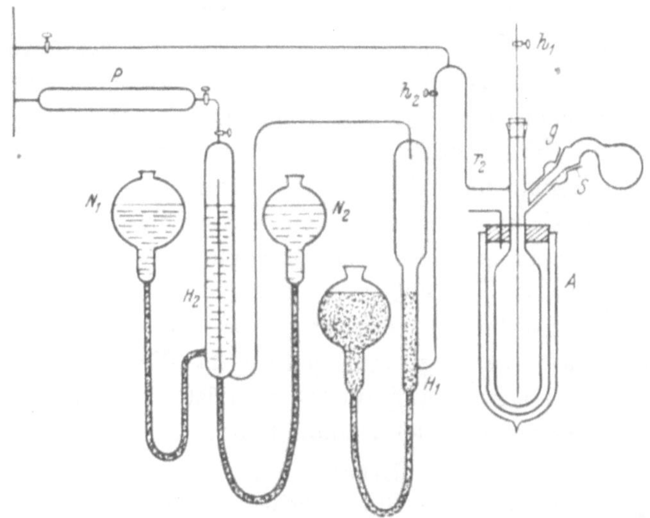

Abb. 94. Herstellung des Siliciumwasserstoffes durch Zersetzung von Magnesiumsilicid in flüssigem Ammoniak.

hochstellt. Dann sammelt man das Gas über schwach mit Salzsäure angesäuertem Wasser (alkalische Lösungen zersetzen die Silane sehr rasch) in der Anordnung H_2, welche durch die beiden Niveaugefäße N_1 und N_2 leicht ausgewechselt werden kann. Aus dem Wasser entfernt man vorher im Vakuum die gelöste Luft. Man läßt dann die Gasmischung, die nur aus Silanen und Wasserstoff besteht, *langsam* über Phosphorpentoxyd P streichen und kondensiert sie in flüssigem *Stickstoff*. Der Wasserstoff wird abgepumpt, wobei man ihn noch durch einige, mit flüssiger Luft gekühlte, Gefäße streichen läßt, in denen sich noch etwas von den Silanen sammelt.

Die Reinigung des erhaltenen Silangemisches erfolgt durch fraktionierte Kondensation [1]. Man pumpt aus der flüssigen Phase dieser Mischung bei einem Druck von etwas weniger als 20 Torr (entsprechend etwa — 120° C) das Gas ab und leitet es durch ein Ausfriergefäß von — 150° C. Hier werden die höheren Silane abgeschieden, während das Monosilan unkondensiert bleibt und erst in dem folgenden, mit flüssiger Luft gekühlten, Gefäß ausgefroren wird. Aus dem von der Hauptmenge an Monosilan befreiten Silangemisch destilliert man bei — 120 bis — 115° C etwa 2 Stunden lang eine kleine aus Mono- und Disilan bestehende Fraktion ab. Dann läßt sich bei

— 105 bis — 100° C ziemlich reines Disilan destillieren. Beide Gase müssen daraufhin noch weiter gereinigt werden.

Wie die genannten Autoren angeben, kann man beim Arbeiten mit den Silanen gefettete Hähne (Ramsay-Fett) verwenden. A. Stock hingegen verwendet ausschließlich Quecksilberventile. Das Gerät ist, da die Silane mit Sauerstoff explosionsartig reagieren, mit einem Schutzgitter zu umgeben.

Die Ausbeute an Silanen (bis zu 70—80%) ist von den experimentellen Bedingungen stark abhängig, und es ist deshalb die Einhaltung der hier angegebenen erforderlich. Die Menge der einzelnen Silane ändert sich in den verschiedenen Versuchen ziemlich stark. Die genannten experimentellen Bedingungen sind so, daß sich bei ihrer Einhaltung vorzugsweise Monosilan bildet.

Die Menge an Disilan kann bei der Reaktion *vermehrt* werden, wenn die Herstellung des Magnesiumsilicides bei Temperaturen zwischen 700 und 750°C erfolgt. Sie vermindert sich bei Reaktionstemperaturen mit Ammoniumbromid, die niedriger als — 33° C sind.

Ein 50proz. Ferrosilicium reagiert *nicht* mit Ammoniumbromid in flüssigem Ammoniak. Vermengt man jedoch das Ferrosilicium mit reinem Magnesiumpulver und erhitzt auf 500° C, so tritt nun Reaktion ein, wobei sich auffallenderweise relativ viel Disilan bildet.

Literatur.

1. Stock, A. u. Somieski, C., Ber. dtsch. chem. Ges. **49** (1916) 111. An diese Arbeit schließt sich eine große Zahl von weiteren Arbeiten. Eine Übersicht darüber findet sich in der Z. Elektrochem. **32** (1926) 341. — A. Stock hat in einer Monographie „Hydrides of Boron and Silicon", Cornell University Press, Ithaca, N. Y., 1933 die Ergebnisse zusammenfassend dargestellt.
2. Johnson, W. C. u. Isenberg, S., J. Amer. chem. Soc. **57** (1935) 1349.
3. Kraus, Ch. A. u. Brown, C. L., J. Amer. chem. Soc. **52** (1930) 4031; Kraus, Ch. A. u. Carney, E. S., J. Amer. chem. Soc. **56** (1934) 765.
4. Gire, G., C. R. Acad. Sci. Paris **196** (1933) 1404.

Siliciumfluorid SiF_4.

Sm.P. = — 90° C.   Sd.P. = — 95,0° C.   Tripelpunkt-Druck = 1318 Torr.

1. Das Gas erhält man durch direkte Einwirkung des Fluorwasserstoffes auf Siliciumdioxyd. In der Praxis jedoch umgeht man die unmittelbare Verwendung der ersteren [1].

Man fügt zu einem Gemisch von Calciumfluorid und trockenem, ausgeglühtem überschüssigem Siliciumdioxyd (Quarzpulver) konz. Schwefelsäure in einem *Glasgefäß* und erwärmt schwach. Das entweichende Siliciumtetrafluorid wird in flüssiger Luft kondensiert und mehrere Male im Hochvakuum umdestilliert. Man verwendet die mittlere Fraktion. Eine Verflüssigung und fraktionierte Destillation ist bei — 78° C möglich und liefert ein besonders reines Gas [4, 5].

Um die Verunreinigung des Gases durch Kohlendioxyd auszuschließen, raucht man vorher in einer Platinschale das verwendete Calciumfluorid mit Flußsäure ab [2, 3].

Das trockene Gas greift Glasgefäße nicht an und kann über Quecksilber oder auch konz. Schwefelsäure aufbewahrt werden.

2. Durch Erhitzen von Bariumsilicofluorid BaSiF$_4$ erhält man Siliciumfluorid, das am besten im Hochvakuum vollständig gereinigt werden kann [4].

Literatur.

1. Hempel, W. u. von Haasy, Z. anorg. Chem. **23** (1900) 34.
2. Ruff, O. u. Ascher, E., Z. anorg. allg. Chem. **196** (1931) 413.
3. le Boucher, L. u. Fischer, W. (Biltz, W.), Z. anorg. allg. Chem. **207** (1932) 64.
4. Germann, A. F. O. u. Booth, H. S., J. physic. Chem. **21** (1917) 81.
5. Booth, H. S., u. Swinehart, C. F., J. Amer. chem. Soc. **57** (1935) 1337.

Hexafluordisilan Si$_2$F$_6$.

Sm.P. = — 18,7° C.   Subl.P. = — 19,1° C.

Man läßt vollkommen trockenes Zinkfluorid (1 Gew.-T.) auf 0,4 Gew.-T. frisch destilliertes Hexachlordisilan in einem Kolben einwirken. Das Entwicklungsgefäß ist mit zwei Kühlgefäßen (das erste auf — 78° C, das zweite mit flüssiger Luft gekühlt) verbunden. Das zweite Gefäß muß mit einem Chlorcalciumrohr versehen sein. Die Reaktion setzt bei einer Temperatur zwischen 50—60° C ein und verläuft dann glatt ohne weitere Erwärmung. Im ersten Kühlgefäß befindet sich neben noch unverändertem Hexachlordisilan

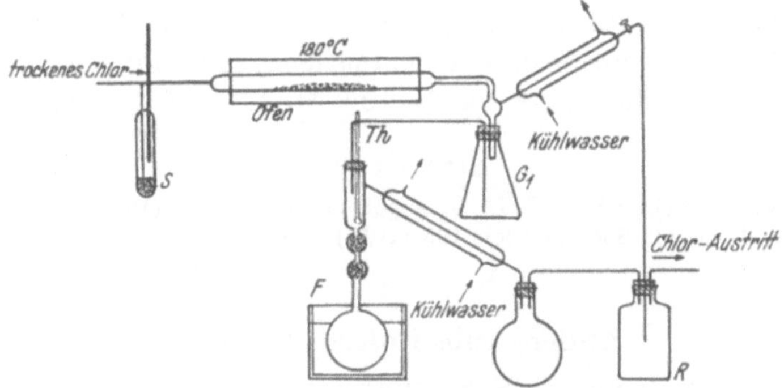

Abb. 95. Gewinnung von Hexachlordisilan.

etwa 0,1 Gew.-T. Hexafluordisilan. Es wird durch wiederholte Sublimation gereinigt [1].

Das farblose Gas ist gegen Feuchtigkeit sehr empfindlich.

Herstellung des Hexachlordisilans [2]: In einer starken Röhre aus Eisen (120 cm, 2 cm) befinden sich grobe Stücke 50proz. Ferrosilicium. Man füllt die Röhre ziemlich locker, da viel Raum für das sich bildende EisenIII-chlorid vorhanden sein muß, um eine rasche Verlegung des Rohrsystems möglichst zu verhindern. An die Eisenröhre werden die Zu- und Ableitungsrohre durch entsprechende Gewinde angeschraubt. Sie wird in einem Ofen auf 180—200°C erwärmt. Aus der Skizze in der Abb. 95 sind weitere Anordnungen für eine zweckmäßige Form des Apparates zu ersehen. Das über Schwefelsäure getrocknete Chlor, welches einer Stahlflasche entnommen wird, tritt über ein Quecksilbersicherheitsventil S mit mäßiger Geschwindigkeit in den Ofen. Das Gemisch der drei Hexachlorsilane kondensiert sich im Gefäß G_1 als gelbe rauchende Flüssigkeit. Nur ein geringer Teil entweicht durch das Kühlgefäß und sammelt sich in R. Hat sich genügend in G_1 angesammelt, so wird mit dem Chlorgas das Rohprodukt in die ganz aus Glas bestehende Fraktionierkolonne F gepreßt und hier fraktioniert destilliert. (Th Thermometer.) Auf einem Wasserbad wird zuerst das Siliciumtetrachlorid abdestilliert. Beim Erhitzen des Rückstandes in einem Ölbad geht dann bei 147—149⁰ C das Hexachlordisilan über, welches getrennt aufgefangen wird.

Das rohe Hexachlordisilan läßt man dann einige Zeit über frisch ausgeglühter Holzkohle stehen, und destilliert sodann in peinlichst getrockneter Fraktionierkolonne und Vorlage. Sd.P. = 144—145⁰ C.

Bemerkung. Die Reaktion zwischen Chlor und Ferrosilicium tritt nicht sofort ein, sondern erst nach Verlauf von ½ Stunde und noch später. Feuchtigkeit ist bei allen Arbeiten mit diesen Stoffen auf das sorgfältigste auszuschließen. Das Chlor, welches das Gerät verläßt, wird von Kalk absorbiert. Bei einer Reinigung der benutzten Eisenröhre ist Vorsicht am Platz, da sich mit Wasser explosive Stoffe bilden. Die Ausbeute an Hexachlordisilan beträgt etwa 8%.

Eine bessere Ausbeute, 20—25%, an Hexachlordisilan erhält man, wenn man statt 50proz. Ferrosilicium, Calciumsilicid (30—35% Ca, 60—65% Si) oder Calciummangansilicid (18% Ca, 8—10% Mn, 55—60% Si) verwendet[1] [1].

Literatur.

1. Schumb, W. C. u. Gamble, E. L., J. Amer. chem. Soc. 54 (1932) 585.
2. Martin, G., J. chem. Soc. London 105 (1914) 2836.

Andere substituierte Silane.

Nach H. S. Booth und C. F. Swinehart [9] erhält man eine Mischung der folgenden Stoffe, wenn Antimon III-fluorid mit einem Überschuß von Siliciumtetrafluorid versetzt wird. Dazu fügt man langsam Antimon V-chlorid, das als Katalysator für den Eintritt der Reaktion notwendig ist. Die Trennung der Gasmischung gelingt in einer Vakuumdestillationskolonne einfacher Ausführung, Abb. 56.

	Sm.P. ⁰C	Sd.P. ⁰C
Siliciumtetrafluorid SiF_4	— 90 (1318 Torr)	— 95,0
Trifluorchlorsilan SiF_3Cl	— 142,0	— 70,0
Difluordichlorsilan SiF_2Cl_2	— 139,7	— 32,2
Trichlorfluorsilan $SiFCl_3$	— 120	+ 12,2

---

[1]) Zu erhalten von: Electro-Metallurgical Sales Corp., Niagara Falls, N. Y., U.S.A. In Europa vertreten durch Générale industrielle, 22 Avenue de la Grande Armée, Paris.

Auch durch Chlorierung von Hexafluordisilan lassen sich SiF_3Cl und SiF_2Cl_2 gewinnen [2].

Gas	Sm.P. °C	Sd.P. °C	Literatur	Anmerkung
SiH_4	— 185,0	— 111,9	} siehe oben [1]	sehr beständig, selbstentzündlich an der Luft. Zersetzt Wasser langsam
Si_2H_6.......	— 132,5	— 14,5		beständig, sehr leicht selbstentzündlich. Zersetzt Wasser langsam
SiH_3Cl	— 118,1	— 30,4	[2]	gegen Wasser sehr empfindlich
SiH_2Cl_2	— 122	+ 8,3	[2]	nicht selbstentzündlich, gegen Wasser sehr empfindlich, sehr reaktionsfähig
$SiHCl_3$	— 126,5	+ 31,8	[3] [4]	gegen Wasser empfindlich, von $SiCl_4$ schwer zu trennen
SiH_3Br ...	— 94	+ 1,9	[5]	an der Luft selbstentzündlich, beständig über Hg, mit Wasser sehr reaktionsfähig
$SiH_3(CH_3)$ ..	— 156,5	— 56,8	[2]	sehr beständig, von Wasser nicht angreifbar
$SiH_2(CH_3)_2$.	— 150	— 20,1	[2]	nicht selbstentzündlich, beständig, gegen Wasser unempfindlich
$Si(CH_3)_4$.....	—	+ 26,5	[3] [8]	sehr beständig; Ähnlichkeit mit aliphat. K. W., leicht entzündlich
SiH_2ClCH_3 ..	— 134 bis —135	~ 7	[2]	empfindlich gegen Wasser
$(SiH_3)_2O$	— 143,6	— 15,2	[7]	an der Luft nicht selbstentzündlich, mit Wasser allmählich Wasserstoffabgabe

Siehe Zusammenstellung S. 230 ff.

Literatur.

1. Stock, A. u. Somieski, C., Ber. dtsch. chem. Ges. **49** (1916) 111. Siehe Seite 198
2. Stock, A. u. Somieski, C., Ber. dtsch. chem. Ges. **52** (1919) 695.
3. Stock, A. u. Zeidler, F., Ber. dtsch. chem. Ges. **56** (1923) 986.
4. Combes, C. R. Acad. Sci. Paris **132** (1896) 531.
5. Stock, A. u. Somieski, C., Ber. dtsch. chem. Ges. **50** (1917) 1739.
6. Bygdén, A., Ber. dtsch. chem. Ges. **44** (1911) 2642.
7. Stock, A., Somieski, C. u. Wintgen, R., Ber. dtsch. chem. Ges. **50** (1917) 1754.
8. Friedel, C. u. Crafts, J. M., Liebigs Ann. Chem. **136** (1865) 203.
9. Booth, H. S. u. Swinehart, C. F., J. Amer. chem. Soc. **57** (1935) 1333.

Germaniumwasserstoffe (Germane).

	Sm.P. °C	Sd.P. °C
Bei Zimmertemperatur beständig { GeH_4	— 165	— 90
Ge H_6	— 109	+ 29

Dennis, L. M., Corey, R. C. u. Moore, R. W., J. Amer. chem. Soc. **46** (1924) 657.
Corry, R. C., Laubengayer, A. W. u. Dennis, L. M., J. Amer. chem. Soc. **47** (1925) 112.
Zusammenfassend: Dennis, L. M., Z. anorg. allg. Chem. **174** (1928) 130.

Ammoniak NH$_3$.

Sm.P. = − 77,7° C.　　　　　Sd.P. = − 33,4° C.　　　　Tripelpunkt-Druck = 44,9 Torr.

Für die Herstellung dieses Gases gibt es eine Reihe von leicht ausführbaren Vorgängen, die untereinander gleichwertig sind. Man erhält nach allen ziemlich reines Gas. Die Schwierigkeiten stellen sich erst ein, wenn man besonders reines und *trockenes* Gas herzustellen hat. In diesem Falle wird man vom *synthetischen* Ammoniak, bzw. den daraus hergestellten Salzen ausgehen. Ammoniak, das bei der Kohledestillation erhalten wird, enthält immer in wechselnden Mengen schwer zu entfernende organische Basen.

Als Trockenmittel für Ammoniak kommen in Betracht: Natronkalk, festes Kaliumhydroxyd, Bariumhydroxyd, Bariumoxyd, frisch hergestelltes Calciumoxyd, metallisches Natrium (feine Schnitzel oder Draht), Tieftrocknung und Phosphorpentoxyd. Die Verwendung des Phosphorpentoxydes erfordert Vorsicht (s. S. 54ff). Eine sehr sorgfältige Trocknung des Ammoniaks führen A. Smits, E. Swart und P. Bruin [1] durch.

1. *Aus Ammoniumchlorid, Ammoniumnitrat oder anderen Ammoniumsalzen.* a) Eine innige Mischung von Ammoniumchlorid oder -nitrat und Calciumoxyd wird in einem Kolben (Abb. 3) am Sandbade erwärmt. Das entweichende Ammoniak trocknet man über frisch hergestelltem Kalk.

b) Man zersetzt in Anordnung Abb. 4a das reine, feste Ammonsalz durch Zufließenlassen von konz. Kalilauge. Das Gas wird auf etwa − 15° C gekühlt und über eines der genannten Trockenmittel geleitet.

2. *Aus konz. wässeriger Ammoniaklösung.* Aus einem Rundkolben, gefüllt mit Ammoniaklösung, wird Ammoniakgas über das Trockensystem mit einer Wasserstrahlpumpe abgesaugt. Das Gas kann auch durch Erwärmen der Lösung ausgetrieben werden, wobei man aber mit einem möglichst tief gekühlten Rückflußkühler arbeiten muß. Als Trockenmittel verwendet man frisch hergestelltes Calciumoxyd und festes Kaliumhydroxyd (in Plätzchenform). Das Gas wird dann in einem mit flüssiger Luft gekühlten Ausfriergefäß kondensiert und nach Entfernung der flüssigen Luft in einem *Quecksilbergasometer* absieden gelassen. Das Gas kann noch hauptsächlich durch etwas Stickstoff und Sauerstoff verunreinigt sein, daher muß, um vollkommene Reinheit des Gases zu erlangen, noch Fraktionierung im Hochvakuum vorgenommen werden.

3. *Aus Magnesiumnitrid Mg$_3$N$_2$.* Man verwendet das käufliche Präparat (z. B. Schering-Kahlbaum A. G.). Um einen geregelten Gasstrom zu erhalten, trägt man das zerkleinerte Magnesiumnitrid in Wasser ein (Anordnung Abb. 5A) [2]. Die Zersetzung kann aber auch durch Hydrolyse mit Wasserdampf herbeigeführt werden [3]. Nach der entsprechenden Trocknung und Reinigung (s. unten) erhält man ein reines Gas [6].

4. *Aus verflüssigtem Ammoniak in Stahlflaschen.* Die Verwendung dieser Gasquelle ist sehr bequem und man kann leicht, insbesondere, wenn man

von synthetischem Ammoniak ausgeht, zu sehr reinem Gas gelangen. Man leitet es über ein Wattefilter (10 cm lang), festes Kaliumhydroxyd (wie oben), frisch ausgeglühtes Calciumoxyd und kondensiert mit flüssiger Luft. Sodann wird einige Male über Bariumoxyd abdestilliert, und eventuell abgegebene Gase im Hochvakuum abgepumpt. Vor der Verwendung reinigt man das Gas durch Dephlegmation und läßt schließlich bei möglichst tiefer Temperatur das Ammoniak in einen *Quecksilbergasometer* absieden. Noch wirksamer ist es, schon vorher das Ammoniak aus der Stahlflasche mehrere Monate über einer großen Menge feiner Natriummetallschnitzel oder Natriumdraht stehen zu lassen, von Zeit zu Zeit durchzuschütteln und den Wasserstoff abzulassen. Man wird dazu Anordnung Abb. 17 benutzen. Nach dieser Methode erhält man ein Gas, das weniger als 0,003 Gew.% Wasser enthält [4, 5].

Bemerkung: Man erhält eine Ammoniakquelle von *niedrigem* Druck bei Temperaturen nahe an 0° C durch Absorption des Ammoniakes an Ammoniumnitrat [7, 8].

Deuteriumammoniak ND₃ [9, 10].

Literatur.

1. Smits, A., Swart, E. u. Bruin, P., J. chem. Soc. London 1929, 2712.
2. Moser, L. u. Herzner, R., Mh. Chem. 44 (1923) 115.
3. Moles, E. u. Batuecas, T., Mh. Chem. 53/54 (1929) 779.
4. Cragoe, C. S., Meyers, C. H. u. Taylor, C. S., J. Amer. chem. Soc. 42 (1920) 212.
5. Dietrichson, G., Bircher, L. J. u. O'Brien, J., J. Amer. chem. Soc. 55 (1933) 1.
6. Moles, E. u. Batuecas, T., J. Chim. physique 27 (1930) 571.
7. Keyes, G. u. Brownlee, B. B., J. Amer. chem. Soc. 40 (1918) 25.
8. Foote, H. W. u. Brinkley, S. R., J. Amer. chem. Soc. 43 (1921) 1178.
9. Taylor, H. S. u. Jungers, J. C., J. Amer. chem. Soc. 55 (1933) 5057; J. chem. Physics 2 (1934) 373.
10. Hart, A. B. u. Partington, J. R., J. Chem. Soc. London 1943, 104.

Stickoxydul N₂O.

Sm.P. = — 90,8° C.   Sd.P. = — 88,7° C.   Tripelpunkt-Druck = 658,9 Torr.

1. *Durch Erhitzen von Ammonnitrat, NH₄NO₃.* Das Ammonnitrat hat *vollkommen* rein zu sein. Es wird vor der Verwendung durch Erhitzen auf 160—170° C entwässert. Die Schmelze läßt man im Exsiccator erstarren. Zur Gasentwicklung benützt man den Apparat nach Abb. 3, samt der Vorrichtung gegen zurückfließendes Wasser. Ein Thermometer taucht in die Schmelze. Die exotherme Reaktion beginnt bei 170° C; man steigert die Temperatur bis höchstens 248° C, da hier das reinste Gas entweicht [1]. Das gebildete Wasser wird in dem mit Eis gekühlten U-Rohre größtenteils aufgefangen. Um das Gas von seinen Verunreinigungen (HNO₃, NO, NO₂, N₂, O₂, CO₂) zu befreien, leitet man es nacheinander über festes Kaliumcarbonat, durch ein oder zwei Waschflaschen mit konz. Ferrosulfatlösung[1]) und durch Kalilauge 1 : 1. In einer alkalischen Natriumhyposulfitlösung

---

[1]) Diese Befreiung von Stickoxyd ist nicht sehr wirksam.

($Na_2S_2O_4$) wird der Sauerstoff absorbiert. M. W. Travers gibt an, daß auch gelber Phosphor in der Kälte zur Entfernung des Sauerstoffs verwendet werden kann [3]. Nach einer Vortrocknung über starker Lauge folgt die Volltrocknung. Das so erhaltene Gas enthält noch Stickstoff; es ist nur etwa 99proz. Es wird entweder über Quecksilber oder im Glaskolben aufbewahrt. Allgemeines über die Zersetzung s. [10]. Eine eventuell weitere Reinigung kann nach 3. erfolgen.

2. Erhitzen eines Gemisches von 17 Gew.-T. Natrium- und 20 Gew.-T. Kaliumnitrat mit 14 Gew.-T. Ammonsulfat soll nach W. Smith eine gleichmäßige Gasentwicklung bei etwa 300° C ergeben. Doch dürfte diese Methode keine besonderen Vorteile gegenüber 1. besitzen.

Zur Herstellung eines reinen Gases kommt folgende Methode besonders in Betracht.

3. *Aus stickoxydschwefelsaurem Kalium*, $K_2SO_4 \cdot N_2O$ oder $K_2SO_3 \cdot N_2O_2$. a) Herstellung des Salzes. Man leitet Stickoxyd in eine gesättigte, alkalische (0,4n KOH) wässerige Lösung von Kaliumsulfit unter Luftabschluß. Das ausfallende Salz wird abfiltriert und mit 5proz. Kalilauge gewaschen.

b) Aus diesem Salz bereitet man nach H. L. Johnston [2] eine gesättigte Lösung und läßt zu dieser in Anordnung Abb. 4b 50proz. Schwefelsäure tropfenweise zufließen. Das Gas wird durch ein mit Ätherkohlensäure gekühltes Ausfriergefäß geleitet, dann in sehr wirksamen Waschflaschen (s. S. 57) mit 50proz. Kalilauge und anschließend mit 90proz. Schwefelsäure gewaschen. Nach nochmaliger Kühlung in einer Kohlendioxyd-Kältemischung kondensiert man das Stickoxydul in flüssiger Luft und fraktioniert mehrere Male. Während man Stickoxydul in flüssiger Luft kühlt, kann man den Stickstoff abpumpen. Für ein besonders reines Gas hat man den von R. W. Gray [4] angegebenen Destillationsvorgang einzuhalten, der auch von H. L. Johnston [2] und H. L. Johnston und W. F. Giauque [5] verwendet und genau angegeben wurde.

4. *Aus Hydroxylaminsulfat und Alkalinitrit.* Diese von V. Meyer [6] angegebene Methode ist gelegentlich auch von anderen Forschern [11, 12] zur Herstellung von besonders reinem Gas in der letzten Zeit verwendet worden. Doch scheint auch dieser Weg keine besonderen Vorteile gegenüber den angegebenen zu haben.

5. *Aus Amidosulfosäure und Salpetersäure.* Die Reaktion zwischen den genannten Stoffen verläuft quantitativ nach der Gleichung:

$$HNO_3 + NH_2SO_3H = N_2O + H_2SO_4 + H_2O.$$

Man verwendet einen Kolben mit eingeschliffenem Gasableitungsrohr, das in seinem aufsteigenden Teil eine Schicht Glaswolle zum Auffangen mitgerissener Nebel enthält. Die Beschickung besteht aus 4 g Amidosulfosäure, 10 cm³ ausgekochter 73proz. Salpetersäure. Man erwärmt mit kleiner Flamme, bis die Gasentwicklung einsetzt; wird die Reaktion zu rasch, so muß gekühlt werden. Weitere Behandlung wie in 1. angegeben [13].

6. *Gas aus Stahlflaschen.* Das der Stahlflasche entnommene Gas wird über Phosphorpentoxyd getrocknet, in flüssiger Luft ausgefroren und das unkondensierbare Gas abgepumpt. Daran schließt sich eine fraktionierte Destillation in der Vakuummantelkolonne (s. S. 98, 101), wobei eine große Endfraktion verworfen wird. Das so gereinigte Gas dürfte pro 1 Mol Gas höchstens $^1/_{1000}$ Mol Verunreinigungen enthalten [7, 8, 9].

Literatur.

1. Gehlen, H., Ber. dtsch. chem. Ges. **65** (1932) 1130.
2. Johnston, H. L. u. Weimer, H. R., J. Amer. chem. Soc. **56** (1934) 625.
3. Travers, M. W., Exp. Untersuchung von Gasen, S. 85.
4. Gray, R. W., J. chem. Soc. London **87** (1905) 1601.
5. Johnston, H. L. u. Giauque, W. F., J. Amer. chem. Soc. **51** (1929) 3194.
6. Meyer, V., Liebigs Ann. Chem. **175** (1875) 141.
7. Blue, R. W. u. Giauque, W. F., J. Amer. chem. Soc. **57** (1935) 992.
8. Partington, J. R. u. Shilling, W. G., Philos. Mag. [6] **45** (1923) 416.
9. Quinn, E. L. u. Wernimont, G., J. Amer. chem. Soc. **51** (1929) 2004; **52** (1930) 2725.
10. Saunders, H. L., J. chem. Soc. London **121** (1922) 698.
11. Guye, Ph. A. u. Pintza, A., C. R. Acad. Sci. Paris **139** (1904) 677.
12. Schacherl, F., Publ. Facult. Sc. Univ. Masaryk **99** (1928) 5.
13. Baumgarten, P., Ber. dtsch. chem. Ges. **71** (1938) 80.

Stickoxyd NO.

Sm.P. = − 163,7° C.   Sd.P. = − 151,8° C.   Tripelpunkt-Druck = 164,4 Torr.

Da sich Stickoxyd an der Luft zu Stickstoffdioxyd oxydiert und dieses Gas organische Stoffe sehr stark angreift, ist auch dann Sorgfalt bei der Herstellung des Stickoxydes notwendig, wenn nicht gerade besondere Reinheit des Gases gefordert wird.

1. *Aus Alkalinitrit durch Reduktion mit Jodwasserstoffsäure.* Diese von L. W. Winkler [1] angegebene Methode wird viel verwendet [2, 3, 4]. Man läßt in Anordnung Abb. 4a zu einer Lösung, bestehend aus 1 Gew.-T. Wasser, 0,3 Gew.-T. Kaliumnitrit und 0,15 Gew.-T. Kaliumjodid, aus dem Tropftrichter 50proz. Schwefelsäure zutropfen, wobei eine Durchmischung des Inhaltes sehr förderlich ist. Das entweichende Gas wird mit 90proz. Schwefelsäure und 50proz. Kalilauge gewaschen, in einer Kältemischung (Kohlendioxyd) von Feuchtigkeit befreit und in flüssiger Luft kondensiert. Man läßt über Phosphorpentoxyd und einer Schicht Glaswolle absieden und kondensiert nur die mittlere Fraktion mit flüssiger Luft. Durch wiederholte Sublimation des festen Stickoxydes im Hochvakuum kann man es noch weiter reinigen.

Zur Erreichung eines besonders hohen Reinheitsgrades haben H. L. Johnston und W. F. Giauque [2] die von R. W. Gray [5] benutzte Reinigungsmethode der flüssigen Phase angewendet. Das auf diese Art hergestellte
Gas dürfte nur 0,0004 Mol% Verunreinigung enthalten.

2. *Aus Alkalinitrit durch Reduktion mit Kaliumferrocyanid.* Diese Methode
wurde von Ch. M. van Deventer [6] angegeben (Schäffersche Reaktion)
und liefert ebenfalls ein reines Gas [5, 7]. Man löst in je 100 cm³ einer bei
Zimmertemperatur gesättigten Kaliumferrocyanidlösung höchstens 9 g
Kaliumnitrit. Zu dieser Lösung fügt man tropfenweise (Abb. 4a) verdünnte
Essigsäure. Das entweichende Gas wird durch 50proz. Natronlauge geleitet,
sodann über festes Kaliumhydroxyd und Phosphorpentoxyd und, wenn
notwendig, wie unter 1. angegeben, weiter gereinigt. Den Nachteil der
Methode, bedingt durch die geringe Löslichkeit von Kaliumferrocyanid,
kann man dadurch einigermaßen beheben, daß man eine größere Lösungsmenge in einem geräumigeren Gasentwicklungskolben verwendet und eine
Vorrichtung anbringt, die das Ablassen und die Neueinfüllung des Lösungsmittels erleichtert.

3. *Durch Zerfall der salpetrigen Säure.* Dies ist die bequemste Methode
[8, 9]. Man läßt zu einer etwa 30proz. Alkalinitritlösung (Abb. 4a) 50proz.
Schwefelsäure zutropfen. Das entweichende Gas ist sehr unrein. Man
absorbiert das Stickstoffdioxyd in konz. Schwefelsäure und schaltet eine
Kühlung (Kohlendioxyd) ein. Dann folgt die Volltrocknung. Weitere
Reinigung wie unter 1.

4. *Durch Reduktion höherer Stickstoff-Sauerstoffverbindungen mit Quecksilber.* Diese elegante Methode wird nach F. Emich [10] am besten unter
Verwendung der Nitrososchwefelsäure ausgeführt. Man läßt zu Nitrososchwefelsäure oder zu einer 2—4proz. Lösung von Natriumnitrat in konz.
Schwefelsäure tropfenweise Quecksilber zufließen. Wenn nicht ein rascher
Gasstrom erforderlich ist, kann von einem Schütteln des Entwicklungsgefäßes abgesehen werden. Eine erprobte Gefäßform ist von M. Bodenstein [11] (Abb. 4d) angegeben. Das entweichende Gas, welches man noch
durch reines Quecksilber durchperlen läßt, scheint indessen nicht vollkommen rein zu sein. Es kann 2—3% fremde Bestandteile enthalten [12, 15],
so, daß bei einer strengeren Forderung nach Reinheit eine Fraktionierung
des Gases wie unter 1. angegeben, durchzuführen ist.

5. *Durch Reduktion der Salpetersäure mit Kupfer.* In einem Entwicklungskolben (am besten ohne Glashahn, Abb. 4d) läßt man zu reinen Kupferspänen starke Salpetersäure langsam zutropfen, wobei man für eine Kühlung
des Kolbens sorgt, um die oft sehr stürmisch verlaufende Reaktion zu hemmen.
Das nach einiger Zeit farblos gewordene Gas leitet man zur ersten Reinigung
durch konzentrierte Schwefelsäure.

Flüssiges Stickoxyd hat eine schieferblaue, klare Farbe; fest behält es die Farbe bei, nur wenn es locker als Schnee vorhanden ist, erscheint es weiß.

Bemerkungen: Stickoxyd läßt sich verläßlich nur über ganz reinem Quecksilber aufbewahren, da es dieses nicht angreift. Bei der Reinigung des Stickoxydes wird sehr häufig das Waschen mit starker Lauge vorgeschrieben. Dies ist aber besser zu vermeiden, da eine nachträgliche Verunreinigung des Gases durch *Stickoxydul* eintreten kann, besonders dann, wenn die Lauge oxydierbare Stoffe enthält [13].

Ebenso sollte man besser, die noch zuweilen angewandte Reinigungsmethode des Stickoxydes, durch Lösen in konz. Eisen II-sulfatlösung und nachheriges Austreiben, in der Wärme, aus dem gleichen Grunde unterlassen.

Literatur.

1. Winkler, L. W., Ber. dtsch. chem. Ges. **34** (1901) 1408.
2. Johnston, H. L. u. Giauque, W. F., J. Amer. chem. Soc. **51** (1929) 3194.
3. Noyes, W. A., jun., J. Amer. chem. Soc. **53** (1931) 515.
4. Goldschmidt, H., Z. Physik **20** (1923) 159.
5. Gray, R. W., J. chem. Soc. London **87** (1905) 1601.
6. van Deventer, Ch. M., Ber. dtsch. chem. Ges. **26** (1893) 589.
7. Partington, J. R. u. Shilling, W. G., Philos. Mag. [6] **45** (1923) 416.
8. Biltz, W., Fischer, W. u. Wünnenberg, E. Z. anorg. allg.Chem. **193** (1930) 354.
9. Schlatter, C., J. Chim. physique **27** (1930) 44.
10. Emich, F., Mh. Chem. **13** (1893) 73.
11. Bodenstein M., Z. Elektrochem. **24** (1918) 187.
12. Klemenc, A. u. Bunzl, C., Z. anorg. allg. Chem. **122** (1922) 315.
13. Klemenc, A., Ber. dtsch. chem. Ges. **58** (1925) 492.
14. Heuse, W., Ann. Physik [4] **59** (1919) 87.
15. Henglein, F. A. u. Krüger, H., Z. anorg. allg. Chem. **130** (1923) 181.

Stickstoffdioxyd NO_2.

Sm.P. = — 10,8° C.   Sd.P. = + 21,2° C.   Tripelpunkt-Druck = 146 Torr.

1. *Aus Bleinitrat* [1, 2]. Man erwärmt in einem Ofen eine mit Bleinitrat beschickte Röhre aus schwer schmelzbarem Glas bis zur entsprechenden Gasentwicklung. Das Bleinitrat wird vorher pulverisiert und mehrere Tage lang bei etwa 110—120° C getrocknet. Durch die Röhre wird ein langsamer

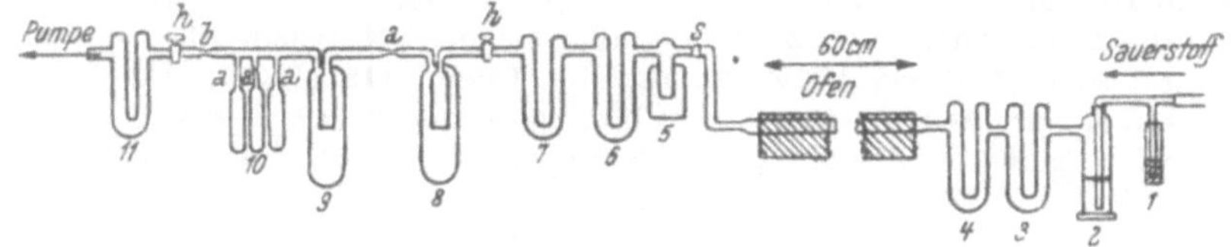

Abb. 96.

1 Quecksilberventil. — *2* Konz. Schwefelsäure. — *3, 4* Natronkalk. — *5* Eis-Kochsalzkühlung. — *a, b* Abschmelzstellen. — *6* Bleiperoxyd. — *7* Phosphorpentoxyd. — *8, 9* Ausfriergefäße. — *10* Sammelgefäße. — *11* Calciumchlorid oder Phosphorpentoxyd.

trockener Sauerstoffstrom geleitet, welcher zuerst durch die Absorptionsgefäße 2 bis 4, wie in der Abb. 96 angegeben, hindurchtritt.

Das stets Feuchtigkeit mitführende Stickstoffdioxyd wird zuerst auf — 15 bis — 20° C in 5 abgekühlt. Beim folgenden Durchleiten durch die (horizontal gestellten) U-Röhren 6 und 7, die mit trockenem Bleiperoxyd bzw. Phosphorpentoxyd gefüllt sind, wird das Gas gereinigt und getrocknet. Im Ausfriergefäß 8 erfolgt die erste Abscheidung des Gases durch Kühlung auf — 78⁰ C. Nachdem der Hahn h_1 gesperrt ist, wird das Dioxyd im Vakuum einer Wasserstrahlpumpe nach dem Ausfriergefäß 9 destilliert, das nun nach Entfernung der Kühlung von 8 auf — 78⁰ C gekühlt wird. Hahn h_2 bleibt geschlossen. Vor der Kühlung läßt man zuerst durch die Pumpe etwas Stickstoffdioxyd absaugen, so daß die restliche Luft verdrängt wird. Ist das ganze Dioxyd in 9 ausgefroren, schmilzt man bei a ab. Nun kühlt man das Gefäß 9 mit flüssiger Luft und verbindet den restlichen Teil des Gerätes mit einer Hochvakuumpumpe. Ist der Druck auf etwa $^1/_{100}$ mm gesunken, schmilzt man bei b ab und sammelt das Stickstoffdioxyd durch eine neuerliche Destillation aus dem Ausfriergefäß 9 in den Sammelgefäßen 10, die dann abgeschmolzen werden können.

Das auf diese Weise gewonnene Gas ist sehr rein. Es enthält meist weniger als 0,1 % fremde Begleitstoffe.

2. *Aus Salpetersäure und Arseniger Säure.* Man erhitzt in einem Gefäß (Abb. 4a) eine breiige Mischung von fein pulverisierter Arseniger Säure und konz. Salpetersäure bis zur starken Gasentwicklung in einem Sauerstoffstrome. Das erhaltene Gas wird kondensiert und gereinigt, so wie unter 1. angegeben ist. Selbstverständlich kann man auch durch Kühlung nur bis auf — 78⁰ C hinreichend reines Gas erhalten.

Diese Reaktion wird durch *geringste* Mengen Quecksilber nahezu vollständig gehemmt [3]. In diesem Falle kann man dieselbe durch Zusatz einiger Tropfen Salzsäure zeitweise wieder in Gang bringen.

Die Gewinnung des Stickstoffdioxydes aus Stickoxyd und Sauerstoff [4, 5] oder durch Zersetzung von Nitriten im Sauerstoffstrom bietet für eine Reindarstellung dieses Gases gegenüber den genannten zwei Methoden kaum Vorteile.

Literatur.

1. Bodenstein, M., Z. physik. Chem. **100** (1922) 68.
2. Klemenc, A. u. Rupp, J., Z. anorg. allg. Chem. **194** (1930) 51.
3. Klemenc, A. u. Pollak, F., Z. anorg. allg. Chem. **115** (1921) 131.
4. Guye, Ph. A., u. Druginin, G., J. Chim. physique **8** (1910) 489.
5. Scheffer, F. E. C. u. Treub, C. P., Z. physik. Chem. **81** (1913) 308.

Nitrosylchlorid NOCl.

Sm.P. = — 61,5⁰ C.   Sd.P = — 5,8⁰ C.

1. *Aus Nitrosylschwefelsäure* (*Bleikammerkristalle*). Durch Einwirkung dieser Verbindung auf Natriumchlorid bei 100—110⁰ C bildet sich das Gas nach der Gleichung.

$$\genfrac{}{}{0pt}{}{HO}{ONO}\!\!\Big\rangle SO_2 + HCl = H_2SO_4 + NOCl.$$

Dieser Vorgang bietet einen bequemen Weg und ist von W. A. Tilden [1] zuerst angegeben worden.

A. F. Scott und C. R. Johnson [2] geben folgende Arbeitsweisen an. Man leitet in rauchende Salpetersäure, welche sich in einem großen Kolben befindet, bei 0^0 C reines Schwefeldioxyd langsam ein. Die Einleitungsröhre und die Gasableitungsröhre sollen möglichst weit sein, um Verstopfung des Gasstromes durch die Kristalle zu vermeiden. Man leitet so lange ein, bis neben den ausgeschiedenen Kristallen der Nitrosylschwefelsäure noch eine genügende Menge Flüssigkeit übrigbleibt.

Dann fügt man eine der angewendeten Salpetersäure gleiche Gewichtsmenge konz. Schwefelsäure durch den Trichter hinzu. Man leitet darauf bei 100^0 C einen starken Luftstrom durch die sich bildende Lösung so lange, bis keine Salpetersäure und Stickoxyde mehr mitgeführt werden. Nun verbindet man den Kolben mit den Ausfriergefäßen, deren Temperatur auf -20^0 C gehalten wird, und beginnt mit dem Durchleiten des trockenen Chlorwasserstoffgases. Es entweicht das charakteristische rötlich gefärbte Gas, welches sich in den gekühlten Gefäßen kondensiert. Die weitere Reinigung erfolgt am besten im Hochvakuum, kann aber auch mit einfacheren Mitteln durchgeführt werden.

2. *Aus Stickstoffdioxyd und Alkalichlorid.* Nach Z. W. Whittaker, F. O. Lundstrom und A. R. Merz [5] kann man die Reaktion

$$KCl + 2\,NO_2 = KNO_3 + NOCl$$

zur Herstellung des Gases verwenden. Man leitet Stickstoffdioxyd durch eine 60 cm lange vertikal stehende Röhre, in welcher sich etwas angefeuchtetes Kaliumchlorid (etwa 2,4% H_2O enthaltend) befindet. Es werden 20 cm³ flüssiges Stickstoffdioxyd in etwa drei Stunden durchgeleitet. Der Ablauf der Reaktion in der Röhre läßt sich an einer scharfen Trennungsfläche sehen. Bei richtig geleiteter Reaktion enthält das austretende Gas niemals Stickstoffdioxyd, wenn darauf gesehen wird, daß die Reaktionszone nicht den oberen Teil der Röhre erreicht. Das austretende Nitrosylchlorid wird in der angegebenen Art verflüssigt und gereinigt.

3. *Durch Einwirkung von Stickoxyd auf Chlor.* Diese beiden Gase reagieren leicht miteinander, und man kann deshalb auch noch bei tiefen Temperaturen daraus Nitrosylchlorid erhalten (M. Trautz und W. Gerwig [3]) (Abb. 97). *A* ist 20 mm weit und etwa 90 cm lang und kann mit dem Chlor- und mit dem Stickoxydgasbehälter verbunden werden.

Stickstoff wird nach F. Emich aus Nitrosylschwefelsäure und Quecksilber entwickelt (s. S. 206, 4.). Nach Spülung von *A* mit Chlor werden bei geschlossenem Hahn 2 etwa 7 cm³ Chlor darin verdichtet und nunmehr Stickoxyd bei -50 bis -60^0 C eingelassen. Das in *A* von unten eintretende Stickoxyd wird dabei mit mäßiger Schnelligkeit aufgenommen, wobei sich das Kondensat granatrot färbt. Ist die Absorption zu Ende und auch nach kurzem Abpumpen der Atmosphäre über der Flüssigkeit keine weitere Stickoxydaufnahme mehr zu bemerken, so läßt man das

Rohprodukt unter Durchleiten von Stickoxyd durch die auf 150° C erwärmte, mit einer Asbesthaube überdeckte Glasröhre B nach dem Zwischengefäß C von 25 cm³ Inhalt absieden, wo es bei — 78° C wieder verdichtet wird. Dadurch werden Überschüsse an Chlor oder höheren Chloriden (vor allem $NOCl_2$) beseitigt. Ist die ganze Flüssigkeit wieder in C vereinigt, so läßt man sie darin wiederholt ausfrieren, wobei unter rückläufigem Sieden alles gelöste Stickoxyd entweicht und durch Absaugen der Gase über dem erstarrten Produkt entfernt werden kann. Ohne Nachbehandlung in der Wärme erhält man Nitrosylchlorid mit Chlorüberschuß.

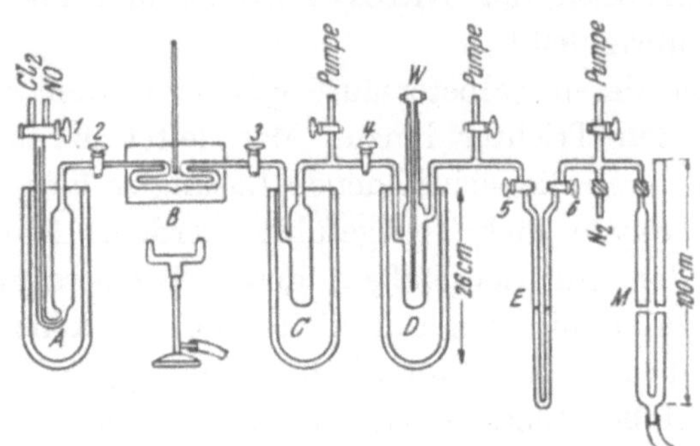

Abb. 97. Herstellung von Nitrosylchlorid. In D läßt sich über das als Nullinstrument dienende Manometer E mit Manometer W der Druck des kond. Nitrosylchlorides bestimmen. M ist ein Widerstandsthermometer.

Auf einem prinzipiell gleichen Wege stellt E. Wourtzel [4] sehr reines Nitrosylchlorid her. Hier wird festgestellt, daß es vorteilhaft sei, mit einem Überschuß von Stickoxyd zu arbeiten, weshalb es notwendig ist, ungefähr die Chlor- und Stickoxydmengen zu kennen, die zur Reaktion gebraucht werden.

Nitrosylchlorid ist ein rötlichbraun gefärbtes aggressives Gas, das nur in Glasgefäßen aufbewahrt werden kann. Es greift natürlich auch das Hahnfett sehr stark an.

Literatur.

1. Tilden, W. A., J. chem. Soc. London **27** (1874) 630.
2. Scott, A. F. u. Johnson, C. R., J. physic. Chem. **33** (1929) 1975.
3. Trautz, M. u. Gerwig, W., Z. anorg. allg. Chem. **134** (1924) 409.
4. Wourtzel, E., J. Chim. physique **11** (1913) 243.
5. Whittaker, C. W., Lundstrom, F. O. u. Merz, A. R., Ind. Engng. Chem. **23** (1931) 1410.

Nitrylchlorid NO_2Cl.

Sm.P. = — 145° C.   Dampfdrucke: [1].

Man stellt dieses Gas durch direkte Oxydation des Nitrosylchlorids mit Ozon dar [1]:

$$NOCl + O_3 = NO_2Cl + O_2.$$

In einem Gefäß, das keine gefetteten Hähne, sondern nur Platin- oder Messingventile (s. S. 25ff.) enthalten darf, läßt man auf gasförmiges Nitrosylchlorid konz. Ozon einwirken. Nachdem die gelbe Farbe verschwunden ist, kondensiert man das Gas mit flüssiger Luft und pumpt den nicht kondensierten Anteil ab. Man erhält eine weiße, kristalline Masse, welche beim Verdampfen das farblose Nitrylchlorid liefert. Das Gas zerfällt schon bei 100° C mit merklicher Geschwindigkeit und muß deshalb bei tiefer Temperatur aufbewahrt werden.

Literatur.

1. Schumacher, H. J. u. Sprenger, G., Z. anorg. allg. Chem. **182** (1929) 139; Z. physik. Chem. (B) **12** (1931) 115.

Phosphorwasserstoff PH$_3$.

Sm.P. = — 133,5° C.   Sd.P. = — 87,4° C.   Tripelpunkt-Druck = 27,3 Torr.

1. *Durch Zersetzung von Phosphoniumjodid mit Lauge.* Man läßt in schwachem, reinem Wasserstoffstrom in der Anordnung Abb. 5A, in welcher die Luft schon vorher mit aller Sorgfalt durch Wasserstoff verdrängt ist, Phosphoniumjodid in 30proz. Natronlauge einfallen. Das entweichende Gas wird in einem Zehnkugelrohr mit 30proz. Natronlauge gewaschen, über Calciumchlorid und Phosphorpentoxyd getrocknet und in flüssiger Luft kondensiert. Man fraktioniert aus einem Bad von der Temperatur — 125° C, Temperatur der Vorlage — 130° C. Auf diese Weise kann man das Gas von P$_2$H$_4$ befreien, wobei allerdings beachtet werden muß, daß es nun im Rückstand vorhanden ist; deshalb Vorsicht am Versuchsende! [1, 2, 3, 4]. Phosphoniumjodid ist heute käuflich zu haben (z. B. Schering-Kahlbaum A. G.).

2. *Durch Einwirkung von Phosphor auf Lauge* [7]. Man läßt gelben Phosphor und verdünnte Kalilauge im Wasserstoffstrom bei gelinder Erwärmung in Anordnung Abb. 4b reagieren. Das entstehende Gas leitet man durch konz. Chlorwasserstoffsäure, um die flüssigen Phosphorwasserstoffe zu entfernen, sodann über starke wässerige Lauge. Man trocknet über *geschmolzenem* Calciumchlorid, festem Kaliumhydroxyd und Phosphorpentoxyd, worauf man in flüssiger Luft kondensiert und wie oben angegeben fraktioniert [6].

3. *Aus Metallphosphiden.* Aus Metallphosphiden, die entsprechend zerkleinert sind, erhält man schon durch Einwirken von Wasser oder besser von verdünnter Schwefelsäure einen Strom von Phosphorwasserstoffen. Das Gas enthält mehr oder weniger Wasserstoff, flüssigen Phosphorwasserstoff und andere Verunreinigungen. Man bedient sich der Anordnung Abb. 4b, wobei auch hier die Vorsichtsmaßregeln gegen Entzündung einzuhalten sind. Entzündbares Gas soll meist nur zu Beginn der Reaktion auftreten.

a) Calciumphosphid Ca$_3$P$_2$ techn. ist käuflich zu haben (z. B. Schering-Kahlbaum A. G.). C. Matignon und R. Trannoy [8] beschreiben die Herstellung des Phosphides direkt aus dem Calciumphosphat durch Reduktion mit Aluminium. Ist eine weitere Reinigung des Gases notwendig, so wird sie nach dem bereits oben angegebenen Vorgang ausgeführt.

b) Aluminiumphosphid. Herstellung [9, 10].

14*

Reiner Phosphorwasserstoff läßt sich in Glasgefäßen einschmelzen und ist so unveränderlich haltbar. Er kann aber auch über Quecksilber aufbewahrt werden. Wässerige Kupfersulfatlösung absorbiert Phosphorwasserstoff vollständig, wodurch eine einfache Prüfung auf die Anwesenheit bestimmter Begleitgase (H_2, N_2 usw.) möglich ist. Ein P_2H_4-haltiges Gas entzündet sich von selbst.

Literatur.

1. Hofmann, W. A., Ber. dtsch. chem. Ges. **4** (1871) 201; **6** (1873) 88.
2. Stock, A., Henning, F. u. Kuss, E., Ber. dtsch. chem. Ges. **54** (1921) 1125.
3. Melville, H. W., Proc. Roy. Soc. London **138** (1932) 374.
4. Robertson, R., Fox, J. J. u. Hiscocks, E. C., Proc. Roy. Soc. London **120**(1 928) 149.
6. Durrant, A. A., Pearson, Th. G. u. Robinson, P. L., J. chem. Soc. London **1934**, 731.
7. Rose, H., Pogg. Ann. **46** (1839) 633 und andere ältere Quellen.
8. Matignon, C. u. Trannoy, R., Bull. soc. chim. [4] **5** (1909) 266.
9. Fonzès-Diacon, C. R. Acad. Sci. Paris **130** (1900) 135.
10. Moser, L. u. Bruckl, A., Z. anorg. Chem. **121** (1922) 73.

PhosphorIII-fluorid PF_3.
Sm.P. $= -160°$ C.   Sd.P. $= -95°$ C.

1. *Aus Bleifluorid mit Kupferphosphid* [1, 2].[1]) Gleiche Gewichtsmengen von vollkommen trockenem Bleifluorid und Kupferphosphid werden innig gemischt und in einem Reagensrohr aus Messing zur schwachen Rotglut erhitzt. Das Reagensrohr wird durch einen Korkstopfen abgeschlossen, dessen Sitz, durch Zufeilen des Metalls an der Öffnung, besonders hergestellt wird. Der Kork ist vor Erwärmung zu schützen. Durch die Bohrung des Stopfens wird ein Gasentbindungsrohr aus Blei geführt. Das Gas entweicht durch zwei kleine Blasenzähler, von denen der erste nur wenige Kubikzentimeter Wasser zur Bindung von Fluorwasserstoff und Phosphorpentafluorid, der zweite konz. Schwefelsäure enthält. Da beim Waschen das Gas feucht wird und dann Glas angreift, ist vorgeschlagen worden [7], bis zur Trocknung Blei zu verwenden. Die Wasserwaschflasche soll innen mit Paraffin überzogen werden. Man kondensiert dann das Gas in einer auf $-80°$ C abgekühlten Vorlage, und fraktioniert aus dieser das Gas weiter, unter Verwendung von flüssiger Luft [5].

Kupferphosphid [3]. Diese Verbindung erhält man durch Einwirkung von Phosphordampf auf Kupferspäne bei schwacher Rotglut. Man verwendet ein Kölbchen, das mit gelbem Phosphor gefüllt ist; an dieses angeschlossen ist die Röhre mit den Kupferspänen, die am besten in einem Ofen auf die entsprechende Temperatur erhitzt wird. Die im Kölbchen befindlichen wenigen Stückchen Phosphor werden mit etwas geschmolzenem Calciumchlorid vermengt, das dann dem geschmolzenen Produkt die letzten Reste Wasser entzieht. Hat man alles *sorgfältigst* getrocknet, so wird das Kupfer zur Rotglut, das Phosphorkölbchen bis zum Verdampfen des Phosphors

---

[1]) Die hier angegebenen Methoden werden sich in modernen Apparaten wesentlich verbessern lassen.

erhitzt. Ist der ganze Phosphor verbrannt, so werden neue Stückchen eingeführt, bis das Kupfer, soweit es geht, in Phosphid umgewandelt ist. Das Erkaltenlassen erfolgt in einem inerten Gasstrom. Man zerschlägt die festen Stücke und trennt eventuell unverändertes Kupfer ab.

Bleifluorid [3]. Man trägt in einen *Überschuß* von Flußsäure reines siliciumfreies Bleicarbonat (Moissan verwendet holländisches Bleiweiß) ein. Als Gefäß wird eine Platinschale verwendet. Das Reaktionsprodukt wird 24 Stunden aufs Wasserbad gestellt, am Sandbad getrocknet, zerkleinert und die ganze Behandlung nochmals wiederholt. Dann wird das Produkt rasch zum Schmelzen erhitzt, um den Überschuß der Flußsäure zu vertreiben und die Fluorhydrate des Bleis zu zerstören. Das Bleifluorid schmilzt bei heller Rotglut. Es bleibt eine glasartige Masse zurück, die noch warm in einem Eisenmörser zerstoßen und im Exsiccator aufbewahrt wird.

Auch durch eine direkte Einwirkung von Bleifluorid auf sehr trockenen roten Phosphor erhält man Phosphortrifluorid, doch erreicht man dadurch keine regelmäßige Gasentwicklung. Vorgang wie oben [3].

2. *Durch Einwirkung von Arsen III-fluorid auf Phosphor III-chlorid* [3, 4]. In der Anordnung Abb. 4b (kleine Dimensionen) läßt man das Arsenfluorid zu reinem Phosphor III-chlorid tropfen, wobei hier ebenfalls auf vollkommene Trockenheit geachtet werden muß. Die nach der Gleichung,

$$AsF_3 + PCl_3 = AsCl_3 + PF_3$$

sich bildenden Reaktionsprodukte werden durch Ausfriergefäße auf — 50° C gekühlt geleitet, wobei sich das Arsenfluorid und -chlorid abscheiden. Sodann wird das Gas in flüssiger Luft kondensiert und fraktioniert.

Arsen III-fluorid [4, 6]. Man verwendet 1 Gew.-T. eines innigen Gemenges von gleichen Teilen Calciumfluorid und Arseniger Säure und 2 Gew.-T. reiner konz. Schwefelsäure. Das Calciumfluorid muß frei von Calciumcarbonat sein und wird vor dem Versuch ausgeglüht; es darf dabei natürlich nicht bis zum Schmelzen erhitzt werden. Das Arsentrioxyd wird im Vakuumexsiccator über Schwefelsäure getrocknet. Der zu verwendende Apparat kann ähnlich gebaut sein wie der bei der Herstellung des Fluorwasserstoffes angegebene (S. 228). Man kann auch Glasgefäße verwenden. Ein starkwandiger 4-l-Kolben wird mit der konz. Schwefelsäure gefüllt und in diese (wohl am besten in Anordnung Abb. 5A) die fein pulverisierte innige Mischung von Calciumfluorid und Arseniger Säure in kleinen Portionen eingetragen. Man erhitzt langsam mehrere Stunden lang. Das entweichende Rohgas wird durch einen Bleikühler geleitet und in einer Bleivorlage gesammelt. Das Destillat ist ziemlich unrein und muß sorgfältig fraktioniert werden. Es kann dies in einem Blei- oder Kupferkolben geschehen; noch besser ist natürlich ein Fraktionierungskolben mit Kühler aus Platin.

Das Arsen III-fluorid ist eine farblose, sehr leicht bewegliche Flüssigkeit (Sd.P. = 63° C), die auf der Hand tief eiternde Wunden erzeugen kann. Die Aufbewahrung erfolgt in Platingefäßen mit gut sitzendem Verschluß.

Nach H. Moissan [8] kann man Phosphor III-fluorid auch durch Einwirkung von Phosphor III-bromid oder Phosphor III-chlorid auf Zinkfluorid in regelmäßiger Entwicklung erhalten.

Über die Herstellung des Zinkfluorids, das nicht bei zu hoher Temperatur getrocknet werden darf, um seine Reaktionsfähigkeit zu erhalten, s. O. Ruff [4, S. 36].

Das Phosphor III-fluorid raucht, wenn es rein ist, nicht an der Luft, greift Glas nicht an und kann über Quecksilber aufbewahrt werden. Hahnfett (Bienenwachs-Lanolin-Mischung) wird zwar angegriffen, aber nach einiger Zeit in ein Produkt umgewandelt, das noch als Dichtungsmittel wirkt.

Literatur.

1. Moissan, H., Ann. Chim. Physique [6] 6 (1885) 433.
2. Moissan, H., C. R. Acad. Sci. Paris 138 (1904) 790.
3. Moissan, H., Ann. Chim. Physique [6] 6 (1885) 433; C. R. Acad. Sci. Paris 100 (1885) 272.
4. Ruff, O., Die Chemie des Fluors. 1920. S. 27, 28.
5. Moissan, H., C. R. Acad. Sci. Paris 138 (1904) 874.
6. Moissan, H., C. R. Acad. Sci. Paris 99 (1884) 874.
7. Ebel, Fr. u. Bretscher, E., Helv. chim. Acta 12 (1929) 455.
8. Moissan, H., Ann. Chim. Physique [6] 19 (1890) 286.

Phosphor V-fluorid PF₅.

Sm.P. = — 83° C.   Sd.P. = — 75° C.

1. *Aus Arsen III-fluorid und Phosphor V-chlorid* [1, 2]. Apparat und Vorgang sind dieselben, wie sie unter 2. bei der Herstellung von Phosphor-III-fluorid angegeben wurden. Das Phosphor III-chlorid wird durch das feste Phosphor-V-chlorid ersetzt. Die Reaktion ist sehr heftig und das entweichende Gas deshalb sehr unrein. Die Vorlage ist auf — 60° C gekühlt. Das mit flüssiger Luft ausgefrorene, rohe Phosphor V-fluorid wird dann fraktioniert.

2. *Durch Zersetzung von Phosphordibromtrifluorid* PBr₂F₃ [3, 5]. Diese Verbindung erhält man sehr leicht beim Einleiten von Phosphor III-fluorid in trockenes Brom, das auf — 15° C abgekühlt ist. Die Reaktion verläuft mit großer Geschwindigkeit und wird bis zum Verschwinden des Broms fortgesetzt. Man erhält so das Phosphordibromtrifluorid als eine schwach gefärbte Flüssigkeit, die sich bei Zimmertemperatur langsam zu Phosphor-V-bromid und gasförmigem Phosphor V-fluorid nach folgender Gleichung zersetzt: 5 PBr₂F₃ = 3 PF₅ + 2 PBr₅. Sollte von dem Gas etwas Brom mitgerissen werden, so entzieht man ihm dieses durch Aufbewahren über Quecksilber.

3. *Aus Calciumfluorid und Phosphorpentoxyd* [4].

$$5\,CaF_2 + 6\,P_2O_5 = 2\,PF_5 + 5\,Ca(PO_3)_2.$$

Man erhitzt eine Mischung von 1 Gew.-T. Phosphorpentoxyd und 2,1 Gew.-T. Calciumfluorid in einer engen Eisenröhre mit voller Brennerflamme. Die Ausgangsstoffe müssen vollkommen trocken und rein sein. Das Calciumfluorid wird vorher zur vollständigen Trocknung in einem Eisentiegel erhitzt und noch warm in die Eisenröhre gefüllt, in welcher durch Schütteln die Mischung mit Phosphorpentoxyd hergestellt wird. Man leitet das entweichende Gas durch eine enge Eisenröhre zu den Reinigungsapparaten. H. C. Lucas und F. J. Ewing [4], die diese Methode angeben, haben das Gas nicht weiter fraktioniert. Es wird nur festgestellt, daß es bestenfalls aus 94% Phosphor V-fluorid und 6% Fluorwasserstoff besteht. Eine Nachprüfung dieser Reaktion ist noch nicht erfolgt[1]).

Das farblose Gas raucht an der Luft, besitzt unangenehmen Geruch und wirkt stark ätzend. Von Wasser wird es zersetzt. Trockenes Gas greift Glas nicht an und kann über Quecksilber aufbewahrt werden [5]. Starke elektrische Entladungen können es zerstören.

Literatur.

1. Thorpe, F. E., Liebigs Ann. Chem. **182** (1876) 201; Proc. Roy. Soc. London **25** (1877) 122.
2. Ruff, O., Die Chemie des Fluors. 1920. S. 29.
3. Moissan, H., C. R. Acad. Sci. Paris **101** (1885) 1490.
4. Lucas, H. J. u. Ewing, F.; J. Amer. chem. Soc. **49** (1927) 1270.
5. Moissan, H., C. R. Acad. Sci. Paris **99** (1884) 656; **103** (1886) 1257.

Phosphoroxyfluorid POF$_3$.

Sm.P. $= -68^0$ C.   Sd.P. $= -40^0$ C.

1. *Durch Einwirkung von Phosphoroxychlorid auf Zinkfluorid* [1]. Zinkfluorid wird in ein einseitig geschlossenes Messingrohr gefüllt und dieses mit einem paraffinierten, mit zwei Bohrungen versehenen Korkstopfen verschlossen. In die eine Bohrung wird ein Tropftrichter eingeführt, der mit Phosphoroxychlorid gefüllt ist, in die andere eine Bleiröhre zur Gasableitung. Man läßt das Phosphoroxychlorid *langsam*, in kleinen Mengen, zum Zinkfluorid tropfen. Das Gasentbindungsrohr führt gasdicht zu einer U-Röhre aus Messing, die auf -20^0 C gekühlt wird und dazu dient, mitgerissenes Phosphoroxychlorid zu verflüssigen. In einer anschließenden Glas-U-Röhre, die mit Zinkfluoridstückchen beschickt ist, werden die letzten Reste von Phosphoroxychlorid entfernt. Das Gas wird über Quecksilber aufgefangen.

---

[1]) Beim Erhitzen von *Kryolith* mit Phosphorpentoxyd erhielten T. E. Thorpe und F. J. Hambly [J. chem. Soc. London **55** (1889) 759] POF$_3$!

Für eine flotte Gasentwicklung soll man, mit Vorsicht!, auf etwa 40 bis 50⁰ C erwärmen und einen geringen Überschuß von Phosphoroxychlorid zufügen.

Zinkfluorid wird durch Auflösen von Zinkcarbonat in überschüssiger, reiner und heißer Flußsäure hergestellt. Ohne abzufiltrieren trocknet man das Salz, am besten im Vakuum, bei allmählich bis auf 300⁰ C ansteigender Temperatur [1, 4].

2. *Aus Phosphor III-fluorid und Sauerstoff* [2]. Diese Methode ist nicht so bequem wie die vorher angegebene, stellt aber eine interessante Bildungsweise dieser Verbindung dar. Man läßt durch eine Mischung von 1 Vol. Phosphor III-fluorid und 1 Vol. Sauerstoff den elektrischen Funken durchschlagen, wobei explosionsartig die Bildung des Phosphoroxyfluorides erfolgt. Auch Erwärmen der Mischung führt unter langsamer Entzündung zur Reaktion. Platin katalysiert diese Umsetzung. Das Gas ist zu reinigen. Von Sauerstoff wird es befreit, wenn man das Gas über Quecksilber stehen läßt, auf dem kleine Stücke von feuchtem, gelbem Phosphor schwimmen.

3. *Aus Fluorwasserstoff (wasserfrei!) und Phosphorpentoxyd* [3]. Diese Stoffe reagieren schon bei Zimmertemperatur unter Bildung von Phosphoroxyfluorid. Für eine Reindarstellung ist diese Methode noch nicht verwendet worden.

Das Phosphoroxyfluorid ist ein farbloses Gas von starkem Geruch. Es wird von Wasser gelöst und zersetzt. Mit feuchter Luft bildet es weiße Nebel, in trockenem Zustand greift es Glas nicht an.

Literatur.

1. Moissan, H., Bull. Soc. chim. France [3] 4 (1890) 260.
2. Moissan, H., C. R. Acad. Sci. Paris 102 (1886) 1245.
3. Moissan, H., Bull. Soc. chim. France [3] 5 (1891) 458.
4. Ruff, O., Die Chemie des Fluors. 1920, S. 36.

Arsenwasserstoff AsH_3.

Sm.P. = — 116,3⁰ C.   Sd.P. = — 62,4⁰ C.

1. *Einwirkung von naszierendem Wasserstoff auf Arsenige Säure.* Man erhält ein Wasserstoff-Arsenwasserstoffgemisch mit 26% AsH_3 nach folgendem Vorgang [1]: In Anordnung Abb. 4a (Inhalt zirka ½ l) wird Zink mit so viel Wasser beschickt, daß es davon ganz bedeckt wird. Man kann auch Magnesium verwenden [5]. Aus dem Tropftrichter läßt man zum Zink eine konz. Lösung von Arseniger Säure in konz. Salzsäure zufließen. Während der Reaktion ist mit Eis zu kühlen. Vor Beginn ist aus der gesamten Anordnung der Luftsauerstoff *sehr sorgfältig* zu entfernen, am besten durch Füllung mit reinem Wasserstoff. Das entweichende Gasgemisch passiert zwei Wasch-

flaschen mit luftfreiem Wasser. Es kann einige Zeit über luftfreier konz. Kochsalzlösung aufbewahrt werden.

2. Man kann auch von einer Legierung As$_2$Zn$_3$ (53% Zn) ausgehen und erhält (mit Verwendung einer 30proz. ausgekochten Schwefelsäure) dann einen nur noch etwa 0,5% fremdes Gas enthaltenden, Arsenwasserstoff [2, 3].

Sehr reiner Arsenwasserstoff wird nach diesem Vorgang erhalten, wenn man das Gas durch wässerige Lauge leitet, über festem Kaliumhydroxyd, geschmolzenem Calciumchlorid und Phosphorpentoxyd trocknet, dann mit flüssiger Luft kondensiert und die unkondensierten Gase abpumpt. Bei etwa — 80° C kann dann reiner Arsenwasserstoff fraktioniert und absieden gelassen werden [4, 5].

Man schmilzt Zink (in Stangen oder granuliert) mit pulverisiertem Arsen in einem zugedeckten Porzellantiegel am Bunsenbrenner zusammen. Die Schmelze wird in einem Achatmörser sehr fein pulverisiert, mit neuer Menge pulverisiertem Arsen vermengt und neuerdings geschmolzen; sie wird dann fein pulverisiert verwendet.

3. Ein sehr reines Gas liefert mit sehr guter Ausbeute die elegante Methode von W. C. Johnson, die wir oben bei der Herstellung von Siliciumwasserstoffen beschrieben haben.

Der Herstellung des Arsenwasserstoffes nach dieser Methode gelingt durch Behandlung von Natriumarsenid Na$_3$As$_x$ mit Ammoniumbromid in flüssigem Ammoniak nach der Gleichung:

$$Na_3As_x + 3\ NH_4Br = 3\ NaBr + 3\ NH_3 + AsH_3 + (x - 1)\ As.$$

Der Vorgang zur Gewinnung des Gases ist gleich, wie S. 197 beschrieben. Die entweichenden Gase AsH$_3$ und H$_2$ werden über Wasser zur Entfernung des Ammoniaks gesammelt, über Phosphorpentoxyd getrocknet, verflüssigt, der Wasserstoff von der Pumpe abgesaugt, und dann bei niedrigem Druck (Temperatur — 111° C) fraktioniert destilliert. Ausbeute 60—90%.

Herstellung des Natriumarsenides. Zu einer Lösung von Natrium in flüssigem Ammoniak gibt man frisch sublimiertes Arsen im Überschuß. Man erhält einen roten oder orange gefärbten Stoff, der aus einem Gemisch von Na$_3$As, Na$_3$As$_3$, NaAs$_5$, NaAs$_7$ besteht[1]).

Das zu verwendende Natrium wird unter reinem Paraffinöl (Nujol, Deutsch-Amer. Petroleum-Ges., Hamburg) gewogen, mit Petroläther gewaschen und in das Gefäß, rechts vom Schliffe S (Abb. 94), in kleinen Teilchen eingetragen. Das Gefäß A wird dann sofort evakuiert mit einem Dewargefäß umgeben, das mit flüssigem Ammoniak oder einem anderen Kühlmittel

---

[1]) Zintl, E., Goubeau, I. u. Dullenkopf, W., Z. physik. Chem. **154** (1931) 4; Hugod, C., C. R. Acad. Sci. Paris **129** (1899) 603. Die Herstellung von Na$_3$As$_x$ gelingt nach Zintl auch durch Einwirkung von Arsentrisulfid auf die Na-Lösung in Ammoniak nach der Gleichung

$$(6\ x + 6)\ Na + x\ As_2S_3 = 2\ Na_3As_x + 3\ x\ Na_2S.$$

gefüllt wird. Über h_1 wird in A reines trockenes Ammoniak unter gleichem Überdruck eingeleitet. Nun wird Stück für Stück des Natriums in das verflüssigte Ammoniak fallen gelassen.

Ammoniakalische Natriumlösungen zersetzen sich ziemlich rasch, wenn das Metall Spuren von Oxyd enthält. Haltbare Lösungen erhält man nach dem Vorgang von E. Zintl (loc. cit.).

Beim Arbeiten mit Arsenwasserstoff ist folgendes zu beachten: Da sich derselbe sehr leicht an porösen, fein verteilten Stoffen zersetzt, sind diese soweit als möglich fernzuhalten oder das Gas damit möglichst kurz in Berührung zu lassen. Sauerstoff ist peinlichst zu vermeiden.

Ganz trockener Arsenwasserstoff läßt sich über Quecksilber wesentlich leichter aufbewahren, als das feuchte Gas. Er ist ein farbloses Gas, das zu einer wasserklaren Flüssigkeit kondensiert werden kann.

Literatur.

1. Reckleben, A., Lockemann, G. u. Eckardt, A., Z. analyt. Ch. **46** (1907) 671.
2. Cohen, E., Z. physik. Chem. **25** (1898) 483.
3. Robertson, R., Fox, J. J. u. Hiscocks, E. C., Proc. Roy. Soc. London **120** (1928) 149.
4. Rankine, A. O. u. Smith, C. J., Philos. Mag. [6] **42** (1921) 608.
5. Durrant, A. A., Pearson, Th. G. u. Robinson, P. L., J. chem. Soc. London **1934**, 731.
6. Johnson, W. C. u. Pechukas, A., J. Amer. chem. Soc. **59** (1937) 2065.

Antimonwasserstoff (Stibin) SbH₃.

$$Sm.P. = -88^0\,C. \qquad Sd.P. = -17^0\,C.$$

1. *Zersetzung einer Antimon-Magnesium-Legierung.* Zur Entwicklung des Antimonwasserstoffes benutzt man das von A. Stock und W. Doht [1] angegebene Verfahren, nach welchem kalte, verdünnte Salzsäure auf eine pulverförmige Legierung von 1 Gew.-T. Antimon mit 2 Gew.-T. Magnesium einwirken gelassen wird. A. Stock und O. Guttmann [2] beschreiben die Herstellung: Zur Darstellung der Legierung werden 20 g fein gepulvertes, reines Antimon mit 40 g Magnesiumpulver innig gemengt, in eine aus Eisenblech gebogene, 70 cm lange Rinne gebracht und in einem Eisenrohr von 25 mm innerem Durchmesser in einer Wasserstoffatmosphäre möglichst schnell auf Rotglut erhitzt. Sobald das ganze Rohr glüht, werden die Flammen des Verbrennungsofens gelöscht. Zur Trennung des allein brauchbaren, pulverigen Anteils von den geschmolzenen Stücken wird das im Wasserstoffstrom erkaltete Reaktionsprodukt durch ein Sieb, von ½ mm Maschenweite getrieben.

Um einen möglichst regelmäßigen und an Antimonwasserstoff reichen Gasstrom zu erhalten, muß man folgendermaßen vorgehen: In Anordnung Abb. 5 trägt man das Pulver langsam in verdünnte Salzsäure (spez. Gew. 1,06) ein, die auf $0^0\,C$ gekühlt ist. Das Gas passiert zwei kleine Waschflaschen

mit Wasser, dann einige enge Chlorcalcium- und Phosphorpentoxydröhren.
Nun wird der Antimonwasserstoff verflüssigt und sodann in ein auf — 65⁰ C
abgekühltes, kleines Ausfriergefäß destilliert, wobei man die ersten Anteile,
die Kohlensäure enthalten können, verwirft. Nochmalige Fraktionierung
aus einer Vorlage von —75 ⁰ C in eine Vorlage, die mit flüssiger Luft gekühlt
ist, kann zur weiteren Reinigung dienen.

Da für die Herstellung größerer Gasmengen nach diesem Vorgang das
Eintragen des Pulvers etwas unhandlich werden kann, geben die Autoren
eine Vorrichtung an, die das Eintragen automatisch besorgt (s. S. 3,
Fußnote 1).

2. *Elektrolytische Herstellung.* Der vorangehenden Methode gleichwertig,
wenn nicht sogar überlegen, scheint die elektrolytische Herstellung des
Antimonwasserstoffes zu sein [4]. Wir beschreiben sie nach Ausführungen
von H. J. S. Sand, E. J. Weeks und St. W. Worell [5]: Man verwendet
ein Tondiaphragma, das mit einem Gummistopfen verschlossen ist. Durch
die eine Bohrung des Stopfens führt man passend die Antimonkathode, durch
die zweite taucht ein Thermometer in die Kathodenflüssigkeit, und durch
die dritte Bohrung führt man das Gasentbindungsrohr. Die Tonzelle wird
außen vollständig mit einem Platinblech umgeben, das als Anode dient.
Die ganze Zelle stellt man in ein größeres Gefäß, und füllt Anoden- und Kathodenraum mit 4 n Schwefelsäure. Während der Elektrolyse soll möglichst
tief gekühlt werden (Eiskühlung!). Antimonwasserstoff bildet sich erst
bei einer Stromdichte über 7 mA/cm² Antimonfläche; man arbeitet mit
50 mA/cm² und erhält so eine 15proz. Stromausbeute. Alkalische Elektrolyte
liefern schlechtere Ausbeuten [6]. Obgleich die Autoren nicht versuchen,
auf diesem Wege zu reinem Antimonwasserstoff zu gelangen, so ist seine
Herstellung ohne weiteres gegeben. Man wird das Gas über geschmolzenem
Calciumchlorid trocknen, in einer Kältemischung kondensieren und, wie oben
angegeben, fraktionieren.

Antimonwasserstoff läßt sich nur in flüssiger Luft unbegrenzt lange aufbewahren. Da er sich leicht mit positiver Wärmetönung in seine Bestandteile zersetzt und außerdem noch äußerst giftig ist, muß beim Arbeiten
mit diesem Gas große Vorsicht angewendet werden. Abschmelzen von Glasgefäßen, welche das Gas enthalten, kann nur an langen und engen Kapillaren
erfolgen. Die Zersetzung des Gases wird sehr stark durch Feuchtigkeit beschleunigt und erfolgt katalytisch durch abgeschiedenes Metall. Hahnfett
wirkt ebenfalls zersetzend.

Das Gas löst sich in den meisten Flüssigkeiten auf. In der Lösung
geht die Zersetzung ebenfalls vor sich. Als Sperrflüssigkeit wird Glycerin
empfohlen [3].

Literatur.

1. **Stock, A. u. Doht, W.**, Ber. dtsch. chem. Ges. **35** (1902) 2270.
2. **Stock, A. u. Guttmann, O.**, Ber. dtsch. chem. Ges. **37** (1904) 885.
3. **Reckleben, H. u. Güttich, A.**, Z. analyt. Ch. **49** (1910) 73.
4. **Paneth, F.**, Z. Elektrochem. **26** (1920) 453.
5. **Sand, H. J. S., Weeks, E. J. u. Worell, St. W.**, J. chem. Soc. London **123** (1923) 456.
6. **Weeks, E. J.**, Rec. Trav. chim. Pays-Bas, **43** (1924) 649; **44** (1925) 201, 795.

Schwefelwasserstoff SH_2.

Sm.P. $= -85,6^0$ C.   Sd.P. $= -60,7^0$ C.   Tripelpunkt-Druck $= 173,7$ Torr.

1. *Durch Zersetzung von Metallsulfiden mit Säuren.* Die Gewinnung des Schwefelwasserstoffes aus den verschiedenen Metallsulfiden führt niemals zu einem reinen Gas. Am schwersten ist das Kohlendioxyd zu entfernen, welches in den meisten Sulfiden in wechselnder Menge vorhanden sein kann [1]. Ein relativ reines Gas dürfte man erhalten, wenn man Eisensulfid und verdünnte Schwefelsäure verwendet, und das Gas nach Verflüssigung, im Hochvakuum nach der unten angegebenen Methode reinigt.

Wenn keine besondere Forderung an die Reinheit des Schwefelwasserstoffes gestellt wird, demnach keine Fraktionierung im Hochvakuum nötig ist, so ist es am besten, von dem käuflich erhältlichen Calciumsulfid (E. Merck) auszugehen und dieses mit Salzsäure in der Anordnung Abb. 4c zu zersetzen. Das Gas wird mit Wasser und Kaliumhydrosulfidlösung (2 Waschflaschen) gewaschen, sodann mit Chlorcalcium getrocknet. Verunreinigungen, die dann noch enthalten sind, bestehen aus etwas Sauerstoff, Stickstoff und Kohlendioxyd.

G. Baume und F. L. Perrot [2], sowie A. Leduc [3], die sehr reinen Schwefelwasserstoff hergestellt haben, verwenden für die Zersetzung der Sulfide Chlorwasserstoffsäure.

2. *Herstellung aus den Elementen* [1]. Die Herstellung möge an Hand der Abb. 98 besprochen werden. Eine Wasserstoffflasche ist über ein Strömungsmanometer S an die Apparatur angeschlossen. Es ist $ü$ ein Sicherheitsventil, *1* und *2* sind zwei mit reinster Kalilauge (2 n) gefüllte große Waschflaschen. Dann folgt das eigentliche Reaktionsgefäß R (aus schwerschmelzbaren Glassorten), von der in der Abbildung zu ersehenden Form, in welches das Einleitungsrohr endet. Schräg nach oben ist das Rohr $r—b$ von 2,5 cm lichter Weite und 150 cm Länge angeschmolzen. Über diese Röhre wird ein elektrischer Ofen geschoben. Die Röhre enthält auf einer Länge von 80 cm ausgeglühte Bimssteinstückchen von Erbsengröße. Sie werden mit konz. Salzsäure, verdünnter Schwefelsäure und hierauf mit Wasser bis zum Verschwinden der Chlorid- und Sulfatreaktion ausgekocht. Dann werden die Stückchen zuerst im Stickstoff-, später im Wasserstoffstrom ausgeglüht, in letzterem erkalten gelassen und hierauf in das Rohr eingefüllt. In der Mitte zwischen dem Ofen und dem oberen Rohrende wird um dieses eine von Wasser durchflossene Bleispirale gelegt. Etwa 10 cm vor dem Gummi-

stopfen befindet sich oben im Rohr ein dichter Wattebausch. An dieses
Reaktionsgefäß schließen sich 4 Waschflaschen, *3, 4, 5* und *6*. Die erste
enthält reines Wasser, die zweite und dritte Wasser und Glassplitter, die vierte
Watte. Alle Glasteile sind verschmolzen; Gummiverbindungen werden nur
dort angewendet, wo sie keinen Schaden anrichten können.

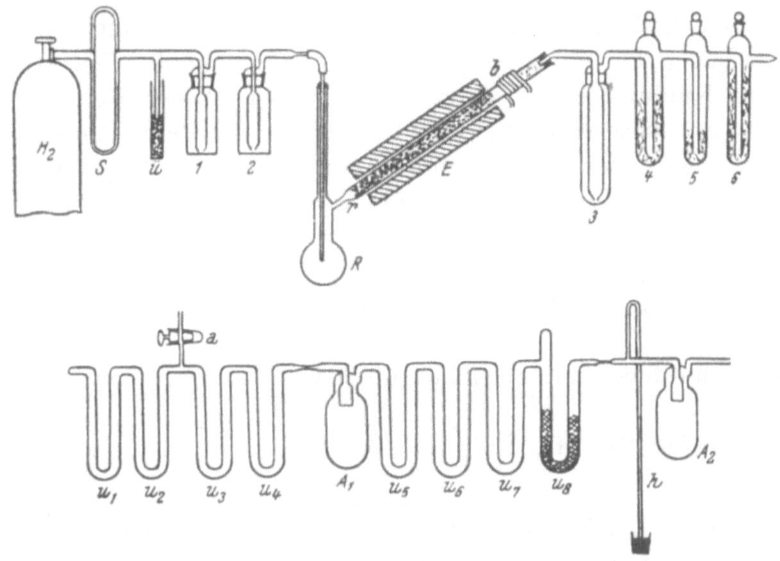

Abb. 98. Schwefelwasserstoff aus den Elementen.

Die verwendeten Gase, Stickstoff und Wasserstoff, werden Stahlflaschen
entnommen, Schwefel purissimum crist. (Schering-Kahlbaum A. G.) wird aus
reinstem Schwefelkohlenstoff 6 mal umkristallisiert, dann je zwei Stunden
bei 100⁰, 200⁰ und 300⁰ C in einem Kjeldahl-Kolben im Stickstoffstrom
erhitzt, auf gleiche Weise im Wasserstoffstrom behandelt und schließlich drei
Stunden lang im Wasserstoffstrom auf 400⁰ C erhitzt.

Die Beschickung des Reaktionsgefäßes beträgt 250 g gereinigten Schwefel.
Die Luft wird zuerst mit Stickstoff verdrängt, dann wird Wasserstoff eingeleitet und zugleich der Ofen angeheizt, dessen Temperatur auf 600⁰ C
gehalten wird. Ist diese erreicht, wird der Schwefel im Kolben zum Sieden
gebracht, und das Ausfriergefäß A_1 mit flüssiger Luft gekühlt. Der Wasserstoff setzt sich bald völlig zu Schwefelwasserstoff um. Die Strömungsgeschwindigkeit soll etwa 8—9 l pro Stunde betragen. Die Flamme unter
dem Schwefel ist so zu regulieren, daß der im seitlichen Rohr befindliche
Schwefel vollständig verbraucht wird. Trotz aller Vorsicht aber wird vom
durchströmenden Schwefelwasserstoff eine Menge Schwefelstaub bis an
den Wattebausch herangeführt. Die Temperatur der Kältebäder wird
konstant gehalten und mit einem Pentanthermometer kontrolliert[1]). Im

---

[1]) u_1 — 20⁰ C; u_2 — 40⁰ C; u_3, u_4 — 60⁰ C.

Ausfriergefäß A_1 scheidet sich der Schwefelwasserstoff in glänzenden, über 2 cm langen, breiten Nadeln aus, die senkrecht zur Wandung stehen. Man muß von Zeit zu Zeit hier das Gas flüssig werden lassen, um den Raum voll auszunutzen; zugleich läßt man auch etwas Gas absichtlich durch das Barometerrohr h entweichen. Ist A_1 endgültig voll, so öffnet man Hahn a und schmilzt bei der Verengung $u_4—A_1$ ab. Nun wird A_1 ganz mit flüssiger Luft umgeben, und im ganzen System Hochvakuum erzeugt. Die U-Rohre $u_5—u_8$ werden mit Kohlendioxyd-Acetonbädern gekühlt. Nach der Entfernung der Kühlung bei A_1 werden die ersten Anteile Gas abgepumpt; nun wird A_2 mit flüssiger Luft gekühlt und hier die Mittelfraktion gesammelt, ein in A_1 verbleibender Anteil wird verworfen. Von A_2 folgt eine ähnliche Fraktionierung in ein drittes Gefäß, und von hier gelangt das Gas in je 25 l fassende Glaskolben.

Auf diesem Wege erhält man in etwa 18 Stunden 130 l Schwefelwasserstoff, dessen Gehalt an fremden Bestandteilen höchstens etwa $0,1^0/_{00}$ betragen dürfte.

Reiner Schwefelwasserstoff kann über Quecksilber beliebig lange aufbewahrt werden.

Deuteriumsulfid SD_2 [4].

Literatur.

1. Klemenc, A. u. Bankowski, O., Z. anorg. allg. Chem. **208** (1932) 348.
2. Baume, G. u. Perrot, F.-L., J. Chim. physique **6** (1908) 610.
3. Leduc, A., Ann. Chim. Phys. [7] **15** (1898) 35.
4. Kruis, A. u. Clusius, K., Z. physik. Chem. (B) **38** (1938) 156.

Schwefeldioxyd SO_2.

Sm.P. = $-75,46^0$ C.　　　Sd.P. = $-10,0^0$ C.

1. *Einwirkung von Metallen auf konz. Schwefelsäure.* Kupfer und Quecksilber geben beim Erhitzen mit konzentrierter Schwefelsäure Schwefeldioxyd, welches seiner Entstehung nach wenig Feuchtigkeit enthält. Das Gas wird mit konz. Schwefelsäure und Phosphorpentoxyd getrocknet, kondensiert und fraktioniert destilliert. Will man besonders vorsichtig sein, so wird nur die Mittelfraktion verwendet [1, 3].

2. *Zersetzung von Sulfiten mit Säuren.* Man verwendet reines Natriumhydrosulfit in konz. wäßriger Lösung und zersetzt mit starker Schwefelsäure. Das entweichende Gas wird, wie oben angegeben, getrocknet und dann kondensiert. Die Fraktionierung muß sorgfältig durchgeführt werden, da eine vollständige Trocknung des Gases anscheinend schwierig ist [2].

3. *Aus technischem, in Stahlflaschen verflüssigtem Gas.* Die Verwendung dieses Ausgangsmaterials bietet den bequemsten Weg, ein sehr reines Gas zu erhalten. Man benutzt einen Vorrat, dem schon Gas entnommen worden ist. Das Gas enthält dann, je größer die Entnahme bereits war, um so weniger schwer kondensierbare Begleitgase. Es wird mit Wasser gewaschen, über

konz. Schwefelsäure, festem Schwefeltrioxyd oder Phosphorpentoxyd getrocknet und kondensiert. Die wiederholte Fraktionierung im Hochvakuum liefert das reine Gas.

Trockenes Schwefeldioxyd läßt sich über Quecksilber aufbewahren. Flüssiges Gas läßt sich auch bequem in Glasgefäßen aufheben. Ob tatsächlich eine Zersetzung des flüssigen Gases nach einiger Zeit zu beobachten ist [2], bedarf noch einer Bestätigung.

Literatur.

1. Leduc, A., Ann. Chim. Phys. (7) **15** (1898) 39.
2. Cardoso, E., J. Chim. physique **23** (1926) 838.
3. Baume, G., J. Chim. physique **6** (1908) 43.

Schwefelhexafluorid SF$_6$.

Sm.P. = — 50,8° C.　　　Subl.P. = — 63,8° C.

1. *Aus Schwefel und Fluor.* Zur Herstellung ist reines Fluorgas notwendig. Man leitet das von Fluorwasserstoff befreite Fluor über reinen, umkristallisierten feinen Schwefel, wobei sofort die, mit mäßiger Geschwindigkeit ablaufende, Bildung des Hexafluorides einsetzt. Der Schwefel wird in einer Glas-(Jenaer) [2, 3] oder Cu-Röhre [1] ausgebreitet, die einerseits mit dem Gerät zur Fluorherstellung, anderseits mit den Reinigungsgefäßen dicht verbunden ist. Nach W. C. Schumb und E. L. Gamble [1] läßt man das gebildete Gas zuerst durch eine lange Röhre streichen, die mit festem Kaliumhydroxyd in Plätzchenform gefüllt ist und sammelt es hernach in einem mit 3 n Kalilauge beschickten Kolben[1]). Hier läßt man das Gas (Begleitgase: CO_2, SiF_3, F_2) mehrere Tage lang stehen. Dann leitet man es durch ein auf — 60° C gekühltes Gefäß, trocknet noch über Calciumchlorid, wäscht mit absolutem Alkohol und entfernt diesen wieder durch Waschen mit Wasser und konz. Schwefelsäure. Das so vorgereinigte Gas wird dann kondensiert, das feste Produkt wiederholt sublimiert und einige Male bei Kühlung mit flüssiger Luft sehr gut abgepumpt.

Man kann auch das Hexafluorid sofort nach dem Verlassen der Röhre durch Kühlung abscheiden und dann in einem mit 3 n Kalilauge gefüllten Gasometer (s. S. 8, Abschn. 1) absieden lassen. Die folgende Behandlung des Gases zu seiner Reinigung erfolgt dann wie oben angegeben.

Das geruch- und farblose Gas ist sehr beständig.

Literatur.

1. Schumb, W. C. u. Gamble, E. L., J. Amer. chem. Soc. **52** (1930) 4302.
2. Klemm, W. u. Henkel, P., Z. anorg. allg. Chem. **207** (1932) 73.
3. Eucken, A. u. Ahrens, H., Z. physik. Chem. (B) **26** (1934) 300.

Ganz gleich werden das Selenhexafluorid und das Tellurhexafluorid

---

[1]) Es wäre hier eine Vorrichtung zum Schutze gegen das Zurücksteigen anzubringen [2].

hergestellt. Bei letzterem Gas muß jedoch die Anwendung wässeriger Lauge zur Reinigung unterbleiben, so daß diese nur durch Fraktionierung im Hochvakuum durchgeführt werden kann.

	Sm.P.	Subl.P.
SeF_6	— 34,6° C	— 46,6° C
TeF_6	— 37,8	— 38,9

Literatur.

Klemm, W. u. Henkel, P., Z. anorg. allg. Chem. **207** (1932) 73.
Don Yost, M. u. Claussen, W. H., J. Amer. chem. Soc. **55** (1933) 885.

Selenwasserstoff SeH_2.

Sm.P. $=$ — 65,8° C.   Sd.P. $=$ — 41,5° C.   Tripelpunkt-Druck $=$ 205,4 Torr.

1. *Aus Metallseleniden* [1, 4, 5]. Der Vorgang zur Herstellung des Selenwasserstoffes aus Metallseleniden ist der gleiche, wie beim Tellurwasserstoff angegeben, die Ausbeuten an reinem Gas sind bei Selen wesentlich besser.

Die Gewinnung der Selenide erfolgt auf prinzipiell gleichem Weg, wie er bei den Telluriden eingeschlagen wird. Auch hier erweist sich das Aluminiumselenid zur Herstellung des Selenwasserstoffes besonders günstig, obwohl auch das Magnesiumselenid verwendet werden kann [1].

2. *Aus den Elementen.* Dieser von B. Corenwinder [2] eingeschlagene Weg entspricht ganz dem, welcher zur Herstellung von besonders reinem Schwefelwasserstoff führt. Man leitet Selendampf mit reinem Wasserstoff über eine Schicht von Bimsstein bei 350° C. Nach [3] enthält das Gas, welches den Reaktionsraum verläßt, 56% Selenwasserstoff[1]). Auch direkte Einwirkung von Wasserstoff auf siedendes Selen gibt Selenwasserstoff [5]. Durch Kondensation läßt sich das Gas leicht vom überschüssigen Wasserstoff befreien. Nach Einleiten in kohlendioxydfreie Lauge erhält man eine haltbare Lösung, aus der durch Ansäuren, jederzeit Selenwasserstoff erhalten werden kann [6].

Man muß bei der Herstellung des Selenwasserstoffes von reinem Selen ausgehen; es sind mehrere Wege für seine Reindarstellung angegeben. Sehr gut orientiert man sich bei [7].

Das Gas ist giftig.

Deuterium-Selenid SeD_2 [8, 9].

Literatur.

1. Moser, L. u. Doctor, E., Z. anorg. allg. Chem. **118** (1921) 284.
2. Corenwinder, B., Ann. Chim. Physique (3) **34** (1852) 77.
3. Hempel, W. u. Weber, M. G., Z. anorg. allg. Chem. **77** (1912) 48.
4. De Forcrand u. Fonzès-Diacon, Ann. Chim. Physique (7) **26** (1902) 247.
5. Fonzès-Diacon, C. R. Acad. Sci. Paris **130** (1900) 1314.
6. Bodenstein, M., Z. physik. Chem. **29** (1899) 429.
7. Jannek, J. u. Meyer, J., Z. anorg. allg. Chem. **83** (1913) 51.
8. Kruis, A. u. Clusius, K., Z. physik. Chem. (B) **38** (1938) 156.
9. Kruis, A., Z. physik. Chem. (B) **48** (1940) 321.

---

[1]) Die hohe Ausbeute stimmt mit den Gleichgewichtsmessungen von M. Bodenstein [6] nicht überein.

Tellurwasserstoff TeH$_2$.

Sm.P. = — 51° C.   Sd.P. = — 4 bis — 5° C.

1. *Durch Zersetzung von Metalltelluriden* [1, 2, 3, 4, 6]. Die Zersetzung der verschiedenen Verbindungen des Tellurs mit Metallen durch verdünnte Säuren liefert immer Tellurwasserstoff [1]. Die Ausbeuten sind bei den einzelnen Telluriden verschieden, im allgemeinen jedoch ziemlich schlecht. Nach L. M. Dennis [1] liefert das Aluminiumtellurid, welches auf dem unten angegebenen Wege gewonnen werden kann, noch die größte Menge Gas.

Man trägt das fein pulverisierte Aluminiumtellurid mit Hilfe der Anordnung Abb. 5 allmählich in etwa 4 n HCl ein. (Phosphorsäure, nach [6], welche frei von Sauerstoff sein muß.) Die Zersetzung erfolgt in einem *reinen* Wasserstoff- oder Stickstoffstrom. Die starke Erwärmung muß durch Kühlung wirksam bekämpft werden, da sonst die Ausbeute herabgesetzt wird. Man läßt das Gas über einen Rückflußkühler entweichen, wäscht es mit wenig Wasser, trocknet über Calciumchlorid und Phosphorpentoxyd und kondensiert mit flüssiger Luft. Das Kondensationsgefäß ist natürlich, wie immer, gegen Feuchtigkeit zu schützen. Bei wiederholtem Verflüssigen und Erstarrenlassen kann man inertes Gas durch Abpumpen vom Tellurwasserstoff trennen. Fraktionierte Destillation, bei der man die Mittelfraktion verwendet, wird zur weiteren Reinigung angeschlossen.

Herstellung des Aluminiumtellurides: a) Es wird eine fein pulverisierte Mischung von 3 Gew.-T. reinem Tellur und 2,5 Gew.-T. Aluminium verwendet. Man trägt die Mischung in einen Kjeldahlkolben aus Jenaerglas ein, der mittels eines Brenners auf schwache Rotglut erhitzt wird. Sofort beim Eintragen erfolgt explosionsartige Reaktion, die so heftig wird, daß Teilchen aus dem Kolben geschleudert werden können (*sehr gut* ziehender Abzug!!) und eine weitere Erwärmung mit dem Brenner wegen der auftretenden Reaktionswärme überflüssig wird [1].

b) Einen anderen Weg zur Herstellung geben L. Moser und K. Ertl [3] an. Es wird eine einseitig geschlossene Röhre (30 cm) verwendet, die in einer Entfernung von 10 cm vom geschlossenen Ende etwas verengt ist. In dem kürzeren Teil befindet sich das reine Tellur, in dem längeren, knapp an der Verengung, das Porzellanschiffchen mit dem Aluminiumpulver. Die Röhre wird mittels einer Wasserstrahlpumpe ständig evakuiert. Man erwärmt zuerst das Aluminium zur Rotglut und dann den Teil der Röhre, der das Tellur enthält; der Tellurdampf wirkt nun langsam auf das Aluminium ein. Der vorerst nicht reagierende Teil des Tellurs sammelt sich in dem kalten Teil der Röhre und kann von hier neuerdings in Dampfform (nun in umgekehrter Richtung) über das Metall geleitet werden. Man verwendet einen kleinen Tellurüberschuß [3].

Aluminiumtellurid nach a) dargestellt gibt eine 10proz., ein nach b) gewonnenes, eine 80proz. Ausbeute an Tellurwasserstoff[1]).

2. *Elektrolytische Herstellung.* Nach übereinstimmenden Ergebnissen vieler Autoren liefert diese Methode sehr gute Ausbeuten und wäre daher der unter 1. angegebenen vorzuziehen. Die Stromausbeuten schwanken zwischen 40 bis 80%.

Die elektrolytische Herstellung des Tellurwasserstoffes unter Verwendung einer Tellurkathode ist von E. Ernyei [5] und später von W. Hempel und M. G. Weber [4] angewendet worden, wobei 50proz. Schwefelsäure als Elektrolytflüssigkeit diente. L. M. Dennis und R. P. Anderson [1] verwenden 50proz. Phosphorsäure.

Die beiden Abb. 99 und 100 zeigen schematisch die Formen des verwendeten Elektrolytgerätes.

Das erste Gerät ist sehr einfach und bedarf daher für seine Ausführung und Bedienung keiner weiteren Erklärungen. Das wesentlich zweckmäßiger durchdachte zweite Gerät bedarf einiger Bemerkungen, die auch im ersten Falle nachträglich zu beachten wären.

Die zwei Röhren K und K' (Durchmesser 2 cm), welche die beiden Kathoden

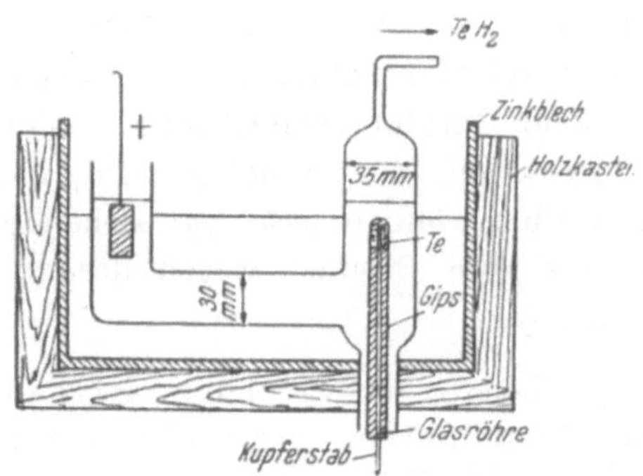

Abb. 99. Elektrolytische Herstellung von Tellurwasserstoff mit Tellur als Kathode.

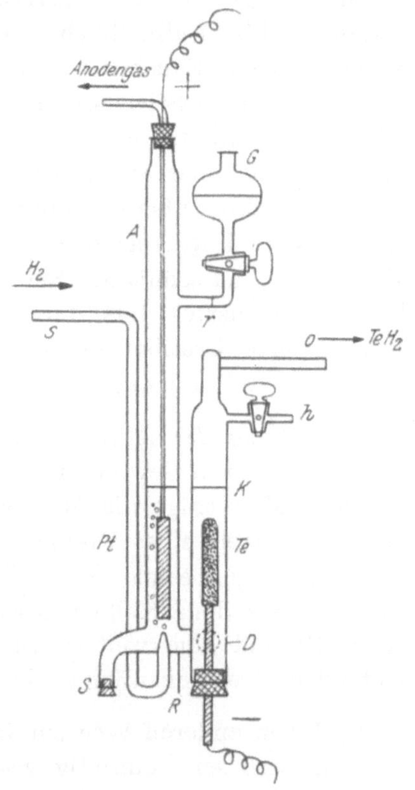

Abb. 100. Elektrolytische Herstellung größerer Mengen von Tellurwasserstoff nach L. M. Dennis.

aufnehmen, sind unten durch eine 2,5 cm lange Röhre D verbunden[2]), ferner oben durch die Röhre r, von der das Gasentbindungsrohr o abzweigt.

---

[1]) Im Falle a) bezieht sich die Ausbeute auf die Tellurmenge, welche bei der Herstellung des Aluminiumtellurides verwendet worden ist. Bei b) ist dies aus der entsprechenden Literaturangabe nicht so sicher zu entnehmen, dürfte aber so wie bei a) zu verstehen sein.

[2]) K' ist in der gezeichneten Stellung des Gerätes nicht zu sehen, D ist angedeutet.

Von D führt ein möglichst kurzer und breiter Weg R zur Anodenseite. Die Röhre A an der Anode enthält ein seitlich angebrachtes Gefäß G, das mit *luftfreier* 50proz. Phosphorsäure gefüllt ist.

Die eigentliche Kathode K (und K') besteht aus einem Tellurzylinder (1,3 cm Durchmesser, Gewicht ca. 50 g), der auf einem starken Messingdraht befestigt ist. Man erhält solche Stücke durch Schmelzen von Tellur im Proberöhrchen. In das geschmolzene Metall senkt man einen dicken Platindraht teilweise hinein und befestigt diesen nach dem Erkalten an dem Messingdraht. Soweit dieser in die Elektrolytlösung taucht, muß er durch Glasröhrchen geschützt werden. Die Anode Pt ist aus einem dünnen Platinblech angefertigt und wird mittels eines Platindrahtes in die Röhre A hineingehängt. Durch die Röhre s wird *vor* Beginn der Elektrolyse das ganze Gerätsystem mit Wasserstoff gefüllt, den man nach dem Einlassen der Phosphorsäure aus G durch die Anodenflüssigkeit perlen läßt. Eine Diffusion von Sauerstoff an die Kathodenseite soll ausgeschaltet werden. Auch durch den Seitenarm h kann Wasserstoff dem Sytem zugeführt werden[1]).

Die Zelle ist mit *möglichst* kleinem inneren Widerstand zu bauen. Die Höhe der Elektrolyt-Lösung über der Kathode hat klein zu sein. Die Elektrolyse muß bei möglichst tiefer Temperatur (optimal 0°C) vor sich gehen. Aus diesem Grunde ist die Messung der Elektrolyttemperatur notwendig. L. M. Dennis [1] kühlt das Elektrolysengefäß, indem er es in ein Bad von — 78°C eintauchen läßt, die Temperatur des Elektrolyten jedoch mittels der Stromwärme auf 0°C hält.

Die anwendbare Stromdichte wird sich also nach den erzielten experimentellen Bedingungen im Elektrolysengefäß richten müssen[2]).

Der bei 0° C entweichende Tellurwasserstoff passiert eine geräumige leere U-Röhre, wird danach über Calciumchlorid getrocknet und in flüssiger Luft kondensiert. Weitere Reinigung wie oben.

Tellurwasserstoff ist bei — 20° C farblos, zersetzt sich aber schon merklich bei 0° C. Ob dies durch Licht, wie mehrere Autoren (z. B. [3, 6]) mitteilen, besonders beschleunigt wird, scheint nicht ganz sicher zu sein. Tellurwasserstoff reagiert sehr rasch mit Wasser. Schlauchverbindungen sind zu vermeiden. Giftig!

Reiner Tellurwasserstoff kann nur erhalten werden, wenn das verwendete Tellur *rein* war. Die Reinigung von Tellur s. [7 (!), 8, 9].

Literatur.

1. Dennis, L. M. u. Anderson, R. P., J. Amer. chem. Soc. 36 (1914) 882.
2. Robinson, P. L. u. Scott, W. E., J. chem. Soc. London 1932, 972.
3. Moser, L. u. Ertl, K., Z. anorg. allg. Chem. 118 (1921) 269.
4. Hempel, W. u. Weber, M. G., Z. anorg. allg. Chem. 77 (1912) 48.
5. Ernyei, E., Z. anorg. allg. Chem. 25 (1900) 313.

[1]) Verdrängung des Tellurwasserstoffes am Schlusse des Versuches!
[2]) L. M. Dennis verwendet eine Klemmenspannung von 110 Volt, Stromstärke etwa 4 Ampere.

6. De Forcrand u. Fonzès-Diacon, C. R. Acad. Sci. Paris **134** (1902) 1209; Ann. Chim. Physique (7) **26** (1902) 247.
7. Köthner, P., Liebigs Ann. Chem. **319** (1901) 1.
8. Staudenmaier, L., Z. anorg. Chem. **10** (1895) 189.
9. Kahlbaum, G. W. A., Z. anorg. allg. Chem. **29** (1902) 177.

Fluorwasserstoff HF.

Sm.P. = − 83,7⁰ C.　　　　Sd.P. = + 19,5⁰ C.

1. Eine *Darstellung des Fluorwasserstoffes aus den Elementen* beschreiben H. v. Wartenberg und O. Fitzner [3], ohne auf eine besondere Reindarstellung einzugehen.

2. *Bildung aus Kaliumbifluorid*, KF · HF. Erwärmt man das Kaliumbifluorid über den Schmelzpunkt 239⁰ C, so erreicht seine Fluorwasserstofftension bei 400⁰ C ungefähr 1 Atm. [2]. Erst nach dem Auftreten von festem Kaliumfluorid hat das nun dreiphasige System eine konstante Fluorwasserstofftension. Dieser Zustand tritt ein, wenn etwa 30% des Fluorwasserstoffgehaltes abgegeben worden sind und die Temperatur etwa 500⁰ C erreicht wird[1]) [1]. Das verwendete Salz muß auf das sorgfältigste getrocknet werden, da es sonst nicht möglich ist, zu wasserfreiem Fluorwasserstoff zu gelangen. Aus dem gleichen Grund ist während der ganzen Darstellung der Zutritt von Feuchtigkeit strengstens zu vermeiden. Die Trocknung des Kaliumfluorids erfolgt nach O. Ruff in Kupferretorten, die in einem Sandbad auf höchstens 150⁰ C erwärmt werden. Durch eine Kupferröhre, die bis an den Boden der Retorten reicht, leitet man einen langsamen trockenen Luftstrom; die Austrittsröhre führt ins Freie. Das Durchleiten der Luft ist, wenn nötig, auf mehrere Tage auszudehnen. Die Kaliumbifluoridstücke sollen möglichst klein sein. (Kugelmühle!)

Zur Gasdarstellung eignet sich ein Kupferkolben, (O. Ruff [2]) oder ein Silberkolben. K. Fredenhagen [1].

Wir beschreiben den **Apparat** nach O. Ruff:

Die Abb. 101 zeigt die Retorte *A*, die auf einen **Flechter**-Brenner zu stellen ist, das Kühlerrohr *B* in einem Glasmantel und die Vorlagen *C* und *D*. In *C* wird die Säure aufgefangen; *D* dient lediglich zum Zurückhalten von Luftfeuchtigkeit. *C* und *D* werden in Eiskochsalzmischung gekühlt. *A*, *B*, *C*, *D* sind aus Kupfer. Da ein kleiner Fluorapparat etwa 100 g wasserfreie Säure faßt, ein größerer etwa 250 g, und da zur Erzeugung von 100 g Säure theoretisch etwa 400 g, in Wirklichkeit aber etwa 450 bis 500 g Bifluorid nötig sind, ist die Größe der Kupferretorte (Höhe 25 cm) in beistehender, maßstäblicher Zeichnung so bemessen, daß in dieser etwa 1200 g Salz auf einmal destilliert werden können. Helm und Kühlerrohr sind aus einem Stück und ziemlich weit[2]); der erstere ist in die am oberen Rand stark verdickte

---

[1]) Es ist zu erwarten, daß nach Zugabe von überschüssigem KF das System beim Sm.P. konstanten p_{HF}-Druck zeigen wird.

[2]) Es treten sonst lästige Verstopfungen ein, die Explosion zur Folge haben können.

Retorte eingeschliffen und wird durch Flügelmuttern angezogen, bis er dicht
schließt. Über das Kühlrohr ist mit Gummi ein Glaskühlermantel geschoben.
Das Kühlwasser fließt oben durch ein Bleirohr ab. Das untere Ende des Kühler-
rohres läuft konisch aus und trägt eine Überfallmutter, die zu dem konisch
erweiterten Gewinde auf der einen Seite des Vorratsgefäßes paßt. Alle
Apparate sind vor dem Gebrauch sorgfältig zu reinigen und im Wasserstoffstrom zu trocknen. Ehe man mit dem Versuch beginnt, wird das
Gefäß mit seinen Verschraubungen gewogen, das Gewicht notiert, dann
die ganze Apparatur zusammengestellt und in solcher Lage an Stativen
befestigt, daß man das Vorratsgefäß und seinen Kübel bequem abnehmen
und anbringen kann; nun schraubt man das Vorratsgefäß wieder ab, setzt

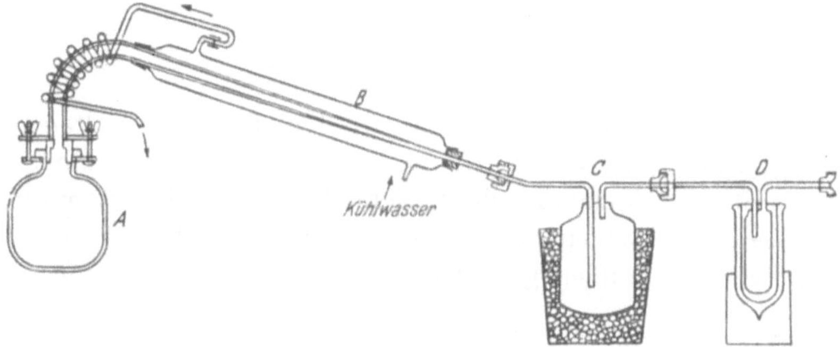

Abb. 101. Herstellung von Fluorwasserstoff.

an dessen Stelle einen Platintiegel und beginnt mit dem Erhitzen. Bis die
Flußsäuredestillation einsetzt, hat man Zeit, das Vorratsgefäß in seinem
Kübel zu kühlen; man hat es vor dem Eindringen vor Feuchtigkeit zu schützen.
Zu Beginn der Destillation zeigen sich zunächst einige Dämpfe; dann folgen
Tropfen einer rasch immer stärker werdenden, wasserhaltigen Flußsäure.
Jetzt stellt man das Wasser des Kühlers ab und prüft die abtropfende Säure
mit einem Stückchen Filtrierpapier auf ihre Stärke. Wenn das Papier von
der Säure sofort gelatiniert und dann verkohlt wird, was im allgemeinen der
Fall sein dürfte, nachdem 5—10 cm³ abgetropft sind, fängt man im Platintiegel noch weitere etwa 10 cm³ dieser Säure auf und schraubt dann das
gekühlte Vorratsgefäß fest an. Durch Regulierung des Brenners hat man
dafür zu sorgen, daß das Tropfen nicht etwa plötzlich in ein Fließen übergeht.
Nun entfernt man Schlauch und Chlorcalciumrohr von der anderen Seite
des Vorratsgefäßes, setzt dafür das Ansatzstück D an und fährt mit dem
Heizen fort, bis alles übergegangen ist. Das Vorratsgefäß wird dann ab-
genommen und mit seinen Verschraubungen verschlossen. Die in dem Vorratsgefäß befindliche Säure enthält immer Kaliumbifluorid, welches mit den
Flußsäuredämpfen mitgerissen worden ist. Eine vollkommene Reinigung
erreicht man durch eine nochmalige Destillation, wozu man ein zweites
Vorratsgefäß nötig hat. Dieses dient dann als Aufbewahrungsgefäß. Es

kann aus Kupfer oder aus Silber sein. 100proz. Säure läßt sich auch in Quarz-
gefäßen vorübergehend aufbewahren.

Eine andere Anordnung zur Fluorwasserstoffdarstellung beschreibt
W. Klatt [4].

Fluorwasserstoff in Stahlflaschen S. 127.

Deuteriumfluorid FD [5].

Literatur.

1. Fredenhagen, K. u. Cadenbach, G., Z. anorg. allg. Chem. 178 (1929) 289.
2. Ruff, O., Chemie des Fluors. Springer, Berlin 1920, S. 43.
3. v. Wartenberg, H. u. Fitzner, O., Z. anorg. allg. Chem. 151 (1926) 313.
4. Klatt, W., Z. anorg. allg. Chem. 222 (1935) 225.
5. Claussen, W. H. u. Hildebrand, J. H., J. Amer. chem. Soc. 56 (1934) 1820.

Andere Fluor enthaltende Gase.

In der folgenden Zusammenstellung werden Fluor enthaltende Gase
übersichtlich zusammengestellt[1]). Es ist im Rahmen dieser Monographie
nicht möglich, die Methoden zu ihrer Herstellung ausführlich mitzuteilen.
Häufig entziehen sich, wegen der spärlichen Angaben, die Methoden einer
Beurteilung, welchen Reinheitsgrad das erhaltene Gas hat.

Gas	Sm.P. °C	Sd.P. °C	Literatur	Anmerkungen
ClF	$-155{,}6$	$-100{,}1$	[11]	Verhält sich ähnlich wie Fluor, größere Reaktionsfähigkeit gegen Metalle
CNF	—	-72	[28]	Quecksilber und Glas nur sehr langsam angreifend
ClF$_3$	$-82{,}6$	$+12{,}1$	[10]	Greift Glas an, sehr reaktionsfähig
JF$_7$	$+5$ bis $+6$	$+4{,}5$	[9]	
OF$_2$	$-223{,}8$	$-144{,}8$	[3, 8]	Sehr reaktionsfähig, farbloses Gas
O$_2$F$_2$	$-163{,}5$	-57	[1, 1a, 2, 3]	Thermisch über $-100°$ C nicht beständig
OF	-223	$-185{,}4$	[1, 1a, 2, 3]	Nach [39] nicht existenzfähig
CF$_4$	-186	$-130{,}0$	[12, 16]	Sehr beständig
CClF$_3$	-181	-80	[16, 29]	Sehr beständig „Freon 13"
CCl$_2$F$_2$	-160	$-29{,}8$	[16]	Technisch im großen Maßstabe hergestellt, s. S. 129 „Freon 12" „Frigen"

[1]) Es sind zur allgemeinen Orientierung auch solche angegeben, die einen Sd.P.
über 25° C haben.

Gas	Sm.P. °C	Sd.P. °C	Literatur	Anmerkungen
CCl_3F	— 111	+ 24,1	[16]	„Freon 11"
CHF_3	— 160	— 84,4	[7]	Thermisch sehr beständig
$CHJF_2$	— 122,0	+ 21,6	[7]	Thermisch ziemlich beständig
COF_2	— 114,0	— 83,1	[4, 30]	Farbloses Gas, mit Wasser sofort Zersetzung
C_2F_6	— 100,7	— 78,3	[17]	Sehr beständig
C_2F_4	— 142,7	— 76,5	[17]	Sehr beständig
$CHFClBr$ . . .	tiefer als — 68	? 38	[40]	Farblos, Geruch nach Chloroform. Glas nicht angreifend
$CHF_2 \cdot CHFCl$	—	+ 17	[41]	Farblos, angenehmer Geruch
$C_2F_2Cl_4$	+ 28,1	+ 91,5	[31, 32]	
$CF_2Cl \cdot CFCl_2$.	—	+ 47,2	[31, 32]	
$C_2F_4Cl_2$	—	+ 4,1	[29]	
C_2F_6	— 100,7	— 78,3	[17]	Sehr beständig
$CH_2 : CF_2$ . . .	—	Gas	[42]	Aus Difluorbromäthan mit alkoh. KOH, an der Luft nicht oxydierbar
$CHF : CF_2$ . . .	unter — 165	— 51	[43]	Aus $CBrF_3$ und Zinkstaub, addiert Sauerstoff, gegen H_2O empfindlich
$CHF : CHCl$ . .	—	$\approx$ + 10	[41]	Farblos, angenehmer Geruch
$CHF : CHBr$ . .	—	+ 21,5 + 39,6	[44, 45]	Sehr beständig gegen Alkalien. 2 Formen
$CH_2 : CFBr$ . .	—	+ 12,5	[45]	Oxydiert sich sehr rasch bei O_3-Bildung, polymerisierbar
$CF_2 : CFCl$ . . .	— 157,5	— 27,9	[33]	Langsam hydrolisierbar
$CF_2 : CFBr$ . .	—	— 2,5	[43]	Herstellung aus Trifluordibromäthan. Farbloses Gas; oxydiert sich energisch an der Luft bis zur Explosion
$CFCl : CFCl$ . .	— 112	+ 20,9	[33]	Leicht hydrolysierbar, Geruch nach Äthylen
$CCl_2 : CFCl$ . .	— 82	+ 71	[33]	Leicht hydrolysierbar
C_2F_1	— 142,7	— 76,5	[17]	Sehr beständig
$CH_3CH_2CH_2F$.	—	— 3	[37]	Erhalten durch Einwirkung von n-Propylhalogenid auf AgF, gegen Alkalien beständig
$CH_3 \cdot CHF \cdot CH_3$	—	— 11	[37]	Herstellung aus n-Propylhalogenid mit AgF, gegen Alkalien beständig

Gas	Sm.P. °C	Sd.P. °C	Literatur	Anmerkungen
$CH_3 \cdot CF_2 \cdot CH_3$	—	— 0,6 bis — 0,2	[36]	
$CH_3 \cdot CFCl \cdot CH_3$	—	+ 35,2	[36]	
C_3H_5F	—	— 3	[37]	Gegen Alkalien beständig
C_3F_8	— 183	— 38	[35]	Sehr beständig
C_4F_8	—	— 4,7	[35]	Sehr beständig
C_5F_{10}	$\simeq$ — 12	+ 23	[35]	Sehr beständig
C_6F_{12}	—	+ 51	[35]	Sehr beständig
$CH_3(CH_2)_3CH_2F$	unter — 80°	+ 63	[46]	Nicht reduzierbar
$SiClF_3$	— 142	— 70,0	[24, 25]	Leicht hydrolysierbar
$SiCl_2F_2$	— 139,7	— 32,3	[24, 25]	Leicht hydrolysierbar
$SiCl_3F$	— 120,8	+ 12,2	[24]	
$SiBr_2F_2$	— 66,9	+ 13,7	[27]	Farblos, leicht hydrolysierbar, Hg wird während einiger Tage nicht an-
$SiBrF_3$	— 70,5	— 41,7	[27]	gegriffen
GeF_4	sublimiert	— 36,6	[38]	Greift Glas nicht an. Gegen Wasser sehr reaktionsfähig
BF_3	— 128	— 101	[21]	
NF_3	— 216,6	— 119	[12a, 13, 18, 19, 20]	Sehr beständig
NOF	— 132,5	— 59,9	[22, 23]	Greift Glas an
NO_2F	— 166,0	— 72,4	[22]	Greift Glas an
NO_3F	— 175	— 45,9	[5, 6]	Trocken gegen Glas und Quarz beständig. Eisen wird nicht angegriffen, explodiert beim Erhitzen und bei Elektroneneinwirkung [47]
AsF_3	— 79,8	— 52,8	[21]	
PF_3	— 151,5	— 101,2	[48]	Hydrolysiert sehr langsam, geruchlos, sehr giftig
PF_2Cl	— 165	— 47,3	[48]	Farblos
$PFCl_2$	— 144	+ 13,8	[48]	Farblos, hydrolysierbar
PF_2Br	— 134	— 161	[49]	
SOF_2	— 110	— 30	[26]	
WF_6	+ 2,3	+ 17,5	[14, 15]	

Literatur.[1]

1. Lebeau, P. u. Damiens, A., C. R. Acad. Sci. Paris **185** (1927) 652; **188** (1928) 1253.
1a. Ruff, O. u. Menzel, W., Z. anorg. Chem. **217** (1934) 85.
2. Ruff, O. u. Menzel, W., Z. anorg. Chem. **211** (1933) 204.
3. Ruff, O. u. Menzel, W., Z. anorg. Chem. **190** (1930) 257.
4. Ruff, O. u. Milschitzky, G., Z. anorg. Chem. **221** (1934) 154.
5. Cady, H., J. Amer. chem. Soc. **56** (1934) 2635.
6. Ruff, O. u. Kwasnik, W., Angew. Ch. **48** (1935) 238.
7. Ruff, O., Ber. dtsch. chem. Ges. **69** (1936) 299.
8. Ruff, O. u. Menzel, W., Z. anorg. Chem. **198** (1931) 39, 375.
9. Ruff, O. u. Keim, R., Z. anorg. Chem. **193** (1930) 176.
10. Ruff, O. u. Krug, H., Z. anorg. Chem. **190** (1930) 270.
11. Ruff, O. u. Ascher, E., Z. anorg. Chem. **176** (1928) 258.
12. Ruff, O. u. Keim, R., Z. anorg. Chem. **192** (1930) 249.
12a. Ruff, O., Fischer, J. u. Luft, F., Z. anorg. Chem. **172** (1928) 423.
13. Ruff, O. u. Wallauer, H., Z. anorg. Chem. **196** (1931) 421.
14. Ruff, O. u. Ascher, E., Z. anorg. Chem. **196** (1931) 413.
15. Ruff, O., Fischer, F. u. Heller, W., Z. anorg. Chem. 52 (1907) 256.
16. Ruff, O. u. Keim, R., Z. anorg. Chem. **201** (1931) 245.
17. Ruff, O. u. Brettschneider, O., Z. anorg. Chem. **210** (1933) 173.
18. Ruff, O., Z. anorg. Chem. **197** (1931) 273, 395.
19. Ruff, O. u. Clusius, K., Z. anorg. Chem. **190** (1930) 267.
20. Ruff, O. u. Hauke, E., Z. anorg. Chem. **197** (1931) 395.
21. Ruff, O., Z. anorg. Chem. **206** (1932) 59.
22. Ruff, O., Menzel, W. u. Neumann, W., Z. anorg. C^{h}em. **208** (1932) 293.
23. Ruff, O. u. Sträuber, K., Z. anorg. Chem. **47** (1905) 190.
24. Booth, H. S. u. Swinehart, C. F., J. Amer. chem. Soc. **57** (1935) 1333.
25. Schumb, W. C. u. Gamble, E. L., J. Amer. chem. Soc. **54** (1932) 3943.
26. Ruff, O. u. Thiel, C., Ber. dtsch. chem. Ges. **38** (1905) 549.
27. Schumb, W. C. u. Anderson, H. H., J. Amer. chem. Soc. **58** (1936) 994.
28. Casslett, Z., Z. anorg. Chem. **201** (1931) 75.
29. Thornton, N. V., Burg, A. B. u. Schlesinger, H. J., J. Amer. chem. Soc. **55** (1933) 3180.
30. Ruff, O. u. Shih-Chang Li, Z. anorg. Chem. **242** (1939) 272.
31. Booth, H. S., Mong, W. L. u. Burchfield, P. E., Ind. Engng. Chem. **24** (1932) 328.
32. Hovorka, F. u. Geiger, F. E., J. Amer. chem. Soc. **55** (1933) 4759.
33. Booth, H. S., Burchfield, P. E., Bixby, E. M. u. Mc Kelvey, J. B., J. Amer. chem. Soc. **55** (1933) 2231.
34. Schmitz, H. u. Schumacher, H.-J., Z. anorg. Chem. **249** (1942) 238.
35. Simons, J. H. u. Block, L. P., J. Amer. chem. Soc. **61** (1939) 2962.
36. Henne, A. L. u. Renoll, M. W., J. Amer. chem. Soc. **59** (1937) 2434.
37. Meslans, M., C. R. Acad. Sci. Paris108 (1889) 352; J. Chim. physique [7]**1** (1894) 363.
38. Dennis, L. M. u. Laubengayer, A. W., Z. physik. Chem. (A) **130** (1927) 520.
39. Frisch, P. u. Schumacher, H.-J., Z. physik. Chem. (B) **34** (1936) 322.
40. Swarts, F., Bull. Acad. Roy. Belgique [3] **26** (1893) 102.
41. Swarts, F., Mém. couronnés Acad. Roy. Belgique **61** (1901).
42. Swarts, F., Bull. Acad. Roy. Belgique (1901) 383.
43. Swarts, F., Bull. Acad. Roy. Belgique [3] (1899) 357.
44. Swarts, F., J. Chim. physique **20** (1923) 49.
45. Swarts, F., Bull. Acad. Roy. Belgique (1909) 728.
46. Swarts, F., Bull. Acad. Roy. Belgique [5] 7 (1921) 438.
47. Pauling, L. u. Brockway, L. O., J. Amer. chem. Soc. **59** (1937) 16.
48. Booth, H. S. u. Bozarth, A. R., J. Amer. chem. Soc. **61** (1939) 2927.
49. Booth, H. S. u. Frary, S. G., J. Amer. chem. Soc. **61** (1939) 2934.

[1] Auf dieser Seite angegebene stets: Z. anorg. allg. Chemie.

Chlorwasserstoff HCl.

Sm.P. = 114,2° C.   Sd.P. = — 85,0° C.   Tripelpunkt-Druck = 103,7 Torr.

1. *Aus Natrium- oder Ammonchlorid und Schwefelsäure.* Man läßt reine, konz. Schwefelsäure unter gelindem Erwärmen zu reinem, pulverisiertem Natriumchlorid zufließen (Abb. 4c). Die Hähne dieser Anordnung sind mit konz. Schwefelsäure zu schmieren. Nach dem Entschaumungsgefäß wird das Gas in einer zweckmäßig konstruierten Waschflasche mit konz. Schwefelsäure von eventuell noch vorhandener Feuchtigkeit befreit. In E wird etwas Chlorwasserstoff verflüssigt, so daß das nachfolgende Gas durch diesen langsam hindurchperlen muß. Anschließend folgt ein Ausfriergefäß, in welchem die Gesamtmenge des Chlorwasserstoffs mittels flüssiger Luft ausgefroren wird. Ist die Darstellung beendet, so schmilzt man das Ausfriergefäß von der Entwicklungsapparatur ab. Hat man genügend Vorsicht bei der Darstellung angewendet, so ist der ausgefrorene Chlorwasserstoff meist schon rein weiß; häufig zeigt sich jedoch ein Stich ins Rötliche [5]. Die weitere Reinigung erfolgt dann durch fraktionierte Destillation im Hochvakuum. Man fängt hierbei den Vorlauf in einem abschmelzbaren Ausfriergefäß auf, während man die Mittelfraktion in einen *im Hochvakuum* (bei 350° C) *getrockneten* Glasballon (s. S. 9) verdampfen läßt. Es wird angegeben, [5] daß eine besonders sorgfältige Fraktionierung des Gases vorzunehmen ist, da es eventuell Schwefelwasserstoff enthalten kann, der sehr schwer zu entfernen ist. Jedenfalls tritt eine Reaktion zwischen Chorwasserstoff und Schwefelsäure bei diesen experimentellen Bedingungen nicht ein [6].

Das *reine* Gas kann über Quecksilber aufbewahrt werden. Eine Einwirkung findet auch nach Monaten im Tageslichte *nicht* statt.

Sollte sich eine Reinigung des Chlorwasserstoffes durch fraktionierte Destillation nicht als notwendig erweisen, so darf zur Trocknung nur konz. Schwefelsäure verwendet werden, da Phosphorpentoxyd angegriffen wird, wobei sich eine flüchtige Phosphorverbindung bildet [1, 5, 6].

Man findet die Bemerkung [2], daß in dem so entwickelten Chlorwasserstoff Kohlenoxyd enthalten sei, doch bedarf dies noch der Bestätigung.

Statt Natriumchlorid kann für die Gas-Darstellung auch festes, rückstandfreies Ammoniumchlorid verwendet werden [3].

Werden keine besonderen Ansprüche an die Reinheit des Gases gestellt, so läßt sich Chlorwasserstoff sehr bequem in einem kleinen Kipp-Apparat gewinnen, den man mit groben Ammonchloridstücken und konz. Schwefelsäure füllt.

2. *Aus konz. Salzsäure.* Für viele Zwecke erhält man vorteilhaft einen regelmäßigen Chlorwasserstoffstrom, wenn man in Anordnung Abb. 4a konz. Schwefelsäure zu einem innigen Brei von reinster konz. Salzsäure und fein pulverisiertem, reinem Natriumchlorid zufließen läßt und dabei gelinde erwärmt. Man trocknet und reinigt das Gas, indem man es durch konz.

Schwefelsäure perlen läßt. Ohne Fraktionierung enthält das Gas nur die gasförmigen Verunreinigungen der Ausgangsstoffe.

Nach einem Vorschlage von O. R. Sweeney [4] ist es vorteilhaft, konz. Salzsäure zu konz. Schwefelsäure fließen zu lassen. Der Gasstrom läßt sich gut regeln. Man verwendet auch für diese Methode die gleiche Anordnung, Abb. 4a. Trocknung wie oben angegeben.

3. *Durch Zersetzung von Siliciumtetrachlorid mit Wasser* [5].

Deuteriumchlorid DCl [7].

Literatur.

1. **Fairbrother, F.,** J. chem. Soc. London **1933**, 1539.
2. **Hardy, J. D., Barker, E. F. u. Dennison, D. M.,** Physic. Rev. **41** (1932) 115.
3. **Clusius, K.,** Z. physik. Chem. (B) **3** (1929) 52.
4. **Sweeney, O. R.,** J. Amer. chem. Soc. **39** (1917) 2186.
5. **Gray, R. W. u. Burt, F. B.,** J. chem. Soc. London **95** (1909) 1633.
6. **Baxter, G. B., Hines, M. H. u. Freveret, H. L.,** J. Amer. chem. Soc. **28** (1906) 779.
7. **Urey, H. C. u. Rittenberg, D.,** J. chem. Physics **1** (1933) 137; **Lewis, G. N., Macdonald, R. T. u. Schutz, P. W.,** J. Amer. chem. Soc. **56** (1934) 494.

Chlordioxyd ClO$_2$.

Sm.P. = − 76° C.   Sd.P. = + 10,8° C.   Tripelpunkt-Druck = 10 Torr.

Für die Herstellung dieses Gases wählte man in der letzten Zeit fast allgemein die Zersetzung der Chlorsäure. Da jedoch die Reaktion heftig werden kann, sind verschiedene Vorsichtsmaßregeln anzuwenden. Jedenfalls wird man ein Zusammentreffen des Gases mit organischen leicht angreifbaren Stoffen ausschließen. Direktes Tageslicht ist ebenfalls zu vermeiden.

. 1. *Vorgang nach W. Bray* [1][1]). Man läßt in einem Rundkolben 1,1 Mol Schwefelsäure, die mit 400 cm³ Wasser verdünnt ist, auf eine Mischung von 1 Mol Kaliumchlorat und 0,8 Mol reine, umkristallisierte Oxalsäure einwirken. Die entweichende Gasmischung aus Chlordioxyd und Kohlensäure trocknet man über Phosphorpentoxyd und leitet sie dann durch ein mit Kohlendioxydschnee gekühltes Ausfriergefäß, in welchem sich der größte Teil des Chlordioxydes kondensiert. Hat sich eine entsprechende Menge verflüssigt, kühlt man auf − 110° C und pumpt das restliche Kohlendioxyd ab. Man wiederholt dies jedesmal bei den nachfolgenden Destillationen des Gases. Die mittlere Fraktion wird verwendet [2, 3, 5].

Die Reinigung des Gases auf chemischem Wege ist umständlich [4, 9].

2. *Vorgang nach A. Reychler* [6]. Man läßt zu einem mit Eis gekühlten Gemenge von 1 Gew.-T. Kaliumchlorat und 3 Gew.-T. gewaschenem und ausgeglühtem Sand langsam konz. *kalte* Schwefelsäure zufließen (Abb. 4a). Das entweichende Gas wird im Wasserstrahlvakuum über Phosphorpentoxyd geleitet und dann durch Tiefkühlung kondensiert. Man fraktioniert mehrere Male. Das Gas läßt sich, in Glasröhren verflüssigt, abschmelzen [7, 8, 9].

---

[1]) Etwas geändert.

3. *Vorgang nach E. Spring* [10]. Dieser vollzieht sich nach der Gleichung:

$$2\,AgClO_3 + Cl_2 = 2\,AgCl + 2\,ClO_2 + O_2.$$

Man läßt reinstes Chlor langsam auf das Silberchlorat bei etwa 90° C einwirken. Das Salz verteilt man in einem U-Rohr, indem man immer abwechselnd eine Schicht Salz auf eine Schicht Glaswolle folgen läßt. Das entweichende Gas wird bei — 80° C ausgefroren. Geht freies Chlor mit, so schwimmt es an der Oberfläche des festen Chlordioxydes oder es kondensieren sich beide Gase zu einer tiefroten Flüssigkeit. Das Chlor kann man leicht durch Abpumpen in wenigen Minuten entfernen [11].

Silberchlorat erhält man durch Lösen von Silberoxyd in reiner Chlorsäure. Das Salz wird im Exsiccator über Phosphorpentoxyd getrocknet.

Bemerkungen: Chlordioxyd greift Quecksilber an; man kann es vorübergehend durch eine Schicht konz. Schwefelsäure schützen. Das Arbeiten mit diesem Gas, das so sehr zu Explosionen neigt, ist schwierig. In der zur Gasentwicklung notwendigen Anordnung eignen sich Glasventile [12, 13]. Das feste Chlordioxyd hat die Farbe des Kaliumperchromates.

Literatur.

1. Bray, W., Z. physik. Chem. **54** (1906) 569.
2. Schumacher, H.-J. u. Stieger, G., Z. physik. Chem. (B) **7** (1930) 364; Z. anorg. allg, Chem. **184** (1929) 272.
3. Schmidt, E., Geisler, E., Arndt, P. u. Ihlow, F., Ber. dtsch. chem. Ges. **56** (1923) 25.
4. Luther, R. u. Hoffmann, R., Z. physik. Chem., Bodenstein-Festband, **1931**, 756.
5. Urey, H. C. u. Johnston, H., Physic. Rev. [2] **38** (1931) 2131.
6. Reychler, A., Bull. Soc. chim. France [3] **25** (1901) 659.
7. Bodenstein, M., Harteck, P. u. Padelt, E., Z. anorg. allg. Chem. **147** (1925) 233.
8. Wallace, J. J. u. Goodeve, C. F., Trans. Faraday Soc. **27** (1931) 652.
9. Spinks, J. W. T. u. Porter, J. M., J. Amer. chem. Soc. **56** (1934) 264.
10. Spring, E., Bull. Acad. roy. Belge **1875**, 39, 882.
11. King, F. E. u. Partington, J. R., J. chem. Soc. London **1926**, 925.
12. Bodenstein, M., Z. physik. Chem. (B) **7** (1930) 387.
13. Finkelnburg, W. u. Schumacher, H.-J., Z. physik. Chem., Bodenstein-Festbd., **1931**, 704.

Chlormonoxyd Cl_2O.

Sm.P. = — 116° C.   Sd.P. = + 2,2° C.

Herstellung über Quecksilberoxyd. Man verwendet die von M. Bodenstein und G. B. Kistiakowsky [1] angegebene Darstellungsmethode, die ein Gas liefert, in welchem das Verhältnis Cl_2O/Cl_2 besonders hoch ist [2]. Der Apparat besteht aus zwei horizontal hintereinander geschalteten Röhren (25 mm, 25 cm), welche unter Wasser so angeordnet sind, daß sie, um die Temperatur konstant zu erhalten (20° C), heftig geschüttelt werden können. Die Röhren werden mit gefälltem, gelbem Quecksilberoxyd gefüllt, das vorher bei 110° C getrocknet und dann etwa 10 Min. lang auf 200—250° erhitzt wurde. Das Quecksilberoxyd wird aus dem Nitrat mit überschüssiger Natronlauge gefällt und der Niederschlag sehr gründlich mit Wasser gewaschen. An die Röhren schließen sich (Glasfeder) zunächst ein Phosphorpentoxydrohr, sodann die Kondensationsgefäße und die Pumpe an. Das Chlor entnimmt man einer Stahlflasche, trocknet über Schwefelsäure und leitet es durch eine Glasfeder zu den Oxydrohren. Gleichzeitig saugt man durch ein seitliches Rohr soviel Luft ein, daß der Partialdruck des Chlors über dem Oxyd etwa 0,5—0,6 Atm. beträgt. Das austretende Gas wird mit flüssiger Luft kondensiert und dann nach Verwerfung eines bescheidenen Vorlaufes, in ein zweites Kondensationsgefäß destilliert. Man erhält so ein etwa 90—95% Cl_2O-haltiges Produkt. Eine nochmalige Fraktionierung führt leicht zu fast reinem (99%) Gas.

Nach J. J. Wallace und C. F. Goodeve [4] kondensiert man das Gas, das man durch Überleiten von Chlor und Luft über *erhitztes* Oxyd erhalten hat, leitet es über Phosphorpentoxyd und sodann nochmals über frisch gefälltes, aber *nicht erhitztes* Quecksilberoxyd, wodurch es von Chlor befreit wird; schließlich wird das Gas dreimal fraktioniert.

Lösungen von Chlormonoxyd neben etwas freiem Chlor lassen sich ebenfalls durch Anwendung dieser Methode herstellen. Mit einfacheren Mitteln arbeitet man dann nach St. Goldschmidt [3]. Oder man schüttelt direkt die Flüssigkeit (z. B. Tetrachlorkohlenstoff, der von Cl_2O nicht angegriffen wird), in der eine bekannte Menge Chlor aufgelöst wurde, mit der berechneten Menge Quecksilberoxyd. Das abgeschiedene Salz $HgO \cdot HgCl_2$ wird durch ein Glasfilter abfiltriert [5].

Das Gas kann nur flüssig durch Kühlung mindestens unterhalb — 80° C längere Zeit aufbewahrt werden. Als Schmiermittel für die Hähne hat sich gechlortes Vaselin noch am besten bewährt [4]. Das Gas neigt nicht stark zu Explosionen [3, 4].

<h2 style="text-align:center">Literatur.</h2>

1. Bodenstein, M. u. Kistiakowsky, G. B., Z. physik. Chem. **116** (1925) 372.
2. Finkelnburg, W., Schumacher, H.-J. u. Stieger, G., Z. physik. Chem. (B) **15** (1932) 138.
3. Goldschmidt, St., Ber. dtsch. chem. Ges. **52** (1919) 753; Goldschmidt, St. u. Schüssler, H., Ber. dtsch. chem. Ges. **58** (1925) 569.
4. Wallace, J. J. u. Goodeve, C. F.., Trans. Faraday Soc. **27** (1931) 649.
5. Moelwyn-Hughes, E. A. u. Hinshelwood, C. N., Proc. Roy. Soc. London (A) **131** (1931) 179.

<h1 style="text-align:center">Bromwasserstoff BrH.</h1>

Sm.P. = — 88,0° C.   Sd.P. = — 66,8° C.   Tripelpunkt-Druck = 224 Torr.

I. Durch Einwirkung von Brom auf Tetralin [Naphthalin-tetrahydrid (1, 2, 3, 4)].

Das Tetralin wird über entwässertem Glaubersalz getrocknet und vor der Verwendung destilliert. In der Anordnung Abb. 4 e läßt man aus dem Tropftrichter reines Brom (pro analysi, Schering-Kahlbaum A.G.) zu Tetralin, dem einige reine Eisenfeilspäne zugesetzt werden, einfließen. Am Anfang der Reaktion ist Kühlung notwendig, man stellt deshalb den

Kolben in ein Wasserbad. Bald jedoch verläuft die Reaktion träge, so daß man sie durch Anheizen des Wasserbades auf etwa 30—40° C beschleunigen muß. Man leitet das entweichende Gas zuerst durch ein mit Glaswolle gefülltes Gefäß, sodann durch zwei U-Röhren, von denen die erste Ferribromid, die zweite Anthracen enthält. Daran schließt wieder ein mit Glaswolle gefülltes Gefäß, das diesmal auf — 20° C gekühlt wird. Nun folgt eine Reihe von acht U-Röhren, in denen das Gas von — 20 bis — 70° C abgekühlt und dadurch von dem geringen Wassergehalt befreit wird. Man richtet es so ein, daß in der letzten U-Röhre bereits flüssiges Gas vorhanden ist, durch welches weitere Gasmengen durchperlen müssen. Dann wird der Bromwasserstoff ausgefroren und das Ausfriergefäß nach Beendingung der Reaktion von den Entwicklungsapparaten abgeschmolzen. Man reinigt das Gas, indem man einen Teil des festen Produktes in die mit flüssiger Luft gekühlte, abschmelzbare Vorlage sublimieren läßt und nur die Mittelfraktion verwendet. Es ist wohl überflüssig zu bemerken, daß sich in diesem Teil der Apparatur ein Manometer befinden muß, daß zuerst während der Darstellung und sodann während der Fraktionierung die Druckverhältnisse in der Apparatur kontrolliert.

Diese Methode gestattet die Herstellung eines vollkommen *trockenen* Gases, da dies schon durch die Verwendung der Ausgangsstoffe gewährleistet ist.

II. Aus Phosphor und Brom.

Roter Phosphor wird sorgfältig mit Schwefelkohlenstoff und destilliertem Wasser gewaschen. Dann bereitet man aus 1 Gew.-T. Phosphor und 2 Gew.-T. Wasser einen Brei, den man in das Entwicklungsgefäß (Abb. 4a) füllt. Die Schmierung des Hahnes erfolgt mit konz. Phosphorsäurelösung. Aus dem Trichter läßt man reinstes Brom tropfenweise zufließen, vermeidet Temperaturanstieg und dadurch allzu rasche Gasentwicklung. Das Gas streicht zuerst durch drei mit Glassplittern beschickte Türme (Abb. 35), in welchen sich außerdem eine Aufschlämmung von rotem Phosphor in gesättigter, wässeriger Bromwasserstofflösung befindet [4]. Nun schließt sich eine gleiche Folge von gekühlten U-Röhren an, wie in es *I.* angegeben ist [2].

III. Aus gesättigten Bromwasserstofflösungen.

Für viele Zwecke kann die Entwicklung des Bromwasserstoffes aus seinen gesättigten, wässerigen Lösungen, die man nach *I.* oder *II.* erhalten hat, empfohlen werden. Damit ist gleichzeitig eine weitere wirksame Reinigung verknüpft. Man füllt einen Rundkolben zum Teil mit reinstem Phosphorpentoxyd und läßt zu diesem aus einem Trichter tropfenweise Bromwasserstofflösung zutropfen, indem man gleichzeitig kühlt! Man erhält so einen regelmäßigen Gasstrom. Seine weitere Reinigung erfolgt wie schon bei [2] und [3] erwähnt.

Bei besonders sorgfältigem Arbeiten ist eine Reinigung des verwendeten Broms notwendig für den Fall, daß seine volle Reinheit nicht gewährleistet ist. Die Reinigung führt man nach G. P. Baxter durch [1].

IV. Durch Reduktion von elementarem Brom mit Schwefelwasserstoff.

Diese Reaktion ist z. B. von E. Moles [2] verwendet worden, bietet aber keine Vorteile gegenüber den bereits angegebenen.

V. Kleine Mengen von Bromwasserstoff lassen sich synthetisch *aus den Elementen* bei Anwendung von Katalysatoren (Platin) herstellen. Die Reinigung erfolgt dann so, wie oben angegeben.

Vollkommen trockener Bromwasserstoff läßt sich über Quecksilber einige Zeit aufbewahren. Mit der Zeit jedoch macht sich, wohl unter dem Einfluß des Lichtes, eine beginnende Einwirkung bemerkbar, die besonders von den Glashähnen auszugehen scheint, wo Bromwasserstoff das verwendete Para-gummi-Vaselinfett angreift. Deshalb ist Aufbewahrung in Glasballons (s. bei Chlorwasserstoff) zweckmäßiger. Von Zeit zu Zeit ist eine neue Fraktionierung und Überführung des Gases in einen anderen Glaskolben notwendig.

Deuteriumbromid DBr [5].

Literatur.

1. Baxter, G. P., J. Amer. chem. Soc· 28 (1906) 1322; Z. anorg. allg. Chem. 50 (1906) 389.
2. Moles, E., J. Chim. physique 14 (1916) 389.
3. Travers, M. W., Exp. Untersuchung von Gasen, S. 51.
4. Fileti, M. u. Crosa, F., Gazz. chim. Ital. 21 (1891) 64.
5. Bates, J. R., Halford, J. O. u. Anderson, L. C., J. chem. Physics 3 (1935) 531.

Jodwasserstoff HJ.

Sm.P. = — 50,9⁰ C.   Sd.P. = — 35,5⁰ C.   Tripelpunkt-Druck = 383.7 Torr.

Zur Herstellung des Jodwasserstoffes wird man im allgemeinen von seiner gesättigten wässerigen Lösung ausgehen, die nur dann frei von flüchtigen Phosphorverbindungen ist, wenn zu ihrer Herstellung kein Phosphor verwendet wurde. Da man im allgemeinen darüber nicht orientiert sein wird, ist die Gewinnung des Jodwasserstoffes aus den Elementen nach M. Bodenstein [1, 2] von besonderem Wert.

1. *Aus den Elementen.* Unmittelbar wasserfreien Jodwasserstoff erhält man nach folgender Methode: Man verwendet einen Rundkolben aus schwer schmelzbarem Glas mit einem Einleitungsrohr. An den Kolben ist eine Röhre *r* (1,8 cm ⌀, 90 cm lang) angeschmolzen, von der 20 cm mit einem Gemisch von Platinschwamm und Asbest oder platiniertem Asbest gefüllt sind. Der restliche Teil dient für die Kondensation des unverbrauchten Jods (Abb. 102). In dem Kolben befindet sich reinstes, festes Jod, über das, bei gleichzeitigem Erwärmen, reiner Elektrolytwasserstoff aus einer Stahlflasche (Reinigung s. S. 133 ff, Volltrocknung) geleitet wird. Mittels des auf 500—600⁰C erhitzten Katalysators wird erreicht, daß sich ein bestimmter Bruchteil

der Jodwasserstoff-Gasmischung in Jodwasserstoff verwandelt. Der restliche Teil des Jods kondensiert sich im kalten Teil der Röhre. In den mit Schliff an die Röhre *r* angeschlossenen Ausfriergefäßen wird der Jodwasserstoff ausgefroren und mehrere Male fraktioniert.

Um das unverbrauchte Jod wieder in den Kolben zurückzubringen, ist es zweckmäßig, eine Umgehungsleitung für Wasserstoff anzubringen.

Statt den Wasserstoff einer Stahlflasche zu entnehmen, kann man auch andere Quellen für reines Gas verwenden, doch muß man dafür sorgen, daß der Druck des Wasserstoffes etwa 1 ½ m Wassersäule beträgt [1, 2, 3].

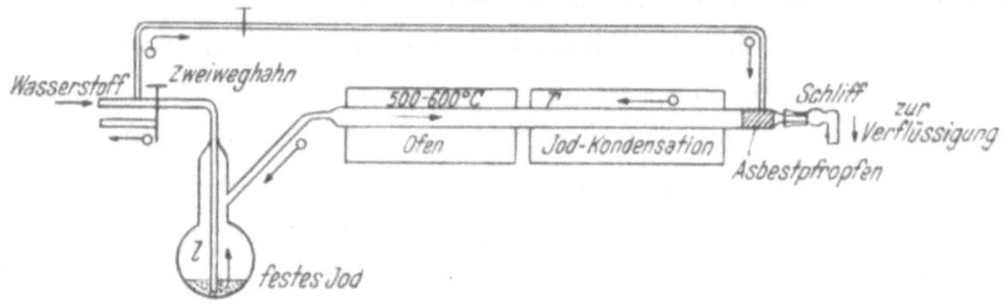

Abb. 102. Jodwasserstoff aus den Elementen.

2. *Aus hochkonzentrierter Jodwasserstoffsäure.* Man läßt unter Kühlung in einem Kolben Abb. 4a zu Phosphorpentoxyd tropfenweise hoch konzentrierte, reine Jodwasserstoffsäure zufließen. Für die Abscheidung des immer auftretenden freien Jods läßt man einen entsprechenden Raum frei, ehe man das Gas kondensiert. Mehrfache fraktionierte Sublimation ist anzuschließen [4, 5].

3. *Aus Phosphor und Jod.* Diese häufig angewendete Methode [6] ist prinzipiell so auszuführen, wie sie bei der Herstellung des Bromwasserstoffes angegeben ist. Man läßt hier nur, *umgekehrt* gegen früher, den Phosphorwasserbrei zu festem Jod zufließen. Das Zufügen der ersten Tropfen muß mit *größter* Vorsicht erfolgen. Die Reaktion soll allmählich, mit möglichst wenig rotem Phosphor und bei tiefer Temperatur in Gang gebracht werden. Etwas unverändertes Jod sublimiert in die kalten Teile des Apparates. Das Gas wird in einer U-Röhre mit wenig Wasser gewaschen und dann in Wasser absorbiert. Die so erhaltene Jodwasserstoffsäure enthält jedoch meist noch Phosphorverbindungen, die den Jodwasserstoff, der daraus nach 2. hergestellt werden kann, als Verunreinigungen begleiten.

Jodwasserstoff kann nur kondensiert, bei möglichst tiefer Temperatur aufbewahrt werden. Fester Jodwasserstoff ist rein weiß. Sollten Glashähne unvermeidlich sein, so wird reines Vaselin noch als das beste Schmiermittel angegeben.

Deuteriumjodid DJ [7].

Literatur.

1. Bodenstein, M., Z. physik. Chem. **13** (1894) 59.
2. Bodenstein, M. u. Lieneweg, F., Z. physik. Chem. **119** (1926) 124.
3. Ogg, R. H. jr., J. Amer. chem. Soc. **56** (1934) 526.
4. Bonhoeffer, K. F. u. Steiner, W., Z. physik. Chem. **122** (1926) 288.
5. Rollefson, G. K. u. Booher, J. E., J. Amer. chem. Soc. **53** (1931) 1728.
6. Meyer, L., Ber. dtsch. chem. Ges. **20** (1887) 3381.
7. Bates, J. R., Halford, J. O. u. Anderson, L. C., J. chem. Physics **3** (1935) 531.

Die Edelgase.

1. In diesem Abschnitte ist die Herstellung der *reinen* Gase aus den zur Verfügung stehenden Ausgangsmaterialien *nicht* behandelt. Heute werden die Edelgase im großtechnischen Maßstabe gewonnen, so daß es sich in vielen Fällen kaum lohnen wird, dieselben im Laboratorium herzustellen. Die Edelgase kommen in hoher Reinheit in den Handel. Sie bedürfen nur in Fällen, da höchste Ansprüche an die Reinheit gestellt werden, einer Nachreinigung im Laboratorium. Die Methoden, die dafür eingeschlagen werden, sind in den folgenden Ausführungen angegeben. Doch muß betont werden, daß auch hiervon nur einige Beispiele hervorgehoben werden können, die sich in dem Schrifttum der letzten Jahre vorfinden. Ich konnte das um so leichter tun, als eine genügend ausführliche Literatur in dem Handbuch der Anorganischen Chemie (R. Abegg, F. Auerbach, J. Koppel), IV. Bd., 1928, „Die Edelgase" von E. Rabinowitsch, bereits vorhanden ist.

2. Die Befreiung der Edelgase von Begleitstoffen, die auf chemischem Wege erfolgen kann, bietet keine Schwierigkeiten. Es sind die Methoden anzuwenden, welche für die einzelnen Gase im Abschnitt c, S. 57 ff. angegeben sind. Die Reinigung einer Edelgasmischung, also die Trennung der einzelnen Edelgase voneinander, ist schwieriger und gelingt natürlich nur nach physikalischen Methoden.

Seitdem J. Dewar (1904) die große Adsorptionsfähigkeit der Holzkohle Gasen gegenüber aufgefunden und verwertet hat, ist die Reinigung der Edelgase nach der Adsorption-Desorptionsmethode an erste Stelle getreten. Man gewinnt den Eindruck, daß diese der fraktionierten Kondensation und Destillation in den *gewöhnlichen* apparativen Anordnungen, wesentlich überlegen ist. Das Trennrohrverfahren ist berufen, hier entscheidende Fortschritte zu bringen.

3. Die zur Reinigung der Edelgase angegebenen laboratoriumsgemäßen experimentellen Bedingungen und Arbeitsvorschriften sind sehr häufig besonderen Fällen angepaßt, so daß man in anderen nicht genau dieselben Bedingungen einhalten kann. Obgleich die käuflichen Adsorptionsmittel (s. S. 109, Abschn. 9) einen vollständig reproduzierbaren Adsorptions-

koeffizienten haben, werden in jedem besonderen Fall die relativen Mengen der einzelnen Gase in der Mischung zu berücksichtigen sein, woraus sich die Menge der anzuwendenden Adsorptionsmittel ergeben wird. Siehe zu diesem Abschnitt die Ausführungen S. 106 ff.

Eine übersichtliche Zusammenstellung für die Adsorption an Kohle in der Abhängigkeit von Temperaturen und Druck dreier Edelgase ist in der Abb. 103 enthalten (nach K. Peters).

4. Der Fortschritt in der Trennung eines Edelgasgemisches kann natürlich wieder nur durch physikalische Prüfung des Gases erfolgen, die um so genauer ausgeführt werden muß, je reiner das Gas bereits ist. Zur Prüfung wird auch hier die Messung der Tension der flüssigen Phase von Bedeutung sein. Zur raschen Orientierung führt die spektroskopische Untersuchung und die Messung der Refraktion mit Hilfe des Haber-Loewe-Gasinterferometers[1]). Da die Empfindlichkeit des spektroskopischen Nachweises eines Begleitgases mit zunehmender Reinheit des Gases rasch abnimmt, ist es von Wichtigkeit, den Nachweis des Gases in den Teilen vorzunehmen, in denen seine Anreicherung erfolgen soll. So läßt sich z. B. Stickstoff in Neon, das 2% Luft enthält, nicht mehr spektroskopisch nachweisen. Hingegen ist dieser Nachweis leicht zu führen, wenn man den Rückstand untersucht, der nach dem Abpumpen des Neons im flüssigen Wasserstoff zurückbleibt. In der Bestimmung der Dichte, des Schmelzpunktes, des kritischen Punktes, der Wärmeleitfähigkeit usw. stehen weitere Methoden zur Verfügung, deren eingehende Besprechung nicht im Rahmen dieser Ausführungen erfolgen kann (s. S. 79, 100). Eine übersichtliche Zusammenstellung bezüglich ihrer Anwendung auf Edelgase ist in dem oben genannten Handbuch der Anorganischen Chemie zu finden. Ferner ist ein gründliches Studium der Veröffentlichungen des Kamerlingh-Onnes-Laboratoriums in Leiden empfehlenswert, dessen hohe wissenschaftliche Bestrebungen und Ergebnisse vielfach gerade das Gebiet der Edelgase betreffen.

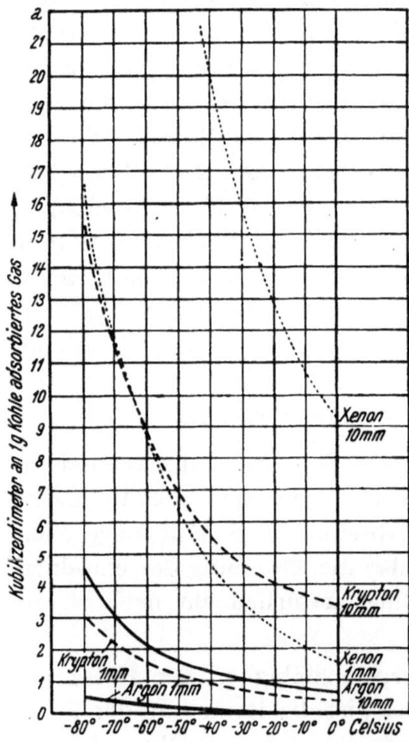

Abb. 103. Adsorption der Edelgase Argon, Krypton, Xenon an Kohle n. K. Peters.

---

[1]) Damköhler, G., Z. physik. Chem. (B) **27** (1934) 130; Z. Elektrochem. **41** (1935) 74.

# Helium He.
Sm.P. = — 272,1⁰ C.   Sd.P. = — 268,9⁰ C.

1. Zur Reinigung des Heliums, welches aus den Gasquellen der Vereinigten Staaten von Amerika stammt, schlagen G. B. Baxter und H. W. Starkweather [1] den folgenden Weg ein (Abb. 104).

Das Gas (etwa 95% He enthaltend)[1]) wird zuerst einer chemischen Reinigung unterworfen. Man läßt es über schwach glühendes Kupfer, Kupferoxyd, Kalilauge, festes Kaliumhydroxyd, Phosphorpentoxyd und heißes metallisches Calcium streichen. Dieser Vorgang wird mit einer Gasprobe, wenn notwendig, wiederholt.

Dann folgt die physikalische Trennung durch Adsorption an entwässertem Chabasit (s. S. 110), der bei 550⁰ C sehr sorgfältig entgast wurde. Über

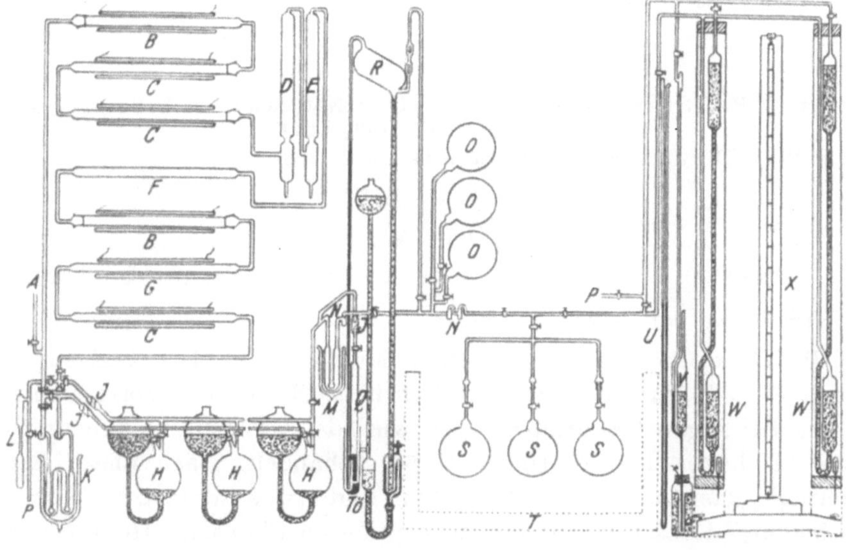

Abb. 104. Vorrichtung zur Reinigung des Heliums nach G. P. Baxter.

A Helium-Einführung. — *B* Erhitztes Kupfer. — *C* Erhitztes Kupferoxyd. — *D* Feuchtes Kaliumhydroxyd. — *E* Trockenes Kaliumhydroxyd. — *F* Phosphorpentoxyd, subl. — *G* Erhitztes Calcium. — *H* Quecksilbergasometer. — *J* Quecksilberfänger. — *K, M* Chabasit, Kühlung. — *L* Entladungsröhre. — *N* Nebelfänger (Watte). — *O* Gasbehälter. — *P* Zur Hochvakuum-Pumpe. — *R Tö* Töpler-Pumpe, unten Schutzvorrichtung gegen das Eindringen von Luft. — *S* Kolben zur Messung der Dichte. — *T* Eiskühlung. — *U* Manometer. — *V* McLeod-Manometer. — *W* Barometer. — *X* Metermaßstab.

diesem Adsorptionsmittel (Gewichtsmenge etwa 180 g), das in einem U-Rohr mit flüssigem Sauerstoff oder Stickstoff gekühlt wird, läßt man das Helium mehrere Male bis zur ausreichenden Adsorption zirkulieren. Es wird etwas Helium mit den Begleitgasen adsorbiert. Der Chabasit wird daher neuerdings

---

[1]) Helium, das in Stahlflaschen versandt wird, hat meist einen höheren Prozentgehalt.

entgast und die fraktionierte Adsorption mit dem Gas wiederholt. Man führt diesen Vorgang so oft aus, bis die Untersuchung des *adsorbierten* Gases (bei der Entgasung des Adsorptionsmittels) spektroskopisch nur Helium erkennen läßt. *Nachträgliches* Auftreten der Wasserstofflinien beim Durchgang der Entladung in L kann nicht als eine direkte Verunreinigung des Heliums betrachtet werden.

2. Über die vielfach bearbeiteten Wege zur Gewinnung des Heliums aus Monazitsand, Thoriant, Cleveït usw. muß auf die Literatur verwiesen werden.

3. Auf die Möglichkeit der Reinigung nach Verflüssigung des Heliums kann nur hingewiesen werden.

Helium diffundiert durch Glas; in 24 Stunden bei 1 Atm. Druck pro 1 cm² Pyrexglas, Dicke 1,34 mm, 0,053 mm³ [2, 3].

Literatur.

1. Baxter, G. P. u. Starkweather, H. W., Proc. Nat. Acad. Sci. U.S.A. 11 (1925) 231.
2. Baxter, G. P., J. Amer. chem. Soc. 61 (1939) 1597.
3. Urry, Wm. D., J. Amer. chem. Soc. 54 (1932) 3887.

Neon Ne.

Sm.P. = —248,8⁰ C.   Sd.P. = —246,3⁰ C.   Tripelpunkt-Druck = 323,5 Torr.

1. *Herstellung von reinem Neon.*

G. P. Baxter und H. W. Starkweather [1] reinigen Neon, das etwa 60% Helium und Stickstoff enthält. Nach einer Vorreinigung, die gleich der bei Argon beschriebenen ist, wird das Gas noch mit metallischem Calcium bei hoher Temperatur (s. S. 59) behandelt. Nach dieser Behandlung enthält das Gas etwa 15% Helium und etwas Stickstoff. Dann folgt, so wie bei Argon beschrieben, die Adsorption an Chabasit. Helium wird bei der Temperatur des flüssigen Stickstoffs viel weniger adsorbiert als Neon. Stickstoff wird jedoch unter den gleichen Bedingungen von Chabasit stärker zurückgehalten als Neon. Man pumpt deshalb das absorbierte Neon nicht vollständig ab, sondern läßt einen Teil zurück, der mit Stickstoff verunreinigt ist. Dieser Vorgang ist selbstverständlich genügend oft zu wiederholen. Der Fortschritt kann durch spektroskopische Beobachtungen der Fraktionen kontrolliert werden.

W. H. Keesom und H. van Dijk [4] reinigen ein Neon, das dieselben Begleitgase und in gleicher Menge enthält, nach gleichem Vorgang.

2. Ausfrieren des Neons mit flüssigem Wasserstoff ist die wirksamste Methode zur Trennung des Neons von Helium [2, 3, 4, 6].

3. Trennung eines Helium-Neongemisches nach der Diffusionsmethode von G. Hertz (s. S. 64) [5].

4. Eine quantitative Trennung He-Ne mit Aktivkohle beschreibt K. Peters [8].

5. Mit Hilfe des Trennrohres gelingt es, aus einer Mischung von Neon mit 1% N_2 und 1% He die Neonisotope ^{20}Ne und ^{22}Ne praktisch rein zu gewinnen. Auch eine Anreicherung von ^{21}Ne gelingt [7].

Literatur.

1. Baxter, G. P. u. Starkweather, H. W., Proc. Nat. Acad. Sci. U.S.A. 14 (1928) 50.
2. Crommelin, C. A., Rec. Trav. chim. Pays-Bas 42 (1923) 814.
3. Keesom, W. H. u. Lisman, J. H. C. (H. van Dijk u. J. A. van Lammeren), Commun. physic. Lab. Univ. Leiden 224b (1933).
4. Keesom, W. H. u. van Dijk, H., Commun. physic. Lab. Univ. Leiden 213a (1931).
5. Hertz, G., Z. Physik 79 (1932) 108.
6. Meißner, W. u. Steiner, K., Z. ges. Kälteind. 39 (1932) 49, 75.
7. Dickel, G. u. Clusius, K., Z. physik. Chem. (B) 48 (1940) 50.
8. Peters, K., Z. physik. Chem. (A) 180 (1937) 44.

Argon Ar.

Sm.P. = — 189,4° C.   Sd.P. = — 185,87° C.   Tripelpunkt-Druck = 516,83 Torr.

1. *Die Gewinnung des Argons aus technisch hergestelltem Sauerstoff.* Der durch Luftverflüssigung gewonnene Sauerstoff enthält je nach seiner Reinheit wechselnde Mengen Argon. Das Restgas besteht zu $^2/_3$ bis $^3/_4$ aus Argon. Bei 98% Sauerstoffgehalt beträgt der Argongehalt ungefähr 1,3%, bei der in Deutschland handelsüblichen Reinheit von über 99% Sauerstoff 0,6—0,7% Argon.

Die Gewinnung von Argon aus Sauerstoff in Laboratorium kommt heute kaum noch in Betracht. Ein Verfahren hierfür ist von M. Bodenstein beschrieben [1, 2].

2. Zur Gewinnung des Argons aus Luft in laboratoriumsgemäßem Maßstabe muß auf die vorhandene Literatur verwiesen werden. Es seien hier nur zwei diesbezügliche Arbeiten angeführt [5, 7].

3. *Herstellung von reinem Argon* [3]. G. P. Baxter und H. W. Starkweather gehen von einem 99% Argon enthaltenden Gase aus. Der Rest bestand aus Stickstoff und Sauerstoff. An diesem Gase zeigte sich, daß eine fraktionierte Destillation angeblich nicht zur Beseitigung des Stickstoffes führt.

Das Gas wird durch Adsorption an Chabasit (s. S. 110) gereinigt. Nach dem Passieren von festem Kaliumhydroxyd, glühendem Kupfer, Kupferoxyd, Kalilauge, festem Kaliumhydroxyd, Phosphorpentoxyd und glühendem Nieckl wird es an Chabasit (entgast bei 550° C) bei Kühlung mit flüssiger Luft adsorbiert. Bei — 78° C wird zuerst eine Vorfraktion und dann das reine Argon abgepumpt. Solange noch Stickstoff im Argon vorhanden ist, enthält das bei Zimmertemperatur aus dem Chabasit abgepumpte Gas immer Stickstoff (spektroskopischer Nachweis!).

Auch Silicagel hat sich zur Trennung Ar—N_2 sehr gut bewährt.

Zur Orientierung über die Reinigung von hochprozentigem Argon wären noch die folgenden Arbeiten zu berücksichtigen [4, 5, 6].

Literatur.

1. DRP. 295572 Griesheim-Elektron.
2. Bodenstein, M. u. Wachenheim, L., Ber. dtsch. chem. Ges. 51 (1918) 265.
3. Baxter, G. P. u. Starkweather, H. W., Proc. Nat. Acad. Sci. U.S.A. 14 (1928) 57; 15 (1929) 441.
4. Leduc, A., C. R. Acad. Sci. Paris 167 (1918) 70.
5. Holborn, L. u. Schulze, H., Ann. Physik 47 (1915) 1089.
6. Clusius, K., Z. physik. Chem. (B) 31 (1936) 461.
7. Dixon, H. B., Campbell, C. u. Parker, A., Proc. Roy. Soc. London 100 (1922) 1.

Krypton Kr.

Sm. P. $= -157,0^0$ C.   Sd.P. $= -151^0$ C.

Gewinnung von Krypton und Xenon aus den Sauerstoffrückständen der Luftverflüssigungsanlagen nach Linde oder Claude [1, 2]. Dieser Sauerstoff wird bei der Temperatur der flüssigen Luft über sorgfältig entgaste Kohle geleitet. Die beiden Edelgase werden an der Kohle adsorbiert. Die zuweilen angegebene Adsorption aus der *flüssigen* Phase dieses Sauerstoffes geht unvollständig vor sich. G. Damköhler verbrennt den Sauerstoff mit Wasserstoff, und adsorbiert die restlichen Gase an Kohle zur weiteren Reinigung [7],

Trennungen von Krypton und Xenon [1, 2, 4].

Herstellung des reinen Gases [3]. Fraktionierung bei -205 bis -210^0 C gelingt nicht vollständig. Erst die Anwendung einer besonderen Fraktionierkolonne (s. S. 100) gestattet ein ganz reines Gas zu erhalten.

W. Heuse und J. Otto [5] reinigen hochprozentiges, von der Gesellschaft für Linde's Eismaschinen A. G., Höllriegelskreuth, zur Verfügung gestelltes Krypton. Das Gas wird über entgastes Calcium bei 500⁰ C geleitet, sodann im flüssigen Sauerstoff erstarren gelassen, und die flüchtigen Gase abgepumpt. Unterhalb der Siedetemperatur des Kryptons. wird das Gas bei langsam ansteigender Temperatur zum Verdampfen gebracht, wobei dieser Vorgang öfters wiederholt werden muß, und jedesmal nur die mittlere Fraktion verwendet wird.

Den gleichen Weg schlägt E. Justi [6] ein.

Reindarstellung von ^{84}Kr, ^{86}Kr [8], [9].

Literatur.

1. Lepape, A., C. R. Acad. Sci. Paris 187 (1928) 231.
2. Allen, F. J. u. Moore, R. B., J. Amer. chem. Soc. 53 (1931) 2512.
3. van Dijk, H.; Mazur, J. u. Keesom, W.H., Commun. physic. Lab. Univ. Leiden 228a (1933).
4. Peters, K. u. Weil, K., Z. physik. Chem. (A) 148 (1930) 1.
5. Heuse, W. u. Otto, J., Physik. Z. 35 (1934) 57.
6. Justi, E., Physik, Z. 36 (1935) 571.
7. Damköhler, G., Z. Elektrochem. 41 (1935) 74.
8. Clusius, K. u. Dickel, G., Naturw. 29 (1941) 560; Z. physik. Chem. (B) 52 (1942) 348.
9. Groth, W. u. Harteck, P., Z. Elektrochem, 47 (1941) 169.

Xenon X.

Sm.P. = — 111,74⁰ C.   Sd.P. = — 108,6⁰ C.   Tripelpunkt-Druck = 612,2 Torr.

Reinigung eines Edelgasgemisches mit hohem Xenongehalt beschreiben W. Heuse und J. Otto [1]. Es wird ein Xenon erhalten, welches nur noch 0,5% fremde Bestandteile enthalten konnte. Das ursprüngliche Gasgemisch wird durch entgastes Calcium von den chemisch aktiven Bestandteilen befreit. Nach dem Erstarren desselben in flüssigem Sauerstoff werden die gasförmigen Bestandteile (Argon, z. T. Krypton) abgepumpt. Das wieder in Gasform übergeführte Xenon verflüssigt man bei etwa — 110⁰ C. Diese Flüssigkeit wird dann auf etwa — 130⁰ C abgekühlt und das nun über der festen Phase lagernde kryptonhaltige Gas abgepumpt.

Das von F. J. Allen und Ph. B. Moore [2] hergestellte Xenon ist nach den Ausführungen [1, 3] nicht rein gewesen.

Reinigung durch Rektifikation [4].

Eine Anreicherung an schweren und leichten Xenonisotopen ist mit Hilfe des Trennrohres gemacht worden [5, 6].

Literatur.

1. Heuse, W. u. Otto, J., Z. techn. Physik **13** (1932) 277.
2. Allen, F. J. u. Moore, Ph. B., J. Amer. chem. Soc. **53** (1931) 2522.
3. Clusius, K., Z. physik. Chem. (B) **31** (1936) 462.
4. Clusius, K. u. Riccoboni, L., Z. physik. Chem. (B) **38** (1937) 81.
5. Clusius, K., Z. physik. Chem. (B) **50** (1941) 403.
6. Groth, W. u. Harteck, P., Z. Elektrochem. **47** (1941) 167.

Ergänzungen.

Zu Seite 34. Volumetrische Verbrennungsmethoden. Bei solchen Analysen ist die Anbringung einer Korrektur notwendig, die sowohl die Abweichung vom Avogadro-Satz als auch die vom Dalton-Gesetz enthält, was durch den angegebenen Weg erfolgt. Die Anbringung nur der Korrektion für den Avogadro-Satz ist zu wenig; daher sind z. B. diesbezügliche Angaben von C. A. L. Horstmann und F. C. Scheffer Rec. trav. chim. 51 (1932) 143 nicht genau genug.

Zu Seite 65. Gastrennung durch Diffusion. Die Methoden zur Gastrennung nach der Diffusionsmethode sind in den Vereinigten Staaten in der Zeit 1940—45 eingehend durchgearbeitet worden. Ihre Verwendung in der Praxis hat sich schließlich bewährt. Es sind neuartige Diffusionsmaterialien, ausgehend von sehr dünnen porösen Metallfolien, entwickelt worden. Drucke von 1 Atm. können verwendet werden, die durch besondere Förder- und Druckpumpen im Diffusionssystem aufrecht erhalten werden, indem sie das Gas in der großen Zahl von Diffusions-Kaskaden vereinigen. Eine, allerdings nur sehr allgemein gehaltene, Übersicht findet man in „Official Report on the Development of the Atomic Bomb under the Auspices of the United States Government 1940—45, Atomic Energy for Military Purposes" verfaßt von Henry De Wolf Smyth, Princetown, Univ. Press 1946.

Zu Seite 148. Fluorherstellung. Neue Methoden: J. H. Simon und G. H. Cady in „Inorganic Syntheses". J. Harold, S. Booth, L. F. Audrieth, J. C. Bailar, W. C. Fernelius, W. C. Johnson und R. Kirk. Mc Graw-Hill-Book Company (1933); G. H. Cady, D. A. Rogers und C. L. A. Carlson, Ind. Eng. Chem. 34 (1942), 443.

Fluor kann in Nickel und Stahlzylindern bis zu Drucken von 25 Atm. aufbewahrt werden.

Neue Zellen zur Herstellung von Fluor siehe Ind. Eng. Chem. **39** (1947) 235—433 H. J. Emeléus, Endeavour, VII S. 141.

Sachverzeichnis.

S P R I N G E R - V E R L A G   I N   W I E N

Monatshefte für Chemie
und verwandte Teile anderer Wissenschaften.

Herausgegeben von **L. Ebert** und **F. Wessely**. — Schriftleitung: **F. Galinovsky**.

Im September 1948 erschien:

79. Band, 3.—4. Heft
Mit 29 Abbildungen, 143 Seiten.
In Österreich S 60·—, im Ausland sfr. 28·—, $ 6·50.

Inhaltsverzeichnis:

Brunner, W. H. und H. Perger. Über die Umsetzung von Acrylsäurenitril mit aromatischen Diazoniumsalzen. — Seifert, H. Olefinsynthesen in der C_4- bis C_{11}-Reihe. — Becker, B. und E. Barthell. Studien über Phenoplaste. 2. Mitt.: Addition von Äthylenoxyd durch Phenolalkohole. — Tschamler, H. Über binäre flüssige Mischungen II. Mischungswärmen, Volumeffekte und Zustandsdiagramme von Chlorex mit Cyclohexan und Methylcyclohexan. — Tschamler, H. Über binäre flüssige Mischungen III. Mischungswärmen, Volumeffekte und Zustandsdiagramme von Chlorex mit kernmethylierten Benzolen. — Tschamler, H. Über binäre flüssige Mischungen IV. Mischungswärme und Volumeffekte beim System Chlorex-Styrol. — Hoffmann-Ostenhof, O. und Elisabeth Biach. Untersuchungen über bakteriostatische Chinone und andere Antibiotika. VIII. Mitt.: Wirkungen verschiedener Chinone auf die Stärkespaltung durch Amylasen tierischen Ursprungs. — Klemenc, A. und G. Heinrich. Die Verteilung des Argons in der Erdatmosphäre. — Kunze, F. Zur Deutung der Katalyse der Monochloressigsäure-Hydrolyse. — Kunze, F. Über den Zusammenhang von Aktivierungswärme und Aktionskonstante bei heterogenen Reaktionen. — Kauko, Y. und L. Komulainen. Potentiometrische Bestimmung der Carbonat-Alkalität. — Wallner, L. G. Über den Einfluß der Kristallitlänge auf die Röntgen-Interferenzen der Polyamide. — Dialer, K. Untersuchungen über das System Cermischmetall-Wasserstoff. — Dialer, K. Zur Bindungsfrage bei den Hydriden der seltenen Erden. — Ziegler, E. und H. Lüdde. Über Phenolalkohole. X. Mitt.: Einführung von Rhodangruppen. — Galinovsky, F. und H. Schmid. Die Reduktion des Oxysparteins zum Spartein. — Galinovsky, F. und O. Vogl. Chromatographische Trennung epimerer Sterinalkohole. (Vorläufige Mitt.) — Müller, Adolf. Strukturanaloge krebserzeugender Verbindungen. (Vorläufige Mitt.)

Mikrochemie vereinigt mit Mikrochemica Acta
Schriftleitung: **A. A. Benedetti-Pichler**, New York, **F. Schneider**, New York, **M. K. Zacherl**, Wien.

Im September 1948 erschien:

Band XXXIV, Erstes Heft
Mit 30 Abbildungen. 121 Seiten. In Österreich S 44·—, im Ausland sfr. 22·—, $ 5·10.

Inhaltsverzeichnis:

Larsen, Junius, Norman F. Witt and Charles F. Poe. Optical Crystallographic Identification of some Amino Acids with 2-Nitroindandione-1,3. — Kofler, A. Zur Polymorphie organischer Verbindungen. — Fürst, K. Ein mikroanalytischer Nachweis des Glycerins mit 2,7-Dioxynaphthalin. — Gorbach, G. Anwendung von Mikromethoden auf dem Fettgebiet XII. Die Seifenanalyse. — Benedetti-Pichler A. A. Mikrogrammverfahren. — Beck, G. Zur Biochemie des Scandiums und über seine Abscheidung als Phytat. — Lindner, Josef. Fehlerquellen in der organischen Elementaranalyse XII. Über Wägungen und Waagen. — Buchbesprechungen. — Mitteilungen aus mikrochemischen Gesellschaften.

Österreichische Chemiker-Zeitung
Organ des Vereines österreichischer Chemiker
und der Chemisch-physikalischen Gesellschaft in Wien.

Fachbeirat: F. Böck-Wien, O. Brunner-Wien, A. Chwala-Wien, L. Ebert-Wien, G. Jantsch-Graz, A. Klemenc-Wien, H. Lieb-Graz. B. Niessner-Wien, F. Patat-Innsbruck, F. Wessely-Wien.

Sehriftleiter: **A. Luszczak-Wien.**

1948: 49. Jg. Jährlich erscheinen 12 Hefte. Halbjährlich in Österreich S 48·—, im Ausland sfr. 24·—, $ 5·60

Zu beziehen durch jede Buchhandlung.

SPRINGER-VERLAG IN WIEN

Anfang 1949 erscheint:

Chemie und chemische Technologie für Ingenieure

von

Dr. techn. Dipl. Ing. **W. Machu,** Wien.

Mit etwa 100 Abbildungen. Etwa 800 Seiten.

Etwa S 90·—, sfr. 39·—, $ 9·—, £2 5s; geb. etwa S 96·—, sfr. 42·—, $ 9·60, £2 8 s.

Ein Buch für den Ingenieur aller Richtungen, um ihm das Verständnis für chemische Vorgänge zu vermitteln und ihn über die dem Chemiker bei der Lösung eines chemischen Problems zur Verfügung stehenden Mittel zu orientieren, und für den Chemiker, um ihn über die technische Bedeutung dieser Verfahren aufzuklären.

Die Kunststoffe in der Textilveredlung. Von Dr. Franz Weiß, Wien·

Mit 10 Abbildungen. Etwa 200 Seiten. Etwa S 45·—, sfr. 20·—, $ 4·50, £1 2s 6 d.

Indem Buche ist alles zusammengefaßt, was bisher in der Bearbeitung und Verwendung der Kunststoffe in der Textilveredlung einschließlich der Herstellung von Werkstoffen auf Grundlagen von Textilien erreicht wurde.

Grundlegende Operationen der Farbenchemie. Von Prof. Dr. H. E. Fierz-David, Zürich und Prof. Dr. L. Blangey, Zürich. Siebente,

unveränderte Auflage. Mit 57 Abbildungen und 21 Tabellen auf 24 Tafeln. XXII, 402 Seiten. 1947. Geb., in Österreich S 96·—, im Ausland sfr. 58·—, $ 13·50, £3 7s 6 d.

Einführung in die organisch-chemische Laboratoriumstechnik.

Von Prof. Dr. **K. Bernhauer,** Lorsch (Hessen). Fünfte, ergänzte Auflage. Mit 100 Abbildungen. XII, 202 Seiten. 1947. In Österreich S 28·—, im Ausland sfr. 12·50, $ 2·90, 14s 6 d.

Chemische Laboratoriumstechnik. Ein Hilfsbuch für Laboranten und

Fachschüler. Von Dr. techn. Ing. **W. Wittenberger,** Aussig/Elbe. Dritte, verbesserte und vermehrte Auflage. Mit 333 Abbildungen. X, 295 Seiten. 1947. In Österreich S 24·—, im Ausland sfr. 12·—, $ 2·80, 14 s.

Rechnen in der Chemie. Eine Einführung. Von Dr. techn. Ing. W. Wittenberger, Aussig/Elbe. Mit 273 entwickelten Übungsbeispielen, über 1400 Übungs-

aufgaben samt Lösungen und 43 Abbildungen. IX, 324 Seiten. 1947. In Österreich S 27·—, im Ausland sfr. 15·—, $ 3·50, 17 s 6 d.

Zu beziehen durch jede Buchhandlung.